深入浅出
数据结构与算法

微课视频版

陈锐　张亚洲　崔建涛　李璞 / 编著

清华大学出版社
北京

内容简介

数据结构与算法是计算机、软件工程等相关专业一门非常重要的专业基础和核心课程。本书内容全面，语言通俗易懂，所选案例典型、丰富，结构清晰，重难点突出，所有算法均已实现，可直接运行。本书共分为四篇，内容包括数据结构概述，数据结构与算法基础，线性表，栈和队列，串、数组与广义表，树，图，查找，排序，回溯算法，贪心算法，分治算法，实用算法等。另外，本书赠送同步微视频、教学大纲、案例源代码和 PPT 课件，方便读者学习和使用。

本书可作为计算机软件开发、准备考取计算机专业研究生和参加软考人员学习数据结构与算法的参考书，也可作为计算机、软件工程及相关专业的教材。

图书在版编目（CIP）数据

深入浅出数据结构与算法：微课视频版 / 陈锐等编著. —北京：清华大学出版社，2023.3
ISBN 978-7-302-62773-9

Ⅰ. ①深… Ⅱ. ①陈… Ⅲ. ①数据结构—教材 ②算法分析—教材 Ⅳ. ①TP311.12

中国国家版本馆 CIP 数据核字（2023）第 030570 号

责任编辑：张 敏
封面设计：郭二鹏
责任校对：胡伟民
责任印制：刘海龙

出版发行：清华大学出版社
　　　　网　　　　址：http://www.tup.com.cn, http://www.wqbook.com
　　　　地　　　　址：北京清华大学学研大厦 A 座　　　邮　　编：100084
　　　　社　总　机：010-83470000　　　　　　　　邮　　购：010-62786544
　　　　投稿与读者服务：010-62776969, c-service@tup.tsinghua.edu.cn
　　　　质　量　反　馈：010-62772015, zhiliang@tup.tsinghua.edu.cn
　　　　课　件　下　载：http://www.tup.com.cn, 010-83470236
印　装　者：三河市君旺印务有限公司
经　　　销：全国新华书店
开　　　本：185mm×260mm　　　　印　　张：21.25　　　字　　数：605 千字
版　　　次：2023 年 4 月第 1 版　　　印　　次：2023 年 4 月第 1 次印刷
定　　　价：99.00 元

产品编号：093807-01

前言

在讲授"数据结构"时，常常发现不少学生对于 C 语言掌握得不扎实，导致学习数据结构与算法时比较困难，对教材中的算法一知半解，甚至不去关注算法的实现，至于独立设计与实现算法更是一件困难的事情。平时仅满足于大致思想的理解，到考研时，才不得不花大量的时间去学习算法，但这时未必能快速领会其中的算法思想。若有一本涵盖 C 语言基础、数据结构及算法实现的图书，由浅入深地讲解 C 语言难点，并详细分析算法，可能对读者理解和掌握数据结构非常有帮助。

"数据结构与算法"是计算机、软件工程等相关专业的一门非常重要的核心课程和专业基础课程，是继续深入学习后续课程（如算法设计与分析、操作系统、编译原理、人工智能、机器学习等）的重要基础。随着计算机应用领域的不断发展和与日俱增的海量数据信息，数据结构在系统软件设计和应用软件设计方面的重要作用更加突出。因此，掌握扎实的数据结构与算法的基本知识和技能对于今后的专业学习和软件开发显得格外重要。在学习数据结构与算法时，不仅要学会如何抽象建模、理解数据元素之间的关系、算法思想，还要能将算法用 C/C++/Java 等高级语言实现。

在学习数据结构与算法的过程中，许多专业术语较为抽象，对于初学者来说，有些概念及算法不容易理解和掌握，若语言掌握得不够深入，更增加了学习的难度。本书深入剖析了 C 语言中的难点：指针、链表、函数传值调用和传地址调用等，常用算法实现。本书采用通俗易懂的语言讲解数据结构中抽象的概念，通过以图表和案例的方式分析算法思想，便于读者真正理解和掌握。本书内容全面，涵盖数据结构所有知识点，所有算法采用 C 语言实现，其代码均在 Visual Studio 环境下调试通过，所有案例均提供完整的程序，无须修改就能直接运行。

本书凝结了作者多年来的数据结构与算法学习与教学实践经验，针对每一部分内容，精选了涵盖所有知识点的典型案例，这些案例有的来自各重点高校和全国统考试题，有的来自于软考、各大公司笔试面试题目。在内容的讲解上，语言描述通俗易懂、循序渐进，另外还配套了微课视频讲解，视频讲解更加针对重点、难点进行分析，以便读者理解和掌握。所有算法均提供了完整代码实现，最后还提供了 C 语言程序调试技术的讲解。通过学习本书，不仅能帮助读者掌握数据结构与算法理论知识，还能提高 C 语言编程和调试技术，培养解决复杂工程问题的能力。

本书赠送同步微视频、案例源代码、教学大纲和 PPT 课件，方便读者学习和使用，读者可扫描下方二维码下载获取相关资源。

PPT 课件

本书适用于想全面系统地掌握数据结构与算法的读者，特别是学习数据结构与算法时感到困惑的读者。可作为学习数据结构的自学教材，也可作为计算机、软件工程等相关专业学生的考研辅导用书和参加软考人员的辅导用书。

有这么多热心读者关心和支持本书的出版，我感到非常欣慰，在此也对所有关注本书的朋友们说声"谢谢"！希望今后能有更多的朋友关注本书，提出更多的改进建议。

为什么要学习数据结构与算法

如果你打算今后从事软件开发，或从事计算机科研、教学等工作，必须学好数据结构与算法。首先，数据结构与算法作为计算机专业的专业基础课程，是计算机考研的必考科目之一，如果打算报考计算机专业的研究生，你必须学好它；其次，数据结构与算法是计算机软考、计算机等级考试等相关考试的必考内容之一，要是想顺利通过这些专业考试，你也必须学好它；最后，数据结构与算法还是你今后毕业，进入各软件公司、事业单位的必考内容之一，如果你想获得一份满意的工作，同样必须学好它。

即使你没有以上考虑，作为一名计算机从业人员和爱好者，数据结构与算法是其他后续计算机专业课程的基础，人工智能、机器学习等许多课程都会用到数据结构与算法方面的知识。要想学好计算机，数据结构与算法是必须掌握的内容。

如何学好数据结构与算法

经常有学生问我诸如"如何学好 C 语言""如何学好 Java 程序设计""如何学好数据结构与算法"这样的问题，我总是会告诉他们"多看书，多上机"。尽管在上课时我反复强调看书和上机的重要性，学习这些语言、数据结构与算法并没有什么所谓的捷径，但还是有不少学生依然想要寻求所谓的技巧。

对于初学者来说，数据结构这门课有许多抽象的概念，不太容易掌握。万事开头难，只要你掌握了学习方法和技巧，学任何东西就会变得很容易，学习数据结构也是如此。要想学好数据结构，首先应该有信心，要有战胜困难的决心，不要有畏惧心理，一开始每个人都会遇到困难，重要的是坚持。"路虽远，行则将至；事虽难，做则必成。"腾讯原副总裁吴军博士曾这样说过："成功的道路并不像想象的那么拥挤，因为在人生的马拉松长路上，绝大多数人跑不到一半就主动退下来了。到后来，剩下的少数人不是嫌竞争对手太多，而是发愁怎样找一个同伴陪自己一同跑下去。因此，我们能够跑得更远，仅仅是因为我们还在跑，如此而已。"任何事情都是这样，学习亦如此。其次就是要掌握好 C 语言，C 语言是基础，因为本书中的算法都是用 C 语言描述的（其他大多数数据结构图书也采用 C 语言描述），即使之前没有掌握好 C 语言也没有关系，只要有 C 语言基础就行，可以边学数据结构边巩固 C 语言知识。最后一点就是多上机，勤思考。本书中所有算法都用 C 语言表述，并给出完整程序，刚开始时只需要把程序看懂，然后多上机调试程序，练习并掌握 C 语言编程和调试技巧，这样就可以对数据结构中的算法思想融会贯通，真正领会其中的内涵。

通过本书通俗的讲解，加上自己多动手上机实践，学习数据结构与算法就会变得很轻松。

如何使用本书

本书涵盖了数据结构与算法几乎所有知识，案例选取丰富，讲解的过程中引入了作者对数据结构与算法的理解。本书用通俗易懂的语言描述抽象的概念，配套视频针对重点和难点进行讲解，方便读者理解与学习。

本书可以作为学习数据结构与算法的自学教材，也可以作为案头必备的参考书，值得收藏。本书很适合初学数据结构与算法的读者阅读，也可作为参加计算机考研学生的辅导书。

在使用本书过程中，可以边看书，边看视频讲解，视频讲解主要针对本书中的难点和重点，每学完一部分内容，可通过调试本书配套的代码认真领会算法的思想，并思考为什么要这样实现，从而加深对数据结构中概念的理解。

相信在学完本书后，读者会在数据结构和算法方面有很大的收获。预祝大家在学习本书时有一个愉快的旅程。

本书由陈锐、张亚洲、崔建涛、李璞编著，参与编写的人员还有戎璐、闫玉红、范乃梅、韩朴杰、楚杨阳和张祖菡。

致谢

感谢帮助本书问世的所有人，尤其是在清华大学出版社的帮助下，本书才得以顺利出版。

耿国华老师在数据结构与算法领域有很高的造诣，她在数据结构与算法方面给了我很大启发。

最后还要感谢郑州轻工业大学全体同仁在工作上的帮助及对我写作上的关心与支持。

在编写本书的过程中，参阅了大量相关教材、著作，个别案例也参考了网络资源，在此向各位原著者致敬！

由于编写时间仓促，水平所限，书中难免存在一些不足之处，恳请读者不吝赐教。

编　者

2022 年月 11 月

目录

第一篇　基础知识

第二篇　线性数据结构

第三篇 非线性数据结构

第四篇　常用算法

第一篇
基础知识

第1章
数据结构概述

近年来，随着计算机技术的快速发展，数据规模呈现几何级增长，数据类型也变得多样化，软件开发需要处理的数据日趋复杂，数据结构在人工智能、大数据技术飞速发展的今天显得尤为重要。要想编写出好的程序，不仅需要选择好的数据结构，还要有高效的算法。数据结构与算法往往是紧密联系在一起的。

本章重点和难点：
- 数据结构的相关概念。
- 数据的逻辑结构与存储结构。
- 抽象数据类型描述。
- 算法的时间复杂度和空间复杂度。

1.1 为什么要学习数据结构

1. 数据结构的前世今生

数据结构作为一门独立的课程是从 1968 年开始在美国设立的。1968 年，算法和程序设计技术的先驱，美国的唐·欧·克努特（Donald Ervin Knuth，中文名高德纳）教授开创了数据结构的最初体系，他所著的《计算机程序设计艺术》第一卷《基本算法》是第一本较系统地阐述数据的逻辑结构和存储结构及其操作的著作。从 20 世纪 60 年代末到 20 世纪 70 年代初，随着大型程序的出现，软件也相对独立，结构化程序设计成为程序设计方法学的主要内容，数据结构显得越来越重要。

从 20 世纪 70 年代中期到 20 世纪 80 年代，各种版本的数据结构著作相继出现。目前，数据结构的发展并未就此止步，随着大数据和人工智能时代的到来，数据结构开始在新的应用领域发挥重要作用。面对爆炸性增长的数据和计算机技术的发展，人工智能、大数据、机器学习等各应用领域中需要处理的大量多维数据就需要对数据进行组织和处理，数据结构的重要性不言而喻。

高德纳（Donald Ervin Knuth）写出了计算机科学理论与技术的经典巨著《计算机程序设计艺术》（*The Art of Computer Programming*）（共五卷），该著作被《美国科学家》杂志列为 20 世纪最重要的 12 本物理科学类专著之一，与爱因斯坦《相对论》、狄拉克《量子力学》、理查·费曼《量子电动力学》等经典比肩。高德纳因而在他 36 岁时就荣获 1974 年度的图灵奖。《计算机程序设计的艺术》推出之后，真正能读完读懂的人数并不多，据说比尔·盖茨花费了几个月才读完第一卷，然后说："如果你觉得自己是一名优秀的程序员，那就去读《计算机程序设计艺术》吧。对我来说，读完这本书不仅花了好几个月，而且还要求我有极高的自律性。如果你能读完这本书，不妨给我发个简历。"

2. 数据结构的作用与地位

数据结构是介于数学、计算机硬件和计算机软件三者之间的一门核心课程。数据结构已经不仅是计算机相关专业的核心课程，还是其他非计算机专业的主要选修课程之一，其重要性不言而喻。数据结构与计算机软件的研究有着更密切的关系，开发计算机系统软件和应用软件都会用到各种类型的数据结构。例如，算术表达式求值问题、迷宫求解、机器学习中的决策树分类等分别利用了数据结构中的栈、树进行解决，因此，要想更好地运用计算机来解决实际问题，使编写出的程序更高效、具有通用性，仅掌握计算机程序设计语言是难以应付众多复杂问题的，还必须学习和掌握好数据结构方面的有关知识。数据结构也是学习操作系统、软件工程、人工智能、算法设计与分析、机器学习、大数据等众多后继课程的重要基础。

1.2　基本概念和术语

在学习数据结构的过程中，有一些基本概念和专业术语会经常出现，下面先来了解一下这些基本概念和术语。

1. 数据

数据（data）是描述客观事物的符号，能输入到计算机中并能被计算机程序处理的符号集合。它是计算机程序加工的"原料"。例如，一个文字处理程序（如 Microsoft Word）的处理对象就是字符串，一个数值计算程序的处理对象就是整型和浮点型数据。因此，数据的含义非常广泛，如整型、浮点型等数值类型及字符、声音、图像、视频等非数值数据都属于数据范畴。

2. 数据元素

数据元素（data element）是数据的基本单位，在计算机程序中通常作为一个整体考虑和处理。一个数据元素可由若干个数据项（data item）组成，数据项是数据不可分割的最小单位。例如，一个学校的教职工基本情况表包括工号、姓名、性别、籍贯、所在院系、出生年月及职称等数据项。教职工基本情况如表 1-1 所示。表中的一行就是一个数据元素，也称为一条记录。

表 1-1　教职工基本情况

工　号	姓　名	性　别	籍　贯	所 在 院 系	出 生 年 月	职　称
2006002	孙冬平	男	河南	计算机学院	1970.10	教　授
2019056	朱　琳	女	北京	文学院	1985.08	讲　师
2015028	刘晓光	男	陕西	软件学院	1981.11	副教授

3. 数据对象

数据对象（data object）是性质相同的数据元素的集合，是数据的一个子集。例如，对于正整数来说，数据对象是集合 $N=\{1, 2, 3, \cdots\}$；对于字母字符数据来说，数据对象是集合 $C=\{'A', 'B', 'C', \cdots\}$。

4. 数据结构

数据结构（data structure）即数据的组织形式，它是数据元素之间存在的一种或多种特定关系的数据元素集合。在现实世界中，任何事物都是有内在联系的，而不是孤立存在的，同样在计算机中，数据元素不是孤立的、杂乱无序的，而是具有内在联系的数据集合。例如，表 1-1 的教职工基本情况表是一种表结构，学校的组织机构是一种层次结构，城市之间的交通路线属于图结构，如图 1-1 和图 1-2 所示。

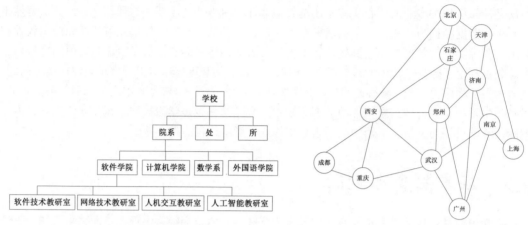

图 1-1　学校组织机构图　　　　　　　　图 1-2　城市之间交通路线图

5. 数据类型

数据类型（data type）用来刻画一组性质相同的数据及其上的操作。数据类型是按照值的不同进行划分的。在高级语言中，每个变量、常量和表达式都有各自的取值范围，该类型就说明了变量或表达式的取值范围和所能进行的操作。例如，C 语言中的字符类型规定了所占空间是 8 位，也就决定了它的取值范围，同时也定义了在其范围内可以进行赋值运算、比较运算等。

在 C 语言中，按照取值的不同，数据类型还可以分为原子类型和结构类型两类。原子类型是不可以再分解的基本类型，包括整型、实型、字符型等。结构类型是由若干个类型组合而成，是可以再分解的。例如，整型数组是由若干整型数据组成的，结构类型的值也是由若干个类型范围的数据构成，它们的类型都是相同的。

随着计算机技术的飞速发展，计算机从最初仅能够处理数值信息，发展到现在能处理的对象包括数值、字符、文字、声音、图像及视频等信息。任何信息只要经过数字化处理，能够让计算机识别，都能够进行处理。当然，这需要对要处理的信息进行抽象描述，让计算机理解。

1.3　数据的逻辑结构与存储结构

数据结构的主要任务就是通过分析数据对象的结构特征，包括逻辑结构及数据对象之间的关系，并把逻辑结构表示成计算机可实现的物理结构，以便设计、实现算法。

1.3.1　逻辑结构

数据的逻辑结构（logical structure）是指在数据对象中数据元素之间的相互关系。数据元素之间存在不同的逻辑关系构成了以下 4 种结构类型。

（1）集合。结构中的数据元素除了同属于一个集合外，数据元素之间没有其他关系。这就像数学中的自然数集合，集合中的所有元素都属于该集合，除此之外，没有其他特性。例如，数学中的正整数集合{5，67，978，20，123，18}，集合中的数除了属于正整数外，元素之间没有其他关系。数据结构中的集合关系就类似于数学中的集合。集合表示如图1-3所示。

（2）线性结构。结构中的数据元素之间是一对一的关系。线性结构如图1-4所示。数据元素之间有一种先后的次序关系，a、b、c……是一个线性表，其中，a是b的前驱，b是a的后继。

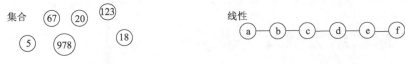

图 1-3　集合结构　　　　　　　　　　　图 1-4　线性结构

（3）树状结构。结构中的数据元素之间存在一种一对多的层次关系，树状结构如图1-5所示。这就像学校的组织结构图，学校下面是教学的院系、行政机构及一些研究所。

（4）图结构。结构中的数据元素是多对多的关系，图1-6就是一个图结构。城市之间的交通路线图就是多对多的关系，a、b、c、d、e、f、g是7个城市，城市a和城市b、e、f都存在一条直达路线，而城市b也和a、c、f存在一条直达路线。

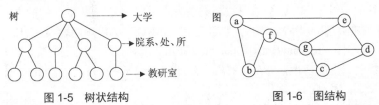

图 1-5　树状结构　　　　　　　　　　　图 1-6　图结构

1.3.2　存储结构

存储结构（storage structure）也称为物理结构（physical structure），指的是数据的逻辑结构在计算机中的存储形式。数据的存储结构应能正确反映数据元素之间的逻辑关系。

数据元素的存储结构形式通常有顺序存储结构和链式存储结构两种。顺序存储是把数据元素存放在一组地址连续的存储单元里，其数据元素间的逻辑关系和物理关系是一致的。采用顺序存储的字符串"abcdef"的存储结构如图1-7所示。链式存储是把数据元素存放在任意的存储单元里，这组存储单元可以是连续的，也可以是不连续的，数据元素的存储关系并不能反映其逻辑关系，因此需要借助指针来表示数据元素之间的逻辑关系。字符串"abcdef"的链式存储结构如图1-8所示。

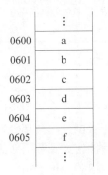

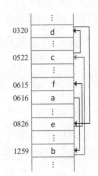

图 1-7　顺序存储结构　　　　　　　　　图 1-8　链式存储结构

数据的逻辑结构和物理结构是密切相关的，在学习数据结构的过程中，将会发现，任何一个算法的设计取决于选定的数据逻辑结构，而算法的实现则依赖于所采用的存储结构。

如何描述存储结构呢？通常是借助 C/C++/Java/Python 等高级程序设计语言中提供的数据类型进行描述。例如，对于数据结构中的顺序表可以用 C 语言中的一维数组表示；对于链表，可用 C 语言中的结构体描述，其中用指针来表示元素之间的逻辑关系。

1.4 抽象数据类型及其描述

在数据结构中，把一组包含数据类型、数据关系及在该数据上的一组基本操作统称为抽象数据类型。

1.4.1 什么是抽象数据类型

抽象数据类型（Abstract Data Type，ADT）是描述具有某种逻辑关系的数学模型，并在该数学模型上进行的一组操作。这个抽象数据类型有点类似于 C++和 Java 中的类，例如，Java 中的 Integer 类是基本类型 int 所对应的封装类，它包含 MAX_VALUE（整数最大值）、MIN_VALUE（整数最小值）等属性、toString(int i)、parseInt(String s)等方法。它们的区别在于，抽象数据类型描述的是一组逻辑上的特性，与在计算机内部如何表示无关；Java 中的 Integer 类是依赖具体实现的，是抽象数据类型的具体化表现形式。

抽象数据类型不仅包括在计算机中已经定义了的数据类型，如整型、浮点型等，还包括用户自己定义的数据类型，如结构体类型、类等。

一个抽象数据类型定义了一个数据对象、数据对象中数据元素之间的关系及对数据元素的操作。抽象数据类型通常是指用来解决应用问题的数据模型，包括数据的定义和操作。

抽象数据类型体现了程序设计中的问题分解、抽象和信息隐藏特性。抽象数据类型把实际生活中的问题分解为多个规模小且容易处理的问题，然后建立起一个计算机能处理的数据模型，并把每个功能模块的实现细节作为一个独立的单元，从而使具体实现过程隐藏起来。这就类似人们日常生活中盖房子，把盖房子分成若干个小任务：地皮审批、图纸设计、施工、装修等，工程管理人员负责地皮的审批，地皮审批下来之后，工程技术人员根据用户需求设计图纸，建筑工人根据设计好的图纸进行施工（包括打地基、砌墙、安装门窗等），盖好房子后请装修工人装修。

盖房子的过程与抽象数据类型中的问题分解类似，工程管理人员不需要了解图纸如何设计，工程技术人员不需要了解打地基和砌墙的具体过程，装修工人不需要知道怎么画图纸和怎样盖房子，这就是抽象数据类型中的信息隐藏。

1.4.2 抽象数据类型的描述

对于初学者来说，抽象数据类型不太容易理解，用一大堆公式会让不少读者迷茫，因此，本书采用通俗的语言去讲解抽象数据类型。本书把抽象数据类型分为两部分来描述，即数据对象集合和基本操作集合。其中，数据对象集合包括数据对象的定义及数据对象中元素之间关系的描述，基本操作集合是对数据对象的运算的描述。数据对象和数据关系的定义可采用数学符号和自然语言描述，基本操作的定义格式如下。

基本操作名（参数表）：初始条件和操作结果描述.

例如，集合 Set 的抽象数据类型描述如下。

1. 数据对象集合

集合 Set 的数据对象集合为$\{a_1, a_2, \ldots, a_n\}$，每个元素的类型均为 DataType。

2. 基本操作集合

（1）InitSet (&S)：初始化操作，建立一个空的集合 S。

（2）SetEmpty(S)：若集合 S 为空，返回 1，否则返回 0。

（3）GetSetElem (S,i,&e)：返回集合 S 的第 i 个位置元素值给 e。

（4）LocateElem (S,e)：在集合 S 中查找与给定值 e 相等的元素，如果查找成功返回该元素在表中的序号，否则返回 0。

（5）InsertSet (&S,e)：在集合 S 中插入一个新元素 e。

（6）DelSet (&S,i,&e)：删除集合 S 中的第 i 个位置元素，并用 e 返回其值。

（7）SetLength(S)：返回集合 S 中的元素个数。

（8）ClearSet(&L)：将集合 S 清空。

（9）UnionSet(&S,T)：合并集合 S 和 T，即将 T 中的元素插入到 S 中，相同的元素只保留一个。

（10）DiffSet(&S,T)：求两个集合的差集，即 S-T，即删除 S 中与 T 中相同的元素。

（11）DispSet(S)：输出集合 S 中的元素。

基本操作实现如下。

```
typedef struct myset/*集合的类型定义*/
{
        DataType list[MAXSIZE];
        int length;
}Set;
void InitSet(Set *S)
/*集合 S 的初始化*/
{
        S->length=0;
}
int SetEmpty(Set S)
/*判断集合 S 是否为空，若为空，则返回1；否则，返回0*/
{
        if(S.length<=0)
                return 1;
        else
                return 0;
}
int SetLength(Set S)
/*返回集合 S 中元素个数*/
{
        return S.length;
}
void ClearSet(Set *S)
/*清空集合 S*/
{
        S->length=0;
}
int InsertSet(Set *S, DataType e)
/*在集合 S 中插入一个元素 e*/
{
        if(S->length>=MAXSIZE-1)
```

```
                return -1;
        else
        {
                S->list[S->length]=e;
                S->length++;
                return 1;
        }
}
int DelSet(Set *S, int pos)
/*删除集合S中的第pos个元素*/
{
        int i;
        if(S->length<=0)
                return -1;
        else
        {
                for(i=pos-1;i<S->length-1;i++)
                    S->list[i]=S->list[i+1];
                S->length--;
                return 1;
        }
}

int GetSetElem(Set S,int i,DataType *e)
/*获取集合S中第i个元素赋给e*/
{
        if(S.length<=0)
                return -1;
        else if(i<1&&i>S.length)
                return -1;
        else
        {
                *e=S.list[i-1];
                return 1;
        }
}
int LocateElem(Set S, DataType e)
/*查找集合S中元素值为e的元素，返回其序号*/
{
        int i;
        for(i=1;i<=S.length;i++)
        {
                if(S.list[i-1]==e)
                    return i;
        }
        return 0;
}
int UnionSet(Set *S, Set T)
/*合并集合S和T*/
{
        DataType e;
        int i;
        if(S->length+T.length>=MAXSIZE-1)
            return -1;
        else
        {
            for(i=1;i<=T.length;i++)
            {
                    GetSetElem(T,i,&e);
                    if(!LocateElem(*S,e))
```

```
                        InsertSet(S,e);
                }
        }
}
int DiffSet(Set *S, Set T)
/*求集合 S 和 T 的差集*/
{
        DataType e;
        int i,pos;
        if(S->length<=0)
                return -1;
        else
        {
                for(i=1;i<=T.length;i++)
                {
                  GetSetElem(T,i,&e);
                    if(pos=LocateElem(*S,e))
                        DelSet(S,pos);
                }
                 return 1;
        }
}
void DispSet(Set S)
/*输出集合 S 中的元素*/
{
        int i;
        for(i=1;i<=S.length;i++)
                printf("%4c",S.list[i-1]);
        printf("\n");
}
```

1.5　算法

在定义好了数据类型之后，就要在此基础上设计实现算法，即程序。

1.5.1　数据结构与算法的关系

算法与数据结构关系密切，两者既有联系又有区别。数据结构与算法的联系可用一个公式描述：

程序=算法+数据结构

数据结构是算法实现的基础，算法依赖于某种数据结构才能实现。算法的操作对象是数据结构。算法的设计和选择要同时结合数据结构，只有确定了数据的存储方式和描述方式，即数据结构确定了之后，算法才能确定。例如，在数组和链表中查找元素值的算法实现是不同的。算法设计的实质就是对实际问题要处理的数据选择一种恰当的存储结构，并在选定的存储结构上设计一个好的算法。

数据结构是算法设计的基础。比如你要装修房子，装修房子的设计就相当于算法设计，而如何装修房子是要看房子的结构设计，不同的房间结构，其装修设计是不同的，只有确定了房间结构，才能进行房间的装修设计。房间的结构就像数据结构。算法设计必须要考虑到数据结构的构造，算法设计是不可能独立于数据结构存在的。数据结构的设计和选择需要为算法服务，根据数据结构及特点，才能设计出好的算法。

1.5.2　什么是算法

算法（algorithm）是解决特定问题求解步骤的描述，在计算机中表现为有限的操作序列。操作序列包括一组操作，每一个操作都完成特定的功能。例如，求 n 个数中最大者的问题，其算法描述如下。

（1）定义一个变量 max 和一个数组 $a[]$，分别用来存放最大数和数组的元素，并假定第一个数最大，赋给 max。

```
max=a[0];
```

（2）依次把数组 a 中其余的 n-1 个数与 max 进行比较，遇到较大的数时，将其赋给 max。

```
for(i=1;i<n;i++)                        /*for 循环处理*/
    if(max<a[i])                        /*判断是否满足 max 小于 a[i]的条件*/
        max=a[i];                       /*如果满足条件,将 a[i]赋值给 max*/
```

最后，max 中的数就是 n 个数中的最大者。

1.5.3　算法的五大特性

算法具有以下 5 个特性。

（1）有穷性（finiteness）。有穷性指的是算法在执行有限的步骤之后，自动结束而不会出现无限循环，并且每一个步骤在可接受的时间内完成。

（2）确定性（definiteness）。算法的每一步骤都具有确定的含义，不会出现二义性。算法在一定条件下只有一条执行路径，也就是相同的输入只能有一个唯一的输出结果。

（3）可行性（feasibility）。算法的每个操作都能够通过执行有限次基本运算完成。

（4）输入（input）。算法具有零个或多个输入。

（5）输出（output）。算法至少有一个或多个输出。输出的形式可以是打印输出也可以是返回一个或多个值。

1.5.4　算法的描述方式

算法的描述方式有多种，如自然语言、伪代码（或称为类语言）、程序流程图及程序设计语言（如 C 语言）等。其中，自然语言描述可以是汉语或英语等文字描述；伪代码形式类似于程序设计语言形式，但是不能直接运行；程序流程图的优点是直观，但是不易直接转换为可运行的程序；程序设计语言描述算法就是直接利用像 C、C++、Java 等语言表述，优点是可以直接在计算机上运行。为了方便读者学习和上机操作，本书所有算法均采用 C 语言描述，所有程序均可直接上机运行。

1.6　算法分析

一个好的算法往往可以使程序尽可能快地运行，衡量一个算法的好坏往往将算法效率和存储空间作为重要依据。算法的效率需要通过算法思想编写的程序在计算机上的运行时间来衡量，存储空间需要通过算法在执行过程中所占用的最大存储空间来衡量。

1.6.1　算法设计的 4 个目标

一个好的算法应该具备以下目标。

1. 算法的正确性

算法的正确性是指算法至少应该包括对于输入、输出和处理无歧义性的描述，能正确反映问题的需求，且能够得到问题的正确答案。

通常算法的正确性应包括以下 4 个层次。

（1）算法对应的程序没有语法错误。

（2）对于几组输入数据能得到满足规格要求的结果。

（3）对于精心选择的典型的、苛刻的、带有刁难性的几组输入数据能得到满足规格要求的结果。

（4）对于一切合法的输入都能得到满足要求的结果。

对于这 4 层算法正确性的含义，达到第 4 层意义上的正确是极为困难的，所有不同输入数据的数量大得惊人，逐一验证的方法是不现实的。一般情况下，把层次 3 作为衡量一个程序是否正确的标准。

2. 可读性

算法主要是为了人们方便阅读和交流，其次才是计算机执行。可读性好有助于人们对算法的理解，晦涩难懂的程序往往隐含错误不易被发现，难以调试和修改。

3. 健壮性

当输入数据不合法时，算法也应该能做出反应或进行处理，而不会产生异常或莫名其妙的输出结果。例如，求一元二次方程根 $ax^2+bx+c=0$ 的算法，需要考虑多种情况。先判断 b^2-4ac 的正负，如果为正数，则该方程有两个不同的实根；如果为负数，表明该方程无实根；如果为零，表明该方程只有一个实根；如果 $a=0$，则该方程又变成了一元一次方程，此时若 $b=0$，还要处理除数为零的情况。如果输入的 a、b、c 不是数值型，还要提示用户输入错误。

4. 高效率和低存储量

效率指的是算法的执行时间。对于同一个问题如果有多个算法能够解决，执行时间短的算法效率高，执行时间长的效率低。存储量需求指算法在执行过程中需要的最大存储空间。效率与低存储量需求都与问题的规模有关，求 100 个人的平均分与求 1000 个人的平均分所花的执行时间和运行空间显然有一定差别。设计算法时应尽量选择高效率和低存储量需求的算法。

1.6.2　算法效率评价

算法执行时间需通过依据该算法编制的程序在计算机上的运行时所耗费的时间来度量，而度量一个算法在计算机上的执行时间通常有如下两种方法。

1. 事后统计方法

目前计算机内部大都有计时功能，有的甚至可精确到毫秒级，不同算法的程序可通过一组或若干组相同的测试程序和数据以分辨算法的优劣。但是这种方法有两个缺陷：一是必须依据算法事先编制好程序，这通常需要花费大量的时间与精力；二是时间的长短依赖计算机硬件和软件等环境因素，有时会掩盖算法本身的优劣。因此，人们常常采用事前分析估算的方法评价算法的好坏。

2. 事前分析估算方法

这主要在计算机程序编制前，对算法依据数学中的统计方法进行估算。这主要是因为算法的程序在计算机上的运行时间取决于以下因素。

（1）算法采用的策略、方法。

（2）编译产生的代码质量。

（3）问题的规模。

（4）书写的程序语言，对于同一个算法，语言级别越高，执行效率越低。

（5）机器执行指令的速度。

在以上 5 个因素中，算法采用不同的策略，或不同的编译系统，或不同的语言实现，或在不同的机器上运行时，效率都不相同。抛开以上因素，算法效率则可以通过问题的规模来衡量。

一个算法由控制结构（顺序、分支和循环结构）和基本语句（赋值语句、声明语句和输入输出语句）构成，则算法的运行时间取决于两者执行时间的总和，所有语句的执行次数可以作为语句的执行时间的度量。语句的重复执行次数称为语句频度。

例如，斐波那契数列的算法和语句的频度如下。

```
                                                        每一条语句的频度
f0=0;                    /*赋值*/                         1
f1=1;                    /*赋值*/                         1
printf("%d,%d",f0,f1);   /*输出提示信息*/                 1
for(i=2;i<=n;i++)        /*for 循环处理*/                 n
{
    fn=f0+f1;            /*fn=f0+f1*/                    n-1
    printf(",%d",fn);    /*输出提示信息*/                 n-1
    f0=f1;              /*赋值 f0=f1*/                   n-1
    f1=fn;                                              n-1
}
```

每一条语句的右端是对应语句的**频度**（frequency count），即语句的执行次数。上面算法总的执行次数为 $f(n)=1+1+1+n+4(n-1)=5n-1$。

1.6.3 算法时间复杂度

算法分析的目的是看设计的算法是否具有可行性，并尽可能挑选运行效率高效的算法。

1. 什么是算法时间复杂度

在进行算法分析时，语句总的执行次数 $f(n)$是关于问题规模 n 的函数，进而分析 $f(n)$随 n 的变化情况并确定 $f(n)$的数量级。算法的时间复杂度，也就是算法的时间量度，记作 $T(n)=O(f(n))$。它表示随问题规模 n 的增大，算法的执行时间的增长率和 $f(n)$的增长率相同，称作算法的渐进时间复杂度，简称为时间复杂度。其中，$f(n)$是问题规模 n 的某个函数。

一般情况下，随着 n 的增大，$T(n)$的增长较慢的算法为最优的算法。例如，在下列三段程序段中，给出基本操作 $x=x+1$ 的时间复杂度分析。

（1）x=x+1;

（2）for（i=1;i<=n;i++）

  x=x+1;

（3）for（i=1;i<=n;i++）

```
    for（j=1;j<=n;j++）
            x=x+1;
```

程序段（1）的时间复杂度为 $O(1)$，称为常量阶；程序段（2）的时间复杂度为 $O(n)$，称为线性阶；程序段（3）的时间复杂度为 $O(n^2)$，称为平方阶。此外，算法的时间复杂度还有对数阶 $O(\log_2 n)$、指数阶 $O(2^n)$ 等。

上面的斐波那契数列的时间复杂度 $T(n)=O(n)$。

常用的时间复杂度所耗费的时间从小到大依次是 $O(1)<O(\log_2 n)<O(n)<O(n^2)<O(n^3)<O(2^n)<O(n!)$。

算法的时间复杂度是衡量一个算法好坏的重要指标。一般情况下，具有指数级的时间复杂度算法只有当 n 足够小时才是可使用的算法。具有常量阶、线性阶、对数阶、平方阶和立方阶的时间复杂度算法是常用的算法。一些常见函数的增长率如图 1-9 所示。

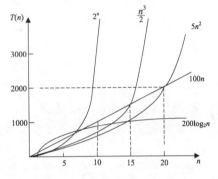

图 1-9　常见函数的增长率

一般情况下，算法的时间复杂度只需要考虑关于问题规模 n 的增长率或阶数。例如以下程序段。

```
for(i=2;i<=n;i++)                      /*for 外层循环*/
        for(j=2;j<=i-1;j++)            /*for 内层循环*/
        {
            k++;                       /*k 自增*/
            a[i][j]=x;                 /*x 赋值给数组 a[i][j]*/
        }
```

语句 k++的执行次数关于 n 的增长率为 n^2，它是语句频度 $(n-1)(n-2)/2$ 中增长最快的项。

在某些情况下，算法的基本操作的重复执行次数不仅依赖于输入数据集的规模，还依赖于数据集的初始状态。例如，在以下的冒泡排序算法中，其基本操作执行次数还取决于数据元素的初始排列状态。

```
void BubbleSort(int a[],int n)         /*冒泡排序算法函数]*/
{
    int i,j,t;                         /*定义三个整型变量*/
    change=TRUE;                       /*变量 change 赋值为 TRUE*/
    for(i=1;i<=n-1&&change;i++)        /*for 外层循环处理*/
    {
        change=FALSE;                  /*变量 change 赋值为 FALSE*/
        for(j=1;j<=n-i;j++)            /*for 内层循环处理*/
            if(a[j]>a[j+1])            /*判断，冒泡排序算法实现*/
            {                          /*比较两个元素，如果它们的顺序错误就将它们交换过来*/
                t=a[j];
                a[j]=a[j+1];
                a[j+1]=t;
                change=TRUE;           /*变量 change 赋值为 TRUE*/
            }
    }
}
```

交换相邻两个整数为该算法中的基本操作。当数组 a 中的初始序列为从小到大有序排列时，基本操作的执行次数为 0；当数组中初始序列从大到小排列时，基本操作的执行次数为 $n(n-1)/2$。对这类算法的分析，一种方法是计算所有情况的平均值，这种时间复杂的计算方法称为平均时间复杂度；另外一种方法是计算最坏情况下的时间复杂度，这种方法称为最坏时间复杂度。若数组 a 中初始输入数据可能出现 $n!$ 种的排列情况的概率相等，则冒泡排序的平均时间复杂度为 $T(n)=O(n^2)$。

然而，在很多情况下，各种输入数据集出现的概率难以确定，算法的平均复杂度也就难以确定。因此，另一种更可行也更为常用的办法是讨论算法在最坏情况下的时间复杂度，即分析最坏情况以估算算法执行时间的上界。例如，上面冒泡排序的最坏时间复杂度为数组 a 中初始序列为从大到小有序，则冒泡排序算法在最坏情况下的时间复杂度为 $T(n)=O(n^2)$。一般情况下，本书以后讨论的时间复杂度，在没有特殊说明的情况下，都指的是最坏情况下的时间复杂度。

2. 算法时间复杂度分析举例

一般情况下，算法的时间复杂度只需要考虑算法中的基本操作，即算法中最深层循环体内的操作。

【例 1.1】分析以下程序段的时间复杂度。

```
for(i=2;i<=n;i++)
    for(j=2;j<=i-1;j++)
    {
        x++;                //基本操作
        a[i][j]=x;          //基本操作
    }
```

该程序段中的基本操作是第二层 for 循环中的语句，即 x++和 $a[i][j]=x$，其语句频度为 $(n-1)(n-2)/2$。因此，其时间复杂度为 $O(n^2)$。

【例 1.2】分析以下算法的时间复杂度。

```
void Fun( )
{
    int i=1;
    while(i<=n)
    {
        i=i*2;              //基本操作
    }
}
```

该函数 Fun()的基本操作是 $i=i*2$，设循环次数为 $f(n)$，则 $2^{f(n)} \leqslant n$，则有 $f(n) \leqslant \log_2 n$。因此，时间复杂度为 $O(\log_2 n)$。

【例 1.3】分析以下算法的时间复杂度。

```
void Func( )
{
    i=s=0;
    while(s<n)
    {
        i++;                //基本操作
        s+=i;               //基本操作
    }
}
```

该算法中的基本操作是 while 循环中的语句，设 while 循环次数为 $f(n)$，则变量 i 从 0 到 $f(n)$，

因此循环次数为 $f(n) \times (f(n)+1)/2 \leqslant n$，则 $f(n) \leqslant \sqrt{8n}$，故时间复杂度为 $O(\sqrt{n})$。

【例 1.4】一个算法所需时间由以下递归方程表示，分析算法的时间复杂度。

$$T(n) = \begin{cases} 1, & n=1 \\ 2T(n-1)+1, & n>1 \end{cases}$$

根据以上递归方程，可得 $T(n)=2T(n-1)+1=2(2T(n-2)+1)+1=2^2T(n-2)+2+1$

$$=2^2(2T(n-3)+1)+2+1$$
$$=\cdots$$
$$=2^{k-1}(2T(n-k)+1)+2^{k-2}+\cdots+2+1$$
$$=\cdots$$
$$=2^{n-2}(2T(1)+1)+2^{n-2}+\cdots+2+1$$
$$=2^{n-1}+\cdots+2+1$$
$$=2^n-1$$

因此，该算法的时间复杂度为 $O(2^n)$。

1.6.4　算法空间复杂度

空间复杂度作为算法所需存储空间的量度，记作 $S(n)=O(f(n))$。其中，n 为问题的规模，$f(n)$ 为语句关于 n 的所占存储空间的函数。一般情况下，一个程序在机器上执行时，除了需要存储程序本身的指令、常数、变量和输入数据外，还需要存储对数据操作的存储单元。若输入数据所占空间只取决于问题本身，和算法无关，这样只需要分析该算法在实现时所需的辅助单元即可。若算法执行时所需的辅助空间相对于输入数据量而言是个常数，则称此算法为原地工作，空间复杂度为 $O(1)$。

【例 1.5】以下是一个简单插入排序算法，分析算法的空间复杂度。

```
for(i=0;i<n;i++)
{
    t=a[i+1];
    j=i;
    while(j>=0 && t<a[j])
    {
        a[j+1]=a[j];
        j--;
    }
    a[j+1]=t;
}
```

该算法借助了变量 t，与问题规模 n 的大小无关，空间复杂度为 $O(1)$。

【例 1.6】以下算法是求 n 个数中的最大者，分析算法的空间复杂度。

```
int FindMax(int a[], int n)
{
    int m;
    if(n<=1)
        return a[0];
    else
    {
```

```
        m=FindMax(a,n-1);
        return a[n-1]>=m?a[n-1]:m;
    }
}
```

设 FindMax(a,n) 占用的临时空间为 $S(n)$，由以上算法可得到以下占用临时空间的递推式。

$$S(n) = \begin{cases} 1, & n=1 \\ S(n-1)+1, & n>1 \end{cases}$$

则有 $S(n)=S(n-1)+1=S(n-2)+1+1=\cdots=S(1)+1+1+\cdots+1=O(n)$。因此，该算法的空间复杂度为 $O(n)$。

1.7 学好数据结构的秘诀

作为计算机专业的一名"老兵"，笔者从事数据结构和算法的研究已经有二十余年了，在学习的过程中，也会遇到一些问题，但在解决问题时，积累了一些经验，为了让读者在学习数据结构的过程中少走弯路，本节将分享一些笔者个人在学习数据结构与算法时的经验，希望对读者的学习有所帮助。

1. 明确数据结构的重要性，树立学好数据结构的信心

数据结构是计算机、软件工程等相关专业的核心课程，是操作系统、数据库原理、编译原理、人工智能、算法设计与分析等课程的重要基础。当今最流行的人工智能、机器学习中的所有算法无不蕴含着数据结构与算法知识，数据结构也是计算机专业硕士研究生入学考试，计算机软件水平考试、等级考试的必考内容之一，其重要性不言而喻。

一定要树立学好数据结构与算法的信心。万事开头难，学习任何一样新东西，都有一个适应过程，对于初学者来说，数据结构有些枯燥、乏味，但当你将数据结构中的知识与日常生活结合起来时，就不会觉得那么枯燥和乏味了，你会觉得它很有用。在学习数据结构与算法的过程中，主要困难可能是出于以下原因：一个是数据结构的概念比较抽象，不容易理解；另一个是没有熟练掌握一门程序设计语言。数据结构中的概念其实就是对日常生活中的具体问题进行了抽象，因此，只要与日常生活多联系，这些抽象的概念就变得好理解了。另外，一定要熟练掌握 C 语言/Java 语言工具，从代码中去领会算法思想。

2. 熟练掌握程序设计语言，变腐朽为神奇

程序语言是学习数据结构和算法设计的基础，很显然，没有良好的程序设计语言能力，就不能很好地把算法用程序设计语言描述出来，程序设计语言和数据结构、算法的关系就像是画笔和画家的思想关系一样，程序设计语言就是画笔，数据结构、算法就是画家的思想，即便画家的水平很高，如果不会使用画笔，再美的图画也无法展现出来。

可见，要想学好数据结构，必须至少熟练掌握一门程序设计语言，如 C 语言、C++语言、Java 语言等。

3. 结合生活实际，变抽象为具体

数据结构是一项把实际问题抽象化和进行复杂程序设计的工程。它要求学生不仅具备 C 语言等高级程序设计语言的基础，而且还要学会掌握把复杂问题抽象成计算机能够解决的离

散的数学模型的能力。在学习数据结构的过程中，要将各种结构与实际生活结合起来，把抽象的东西具体化，以便理解。例如，学到队列时，很自然就会联想到火车站售票窗口前面排起的长长的队伍，这支长长的队伍其实就是队列的具体化，这样就会很容易理解关于队列的概念，如队头、队尾、出队、入队等。

4. 多思考，多上机实践

数据结构既是一门理论性较强的学科，也是一门实践性很强的学科。特别是对于初学者而言，接触到的算法相对较少，编写算法还不够熟练，俗话说"熟能生巧，勤能补拙"，因此，只有多看有关算法和数据结构方面的图书，认真理解其中的算法思想。除了阅读算法之外，还要自己动手写算法，并在计算机上调试，这样才能知道编写的算法是否正确，存在哪些错误和缺陷，以避免今后再犯类似错误，长此以往，自己的算法和数据结构水平才能快速提高。

有的表面上看是正确的程序，在计算机上运行后才发现隐藏的错误，特别是很细微的错误，只有多试几组数据，才知道程序到底是不是正确。因此，对于一个程序或算法，除了仔细阅读程序或算法判断是否存在逻辑错误外，还需要上机调试，在可能出错的地方设置断点，单步跟踪调试程序，观察各变量的变化情况，才能找到具体哪个地方出了问题。有时，可能仅仅是误输入了一个符号或变量，就可能产生错误，这种错误往往不容易发现，只有上机调试才能发现错误。因此，在学习数据结构与算法的时候一定要多上机实践。

只要能做到以上几点，选择一本好的数据结构教材或参考书（最好算法完全用 C 语言实现，有完整代码），加上读者的勤奋，学好数据结构并不是什么难事。

第 2 章

数据结构与算法基础

"工欲善其事，必先利其器"。C 语言是数据结构与算法的主要描述语言，要想真正掌握好数据结构与算法，读懂并写出逻辑清晰、高效优雅的算法，必须首先对 C 语言了如指掌。本章旨在引领读者复习 C 语言中的一些重点和难点，为今后的数据结构与算法学习扫清语言障碍。本章主要内容包括 C 语言开发环境、函数与递归、指针、参数传递、动态内存分配及结构体、联合体。

本章重点和难点：

- 递归函数的实现和递归如何转换为非递归。
- 指针数组、数组指针、函数指针的定义及使用。
- 理解传地址调用中变量的变化情况。
- 链表的定义及其操作。

2.1　递归与非递归

递归是 C 语言学习过程中的重点和难点。在数据结构与算法实践过程中，经常会遇到利用递归实现算法的情况。递归是一种分而治之、将复杂问题转换为简单问题的求解方法。使用递归可以使编写出的程序简洁、结构清晰，程序的正确性很容易证明，不需要了解递归调用的具体细节。

2.1.1　函数的递归调用

简单来说，函数的递归调用就是自己调用自己，即一个函数在调用其他函数的过程中，又出现了对自身的调用，这种函数称为递归函数。函数的递归调用可分为直接递归调用和间接递归调用。其中，在函数中直接调用自己称为函数的直接递归调用，如图 2-1 所示；如果函数 f1 调用了函数 f2，函数 f2 又调用了 f1，这种调用方式称为间接递归调用，如图 2-2 所示。

函数的递归调用就是自己调用自己，可以直接调用自己也可以间接调用自己。

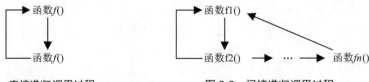

图 2-1　直接递归调用过程　　　　　　图 2-2　间接递归调用过程

在用递归解决实际问题时，递归函数只需知道最基本问题的解。在递归函数中，遇到基本问题时仅返回一个值，在解决较为复杂的问题时，通过将复杂的问题化解为比原有问题更简单、规模更小的问题，最后把复杂问题变成一个基本问题，而基本问题的答案是已知的，基本问题解决后，比基本问题大一点的问题也得到解决，直到原有问题得到解决。

2.1.2　递归应用举例

【例 2-1】利用递归求 $n!$。

【分析】n 的阶乘递归定义为 $n!=n\times(n-1)!$，当 $n=5$ 时，则有

$5!=5\times4!$

$4!=4\times3!$

$3!=3\times2!$

$2!=2\times1!$

$1!=1\times0!$

$0!=1$

递归计算 $5!$ 的过程如图 2-3 所示。因为 $5!=5\times(5-1)!$，因此，如果能求出 $(5-1)!$，也就求出了 $5!$；又因为 $(5-1)!=(5-1)\times(5-2)!$，因此，如果能求出 $(5-2)!$，则也就能求出 $(5-1)!$；……最后一直递归到 $1!=1\times0!$。而 $0!$ 的值为 1 是已知条件，当得到了 $0!$ 的值后，就可以得到 $1!$ 的值，按上述分析过程逆向推回去，从而得到 $2!$、$3!$、$4!$ 和 $5!$ 的值。

这样就把求解问题 $5!$ 转换为 5 与 4! 相乘，4! 的值是未知的，接着继续把求解 4! 转换为 4 与 3! 相乘，这样将问题规模不断缩小，直到把原问题转换为求解 $0!=1$ 这个最基本的已知问题为止。

根据上述分析可知，求解 $5!$ 可分成两个阶段：第一阶段是由未知逐步推得已知的过程，称为"回推"；第二阶段是与回推过程相反的过程，即由已知逐步推得最后结果的过程，称为"递推"。图中的左半部分是回推过程，回推过程在计算出 $0!=1$ 时停止调用；右半部分是递推过程，直到计算出 $5!=120$ 为止。

综上，递归求 $n!$ 的过程分以下两个过程。

（1）当 $n=0$（递归调用结束，即递归的出口）时，返回 1。

（2）当 $n\neq0$ 时，需要把复杂问题分解成较为简单的问题，直到分解成最简单的问题 $0!=1$ 为止。

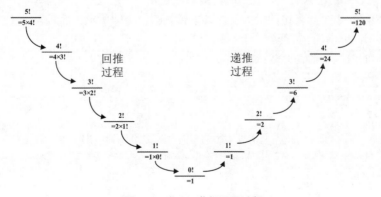

图 2-3　求 5! 递归调用过程

递归求 n!的算法实现如下。

```c
#include<stdio.h>
#include<stdlib.h>
long factorial(int n);                          /*求阶乘函数声明*/
void main()                                     /*主函数*/
{
    int num;                                    /*定义循环变量num*/
    for(num=0;num<10;num++)                     /*for循环处理*/
        printf("%d!=%ld\n",num,factorial(num)); /*输出阶乘计算结果*/
    system("pause");
}
long factorial(int n)
/*递归求 n! 函数实现*/
{
    if(n==0)                                    /*当 n=0 时,递归调用出口*/
        return 1;                               /*0! =1 是最基本问题的解*/
    else                                        /*否则*/
        return n*factorial(n-1);                /*递归调用将问题分解成较为简单的子问题*/
}
```

程序运行结果如图 2-4 所示。

图 2-4　程序运行结果

【例 2-2】要求利用递归实现求 n 个数中的最大者。

【分析】假设元素序列存放在数组 $a[]$中，数组 $a[]$中 n 个元素的最大者可以通过将 $a[n-1]$ 与前 $n-1$ 个元素最大者比较之后得到，而前 $n-1$ 个元素的最大者可通过将 $a[n-2]$ 与前 $n-2$ 个元素的最大者比较之后得到，依次类推。

也就是说，数组 $a[]$中只有一个元素时，最大者是 $a[0]$；超过一个元素时，则要比较最后一个元素 $a[n-1]$和前 $n-1$ 个元素中的最大者，其中较大的一个即所求。而求前 $n-1$ 个元素的最大者需要继续调用 findmax()函数得到。

求 n 个数中的最大者的递归算法实现如下。

```c
#include<stdio.h>
#include<stdlib.h>
#define N 200                                   /*宏定义 N=200*/
int findmax(int a[],int n);                     /*求数组中最大者的函数声明*/
void main()
{
    int a[N],n,i;                               /*定义变量*/
    printf("请输入 n 的值:");                    /*输出提示信息*/
    scanf("%d",&n);                             /*从键盘输入 n 的值*/
```

```
    printf("请依次输入%d个数: \n",n);              /*输出提示信息*/
    for(i=0;i<n;i++)                            /*输入 n 个整数,存入数组 a 中*/
        scanf("%d",&a[i]);
    printf("在这%d个数中,最大的元素是:%d\n",n,findmax(a,n)); /*输出 n 个数中最大的一个*/
    system("pause");
}
int findmax(int a[],int n)                     /*求 n 个数中最大者的函数实现*/
{
    int m;                                     /*定义变量*/
    if(n<=1)                                   /*如果只有一个数*/
        return a[0];                           /*则数组中第一个数就是最大的数*/
    else                                       /*否则*/
    {
        m=findmax(a,n-1);                      /*通过递归求前 n-1 个数中的最大者,将其赋给 m*/
        return a[n-1]>=m?a[n-1]:m;
        /*若第 n 个数大于或等于 m,则第 n 个数就是最大者;否则,m 为最大者*/
    }
}
```

程序的运行结果如图 2-5 所示。

图 2-5　递归实现求 *n* 个数的最大者程序运行结果

2.1.3　迭代与递归

大量的递归调用会耗费大量的时间和内存。每次递归调用都会建立函数的一个备份,会占用大量的内存空间。迭代则不需要反复调用函数和占用额外的内存。通过分析递归求 *n* 的阶乘 *n*!的计算过程,可以转换为非递归实现,其非递归实现如下。

```
int NonRecFact(int n)
/*非递归求前 n 的阶乘*/
{
    int i,s=1;
    for(i=1;i<=n;i++)              /*通过迭代求 n 的阶乘*/
        s*=i;
    return s;                      /*返回计算结果*/
}
```

对于大整数问题,考虑到 *n* 值非常大的情况,运算结果超出一般整数的位数,可以用一维数组存储长整数,数组中的每个元素只存储长整数的一位数字。如有 *m* 位长整数 *N* 用数组 a[] 存储,$N=a[m]*10^{m-1}+a[m-1]*10^{m-2}+\cdots+a[2]*10^1+a[1]*10^0$,并用 $a[0]$ 存储长整数 *N* 的位数 *m*,即 $a[0]=m$。按上述约定,数组的每个元素存储 *k* 的阶乘 *k*!的每一位数字,并从低位到高位依次存储于数组的第 2 个元素、第 3 个元素……例如,6!=720 在数组中的存储形式如图 2-6 所示。

3	0	2	7	⋯	⋯	⋯	⋯

图 2-6　*k*!在数组中的存储情况

其中,第 1 个元素 3 表示长整数是一个 3 位数,接着是低位到高位的 0、2、7,表示长整数 720。

在计算阶乘 k!时，可以采用对已求得的阶乘$(k-1)$!连续累加 $k-1$ 次(即得到 $k\times(k-1)$!)后得到。例如，已知 5!=120，计算 6!，可对原来的 120 再累加 5 次 120(即得到 6×5!)得到 720。具体程序实现如下。

```c
#include<stdio.h>
#include<malloc.h>                          /*包含该头文件的目的是使用了函数 malloc*/
#include<stdlib.h>
#define N 100                               /*宏定义 N=100*/
void fact(int a[],int k)                    /*求阶乘的非递归实现*/
{
    int *b,m,i,j,r,carry;                   /*定义变量*/
    m=a[0];                                 /*将正整数的位数赋给 m*/
    b=(int*)malloc(sizeof(int)*(m+1));              /*申请分配指定字节的内存空间并赋值给 b*/
    for(i=1;i<=m;i++)
        b[i]=a[i];                          /*将数组 a 的数据保存到数组 b 中*/
    for(j=1;j<k;j++)                        /*for 外层循环*/
    {
        for(carry=0,i=1;i<=m;i++)           /*for 内层循环*/
        {
            r=(i<=a[0]?a[i]+b[i]:a[i])+carry;      /*阶乘计算和存储*/
            a[i]=r%10;                      /*数组的每个元素存储 k 的阶乘 k!的每一位数字*/
            carry=r/10;
        }
        if(carry)                           /*是否满足条件*/
            a[++m]=carry;                   /*赋值*/
    }
    free(b);                                /*释放资源*/
    a[0]=m;                                 /*将求得的整数位数存入 a[0]*/
}
void write(int *a,int k)                    /*write 函数实现*/
{
    int i;                                  /*定义变量*/
    printf("%4d!=",k);                      /*输出提示信息*/
    for(i=a[0];i>0;i--)
            printf("%d",a[i]);              /*依次输出数组中的元素,即阶乘*/
    printf("\n");}
void main()
{
    int a[N],n,k;
    printf("请输入正整数 n 的值:"); scanf("%d",&n);
    a[0]=1;a[1]=1;                          /*将 1 的阶乘存入数组 a*/
    write(a,1);                             /*调用 write 函数输出 n 的阶乘*/
    for(k=2;k<=n;k++)                       /*依次求 2~n 的阶乘*/
    {
        fact(a,k);                          /*调用 fact 函数求 k 的阶乘*/
        write(a,k);                         /*调用 write 函数输出 k 的阶乘*/
    }
    system("pause");
}
```

程序运行结果如图 2-7 所示。

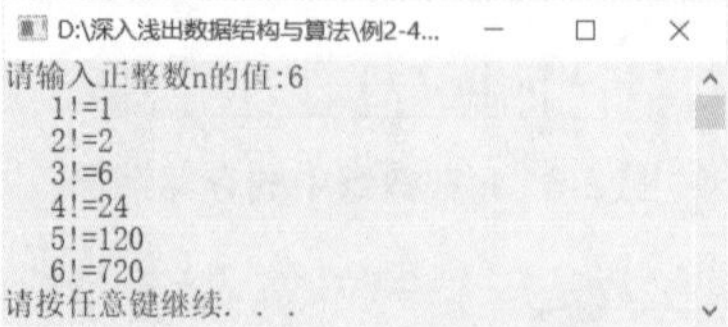

图 2-7 使用非递归求 n 的阶乘

对于较为简单的递归问题，可以利用迭代将其转换为非递归。而对于较为复杂的递归问题，需要使用数据结构中的栈来消除递归。

2.2　指针

指针是 C 语言中的一个重要概念，也是最不容易掌握的内容。指针常常用在函数的参数传递和动态内存分配中。指针与数组相结合，使引用数组元素的形式更加多样化，访问数组元素的手段更加灵活；指针与结构体相结合，利用系统提供的动态存储手段，能构造出各种复杂的动态数据结构；利用指针形参，使函数能实现传递地址形参和函数形参的要求。在"数据结构"课程中，指针的使用非常频繁，因此，要想真正掌握数据结构，就需要灵活、正确地使用指针。

2.2.1　什么是指针

指针是一种变量，也称指针变量，它的值不是整数、浮点数和字符，而是内存地址。指针的值就是变量的地址，而变量又拥有一个具体值。因此，可以理解为变量名直接引用了一个值，指针间接地引用了一个值。

在理解指针之前，先来了解下地址的概念。图 2-8 展示了变量在内存中的存储情况。假设 a、b、c、d、bPtr 分别是 5 个变量，其中，a、b、c、d 是整型变量，bPtr 是指针变量。整型变量在内存中占用 4B，变量 a 的存放地址是 2000～2003 四个内存单元，变量 b 存放在 2004～2007 内存单元中，变量 bPtr 存放在 4600～4603 四个内存单元中。整型变量 a、b、c、d 的内容分别是 25、12、78、5，而指针变量 bPtr 的内容是一个地址，为 2004 开始的内存地址，即 bPtr 存放的是变量 b 的地址，换句话说，就是 bPtr 指向变量 b 的存储位置，可以用一个箭头表示从地址是 4600 的位置指向变量地址为 2004 的位置。

一个存放变量地址的类型称为该变量的"指针"。如果有一个变量用来存放另一个变量的地址，则称这个变量为指针变量。在图 2-9 中，qPtr 用来存放变量 q 的地址，qPtr 就是一个指针变量。

在 C 语言中，所有变量在使用前都需要声明。例如，声明一个指针变量的语句如下。

```
int *qPtr,q;
```

q 是整型变量，表示要存放一个整数类型的值；qPtr 是一个整型指针变量，表示要存放一个变量的地址，而这个变量是整数类型。qPtr 叫作一个指向整型的指针。

说明：在声明指针变量时，"*"只是一个指针类型标识符，指针变量的声明也可以写成 int* qPtr。

指针变量可以在声明时赋值，也可以在声明后赋值。例如，在声明时为指针变量赋值的语句如下。

```
int q=12;                        /*声明整型变量 q 并赋值*/
int *qPtr=&q;                     /*声明指针变量 qPtr 并赋值*/
```

或在声明后为指针变量赋值，语句如下。

```
int q=12,*qPtr;                  /*声明一个整型变量和一个指针变量*/
qPtr=&q;                         /*为指针变量赋值*/
```

这两种赋值方法都是把变量 q 的地址赋值给指针变量 qPtr。qPtr=&q 叫作指向变量 q，其中，

&是取地址运算符，表示返回变量 q 的地址。指针变量 qPtr 与变量 q 的关系如图 2-9 所示。

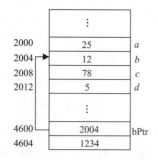

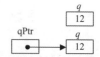

图 2-8　指针变量在内存中的表示　　　　图 2-9　q 直接引用一个值和 qPtr 间接引用一个变量 q

直接引用和间接引用可以用日常生活中的两个抽屉来形象说明。有两个抽屉 A 和 B，抽屉 A 有一把钥匙，抽屉 B 也有一把钥匙。为了方便，可以把两把钥匙都带在身上，需要取抽屉 A 中的东西时直接用钥匙 A 打开抽屉；也可以为了安全考虑，把钥匙 A 放到抽屉 B 中，把抽屉 B 的钥匙带在身上，需要取抽屉 A 中的东西时，先打开抽屉 B，再取出抽屉 A 的钥匙，然后打开抽屉 A，取出需要的东西。前一种方法就相当于通过变量直接引用，后一种方法相当于通过指针间接引用。其中，抽屉 B 的钥匙相当于指针变量，抽屉 A 的钥匙相当于一般的变量。

2.2.2　指针变量的间接引用

与普通变量一样，指针变量也可以对数据进行操作。指针变量主要通过取地址运算符&和指针运算符*来存取数据。例如，&a 指的是变量 a 的地址，*ptr 表示变量 ptr 所指向的内存单元存放的内容。下面通过具体例子说明&和*运算符及指针变量的使用。

【例 2-3】利用变量和指针变量存取数据。

【分析】主要考查如何利用&和*运算符来存取变量中的数据，取地址运算符&和指针运算符*是互逆的操作，应灵活掌握两个运算符的使用技巧。

```c
#include<stdio.h>
#include<stdlib.h>
void main()
{
    int q=12;
    int *qPtr;                      /*声明指针变量 qPtr*/
    qPtr=&q;                        /*指针变量 qPtr 指向变量 q*/
    /*打印变量 q 的地址和 qPtr 的内容*/
    printf("q 的地址是: %p\nqPtr 中的内容是: %p\n",&q,qPtr);
    /*打印 q 的值和 qPtr 指向变量的内容*/
    printf("q 的值是: %d\n*qPtr 的值是: %d\n",q,*qPtr);
    /*运算符'&'和'*'是互逆的*/
    printf("&*qPtr=%p,*&qPtr=%p\n 因此有&*qPtr=*&qPtr\n",&*qPtr,*&qPtr);
    system("pause");
}
```

程序运行结果如图 2-10 所示。

&和*作为单目运算符，结合性是从右到左，优先级别相同，因此对于表达式&*qPtr 来说，先进行*运算，后进行&运算。因为 qPtr 是指向变量 q 的，所以*qPtr 的值为 q，&*qPtr 就是对 q 取地址，即&q，q 的地址。*&qPtr 是先进行取地址运算即&qPtr，即 qPtr 的地址，然后进行*运算，那么*&qPtr 就是 qPtr 本身，即 q 的地址。因此，&*qPtr 和*&qPtr 是等价的。

图 2-10　利用指针变量进行存取操作的程序运行结果

注意：指针变量也是一种数据类型，用来存放变量的地址。指针变量的类型应和所指向的变量的类型一致。例如，整型指针只能指向整型变量，不能指向浮点型变量。指针变量只能用来存放地址，不能将一个整型值赋给一个指针变量。一般所说的变量指针指的是变量的地址。指针是指的地址，指针变量就是存储地址的变量。

2.2.3　指针与数组

指针可以与变量结合，也可以与数组结合使用。指针数组和数组指针是两个截然不同的概念，指针数组是一种数组，该数组存放的是一组变量的地址。数组指针是一个指针，表示该指针是指向数组的指针。

1. 指向数组元素的指针

指针可以指向变量，也可以指向数组及数组中的元素。

例如，定义一个整型数组和一个指针变量，语句如下。

```
int a[5]={10,20,30,40,50};       /*定义数组并赋值*/
int *aPtr;                        /*定义指针变量*/
```

这里的 *a* 是一个数组，它包含 5 个整型数据。变量名 *a* 就是数组 *a* 的首地址，它与&*a*[0]等价。如果令 aPtr=&*a*[0]或者 aPtr=*a*，则 aPtr 也指向了数组 *a* 的首地址，如图 2-11 所示。

也可以在定义指针变量时直接赋值，以下语句是等价的。

```
int *aPtr=&a[0];                  /*定义并同时初始化指针变量,将数组 a 的首地址赋给 aPtr*/

int *aPtr;                        /*先定义指针变量 aPtr*/
aPtr =&a[0];                      /*然后初始化,将数组 a 的首地址赋给 aPtr*/
```

与整型、浮点型数据一样，指针也可以进行算术运算，但含义却不同。当一个指针加（或减）1 并不是指针值增加（或减少）1，而是使指针指向的位置向后（或向前）移动了一个位置，即加上（或减去）该整数与指针指向对象的大小的乘积。例如，对于 aPtr+=3，如果一个整数占用 4B，则相加后 aPtr=2000+4×3=2012（这里假设指针的初值是 2000）。同样指针也可以进行自增（++）运算和自减（--）运算。

也可以用一个指针变量减去另一个指针变量。例如，指向数组元素的指针 aPtr 的地址是 2008，另一个指向数组元素的指针 bPtr 的地址是 2000，则 *a*=aPtr-bPtr 的运算结果就是把从 aPtr 到 bPtr 之间的元素个数赋给 *a*，元素个数为（2008-2000）/4=2（假设整数占用 4B）。

也可以通过指针来引用数组元素。例如：

```
*(aPtr+2);
```

如果 aPtr 是指向 *a*[0]，即数组 *a* 的首地址，则 aPtr+2 就是数组 *a*[2]的地址，*(aPtr+2)就是 30。

注意：指向数组的指针可以进行自增或自减运算，但是数组名则不能进行自增或自减运算，这是因为数组名是一个常量指针，常量值是不能改变的。

【例 2-4】用指针引用数组元素并打印输出。

【分析】主要考查指针与数组结合的运算，有指针对数组的引用及指针的加、减运算。

```
#include<stdio.h>
#include<stdlib.h>
void main()
{
    int a[5]={10,20,30,40,50};              /*定义数组并赋值*/
    int *aPtr,i;                            /*指针变量声明*/
    aPtr=&a[0];                             /*指针变量指向变量a*/
    for(i=0;i<5;i++)                        /*通过数组下标引用元素的方式输出数组元素*/
        printf("a[%d]=%d\n",i,a[i]);
    for(i=0;i<5;i++)                        /*通过数组名引用元素的方式输出数组元素*/
        printf("*(a+%d)=%d\n",i,*(a+i));
    for(i=0;i<5;i++)                        /*通过指针变量下标引用元素的方式输出数组元素*/
        printf("aPtr[%d]=%d\n",i,aPtr[i]);
    for(aPtr=a,i=0;aPtr<a+5;aPtr++,i++)     /*通过指针变量偏移引用元素的方式输出数组元素*/
        printf("*(aPtr+%d)=%d\n",i,*aPtr);
    system("pause");
}
```

程序中共有 4 个 for 循环，其中：第 1 个 for 循环是利用数组的下标访问数组的元素；第 2 个 for 循环是利用数组名访问数组的元素，在 C 语言中，地址也可以像一般的变量一样进行加、减运算，但是指针的加 1 和减 1 表示的是一个元素单元；第 3 个 for 循环是利用指针访问数组中的元素；第 4 个 for 循环则是先将指针偏移，然后访问该指针所指向的内容。

程序运行结果如图 2-12 所示。

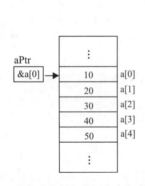

图 2-11 数组的指针与数组在内存中的关系

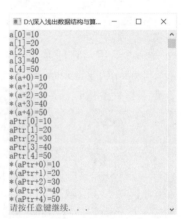

图 2-12 指针引用数组元素的运行结果

2. 指针数组

指针数组其实也是一个数组，只是数组中的元素是指针类型的数据。换句话说，指针数组中的每一个元素都是一个指针变量。

定义指针数组的方式如下。

```
int *p[4];                     /*定义指针数组*/
```

由于[]运算符优先级比*高，p 优先与[]结合，形成 $p[]$ 数组形式，然后与*结合，表示该数组是指针类型的，每个数组元素是一个指向整型的变量。从字面上理解，指针数组首先是一个数组，这个数组存放的是指针类型的变量。

指针数组常常用于存储一些长度不等的字符串数据。有的读者可能会问，为什么不存放在二维数组中？这是因为字符串长度不等，若将这些字符串存放在二维数组中，就需要定义一个能容纳最长字符串的二维数组，这样就会出现一部分存储空间不能得到有效利用。

字符串常用于存储一些长度不等的字符串数据，字符串"C Programming Language""Python Programming""Data Structure"和"Machine Learning"在二维数组中的存储情况如图 2-13 所示。

C	P	r	o	g	r	a	m	m	i	n	g		L	a	n	g	u	a	g	e	\0
P	y	t	h	o	n		P	r	o	g	r	a	m	m	i	n	g	\0			
D	a	t	a		S	t	r	u	c	t	u	r	e	\0							
M	a	c	h	i	n	e		L	e	a	r	n	i	n	g	\0					

图 2-13　字符串在二维数组中的存储情况

不难看出，利用二维数组保存多个字符串时，为了保证能存储所有的字符串，必须按最长的字符串长度来定义二维数组的列数。为了节省存储单元，可以采用指针数组保存字符串，定义如下。

```
char *book[4]={"C Programming Language","Python Programming","Data Structure","Machine Learning"};
```

以上字符串在指针数组中的存储情况如图 2-14 所示。

图 2-14　字符串在指针数组中的存储情况

在字符串比较多且长度不一时，利用指针数组存储就可以大大地节省内存空间。

【例 2-5】用指针数组保存字符串并将字符串打印输出。

【分析】主要考查指针的应用及对指针数组概念的理解，其实 book[4]就是一个特殊的数组，book[0]、book[1]、book[2]、book[3]分别存放指向 4 个字符串的指针，即数组保存的是各个字符串的首地址。

```
#include<stdio.h>
#include<stdlib.h>
void main()
{
    /*定义指针数组*/
    char *book[4]={"C Programming Language","Python Language"," Data Structure ","Machine Learning"};
    int n=4;                                        /*指针数组元素的个数*/
    int i;
    char *aPtr;
    /*第 1 种方法输出：通过数组名输出字符串*/
    printf("第 1 种方法输出：通过指针数组的数组名输出字符串:\n");
    for(i=0;i<n;i++)
       printf("第%d 个字符串: %s\n",i+1,book[i]);
    /*第 2 种方法输出：通过指向数组的指针输出字符串*/
    printf("第 2 种方法输出：通过指向数组的指针输出字符串:\n");
    for(aPtr=book[0],i=0;i<n;aPtr=book[i])
    {
       printf("第%d 个字符串: %s\n",i+1,aPtr);        /*输出字符串*/
```

```
        i++;                                              /*自增1*/
    }
    system("pause");
}
```

程序运行结果如图 2-15 所示。

```
D:\深入浅出数据结构与算法\例2-05\Debug...    —    □    ×
第1种方法输出：通过指针数组的数组名输出字符串：
第1个字符串: C Programming Language
第2个字符串: Python Language
第3个字符串:  Data Structure
第4个字符串: Machine Learning
第2种方法输出：通过指向数组的指针输出字符串：
第1个字符串: C Programming Language
第2个字符串: Python Language
第3个字符串:  Data Structure
第4个字符串: Machine Learning
请按任意键继续. . .
```

图 2-15　字符数组输出结果

3. 数组指针

数组指针是指向数组的一个指针，如下定义。

```
int (*p)[4];
```

其中，p 是指向一个拥有 4 个元素的数组指针，数组中每个元素都为整型。与指针数组定义相比，数组指针的定义中多了一对圆括号，这里*p两边的圆括号不可以省略。在这个定义中，p 仅仅是一个指针，不过这个指针有点特殊，这里的 p 指向的是包含 4 个元素的一维数组。数组指针 p 与它指向的数组之间的关系可以用图 2-16 来表示。

$$p \longrightarrow \boxed{(*p)[0] \mid (*p)[1] \mid (*p)[2] \mid (*p)[3]}$$

图 2-16　数组指针 p 的表示

如果按以下方式使用指针变量：

```
int a[3][4]={{1,2,3,4},{5,6,7,8},{9,10,11,12}};
p=a;
```

数组指针 p 与数组 a 中元素之间的关系如图 2-17 所示。其中，$(*p)[0]$、$(*p)[1]$、$(*p)[2]$、$(*p)[3]$分别保存的是元素值为 1、2、3、4 的地址。p、$p+1$ 和 $p+2$ 分别指向二维数组的第 1 行、第 2 行和第 3 行，$p+1$ 表示将指针 p 移动到下一行。

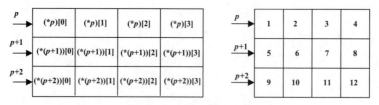

图 2-17　数组指针 p 与二维数组的对应关系

($p+1$)+2 表示数组 a 第 1 行第 2 列的元素的地址，即&a[1][2]，(*($p+1$)+2)表示 a[1][2]的值即 7，其中，1 表示行，2 表示列。

【例 2-6】在屏幕上打印图 2-17 中数组指针 p 及数组 a 中的元素。

【分析】主要考查利用数组指针引用数组中的元素的方法。数组指针 p 与数组 a 中元素的对应关系如图 2-17 所示。通过利用数组指针 p 引用数组 a 中的元素并输出 p 的值，以验证对指针引用的正确性，加深对数组指针的理解。实现代码如下。

```
#include<stdio.h>
#include<stdlib.h>
void main()
{
    int a[3][4]={{1,2,3,4},{5,6,7,8},{9,10,11,12}};  /*定义数组a并赋值*/
    int (*p)[4];                          /*声明数组指针变量p*/
    int row,col;                          /*定义变量*/
    p=a;                                  /*指针p指向数组元素为4的数组*/
    /*打印输出数组指针p指向的数组元素值*/
    for(row=0;row<3;row++)
    {
        for(col=0;col<4;col++)
            printf("a[%d,%d]=%-4d",row,col,*(*(p+row)+col));
                                          /*通过数组指针p逐个输出数组元素值*/
        printf("\n");
    }
    /*通过改变指针p指向a的行地址输出数组a中每个元素的地址*/
    for(p=a,row=0;p<a+3;p++,row++)    /*修改p指向数组a的行地址访问每一行元素*/
    {
        for(col=0;col<4;col++)            /*控制数组中每一行的元素*/
            printf("(*p[%d])[%d]=%p",row,col,((*p)+col));    /*输出每个元素的地址*/
        printf("\n");
    }
system("pause");
}
```

程序运行结果如图 2-18 所示。

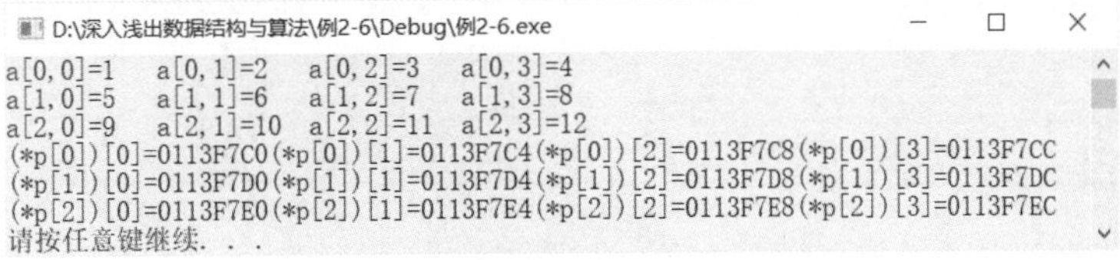

图 2-18　打印输出数组指针和数组元素

注意：区别数组指针和指针数组。数组指针首先是一个指针，并且它是一个指向数组的指针。指针数组首先是一个数组，并且它是保存指针变量的数组。

2.2.4　指针函数与函数指针

与指针数组、数组指针一样，指针函数与函数指针也是一对孪生兄弟，也是常常容易混淆的概念。顾名思义，指针函数是一种函数，它表示函数的返回值是指针类型；函数指针是指针的一种，它表示该指针指向一个函数。

1. 指针函数

指针函数是指函数的返回值是指针类型的函数。在 C 语言中，一个函数的返回值可以是整型、实型和字符型，也可以是指针类型。例如，以下语句是一个指针函数的声明。

```
float *func(int a,int b);
```

其中，func 是函数名，前面的*表明返回值的类型是指针类型，因为前面的类型标识符是float，所以返回的指针是指向浮点型的。该函数有两个参数，参数类型都是整型。下面通过一个具体实例来介绍指针函数的用法。

【例 2-7】假设若干个学生的成绩在二维数组中存放，要求输入学生编号，利用指针函数实现其成绩的输出。

【分析】主要考查指针函数的使用。学生成绩存放在二维数组中，每一行存放一个学生的成绩，通过输入学生编号，返回该学生存放成绩的地址，然后利用指针输出每一门的学生成绩。

```c
#include<stdio.h>
#include<stdlib.h>
int *FindAddress(int (*ptr)[4],int n);          /*声明查找成绩地址函数*/
void Display(int a[][4],int n,int *p);          /*声明输出成绩函数*/
void main()
{
    int row,n=4;
    int *p;                                      /*定义指针变量*/
    int score[3][4]={{83,78,79,88},{71,88,92,63},{99,92,87,80}};/*定义数组并赋值*/
    printf("请输入学生编号(1 或 2 或 3).输入 0 退出程序.\n");
    scanf("%d",&row);                            /*输入要输出学生成绩的编号*/
    while(row)                                   /*若学生编号不为 0*/
    {
        if(row==1||row==2||row==3)
        {
            printf("第%d个学生的成绩 4 门课的成绩是：\n",row);
            p=FindAddress(score,row-1);          /*调用指针函数*/
            Display(score,n,p);                  /*调用输出成绩函数*/
            printf("请输入学生编号(1 或 2 或 3).输入 0 退出程序.\n");
            scanf("%d",&row);
        }
        else
        {
            printf("输入不合法,请重新输入(1 或 2 或 3),输入 0 退出程序.\n");
            scanf("%d",&row);
        }
    }
    system("pause");
}
int *FindAddress(int (*ptrScore)[4],int n)
/*查找某条学生成绩记录地址函数.通过传递的行地址找到要查找学生成绩的地址,并返回行地址*/
{
    int *ptr;
    ptr=*(ptrScore+n);                           /*修改行地址,即找到学生的第一门课成绩的地址*/
    return ptr;                                  /*返回学生第一门课成绩的地址*/
}
void Display(int a[][4],int n,int *p)
/*输出学生成绩的实现函数.利用传递过来的指针输出每门课的成绩*/
{
    int col;
    for(col=0;col<n;col++)
        printf("%4d",*(p+col));                  /*输出查找学生的每门课成绩*/
    printf("\n");
}
```

程序运行结果如图 2-19 所示。

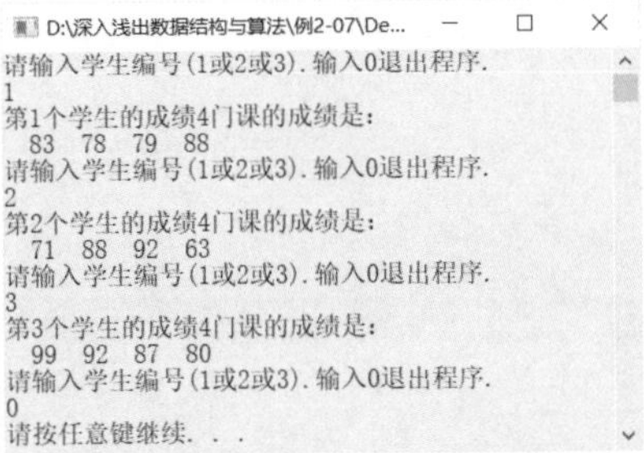

图 2-19　通过指针函数返回指针并输出成绩的运行结果

主函数通过语句 *p*=FindAddress(score,row-1);调用指针函数*FindAddress(int(*ptrScore)[4],int *n*),并把二维数组的行地址传递给形式参数 ptrScore,在*FindAddress(int (*ptrScore)[4],int *n*)中,执行语句 ptr=*(ptrScore+*n*),返回行指针 ptr,然后调用 Display(score,*n*,*p*)输出成绩。在 Display(int *a*[][4],int *n*,int *p*)中,通过 *p*+col 改变列地址,即找到该学生的每门课成绩的位置,依次输出每门课的成绩。

2. 函数指针

指针可以指向变量、数组,也可以指向函数,指向函数的指针就是函数指针。与数组名类似,函数名就是程序在内存中的起始地址。指向函数的指针可以把地址传递给函数,也可以从函数返回给指向函数的指针。

【例 2-8】利用函数指针作为函数参数,实现选择排序算法的升序排列和降序排列。

【分析】主要考查函数指针作为函数参数的使用。

```c
#include<stdio.h>
#include<stdlib.h>
#define N 10
int Ascending(int a,int b);                      /*声明升序排列函数*/
int Descending(int a,int b);                     /*声明降序排列函数*/
void swap(int *,int *);                          /*声明交换数据函数*/
void SelectSort(int a[],int n,int (*compare)(int,int));/*选择排序,函数指针作为参数调用*/
void Display(int a[],int n);                     /*声明输出数组元素函数*/
void main()
{
    int a[N]={22,55,12,7,19,65,81,3,30,52};
    int flag;
    while(1)
    {
        printf("1:从小到大排序.\n2:从大到小排序.\n0:结束!\n");
        printf("请输入: ");
        scanf("%d",&flag);
        switch(flag)
        {
        case 1:
            printf("排序前的数据为:");
            Display(a,N);
            SelectSort(a,N,Ascending);            /*从小到大排序,将函数作为参数传递*/
            printf("从小到大排列后的元素序列为:");
            Display(a,N);
            break;
        case 2:
            printf("排序前的数据为:");
            Display(a,N);
            SelectSort(a,N,Descending);           /*从大到小排序,将函数作为参数传递*/
```

```
            printf("从大到小排列后的元素序列为:");
            Display(a,N);
            break;
        case 0:
            printf("程序结束!\n");
            break;
        default:
            printf("输入数据不合法,请重新输入.\n");
            break;
        }
    }
    system("pause");
}
/*选择排序,将函数作为参数传递,判断是从小到大还是从大到小排序*/
void SelectSort(int a[],int n,int(*compare)(int,int))
{
    int i,j,k;
    for(i=0;i<n;i++)
    {
        j=i;
        for(k=i+1;k<n;k++)
            if((*compare)(a[k],a[j]))            /*调用 compare 函数,比较 a[k]和 a[j]大小*/
                j=k;
            swap(&a[i],&a[j]);                   /*交换 a[i]和 a[j]*/
    }
}
/*交换数组的元素*/
void swap(int *a,int *b)
{
    int t;
    t=*a;
    *a=*b;
    *b=t;
}
/*判断相邻数据大小,如果前者大,升序排列需要交换*/
int Ascending(int a,int b)
{
    if(a>b)                                      /*若 a>b*/
        return 1;                                /*返回 1*/
    else                                         /*否则*/
        return 0;                                /*返回 0*/
}
/*判断相邻数据大小,如果前者小,降序排列需要交换*/
int Descending(int a,int b)
{
    if(a<b)                                      /*若 a<b*/
        return 1;                                /*返回 1*/
    else                                         /*否则*/
        return 0;                                /*返回 0*/
}
/*输出数组元素*/
void Display(int a[],int n)
{
    int i;
    for(i=0;i<n;i++)
        printf("%4d",a[i]);
    printf("\n");
}
```

程序运行结果如图 2-20 所示。

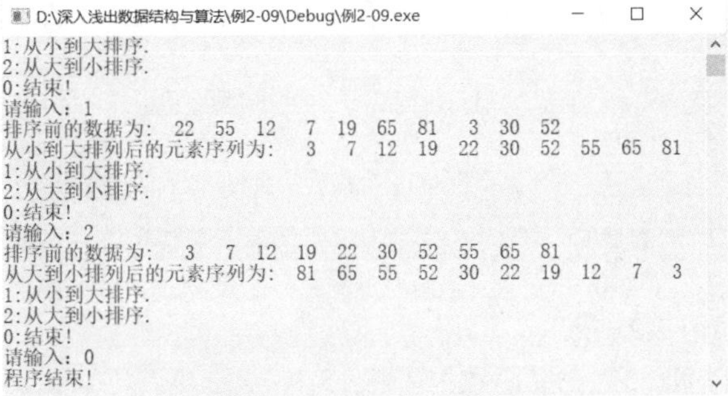

图 2-20 函数指针作为函数参数传递的排序运行结果

其中，函数 SelectSort(*a*,*N*,Ascending)中的参数 Asscending 是一个函数名，传递给函数定义 void SelectSort (int *a*[],int *n*,int(*compare)(int,int))中的函数指针 compare，这样指针就指向了 Asscending。从而可以在执行语句(*compare)(*a*[j],*a*[j+1])时调用函数 Ascending(int *a*,int *b*)判断是否需要交换数组中两个相邻的元素，然后调用 swap(&*a*[j],&*a*[j+1])进行交换。

注意：函数指针不能执行像 *f*+1、*f*++、*f*--等运算。

2.3 参数传递

在程序设计过程中，参数传递是经常会遇到的情况。在 C 语言中，函数的参数传递的方式通常有两种，一种是传值的方式，另一种是传地址的方式。

2.3.1 传值调用

在函数调用时，一般情况下，调用函数和被调用函数之间会有参数传递。调用函数后面括号里面的参数是实际参数，被调用函数中的参数是形式参数。传值调用是建立参数的一个副本并把值传递给形式参数，在被调用函数中修改形式参数的值，并不会影响到调用函数实际参数的值。

【例 2-9】编写一个函数，求两个整数的最大公约数。

【分析】通过传值调用的方式，把实际参数的值传递给形式参数，其实形式参数是实际参数的一个副本（拷贝）。

```
#include <stdio.h>              /*包含输入输出函数*/
int GCD(int m,int n);          /*求两个整数的最大公约数的函数声明*/
void main()                     /*主函数*/
{
    int a,b,v;                  /*定义变量*/
    printf("请输入两个整数:");    /*输出提示信息*/
    scanf("%d,%d",&a,&b);       /*键盘输入两个数*/
    v=GCD(a,b);                 /*调用求两个数中的较大者的函数*/
    printf("%d和%d的最大公约数为:%d\n",a,b,v); /*输出提示信息*/
}
int GCD(int m,int n)
/*求两个整数的最大公约数,并返回公约数*/
{
    int r;                      /*定义变量*/
```

```
    r=m;                          /*将参数 m 赋值给 r*/
    do
    {
       m=n;                       /*赋值*/
       n=r;
       r=m%n;                     /*r 是 m 除以 n 的模*/
    }while(r);
    return n;                     /*返回最大公约数 n*/
}
```

程序的输出结果如图 2-21 所示。

假设输入两个数 15 和 25，在主函数中，将 15 和
25 分别赋值给实际参数 *a* 和 *b*，通过语句 v=GCD(a,b)
调用实现函数 GCD(int *m*,int *n*)，也就是所谓的被调用
函数，将 15 和 25 分别传递给被调用函数的形式参数
m 和 *n*。然后求 *m* 和 *n* 的最大公约数，通过语句 return

图 2-21　求两个整数的最大公约数运行结果

n；将最大公约数 5 返回给主函数，即被调用函数，因此输出结果为 5。

上述函数参数传递属于参数的单向传递，即 *a* 和 *b* 可以把值分别传递给 *m* 和 *n*，而不可以
把 *m* 和 *n* 传递给 *a* 和 *b*。在传值调用中，实际参数和形式参数分别占用不同的内存单元，形式
参数是实际参数的一个副本，实际参数和形式参数的值的改变都不会相互受到影响，如图 2-22
所示。这就像有一张身份证原件，它的复印件就是个副本，复印件的丢失不会影响到身份证原
件的存在，身份证原件的丢失也不会影响到复印件的存在。

在调用函数时，形式参数被分配存储单元，并把 15 和 25 传递给形式参数，在函数调用结
束，形式参数被分配的存储单元被释放，形式参数不复存在，而主函数中的实际参数仍然存在，
并且其值不会受到影响。在被调用函数中，如果改变形式参数的值，假设把 *m* 和 *n* 的值分别改
变为 20 和 35，*a* 和 *b* 的值不会改变，如图 2-23 所示。

图 2-22　参数传递过程　　　　　　　　　　图 2-23　形式参数改变后的情况

2.3.2　传地址调用

C 语言通过指针（地址）实现传地址调用。在函数调用过程中，如果需要在被调用函数中
修改参数值，则需要把实际参数的地址传递给形式参数，通过修改该地址的内容改变形式参数
的值，以达到修改调用函数中实际参数的目的。

【例 2-10】编写一个求两个整数较大者和较小者的函数，要求用传地址方式实现。

【分析】通过传地址调用的方式，把两个实际参数传递给形式参数。在被调用函数中，先比
较两个形式参数值的大小，如果前者小于后者，则交换两个参数值，其中，前者为大，后者为
小。传地址调用时，在调用函数和被调用函数中，对参数的操作其实都是在对同一块内存操作，
实际参数和形式参数共用同一块内存。

```
#include <stdio.h>
#include<stdlib.h>
```

```
void Swap(int *x,int *y);  /*函数声明*/
void main()
{
    int a,b;
    printf("请输入两个整数：\n");
    scanf("%d,%d",&a,&b);
    if(a<b)
        Swap(&a,&b);      /*两个数中如果前者小,则交换两个值,使其较大的保存在a中,较小的保存在b中*/
    printf("在两个整数%d和%d中,较大者为:%d,较小者为:%d\n",a,b,a,b);
    system("pause");
}
void Swap(int *x,int *y)   /*交换函数实现,参数x和y分别指向实参中的a和b/*
/*交换两个数,较大的保存在*x中,较小的保存在*y中*/
{
    int z;
    z=*x;                 /*交换x和y指向的值,实际上就是交换a和b的值*/
    *x=*y;
    *y=z;
}
```

程序的运行结果如图 2-24 所示。

在主函数中，如果 $a<b$，则调用 Swap(&a,&b)函数交换两个数。其中，实际参数是变量的地址，就是把地址传递给被调用函数 Swap(int *x,int *y)中的形式参数 x 和 y，x 和 y 是指针变量，即指针 x 和 y 指向变量 a 和 b。这样，交换*x 和*y 的值就是交换 a 和 b 的值。函数调用时，实际参数和形式参数的变化情况如图 2-25 所示。

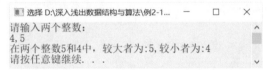

图 2-24　传地址方式求两个整数的较大者和较小者的程序运行结果

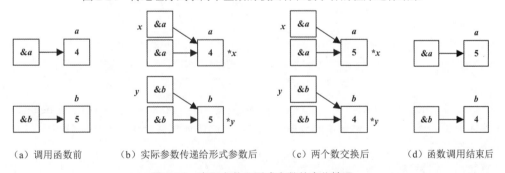

（a）调用函数前　　　（b）实际参数传递给形式参数后　　　（c）两个数交换后　　　（d）函数调用结束后

图 2-25　实际参数和形式参数的变化情况

如果要修改多个参数的值并返回给调用函数，该怎么呢？这就需要将数组名作为参数传递给被调用函数。数组名作为参数传递时，传递的是整个数组。数组名是数组的首地址，如果把数组名作为实际参数，在函数调用时，会把数组的首地址传递给形式参数。这样形式参数就可以根据数组的首地址访问整个数组并对其操作，这是因为整个数组元素的地址是连续的。

注意：在传值调用中，参数传递是单向传递，只能由实际参数传递给形式参数，而不能把形式参数反向传递给实际参数。而在传地址调用中，对形式参数的操作，即是对实际参数的操作，它们拥有同一块内存单元，属于双向传递。

2.4 结构体

结构体是自定义的数据类型，用于构造非数值数据类型，在处理实际问题中应用非常广泛。数据结构中的链表、队列、树、图等结构都需要用到结构体。

2.4.1 结构体的定义

一个教职工基本情况表包括工号、姓名、性别、职称、学位和联系电话等信息，每个数据信息的类型并不相同，使用前面学过的数据类型不能将这些信息有效组织起来。每一个教职工都包含工号、姓名、性别、职称、学位和联系电话等数据项，这些数据项放在一起构成的信息称为一个记录。例如，一个教师基本情况表如表 2-1 所示。

表 2-1 教师基本情况表

工　号	姓　　名	性　　别	职　　称	学　　位	联 系 电 话
2019011	刘　云	男	教授	硕士	88308523
2016035	吴　起	男	副教授	博士	88308233
2018020	赵小曼	女	副教授	硕士	88308758

要用 C 语言描述表中的某一条记录，需要定义一种特殊的类型，这种类型就是结构体类型。它的定义如下。

```
struct teacher          /*结构体类型*/
{
    int no;             /*工号*/
    char name[20];      /*姓名*/
    char sex[4];        /*性别*/
    char headship[8];   /*职称*/
    char degree[6];     /*学位*/
    char tel[15];       /*联系电话*/
};
```

其中，struct teacher 就是新的数据类型——结构体类型，no、name、sex、headship、degree 和 tel 为结构体类型的成员，表示记录中的数据项。这样，结构体类型 struct teacher 就可以完整地表示一个教师信息了。

定义结构体类型的一般格式如下。

```
struct 结构体名
{
    成员列表;
};
```

struct 与结构体名合在一起构成结构体类型，结构体名与变量名的命名规则一样。teacher 就是结构体名。使用一对花括号将成员列表括起来，在右花括号外使用一个分号作为定义结构体类型的结束。前面的 no、name、sex 等都是结构体类型的成员，每个成员需要说明其类型，就像定义变量一样。

struct teacher 是一个类型名，如果要定义一个结构体变量，可使用如下语句。

```
struct teacher t1;
```

t1 就是类型为结构体 struct teacher 类型的变量。如果给结构体变量 t1 的成员分别赋值，语句如下。

```
t1.no=19001;
strcpy(t1.name,"Zhu Tong");
strcpy(t1.sex,"m");
strcpy(t1.headship,"Professor");
strcpy(t1.degree,"doctor");
strcpy(t1.tel,"15639038813");
```

则 t1 的结构如图 2-26 所示。

结构体的变量定义也可以和定义结构体类型同时定义。例如：

```
struct teacher             /*结构体类型*/
{
    int no;                /*工号*/
    char name[20];         /*姓名*/
    char sex[4];           /*性别*/
    char headship[8];      /*职称*/
    char degree[20];       /*学位*/
    char tel[15];          /*联系电话*/
}t1;
```

同样，也可以定义结构体数组类型。结构体变量的定义与初始化可以分开进行，也可以在结构体数组定义的时候初始化。例如：

```
struct teacher             /*结构体类型*/
{
    int no;                /*工号*/
    char name[20];         /*姓名*/
    char sex[4];           /*性别*/
    char headship[8];      /*职称*/
    char degree[20];       /*学位*/
    char tel[15];          /*联系电话*/
}t1[2]={{19001,"Zhu Tong","m","教授","博士","88301234"},
    {19002,"Guo Jing","f","讲师","硕士","88125630"}};
```

数组中各个元素在内存中的情况如图 2-27 所示。

t1[0]	19001
	Zhu Tong
	m
	教授
	博士
	88301234
t2[1]	19002
	Guo Jing
	f
	讲师
	硕士
	88125630
	...

| 19001 | Zhu Tong | m | Professor | doctor | 15639038813 |

图 2-26　t1 的结构　　　　　　　图 2-27　结构体数组 t1 在内存中的结构

2.4.2　指向结构体的指针

指针可以指向整型、浮点型、字符等基本类型变量，同样也可以指向结构体变量。指向结构体变量的指针的值是结构体变量的起始地址。指针可以指向结构体，也可以指向结构体数组。

【例 2-11】利用指向结构体数组的指针输出学生基本信息。

【说明】指向结构体的指针与指向数组的指针一样，结构体中的成员变量地址是连续的，将指针指向结构体数组，就可直接访问结构体中的所有成员。程序实现如下。

```c
#include <stdio.h>
    #include<stdlib.h>
#define N 10
/*结构体类型及变量定义、初始化*/
struct student
{
    char *no;
    char *name;
    char sex;
    int age;
    float score;
}stu[3]={{"19001","Zhu Tong",'m',22,90.0},
      {"19002","Li Hua",'f',21,82.0},
      {"19003","Yang Yang",'m',22,95.0}};
void main()
{
    struct student *p;                  /*定义结构体指针*/
    printf("学生基本情况表:\n");
    printf("学号        姓名      性别    年龄   成绩\n");/*输出表头*/
    for(p=stu;p<stu+3;p++)              /*通过指向结构体的指针输出学生信息*/
        printf("%-8s%12s%8c%8d%8.1f\n",p->no,p->name,p->sex,p->age,p->score);
    system("pause");
}
```

程序运行结果如图 2-28 所示。

首先定义了一个指向结构体的指针变量 p，在循环体中，指针指向结构体数组 p=stu，即指针指向了结构体变量的起始地址。通过 p->no、p->name 等访问各个成员。如果 p+1，表示数组中第 2 个元素 stu[1]的起始地址，p+2 表示数组中的第 3 个元素地址，如图 2-29 所示。

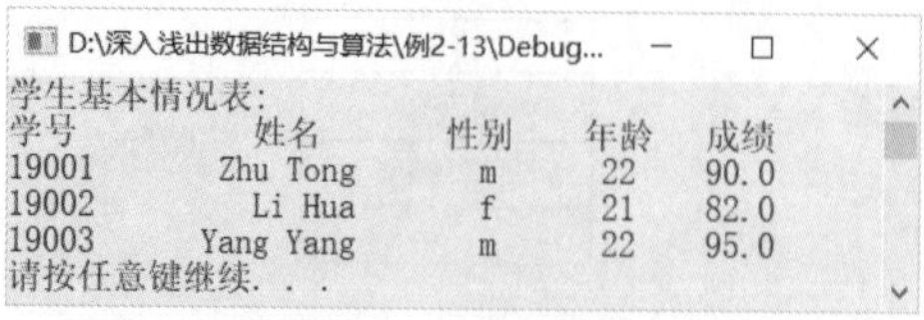

图 2-28　通过结构体指针输出学生信息

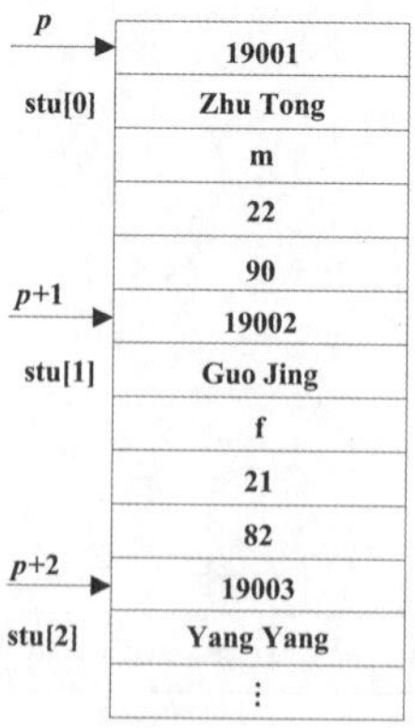

图 2-29　指向结构体数组的指针在内存的情况

2.4.3　用 typedef 定义数据类型

通常情况下,在定义结构体类型时,使用关键字 typedef 为新的数据类型起一个好记的名字。typedef 是 C 语言中的关键字,它的主要作用是为类型重新命名,一般形式如下。

```
typedef 类型名1 类型名2
```

其中,类型名 1 是已经存在的类型,如 int、float、char、long 等;也可以是结构体类型,如 struct student。类型名 2 是重新起的名字,命名规则与变量名的命名规则类似,必须是一个合法的标识符。

1. 使用 typedef 为基本数据类型重新命名

例如:

```
typedef int COUNT;           /*将 int 型重新命名为 COUNT*/
typedef float SCORE;         /*将 float 型重新命名为 SCORE*/
```

经过以上重新定义变量,COUNT 就代表了 int,SCORE 就表示了 float。这样,如下两条语句等价。

```
int a,b,c;                   /*定义 int 型变量 a、b、c*/
COUNT a,b,c;                 /*定义 COUNT 型变量 a、b、c*/
```

2. 使用 typedef 为数组类型重新命名

例如,以下代码是将 NUM 定义为数组类型:

```
typedef int NUM[20];         /*NUM 被定义为新的数组类型*/
```

NUM 被定义为数组类型,该数组的长度为 20,类型为 int。可以使用 NUM 定义 int 型数组,代码如下。

```
NUM a;                       /*使用 NUM 定义 int 型数组*/
```

a 表示长度为 20 的 int 型数组,它与如下代码等价。

```
int a[20];                   /*使用 int 定义数组*/
```

3. 使用 typedef 为指针类型重新命名

使用 typedef 为指针类型变量重新命名与重新命名数组类型的方法是类似的。例如:

```
typedef float *POINTER;      /*POINT 被定义为指针类型*/
```

POINTER 表示指向 float 类型的指针类型。如果要定义一个 float 类型的指针变量 p,代码如下。

```
POINTER p;                   /*使用 POINTER 定义指针变量*/
```

p 被定义为指向 float 类型的指针变量。同样,也可以使用 typedef 重新为指向函数的指针类型命名,例如,定义一个函数指针类型,代码如下。

```
typedef int (*PTR)(int,int); /*PTR 被定义为函数指针类型*/
```

PTR 被定义为函数指针类型,PTR 是指向返回值为 int 且有两个 int 型参数的函数指针。以下语句使用 PTR 定义变量。

```
PTR pm;                      /*使用 PTR 定义一个函数指针变量 pm*/
```

pm 被定义为一个函数指针变量。

4. 使用 typedef 为用户自定义数据类型重新命名

用户自己定义的数据类型主要包括结构体、联合体、枚举类型,最为常用的是为结构体类型重新命名,联合体和枚举类型的命名方法与结构体的重新命名方法类似。例如,将一个结构体命名为 DATE,代码如下。

```
typedef struct          /*为结构体类型重新命名*/
{
    int year;           /*年*/
    int month;          /*月*/
    int day;            /*日*/
}DATE;
```

从类型名 DATE 可以很容易看出，DATE 是表示日期的类型。上面的类型重新定义是在定义结构体类型的同时为结构体命名；也可以先定义结构体类型，然后重新为结构体命名，代码如下。

```
struct date             /*定义结构体类型*/
{
    int year;
    int month;
    int day;
};
typedef date DATE;      /*为结构体类型重新命名*/
```

以上两段代码是等价的。注意，date 和 DATE 是两个不同的名字，C 语言是区分大小写的。接下来，就可以使用 DATE 定义变量了，代码如下。

```
DATE d;                 /*定义变量d*/
```

上面的变量定义与如下变量定义等价。

```
struct date d;
```

2.5 小结

本章主要介绍了 C 语言的重点和难点部分，目的是为今后学习数据结构扫清障碍。首先围绕着 C 语言中的重点和难点——递归、指针、参数传递、结构体，结合典型案例进行了详细分析、讲解。

递归是 C 语言及算法设计中常常使用的技术，递归可以把复杂的问题变成与原问题类似且规模小的问题加以解决，使用递归使程序的结构很清晰，更具有层次性，写出的程序简洁易懂。使用递归只需要少量的程序就可以描述解决问题需要的重复计算过程，大大减少了程序的代码量。任何使用递归解决的问题都能使用迭代的方法解决。

指针是 C 语言的精髓所在。指针不仅可以与变量结合起来使用，还可以与数组、函数相结合，使用指针能很方便地操作字符串、动态分配内存。指针使用不当，也常常会出现一些致命错误，这种错误十分隐蔽，难以发现，这就需要读者能熟练使用指针操作，以避免或减少错误的发生，并能掌握程序调试技巧，以快速找出原因并解决问题。

在 C 语言中，函数的参数传递有两种：传值调用和传地址调用。其中，前者是一种单向值传递方式，实际参数和形式参数分别占用不同的内存空间。后者是一种双向的值传递方式，实际参数和形式参数占用同一块内存单元。

结构体属于用户自己定义的类型，它常常用于非数值程序设计中，特别是在今后学习数据结构的过程中，链表、栈、队列、树及图等都会用到结构体类型。

第二篇
线性数据结构

第 3 章
线性表

线性表是一种最简单的线性结构。线性结构的特点是在非空的有限集合中存在唯一的一个被称为"第一个"的数据元素，存在唯一的一个被称为"最后一个"的数据元素。第一个元素没有直接前驱元素，最后一个元素没有直接后继元素，其他元素都有唯一的前驱元素和唯一的后继元素。线性表有两种存储结构，即顺序存储结构和链式存储结构。

本章重点和难点：

- 顺序表的基本操作实现。
- 单链表与双向链表的存储表示与基本操作实现。

3.1 线性表的定义及抽象数据类型

线性表（Linear_List）是最简单且最常用的一种线性结构。

3.1.1 线性表的逻辑结构

线性表是由 n 个类型相同的数据元素组成的有限序列，记为（a_1，a_2，…，a_{i-1}，a_i，a_{i+1}，…，a_n）。其中，这里的数据元素可以是原子类型，也可以是结构类型。线性表的数据元素存在着序偶关系，即数据元素之间具有一定的次序。在线性表中，数据元素 a_{i-1} 在 a_i 的前面，a_i 又在 a_{i+1} 的前面，可以把 a_{i-1} 称为 a_i 的直接前驱元素，a_i 称为 a_{i+1} 的直接前驱元素。a_i 称为 a_{i-1} 的直接后继元素，a_{i+1} 称为 a_i 的直接后继元素。

线性表的逻辑结构如图 3-1 所示。

英文单词就可看作是简单的线性表，例如 China、Science、Structure。其中每一个英文字母就是一个数据元素，每个数据元素之间存在着唯一的顺序关系。如"China"中字母 C 后面是字母 h，字母 h 后面是字母 i。

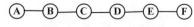

图 3-1 线性表的逻辑结构

在较为复杂的线性表中，一个数据元素可以由若干个数据项组成，在如表 3-1 所示的一所学校的教职工情况表中，一个数据元素由姓名、性别、出生年月、籍贯、学历、职称及任职时间 7 个数据项组成。数据元素也称为记录。

知识点：在线性表中，除了第一个元素 a_1，每个元素有且仅有一个直接前驱元素；除了最后一个元素 a_n，每个元素有且只有一个直接后继元素。

表 3-1 教职工情况表

姓　　名	性　　别	出 生 年 月	籍　贯	学　历	职　　称	任 职 时 间
王　欢	女	1958 年 10 月	河南	本科	教授	2000 年 10 月
周启泰	男	1969 年 5 月	陕西	研究生	副教授	2002 年 10 月
刘　娜	女	1978 年 12 月	四川	研究生	讲师	2006 年 11 月
⋮	⋮	⋮	⋮	⋮	⋮	⋮

3.1.2　线性表的抽象数据类型

线性表的抽象数据类型包括数据对象集合和基本操作集合。

1. 数据对象集合

线性表的数据对象集合为 $\{a_1, a_2, \cdots, a_n\}$，元素类型为 DataType。

数据元素之间的关系是一对一的关系。除了第一个元素 a_1 外，每个元素有且只有一个直接前驱元素，除了最后一个元素 a_n 外，每个元素有且只有一个直接后继元素。

2. 基本操作集合

（1）InitList(&L)：初始化操作，建立一个空的线性表 L。这就像是在日常生活中，一所院校为了方便管理，建立一个教职工基本情况表，准备登记教职工信息。

（2）ListEmpty(L)：若线性表 L 为空，返回 1，否则返回 0。这就像是刚刚建立了教职工基本情况表，还没有登记教职工信息。

（3）GetElem(L,i,&e)：返回线性表 L 的第 i 个位置元素值给 e。这就像在教职工基本情况表中，根据给定序号查找某个教师信息。

（4）LocateElem(L,e)：在线性表 L 中查找与给定值 e 相等的元素，如果查找成功返回该元素在表中的序号表示成功，否则返回 0 表示失败。这就像在教职工基本情况表中，根据给定的姓名查找教师信息。

（5）InsertList(&L,i,e)：在线性表 L 中的第 i 个位置插入新元素 e。这就类似于经过招聘考试，引进了一名教师，这个教师信息登记到教职工基本情况表中。

（6）DeleteList(&L,i,&e)：删除线性表 L 中的第 i 个位置元素，并用 e 返回其值。这就像某个教职工到了退休年龄或者调入其他学校，需要将该教职工从教职工基本情况表中删除。

（7）ListLength(L)：返回线性表 L 的元素个数。这就像查看教职工基本情况表中有多少个教职工。

（8）ClearList(&L)：将线性表 L 清空。这就像学校被撤销，不需要再保留教职工基本信息，将这些教职工信息全部清空。

3.2　线性表的顺序表示与实现

在了解了线性表的基本概念和逻辑结构之后，接下来就需要将线性表的逻辑结构转换为计算机能识别的存储结构，以便实现线性表的操作。线性表的存储结构主要有顺序存储结构和链式存储结构两种。本节主要介绍线性表的顺序存储结构及操作实现。

3.2.1 线性表的顺序存储结构

线性表的顺序存储指的是将线性表中的各个元素依次存放在一组地址连续的存储单元中。

假设线性表的每个元素需占用 m 个存储单元，并以所占的第一个单元的存储地址作为数据元素的存储位置。则线性表中第 $i+1$ 个元素的存储位置 $LOC(a_{i+1})$ 和第 i 个元素的存储位置 $LOC(a_i)$ 之间满足关系 $LOC(a_{i+1})=LOC(a_i)+m$。

线性表中第 i 个元素的存储位置与第一个元素 a_1 的存储位置满足以下关系。

$$LOC(a_i)=LOC(a_1)+(i-1)\times m$$

其中，第一个元素的位置 $LOC(a_1)$ 称为起始地址或基地址。

线性表的这种机内表示称为线性表的顺序存储结构或顺序映像，通常将这种方法存储的线性表称为顺序表。顺序表逻辑上相邻的元素在物理上也是相邻的。每一个数据元素的存储位置都和线性表的起始位置相差一个和数据元素在线性表中的位序成正比的常数（见图 3-2）。只要确定了第一个元素的起始位置，线性表中的任一元素都可以随机存取，因此，线性表的顺序存储结构是一种随机存取的存储结构。

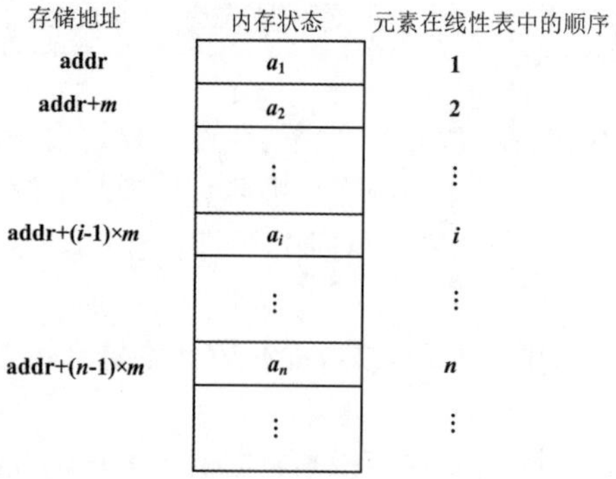

存储地址	内存状态	元素在线性表中的顺序
addr	a_1	**1**
addr+m	a_2	**2**
	⋮	⋮
addr+$(i-1)\times m$	a_i	i
	⋮	⋮
addr+$(n-1)\times m$	a_n	n
	⋮	⋮

图 3-2　线性表存储结构

由于 C 语言的数组具有随机存取特点，因此可采用数组来描述顺序表。顺序表的存储结构描述如下。

```
#define LISTSIZE 100                    /*宏定义 LISTSIZE 表示100*/
typedef struct                         /*定义结构体 SeqList*/
{
    DataType list[LISTSIZE];           /*定义线性表*/
    int length;                        /*定义变量 length*/
}SeqList;
```

其中，DataType 表示数据元素类型，list 用于存储线性表中的数据元素，length 用来表示线性表中数据元素的个数，SeqList 是结构体类型名。

如果要定义一个顺序表，代码如下。

```
SeqList L;
```

如果要定义一个指向顺序表的指针，代码如下。

```
SeqList *L;
```

3.2.2　顺序表的基本运算

在顺序存储结构中，线性表的基本运算如下（以下算法的实现保存在文件 SeqList.h 中）。
（1）初始化线性表。

```
void InitList(SeqList *L)
/*初始化线性表*/
{
    L->length=0;                    /*把线性表的长度置为 0*/
}
```

（2）判断线性表是否为空。

```
int ListEmpty(SeqList L)
/*判断线性表是否为空,线性表为空返回 1,否则返回 0*/
{
    if(L.length==0)                 /*若线性表的长度为 0*/
        return 1;                   /*返回 1*/
    else                            /*否则*/
        return 0;                   /*返回 0*/
}
```

（3）按序号查找。先判断序号是否合法，如果合法，把对应位置的元素赋给 e，并返回 1 表示查找成功；否则返回-1 表示查找失败。按序号查找的算法实现如下。

```
int GetElem(SeqList L,int i,DataType *e)
/*查找线性表中第 i 个元素。查找成功将该值返回给 e,并返回 1 表示成功;否则返回-1 表示失败*/
{
    if(i<1||i>L.length)             /*在查找第 i 个元素之前,判断该序号是否合法*/
        return -1;                  /*返回-1*/
    *e=L.list[i-1];                 /*将第 i 个元素的值赋值给 e*/
    return 1;                       /*返回 1*/
}
```

（4）按内容查找。从线性表中的第一个元素开始，依次与 e 比较，如果相等，返回该序号表示成功；否则返回 0 表示查找失败。按内容查找的算法实现如下。

```
int LocateElem(SeqList L,DataType e)
/*查找线性表中元素值为 e 的元素*/
{
    int i;
    for(i=0;i<L.length;i++)         /*从第一个元素开始与 e 进行比较*/
        if(L.list[i]==e)            /*若存在与 e 值相等的元素*/
            return i+1;             /*则返回该元素在线性表中的序号*/
    return 0;                       /*否则,返回 0*/
}
```

（5）插入操作。插入操作就是在线性表 L 中的第 i 个位置插入新元素 e，使线性表 $\{a_1, a_2, \cdots, a_{i-1}, a_i, \cdots, a_n\}$ 变为 $\{a_1, a_2, \cdots, a_{i-1}, e, a_i, \cdots, a_n\}$，线性表的长度也由 n 变成 $n+1$。

要在顺序表中的第 i 个位置上插入元素 e，首先将第 i 个位置以后的元素依次向后移动 1 个位置，然后把元素 e 插入到第 i 个位置。移动元素时要从后往前移动元素，先移动最后 1 个元素，再移动倒数第 2 个元素，以此类推。

例如，在线性表{9, 12, 6, 15, 20, 10, 4, 22}中，要在第 5 个元素之前插入 1 个元素 28，需要将序号为 8、7、6、5 的元素依次向后移动 1 个位置，然后在第 5 号位置插入元素 28，这样，线性表就变成了{9, 12, 6, 15, 28, 20, 10, 4, 22}，如图 3-3 所示。

图 3-3　在顺序表中插入元素 28 的过程

插入元素之前要判断插入的位置是否合法，顺序表是否已满，在插入元素后要将表长增加 1。插入元素的算法实现如下。

```
int InsertList(SeqList *L,int i,DataType e) /*在顺序表中第 i 个位置插入元素的算法实现*/
/*在顺序表的第 i 个位置插入元素 e,插入成功返回 1,如果插入位置不合法返回-1,顺序表满返回 0*/
{
    int j;
    if(i<1||i>L->length+1)                  /*在插入元素前,判断插入位置是否合法*/
    {
        printf("插入位置 i 不合法! \n");      /*输出错误提示信息*/
        return -1;                          /*返回-1*/
    }
    else if(L->length>=LISTSIZE)            /*在插入元素前,判断顺序表是否已经满*/
    {
        printf("顺序表已满,不能插入元素.\n"); /*输出错误提示信息*/
        return 0;                           /*返回 0*/
    }
    else
    {
        for(j=L->length;j>=i;j--)           /*将第 i 个位置以后的元素依次后移*/
            L->list[j]=L->list[j-1];
        L->list[i-1]=e;                     /*插入元素到第 i 个位置*/
        L->length=L->length+1;              /*将顺序表长增 1*/
        return 1;                           /*返回 1*/
    }
}
```

插入元素的位置 i 的合法范围应该是 $1 \leqslant i \leqslant L \rightarrow \text{length}+1$。当 $i=1$ 时，插入位置是在第一个元素之前，对应 C 语言数组中的第 0 个元素；当 $i=L \rightarrow \text{length}+1$ 时，插入位置是最后一个元素之后，对应 C 语言数组中的最后一个元素之后的位置。当插入位置是 $i=L \rightarrow \text{length}+1$ 时，不需要移动元素；当插入位置是 $i=0$ 时，则需要移动所有元素。

（6）删除第 i 个元素。删除第 i 个元素之后，线性表 $\{a_1, a_2, \cdots, a_{i-1}, a_i, a_{i+1}, \cdots, a_n\}$ 变为 $\{a_1, a_2, \cdots, a_{i-1}, a_{i+1}, \cdots, a_n\}$，线性表的长度由 n 变成 $n-1$。

为了删除第 i 个元素，需要将第 $i+1$ 后面的元素依次向前移动一个位置，将前面的元素覆盖。移动元素时要先将第 $i+1$ 个元素移动到第 i 个位置，再将第 $i+2$ 个元素移动到第 $i+1$ 个位置，以此类推，直到最后一个元素移动到倒数第二个位置。最后将顺序表的长度减 1。

例如，要删除线性表 $\{9, 12, 6, 15, 28, 20, 10, 4, 22\}$ 的第 4 个元素，需要依次将序号为 5、6、7、8、9 的元素向前移动一个位置，并将表长减 1，如图 3-4 所示。

图 3-4　删除元素 15 的过程

在进行删除操作时，先判断顺序表是否为空，若不空，接着判断序号是否合法，若不空且合法，则将要删除的元素赋给 *e*，并把该元素删除，将表长减 1。删除第 *i* 个元素的算法实现如下。

```
int DeleteList(SeqList *L,int i,DataType *e)      /*删除第 i 个元素的算法实现*/
{
   int j;
   if(L->length<=0)                              /*若顺序表的长度小于或等于 0*/
   {
      printf("顺序表已空不能进行删除!\n");         /*表示不能进行删除操作,输出提示信息*/
      return 0;                                  /*返回 0*/
   }
   else if(i<1||i>L->length)                      /*若删除位置不合法*/
   {
      printf("删除位置不合适!\n");                 /*则输出提示信息*/
      return -1;                                 /*返回-1*/
   }
   else                                          /*否则*/
   {
      *e=L->list[i-1];                           /*将要删除的元素赋给 e*/
      for(j=i;j<=L->length-1;j++)
         L->list[j-1]=L->list[j];
      L->length=L->length-1;                     /*将表长减 1*/
      return 1;                                  /*返回 1*/
   }
}
```

删除元素的位置 *i* 的合法范围应该是 $1 \leqslant i \leqslant L \rightarrow \text{length}$。当 *i*=1 时，表示要删除第一个元素，对应 C 语言数组中的第 0 个元素；当 *i*=*L*→length 时，要删除的是最后一个元素。

（7）求线性表的长度，代码如下。

```
int ListLength(SeqList L)                        /*求线性表的长度实现函数*/
{
   return L.length;                              /*返回线性表的长度*/
}
```

（8）清空顺序表，代码如下。

```
void ClearList(SeqList *L)                        /*清空顺序表实现函数*/
{
   L->length=0;                                  /*清空顺序表*/
}
```

3.2.3　顺序表的实现算法分析

在顺序表的实现算法中，除了按内容查找、插入和删除操作外，算法的时间复杂度均为 $O(1)$。

在按内容查找的算法中，若要查找的是第一个元素，则仅需要进行一次比较；若要查找的是最后一个元素，则需要比较 *n* 次才能找到该元素（设线性表的长度为 *n*）。

设 p_i 表示在第 *i* 个位置上找到与 *e* 相等的元素的概率，若在任何位置上找到元素的概率相等，即 $p_i = 1/n$。则查找元素需要的平均比较次数为：

$$E_{\text{loc}} = \sum_{i=1}^{n} p_i \times i = \frac{1}{n} \sum_{i=1}^{n} i = \frac{n+1}{2}$$

因此，按内容查找的平均时间复杂度为 $O(n)$。

在顺序表中插入元素时，主要时间耗费在元素的移动上。如果要将元素插入到第一个位置，则需要移动元素的次数为 n 次；如果要在最后一个元素之前插入，则仅需把最后一个元素向后移动即可；如果要在最后一个元素之后插入，即第 $n+1$ 个位置，则不需要移动元素。设 p_i 表示在第 i 个位置上插入元素的概率，假设在任何位置上找到元素的概率相等，即 $p_i=1/(n+1)$。则在顺序表的第 i 个位置插入元素时，需要移动元素的平均次数为：

$$E_{\text{ins}} = \sum_{i=1}^{n+1} p_i \times (n-i+1) = \frac{1}{n+1} \sum_{i=1}^{n+1} (n-i+1) = \frac{n}{2}$$

因此，插入操作的平均时间复杂度为 $O(n)$。

在顺序表的删除算法中，时间主要耗费仍在元素的移动上。如果要删除的是第一个元素，则需要移动元素次数为 $n-1$ 次；如果要删除的是最后一个元素，则需要移动 0 次。设 p_i 表示删除第 i 个位置上的元素的概率，假设在任何位置上找到元素的概率相等，即 $p_i=1/n$。则在顺序表中删除第 i 个元素时，需要移动元素的平均次数为：

$$E_{\text{del}} = \sum_{i=1}^{n} p_i \times (n-i) = \frac{1}{n} \sum_{i=1}^{n} (n-i) = \frac{n-1}{2}$$

因此，删除操作的平均时间复杂度为 $O(n)$。

3.2.4　顺序表的优缺点

线性表的顺序存储结构的优缺点如下。

1. 优点

（1）无须为表示表中元素之间的关系而增加额外的存储空间。

（2）可以快速地存取表中任一位置的元素。

2. 缺点

（1）插入和删除操作需要移动大量的元素。

（2）使用前须事先分配好存储空间，当线性表长度变化较大时，难以确定存储空间的容量。分配空间过大会造成存储空间的巨大浪费；分配的空间过小，难以适应问题的需要。

3.2.5　顺序表应用举例

在掌握了顺序表的基本操作之后，通过几个具体实例来加强对顺序表知识点的掌握。

【例 3-1】假设线性表 LA 和 LB 分别表示两个集合 A 和 B，利用线性表的基本运算实现集合运算：$A=A-B$，即如果在顺序表 LA 中出现的元素，在顺序表 LB 中也出现，则删除 A 中该元素。

【分析】只有依次从线性表 LB 中取出每个数据元素，并依次在线性表 LA 中查找该元素，如果 LA 中也存在该元素，则将该元素从 LA 中删除。其实这是求两个表的差集，即 $A-B$。依次检查顺序表 LB 中的每一元素，如果在顺序表 LA 中也出现，则在 A 中删除该元素。核心代码如下。

```
void DelElem(SeqList *LA,SeqList LB)
/*从 LA 中删除 LB 也出现的元素*/
{
    int i,flag,pos;
```

```
    DataType e;
    for(i=0;i<=LB.length;i++)
    {
        flag=GetElem(LB,i,&e);              /*依次把 LB 中每个元素取出给 e*/
        if(flag==1)
        {
            pos=LocateElem(*LA,e);          /*在 LA 中查找和 LB 中取出的元素 e 相等的元素*/
            if(pos>0)
                DeleteList(LA,pos,&e);      /*如果找到该元素,将其从 LA 中删除*/
        }
    }
}
```

程序运行结果如图 3-5 所示。

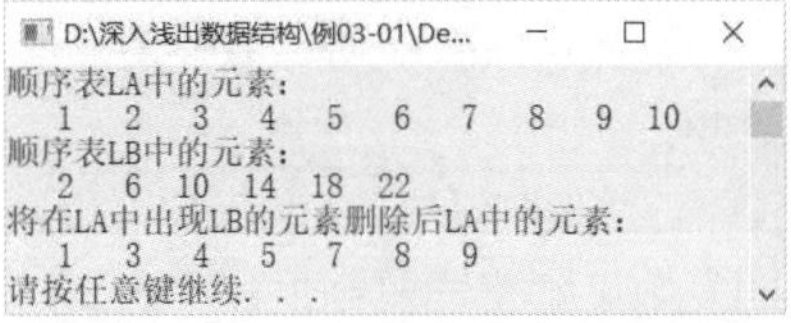

顺序表LA中的元素:
    1   2   3   4   5   6   7   8   9   10
顺序表LB中的元素:
    2   6   10 14 18 22
将在LA中出现LB的元素删除后LA中的元素:
    1   3   4   5   7   8   9
请按任意键继续. . .

图 3-5 集合 *A-B* 运算的程序运行结果

说明:在设计程序时需要用到头文件 "SeqList.h",而在顺序表的类型定义中包含 DataType 数据类型和顺序表长度,所以在包含#include"SeqList.h"之前首先进行宏定义。宏定义、类型定义和包含文件语句的次序如下。

```
#define LISTSIZE 100
typedef int DataType;
#include"SeqList.h"
```

【例 3-2】编写一个算法,把一个顺序表分拆成两个部分,使顺序表中小于或等于 0 的元素位于左端,大于 0 的元素位于右端。要求不占用额外的存储空间。例如,顺序表(−21,8,−9,25,−31,3,−2,−36)经过分拆调整后变为(−21,−36,−9,−2,−31,3,25,8)。

【分析】设置两个指示器 i 和 j,分别扫描顺序表中的元素,i 和 j 分别从顺序表的左端和右端开始扫描。如果 i 遇到小于或等于 0 的元素,略过不处理,继续向前扫描;如果遇到大于 0 的元素,暂停扫描。如果 j 遇到大于 0 的元素,略过不处理,继续向前扫描;如果遇到小于或等于 0 的元素,暂停扫描。如果 i 和 j 都停下来,则交换 i 和 j 指向的元素。重复执行直到 $i \geq j$ 为止。

算法描述如下。

```
void SplitSeqList(SeqList *L)
/*将顺序表 L 分成两个部分:左边是小于或等于 0 的元素,右边是大于 0 的元素*/
{
    int i,j;                            /*定义两个指示器 i 和 j*/
    DataType e;
    i=0,j=(*L).length-1;                /*指示器 i 和 j 分别指示顺序表的左端和右端元素*/
    while(i<j)                          /*若未扫描完毕所有元素*/
    {
        while(L->list[i]<=0)           /*i 遇到小于或等于 0 的元素*/
            i++;                       /*略过*/
        while(L->list[j]>0)            /*j 遇到大于 0 的元素*/
            j--;                       /*略过*/
        if(i<j)                        /*交换 i 和 j 指向的元素*/
        {
            e=L->list[i];
            L->list[i]=L->list[j];
            L->list[j]=e;
        }
```

```
    }
}
```

程序运行结果如图 3-6 所示。

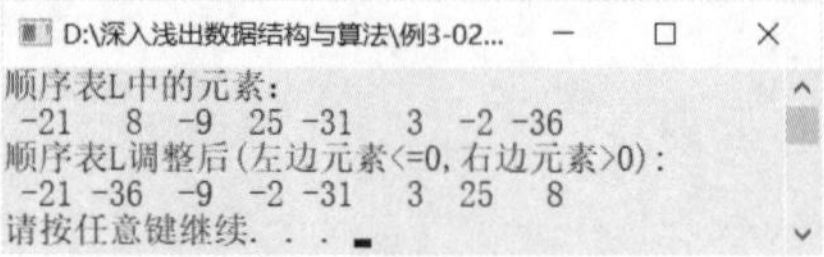

```
D:\深入浅出数据结构与算法\例3-02...  —  □  ×
顺序表L中的元素：
  -21   8  -9  25 -31   3  -2 -36
顺序表L调整后(左边元素<=0,右边元素>0)：
  -21 -36  -9  -2 -31   3  25   8
请按任意键继续. . . _
```

图 3-6　程序运行结果

【考研真题】设将 n（$n>1$）个整数存放到一维数组 R 中，试设计一个在时间和空间两方面都尽可能高效的算法，将 R 中保存的序列循环左移 p（$0<p<n$）个位置，即把 R 中的数据序列由 $(x_0,x_1,\cdots,x_{n-1})$ 变换为 $(x_p, x_{p+1},\cdots,x_{n-1},x_0, x_1,\cdots,x_{p-1})$。要求如下。

（1）给出算法的基本设计思想。

（2）根据设计思想，采用 C 语言描述算法。

（3）说明所设计算法的时间复杂度和空间复杂度。

【分析】该题目主要考查对顺序表的掌握情况，具有一定的灵活性。

（1）先将这 n 个元素序列 $(x_0,x_1,\cdots,x_p,x_{p+1},\cdots,x_n)$ 就地逆置，得到 $(x_{n-1},x_{n-2},\cdots,x_p,x_{p-1},\cdots,x_0)$，然后再将前 $n-p$ 个元素 $(x_{n-1},x_{n-2},\cdots,x_p)$ 和后 p 个元素 $(x_{p-1},x_{p-2},\cdots,x_0)$ 分别就地逆置，得到最终结果 $(x_p,x_{p+1},\cdots,x_{n-1},x_0,x_1,\cdots,x_{p-1})$。

（2）算法实现，可用 Reverse 和 LeftShift 两个函数实现。

```
void Reverse(int R[],int left,int right)      /*将 n 个元素序列逆置的算法实现*/
{
    int k=left,j=right,t;                     /*定义变量*/
    while(k<j)                                /*若未完成逆置*/
    {
        t=R[k];                               /*将这 n 个元素序列逆置处理过程*/
        R[k]=R[j];
        R[j]=t;
        k++;
        j--;
    }
}
void LeftShift(int R[],int n,int p) /*将 R 中保存的序列循环左移 p（0<p<n）个位置的算法实现*
{
    If(p>0 && p<n)                  /*若循环左移的位置合法*/
    {
        Reverse(R,0,n-1);           /*将全部元素逆置*/
        Reverse(R,0,n-p-1);         /*逆置前 n-p 个元素*/
        Reverse(R,n-p,n-1);         /*逆置后 n 个元素*/
    }
}
```

（3）上述算法的时间复杂度为 $O(n)$，空间复杂度为 $O(1)$。

3.3　线性表的链式表示与实现

在解决实际问题时，有时并不适合采用线性表的顺序存储结构，例如，两个一元多项式相加、相乘，这就需要采用线性表另一种存储结构——链式存储。

3.3.1 单链表的存储结构

线性表的链式存储是采用一组任意的存储单元存放线性表的元素。这组存储单元可以是连续的，也可以是不连续的。因此，为了表示每个元素 a_i 与其直接后继元素 a_{i+1} 的逻辑关系，除了存储元素本身的信息外，还需要存储一个指示其直接后继元素的信息（即直接后继元素的地址）。这两部分构成的存储结构称为结点（node）。结点包括数据域和指针域两个域，数据域存放数据元素的信息，指针域存放元素的直接后继元素的存储地址。指针域中存储的信息称为指针。结点结构如图 3-7 所示。

通过指针域将线性表中 n 个结点元素按照逻辑顺序链在一起就构成了链表，如图 3-8 所示。由于链表中每个结点只有一个指针域，所以将这样的链表称为线性链表或者单链表。

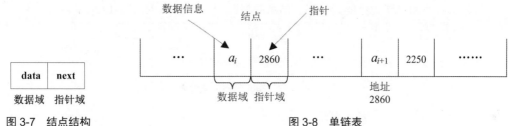

图 3-7　结点结构　　　　　　　　　　　　图 3-8　单链表

例如，线性表（Yang,Zheng,Feng,Xu,Wu,Wang,Geng）采用链式存储结构，链表的存取必须从头指针 head 开始，头指针指向链表的第一个结点，从头指针可以找到链表中的每一个元素。线性表的链式存储结构如图 3-9 所示。

如图 3-10 所示的通过结点的指针域表示线性表中的前后逻辑关系，叫作链式存储。链式存储结构中逻辑上相邻的元素，在物理位置上不一定相邻。

存储地址	数据域	指针域
6	Xu	36
19	Feng	6
25	Yang	51
36	Wu	47
43	Geng	NULL
47	Wang	43
51	Zheng	19

头指针 head：25

图 3-9　线性表的链式存储结构

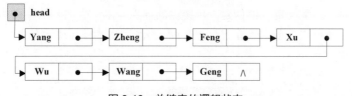

图 3-10　单链表的逻辑状态

一般情况下，只关心链表的逻辑顺序，而不关心链表的物理位置。通常把链表表示成通过箭头链接起来的序列，箭头表示指针域中的指针。如图 3-9 所示的线性表可以表示成如图 3-10 的序列。

为了操作上的方便，在单链表的第一个结点之前增加一个结点，称为头结点。头结点的数据域可以存放如线性表的长度等信息，头结点的指针域存放第一个结点的地址信息，指向第一个结点。此时的头指针 head 就指向了头结点，不再指向链表的第一个结点。带头结点的单链表如图 3-11 所示。

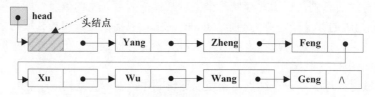

图 3-11　带头结点的单链表的逻辑状态

若带头结点的链表为空链表，则头结点的指针域为"空"，如图 3-12 所示。

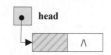

图 3-12　带头结点的单链表

单链表的存储结构用 C 语言描述如下。

```
typedef struct Node
{
    DataType data;
    struct Node *next;
}ListNode,*LinkList;
```

其中，ListNode 是链表的结点类型，LinkList 是指向链表结点的指针类型。假设有如下定义。

```
LinkList L;                          /*定义 LinkList 类型变量*/
```

则 L 被定义为指向单链表的指针类型，相当于如下定义。

```
ListNode *L;                         /*定义指向单链表的指针类型*/
```

注意：初学者需要区分头指针和头结点的区别。头指针是指向链表第一个结点的指针，若链表有头结点，则是指向头结点的指针。头指针链表的必要元素具有标识作用，所以常用头指针冠以链表的名字。头结点是为了操作的统一和方便而设立的，放在第一个元素结点之前，不是链表的必要元素。有了头结点，对在第一个元素结点前插入结点和删除第一个结点，其操作与其他结点的操作就统一了。

3.3.2　单链表上的基本运算

单链表上的基本运算有链表的创建、单链表的插入、单链表的删除、求单链表的长度等，以下是带头结点的单链表的基本运算的具体实现（保存在文件 LinkList.h 中）。

（1）初始化单链表。

```
void InitList(LinkList *head)
/*初始化单链表*/
{
    if((*head=(LinkList)malloc(sizeof(ListNode)))==NULL)    /*为头结点分配一个存储空间*/
        exit(-1);
    (*head)->next=NULL;              /*将单链表的头结点指针域置为空*/
}
```

（2）判断单链表是否为空。若单链表为空，返回 1；否则返回 0。算法实现如下。

```
int ListEmpty(LinkList head)
/*判断单链表是否为空*/
{
    if(head->next==NULL)            /*如果单链表头结点的指针域为空*/
        return 1;                   /*返回 1*/
    else                            /*否则*/
        return 0;                   /*返回 0*/
}
```

（3）按序号查找操作。从单链表的头指针 head 出发，利用结点的指针域依次扫描链表的结点，并进行计数，直到计数为 i，就找到了第 i 个结点。如果查找成功，返回该结点的指针，否则返回 NULL 表示查找失败。按序号查找的算法实现如下。

```
ListNode *Get(LinkList head,int i)
/*按序号查找单链表中第 i 个结点。查找成功返回该结点的指针表示成功；否则返回 NULL 表示失败*/
{
    ListNode *p;                    /*定义指向单链表的指针*/
    int j;                          /*定义计数器*/
    if(ListEmpty(head))             /*如果链表为空*/
        return NULL;                /*返回 NULL*/
    if(i<1)                         /*如果序号不合法*/
        return NULL;                /*则返回 NULL*/
    j=0;                            /*将计数器初始化为 0*/
    p=head;                         /*head 指针赋值给 p*/
    while(p->next!=NULL&&j<i)       /*如果在遍历完链表前且还未找到第 i 个结点*/
    {
        p=p->next;                  /*则令 p 指向下一个结点继续查找*/
        j++;
    }
    if(j==i)                        /*找到第 i 个结点*/
        return p;                   /*返回指针 p*/
    else                            /*否则*/
        return NULL;                /*返回 NULL*/
}
```

查找元素时，要注意判断条件 $p \rightarrow$next!=NULL，保证 p 的下一个结点不为空，如果没有这个条件，就无法保证执行循环体中的 $p=p \rightarrow$next 语句。

（4）按内容查找，查找元素值为 e 的结点。从单链表中的头指针开始，依次与 e 比较，如果找到返回该元素结点的指针；否则返回 NULL。查找元素值为 e 的结点的算法实现如下。

```
ListNode *LocateElem(LinkList head,DataType e)
/*按内容查找单链表中元素值为 e 的元素,若查找成功则返回对应元素的结点指针,否则返回 NULL 表示失败*/
{
    ListNode *p;                    /*定义指向单链表的指针*/
    p=head->next;                   /*指针 p 指向第一个结点*/
    while(p)
    {
        if(p->data!=e)              /*没有找到与 e 相等的元素*/
            p=p->next;              /*继续找下一个元素*/
        else                        /*找到与 e 相等的元素*/
            break;                  /*退出循环*/
    }
    return p;                       /*返回元素值为 e 的结点指针*/
}
```

（5）定位操作。定位操作与按内容查找类似，只是返回的是该结点的序号。从单链表的头指针出发，依次访问每个结点，并将结点的值与 e 比较，如果相等，返回该序号表示成功；如

果没有与 e 值相等的元素，返回 0 表示失败。定位操作的算法实现如下。

```
int LocatePos(LinkList head,DataType e)
/*查找线性表中元素值为 e 的元素,查找成功将对应元素的序号返回,否则返回 0 表示失败*/
{
    ListNode *p;                /*定义指向单链表的指针*/
    int i;                      /*定义指示器变量*/
    if(ListEmpty(head))         /*在查找第 i 个元素之前,判断链表是否为空*/
        return 0;
    p=head->next;               /*指针 p 指向第一个结点*/
    i=1;                        /*将指示器置为 1*/
    while(p)
    {
        if(p->data==e)          /*若找到与 e 相等的元素*/
            return i;           /*返回该序号*/
        else                    /*否则*/
        {
            p=p->next;          /*令 p 指向下一个结点继续查找*/
            i++;                /*指示器加 1*/
        }
    }
    if(!p)                      /*如果没有找到与 e 相等的元素*/
        return 0;               /*返回 0*/
}
```

（6）在第 i 个位置插入元素 e。插入成功返回 1，否则返回 0；如果没有与 e 值相等的元素，返回 0 表示失败。

假设存储元素 e 的结点为 p，要将 p 指向的结点插入 pre 和 pre→next 之间，根本不需要移动其他结点，只需要让 p 指向结点的指针和 pre 指向结点的指针做一点改变即可。即先把*pre 的直接后继结点变成*p 的直接后继结点，然后把*p 变成*pre 的直接后继结点，如图 3-13 所示，代码如下。

```
p->next=pre->next;
pre->next=p;
```

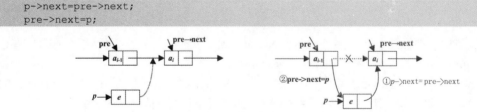

图 3-13　在*pre 结点之后插入新结点*p

注意： 插入结点的两行代码不能颠倒顺序。如果先进行 pre→next=p，后进行 p→next=pre→next 操作，则第一条代码就会覆盖 pre→next 的地址，pre→next 的地址就变成了 p 的地址，执行 p→next=pre→next 就等于执行 p→next=p，这样 pre→next 就与上级断开了链接，造成尴尬的局面，如图 3-14 所示。

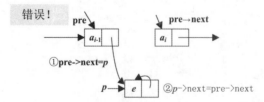

图 3-14　插入结点代码顺序颠倒后，*(pre→next)结点与上级断开链接

如果要在单链表的第 i 个位置插入一个新元素 e，首先需要在链表中找到其直接前驱结点，即第 i-1 个结点，并由指针 pre 指向该结点，如图 3-15 所示。然后申请一个新结点空间，由 p 指向该结点，将值 e 赋值给 p 指向结点的数据域，最后修改*p 和*pre 结点的指针域，如图 3-16 所示。这样就完成了结点的插入操作。

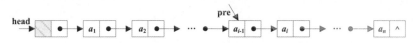

图 3-15　找到第 i 个结点的直接前驱结点

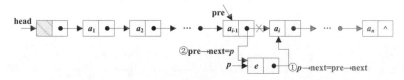

图 3-16　将新结点插入第 i 个位置

在单链表的第 i 个位置插入新数据元素 e 的算法实现如下。

```
int InsertList(LinkList head,int i,DataType e)
/*在单链表中第i个位置插入一个结点,结点的元素值为e。插入成功返回1,失败返回0*/
{
    ListNode *pre,*p;        /*定义第i个元素的前驱结点指针pre,指针p指向新生成的结点*/
    int j;                   /*定义计数器变量*/
    pre=head;                /*指针p指向头结点*/
    j=0;                           /*将计数器置为0*/
    while(pre->next!=NULL&&j<i-1) /*在未到最后一个结点前,找到第i个结点的前驱结点*/
    {
        pre=pre->next;            /*令pre指向下一个结点*/
        j++;                      /*计数器加1*/
    }
    if(j!=i-1)                    /*若不存在第i个结点的前驱结点,说明插入位置错误*/
    {
        printf("插入位置错误! "); /*输出错误提示信息*/
        return 0;                 /*返回0*/
    }
    /*新生成一个结点,并将e赋值给该结点的数据域*/
    if((p=(ListNode*)malloc(sizeof(ListNode)))==NULL)  /*动态分配一个结点的内存空间*/
        exit(-1);
    p->data=e;
                                  /*插入结点操作*/
    p->next=pre->next;
    pre->next=p;
    return 1;                     /*返回1*/
}
```

（7）删除第 i 个结点。

假设 p 指向第 i 个结点，要将*p 结点删除，只需要绕过它的直接前驱结点的指针，使其直接指向它的直接后继结点即可删除链表的第 i 个结点，如图 3-17 所示。

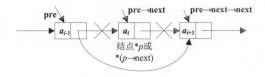

图 3-17　删除*pre 的直接后继结点

　　将单链表中第 i 个结点删除可分为 3 步：第一步找到第 i 个结点的直接前驱结点，即第 $i-1$ 个结点，并用 pre 指向该结点，p 指向其直接后继结点，即第 i 个结点，如图 3-18 所示；第二步将 *p 结点的数据域赋值给 e；第三步删除第 i 个结点，即 pre→next=p→next，并释放 *p 结点的内存空间。删除过程如图 3-19 所示。

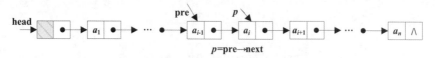

图 3-18　找到第 i-1 个结点和第 i 个结点

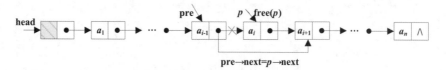

图 3-19　删除第 i 个结点

删除第 i 个结点的算法实现如下。

```
int DeleteList(LinkList head,int i,DataType *e)
/*删除单链表中的第 i 个位置的结点。删除成功返回 1,失败返回 0*/
{
    ListNode *pre,*p;              /*定义第 i 个元素的前驱结点指针 pre 和指向新结点的指针 p*/
    int j;                         /*定义计数器变量*/
    pre=head;                      /*指针 p 指向头结点*/
    j=0;                           /*将计数器置为 0*/
    while(pre->next!=NULL&&pre->next->next!=NULL&&j<i-1)/*判断是否找到前驱结点*/
    {
        pre=pre->next;             /*指向下一个结点*/
        j++;                       /*计数器加 1*/
    }
    if(j!=i-1)                     /*如果没找到要删除的结点位置,说明删除位置有误*/
    {
        printf("删除位置有误");    /*输出错误提示信息*/
        return 0;                  /*返回 0*/
    }
    /*指针 p 指向单链表中的第 i 个结点,并将该结点的数据域值赋值给 e*/
    p=pre->next;
    *e=p->data;
    /*将前驱结点的指针域指向要删除结点的下一个结点,也就是将 p 指向的结点与单链表断开*/
    pre->next=p->next;             /*令 pre 指向 p 的下一个结点*/
    free(p);                       /*释放 p 指向的结点*/
    return 1;                      /*返回 1*/
}
```

　　注意：在查找第 i-1 个结点时，要注意不可遗漏判断条件 pre→next→next!=NULL，确保第 i 个结点非空。如果没有此判断条件，而 pre 指针指向了单链表的最后一个结点，在执行循环后的 p=pre→next，*e=p→data 操作时，p 指针指向的就是 NULL 指针域，会产生致命错误。

　　（8）求表长操作。求表长操作即返回单链表的元素个数，求单链表的表长算法实现代码如下。

```
int ListLength(LinkList head)
/*求表长操作*/
{
    ListNode *p;                   /*定义指向新生成的结点指针变量*/
    int count=0;                   /*定义计数器变量 count 并初始化*/
    p=head;                        /*指针 p 指向头结点*/
```

```
        while(p->next!=NULL)         /*如果指针 p 没有到达链表末尾*/
        {
            p=p->next;               /*令 p 指向下一个结点*/
            count++;                 /*计数器加 1*/
        }
        return count;                /*返回元素个数*/
    }
```

（9）销毁链表操作，实现代码如下。

```
void DestroyList(LinkList head)
/*销毁链表*/
{
    ListNode *p,*q;                  /*定义指向新生成的结点的指针变量*/
    p=head;                          /*指针 p 指向头结点*/
    while(p!=NULL)                   /*如果链表不为空*/
    {
        q=p;                         /*q 指向待销毁的结点*/
        p=p->next;                   /*p 指向下一个结点*/
        free(q);                     /*释放 q 指向的结点空间*/
    }
}
```

3.3.3　单链表存储结构与顺序存储结构的优缺点

下面简单对单链表存储结构和顺序存储结构进行对比。

1. 存储分配方式

顺序存储结构用一组连续的存储单元依次存储线性表的数据元素。单链表采用链式存储结构，用一组任意的存储单元存放线性表的数据元素。

2. 时间性能

采用顺序存储结构时，查找操作时间复杂度为 $O(1)$，插入和删除操作需要移动平均一半的数据元素，时间复杂度为 $O(n)$。采用单链表存储结构时，查找操作时间复杂度为 $O(n)$，插入和删除操作不需要大量移动元素，时间复杂度仅为 $O(1)$。

3. 空间性能

采用顺序存储结构时，需要预先分配存储空间，分配的空间过大会造成浪费，分配的空间过小不能满足问题需要。采用单链表存储结构时，可根据需要临时分配，不需要估计问题的规模大小，只要内存够就可以分配，还可以用于一些特殊情况，如一元多项式的表示。

3.3.4　单链表应用举例

【例 3-3】已知两个单链表 A 和 B，其中的元素都是非递减排列，编写算法将单链表 A 和 B 合并得到一个递减有序的单链表 C（值相同的元素只保留一个），并要求利用原链表结点空间。

【分析】此题为单链表合并问题。利用头插法建立单链表，使先插入元素值小的结点在链表末尾，后插入元素值大的结点在链表表头。初始时，单链表 C 为空（插入的是 C 的第一个结点），将单链表 A 和 B 中较小的元素值结点插入 C 中；单链表 C 不为空时，比较 C 和将插入结点的元素值大小，值不同时插入到 C 中，值相同时，释放该结点。当 A 和 B 中有一个链表为空时，将剩下的结点依次插入 C 中。核心算法实现代码如下。

```
void MergeList(LinkList A,LinkList B,LinkList *C)
```

```
/*将非递减排列的单链表 A 和 B 中的元素合并到 C 中,使 C 中的元素按递减排列,相同值的元素只保留一个*/
{
    ListNode *pa,*pb,*qa,*qb;          /*定义指向单链表 A,B 的指针*/
    pa=A->next;                        /*pa 指向单链表 A*/
    pb=B->next;                        /*pb 指向单链表 B*/
    free(B);                           /*释放单链表 B 的头结点*/
    *C=A;                              /*初始化单链表 C,利用单链表 A 的头结点作为 C 的头结点*/
    (*C)->next=NULL;                   /*单链表 C 初始时为空*/
    /*利用头插法将单链表 A 和 B 中的结点插入到单链表 C 中（先插入元素值较小的结点）*/
    while(pa&&pb)                      /*单链表 A 和 B 均不空时*/
    {
        if(pa->data<pb->data)          /*pa 指向结点元素值较小时,将 pa 指向的结点插入到 C 中*/
        {
            qa=pa;                     /*qa 指向待插入结点*/
            pa=pa->next;               /*pa 指向下一个结点*/
            if((*C)->next==NULL)       /*单链表 C 为空时,直接将结点插入到 C 中*/
            {
                qa->next=(*C)->next;
                (*C)->next=qa;
            }
            else if((*C)->next->data<qa->data)  /*pa 指向的结点元素值不同于已有结点元素值时,才插入结点*/
            {
                qa->next=(*C)->next;
                (*C)->next=qa;
            }
            else                       /*否则,释放元素值相同的结点*/
                free(qa);
        }
        else                           /*pb 指向结点元素值较小,将 pb 指向的结点插入到 C 中*/
        {
            qb=pb;                     /*qb 指向待插入结点*/
            pb=pb->next;               /*pb 指向下一个结点*/
            if((*C)->next==NULL)       /*单链表 C 为空时,直接将结点插入到 C 中*/
            {
                qb->next=(*C)->next;
                (*C)->next=qb;
            }
            else if((*C)->next->data<qb->data)  /*pb 指向的结点元素值不同于已有结点元素时,才将结点插入*/
            {
                qb->next=(*C)->next;
                (*C)->next=qb;
            }
            else                       /*否则,释放元素值相同的结点*/
                free(qb);
        }
    }
    while(pa)                          /*如果 pb 为空、pa 不为空,则将 pa 指向的后继结点插入到 C 中*/
    {
        qa=pa;                         /*qa 指向待插入结点*/
        pa=pa->next;                   /*pa 指向下一个结点*/
        if((*C)->next&&(*C)->next->data<qa->data)
        {                              /*pa 指向的结点元素值不同于已有结点元素时,才将结点插入*/
            qa->next=(*C)->next;
            (*C)->next=qa;
        }
        else                           /*否则,释放元素值相同的结点*/
            free(qa);
    }
    while(pb)                          /*如果 pa 为空、pb 不为空,则将 pb 指向的后继结点插入到 C 中*/
    {
```

```
        qb=pb;                          /*qb 指向待插入结点*/
        pb=pb->next;                    /*pb 指向下一个结点*/
        if((*C)->next&&(*C)->next->data<qb->data)
        {                               /*pb 指向的结点元素值不同于已有结点元素时,才将结点插入*/
            qb->next=(*C)->next;
            (*C)->next=qb;
        }
        else                            /*否则,释放元素值相同的结点*/
            free(qb);
    }
}
```

程序的运行结果如图 3-20 所示。

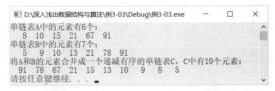

图 3-20　合并单链表的程序运行结果

在将两个单链表 A 和 B 的合并算法 MergeList 中，需要特别注意的是，不要遗漏单链表为空时的处理。当单链表为空时，将结点插入 C 中，代码如下。

```
if((*C)->next==NULL)                    /*单链表 C 为空时,直接将结点插入 C 中*/
{
    qa->next=(*C)->next;
    (*C)->next=qa;
}
```

针对这个题目，经常会遗漏单链表为空的情况，以下代码遗漏了单链表为空的情况。

```
if((*C)->next&&(*C)->next->data<qb->next)  /*错误代码: 遗漏了单链表为空的情况*/
{
    qb->next=(*C)->next;
    (*C)->next=qb;
}
```

所以，对于初学者而言，写完算法后，一定要上机调试下算法的正确性。

【例 3-4】利用单链表的基本运算，求两个集合的交集。

【分析】假设 A 和 B 是两个带头结点的单链表，分别表示两个给定的集合 A 和 B，求 C=A∩B。先将单链表 A 和 B 分别从小到大排序，然后依次比较两个单链表中的元素值大小，pa 指向 A 中当前比较的结点，pb 指向 B 中当前比较的结点，如果 pa→data<pb→data，则 pa 指向 A 中下一个结点；如果 pa→data>pb→data，则 pb 指向 B 中下一个结点；如果 pa→data==pb→data，则将当前结点插入 C 中。

```
void Interction(LinkList A,LinkList B,LinkList *C)
/*求 A 和 B 的交集*/
{
    ListNode *pa,*pb,*pc;                    /*定义 3 个结点指针*/
    Sort(A);                                 /*对数组 A 进行排序*/
    printf("排序后 A 中的元素:\n");           /*输出提示信息*/
    DispList(A);                             /*输出排序后 A 中的元素*/
    Sort(B);                                 /*对数组 B 进行排序*/
    printf("排序后 B 中的元素:\n");           /*输出提示信息*/
    DispList(B);                             /*输出排序后 B 中的元素*/
    pa=A->next;                              /*pa 指向 A 的第一个结点*/
    pb=B->next;                              /*pb 指向 B 的第一个结点*/
    *C=(LinkList)malloc(sizeof(ListNode));   /*为指针*C 指向的新链表动态分配内存空间*/
```

```
        (*C)->next=NULL;
        while(pa&&pb)                         /*若 pa 和 pb 指向的结点都不为空*/
        {
            if(pa->data<pb->data)             /*如果 pa 指向的结点元素值小于 pb 指向的结点元素值*/
                pa=pa->next;                  /*则略过该结点*/
            else if(pa->data>pb->data)        /*如果 pa 指向的结点元素值大于 pb 指向的结点元素值*/
                pb=pb->next;                  /*则略过该结点*/
            else                              /*否则*/
            {                                 /*即 pa->data==pb->data,则将当前结点插入 C 中.*/
                pc=(ListNode*)malloc(sizeof(ListNode));
                pc->data=pa->data;
                pc->next=(*C)->next;
                (*C)->next=pc;
                pa=pa->next;                  /*则 pa 指向 A 中下一个结点*/
                pb=pb->next;                  /*则 pb 指向 B 中下一个结点*/
            }
        }
    }
}
```

程序的运行结果如图 3-21 所示。

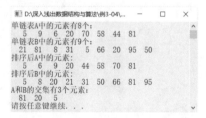

图 3-21　求 A 和 B 交集的程序运行结果

【考研真题】假设一个带有表头结点的单链表，结点结构如下。

　　假设该链表只给出了头指针 list，在不改变链表的前提下，请设计一个尽可能高效的算法，查找链表中倒数第 k 个位置上的结点（k 为正整数）。若查找成功，算法输出该结点数据域的值，并返回 1；否则返回 0。要求如下。

（1）描述算法的基本设计思想。

（2）描述算法的详细实现步骤。

（3）根据设计思想和实现步骤，采用程序设计语言描述算法。

　　【分析】这是一道考研试题，主要考查对链表的掌握程度，这个题目比较灵活，利用一般的思维方式不容易实现。

　　（1）算法的基本思想：定义两个指针 p 和 q，初始时均指向头结点的下一个结点。p 指针沿着链表移动，当 p 指针移动到第 k 个结点时，q 指针与 p 指针同步移动，当 p 指针移动到链表表尾结点时，q 指针所指向的结点即为倒数第 k 个结点。

　　（2）算法的详细步骤如下。

①　令 count=0，p 和 q 指向链表的第一个结点。

②　若 p 为空，则转向⑤执行。

③　若 count 等于 k，则 q 指向下一个结点；否则令 count++。

④　令 p 指向下一个结点，转向②执行。

⑤　若 count 等于 k，则查找成功，输出结点的数据域的值，并返回 1；否则，查找失败，

返回 0。

（3）算法实现代码如下。

```
typedef struct LNode              /*定义结点*/
{
  int data;
  struct Lnode *link;
}*LinkList;                       /*定义结点指针变量*/
int SearchNode(LinkList list,int k)/*查找结点*/
{
    LinkList p,q;                 /*定义两个指针p和q*/
    int count=0;                  /*定义计数器变量并赋初值为0*/
    p=q=list->link;               /*p和q指向链表的第一个结点*/
    while(p!=NULL)
    {
        if(count<k)               /*若p未移动到第k个结点*/
            count++;              /*则计数器加1*/
        else
            q=q->link;            /*当p移到第k个结点后,q开始与p同步移动下一个结点*/
        p=p->link;               /*p移动到下一个结点*/
    }
    if(count<k)                   /*如果满足小于k*/
        return 0;                 /*返回0*/
    else
    {
        printf("倒数第%d个结点元素值为%d\n",k,q->data); /*输出倒数第k个结点的元素值*/
        return 1;                 /*返回1*/
    }
}
```

3.4 循环单链表

循环单链表是首尾相连的单链表，是另一种形式的单链表。将单链表的最后一个结点的指针域由空指针改为指向头结点或第一个结点，整个链表就形成一个环，这样的单链表称为循环单链表。从表中任何一个结点出发均可找到表中其他结点。

与单链表类似，循环单链表也可分为带头结点结构和不带头结点结构两种。对于不带头结点的循环单链表，当表不为空时，最后一个结点的指针域指向头结点，如图 3-22 所示。对于带头结点的循环单链表，当表为空时，头结点的指针域指向头结点本身，如图 3-23 所示。

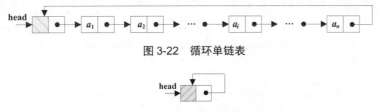

图 3-22 循环单链表

图 3-23 结点为空的循环单链表

循环单链表与单链表在结构、类型定义及实现方法上都是一样的，唯一的区别仅在于判断链表是否为空的条件上。判断单链表为空的条件是 head→next==NULL，判断循环单链表为空的条件是 head->next==head。

在单链表中，访问第一个结点的时间复杂度为 $O(1)$，而访问最后一个结点则需要将整个单链表扫描一遍，故时间复杂度为 $O(n)$。对于循环单链表，只需设置一个尾指针（利用 rear 指向循环单链表的最后一个结点）而不设置头指针，就可以直接访问最后一个结点，时间复杂度为 $O(1)$。访问第一个结点即 rear->next->next，时间复杂度也为 $O(1)$，如图 3-24 所示。

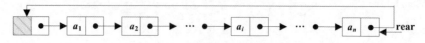

图 3-24 仅设置尾指针的循环单链表

在循环单链表中设置尾指针，还可以使有些操作变得简单，例如，要将如图 3-25 所示的两个循环单链表（尾指针分别为 LA 和 LB）合并成一个链表，只需要将一个表的表尾和另一个表的表头连接即可，如图 3-26 所示。

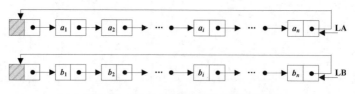

图 3-25 两个设置尾指针的循环单链表

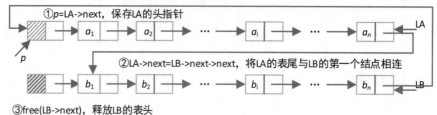

图 3-26 合并两个设置尾指针的循环单链表

将循环单链表合并为一个循环单链表只需要 4 步操作：①保存 LA 的头指针，即 p=LA->next。②将 LA 的表尾与 LB 的第一个结点相连，即 LA->next=LB->next->next；③释放 LB 的头结点，即 free(LB->next)；④将 LB 的表尾与 LA 的表头相连，即 LB->next=p。

对于设置了头指针的两个循环单链表（头指针分别是 head1 和 head2），要将其合并成一个循环单链表，需要先找到两个链表的最后一个结点，分别增加一个尾指针，分别使其指向最后一个结点。然后将第一个链表的尾指针与第二个链表的第一个结点连接起来，第二个链表的尾指针与第一个链表的第一个结点连接起来，就形成了一个循环链表。

合并两个循环单链表的算法实现如下。

```
LinkList Link(LinkList head1,LinkList head2)
/*将两个链表 head1 和 head2 连接在一起形成一个循环链表*/
{
    ListNode *p,*q;              /*定义两个指针变量 p 和 q*/
    p=head1;                     /*p 指向第一个链表*/
    while(p->next!=head1)        /*指针 p 指向链表的最后一个结点*/
        p=p->next;
    q=head2;
    while(q->next!=head2)        /*指针 q 指向链表的最后一个结点*/
```

```
        q=q->next;                    /*指向下一个结点*/
    p->next=head2->next;          /*将第一个链表的尾端连接到第二个链表的第一个结点*/
    q->next=head1;                /*将第二个链表的尾端连接到第一个链表的第一个结点*/
    return head1;                 /*返回第一个链表的头指针*/
}
```

3.5　双向链表

在单链表和循环单链表中，每个结点只有一个指向其后继结点的指针域，只能根据指针域查找后继结点，要查找指针 p 指向结点的直接前驱结点，必须从 p 指针出发，顺着指针域把整个链表访问一遍，才能找到该结点，其时间复杂度是 $O(n)$。因此，要访问某个结点的前驱结点，效率太低，为了便于操作，可将单链表设计成双向链表。

3.5.1　双向链表的存储结构

顾名思义，双向链表就是链表中的每个结点有两个指针域：一个指向直接前驱结点，另一个指向直接后继结点。双向链表的每个结点有 data 域、prior 域和 next 域 3 个域。双向链表的结点结构如图 3-27 所示。

图 3-27　双向链表的结点结构

其中，data 域为数据域，存放数据元素；prior 域为前驱结点指针域，指向直接前驱结点；next 域为后继结点指针域，指向直接后继结点。

与单链表类似，也可以为双向链表增加一个头结点，这样使某些操作更加方便。双向链表也有循环结构，称为双向循环链表。带头结点的双向循环链表如图 3-28 所示。双向循环链表为空的情况如图 3-29 所示，判断带头结点的双向循环链表为空的条件是 head->prior==head 或 head->next==head。

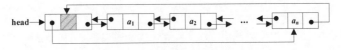

图 3-28　带头结点的双向循环链表

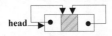

图 3-29　带头结点的空双向循环链表

在双向链表中，因为每个结点既有前驱结点的指针域又有后继结点的指针域，所以查找结点非常方便。对于带头结点的双向链表，如果链表为空，则有 p=p->prior->next=p->next->prior。双向链表的结点存储结构描述如下。

```
typedef struct Node              /*定义双向链表的结点存储结构*/
{
```

```
    DataType data;                      /*数据域*/
    struct Node *prior;                 /*指向前驱结点的指针域*/
    struct Node *next;                  /*指向后继结点的指针域*/
}DListNode,*DLinkList;
```

3.5.2 双向链表的插入和删除操作

在双向链表中，有些操作如求链表的长度、查找链表的第 *i* 个结点等，仅涉及一个方向的指针，与单链表中的算法实现基本没什么区别。但是对于双向循环链表的插入和删除操作，因为涉及前驱结点和后继结点的指针，所以需要修改两个方向上的指针。

1. 在第 *i* 个位置插入元素值为 *e* 的结点

首先找到第 *i* 个结点，用 *p* 指向该结点；再申请一个新结点，由 *s* 指向该结点，将 *e* 放入数据域；然后修改 *p* 和 *s* 指向的结点的指针域，修改 *s* 的 prior 域，使其指向 *p* 的直接前驱结点，即 *s*->prior=*p*->prior；修改 *p* 的直接前驱结点的 next 域，使其指向 *s* 指向的结点，即 *p*->prior->next=*s*；修改 *s* 的 next 域，使其指向 *p* 指向的结点，即 *s*->next=*p*；修改 *p* 的 prior 域，使其指向 *s* 指向的结点，即 *p*->prior=*s*。插入操作指针修改情况如图 3-30 所示。

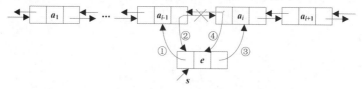

图 3-30 双向循环链表的插入结点操作过程

插入操作算法实现如下。

```
int InsertDList(DListLink head,int i,DataType e)  /*双向链表插入操作的算法实现*/
{
    DListNode *p,*s;                    /*定义双向链表的结点指针p和s*/
    int j;
    p=head->next;                       /*p指向链表的第一个结点*/
    j=0;                                /*计数器初始化为0*/
    while(p!=head&&j<i)                 /*若还未到第i个结点*/
    {
        p=p->next;                      /*则继续查找下一个结点*/
        j++;                            /*计数器加1*/
    }
    if(j!=i)                            /*若不存在第i个结点*/
    {
        printf("插入位置不正确");         /*则输出错误提示信息*/
        return 0;                       /*返回0*/
    }
    s=(DListNode*)malloc(sizeof(DListNode));/*动态分配一个结点内存空间,由s指向该结点*/
    if(!s)
        return -1;
    s->data=e;                          /*将参数e存入数据域*/
    s->prior=p->prior;                  /*修改s的prior域,使其指向p的直接前驱结点*/
    p->prior->next=s;                   /*修改p的前驱结点的next域,使其指向s指向的结点*/
    s->next =p;                         /*修改s的next域,使其指向p指向的结点*/
    p->prior=s;                         /*修改p的prior域,使其指向s指向的结点*/
    return 1;                           /*插入成功,返回1*/
```

```
}
```

2. 删除第 *i* 个结点

首先找到第 *i* 个结点，用 *p* 指向该结点；然后修改 *p* 指向的结点的直接前驱结点和直接后继结点的指针域，从而将 *p* 与链表断开。将 *p* 指向的结点与链表断开需要两步：第一步，修改 *p* 的前驱结点的 next 域，使其指向 *p* 的直接后继结点，即 *p*->prior->next=*p*->next；第二步，修改 *p* 的直接后继结点的 prior 域，使其指向 *p* 的直接前驱结点，即 *p*->next->prior=*p*->prior。删除操作指针修改情况如图 3-31 所示。

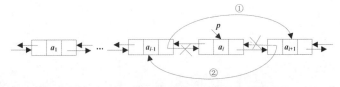

图 3-31 双向循环链表的删除结点操作过程

删除操作算法实现如下。

```
int DeleteDList(DListLink head,int i,DataType *e)         /*双向链表删除操作的算法实现*/
{
    DListNode *p;
    int j;
    p=head->next;                                         /*p 指向双向链表的第一个结点*/
    j=0;                                                  /*计数器初始化为 0*/
    while(p!=head&&j<i)                                   /*若还未找到待删除的结点*/
    {
        p=p->next;                                        /*则令 p 指向下一个结点继续查找*/
        j++;                                              /*计数器加 1*/
    }
    if(j!=i)                                              /*若不存在待删除的结点位置*/
    {
        printf("删除位置不正确");                          /*则输出错误提示信息*/
        return 0;                                         /*返回 0*/
    }
    p->prior->next=p->next;      /*修改 p 的前驱结点的 next 域,使其指向 p 的直接后继结点*/
    p->next->prior =p->prior;    /*修改 p 的直接后继结点的 prior 域,使其指向 p 的直接前驱结点*/
    free(p);                     /*释放 p 指向结点的空间*/
    return 1;                    /*返回 1*/
}
```

插入和删除操作的时间耗费主要在查找结点上，两者的时间复杂度都为 $O(n)$。

3.5.3 双向链表应用举例

【例 3-5】约瑟夫环问题。有 *n* 个小朋友，编号分别为 1，2，…，*n*，按编号围成一个圆圈，他们按顺时针方向从编号为 *k* 的人由 1 开始报数，报数为 *m* 的人出列，他的下一个人重新从 1 开始报数，数到 *m* 的人出列，照这样重复下去，直到所有人都出列。编写一个算法，输入 *n*、*k* 和 *m*，按照出列顺序输出编号。

【分析】解决约瑟夫环问题可以分为 3 个步骤：第一步创建一个具有 *n* 个结点的不带头结点的双向循环链表（模拟编号从 1～*n* 的圆圈可以利用循环单链表实现，这里采用双向循环链表实现），编号从 1 到 *n*，代表 *n* 个小朋友；第二步找到第 *k* 个结点，即第一个开始报数的人；第三步，编号为 *k* 的人从 1 开始报数，并开始计数，报到 *m* 的人出列即将该结点删除。继续从下一个结点开始报数，直到最后一个结点被删除。

```
void Josephus(DLinkList head,int n,int m,int k)
/*在长度为 n 的双向循环链表中,从第 k 个人开始报数,数到 m 的人出列*/
{
    DListNode *p,*q;                    /*定义结点指针变量*/
    int i;
    p=head;                             /*p 指向双向循环链表的第一个结点*/
    for(i=1;i<k;i++)                    /*从第 k 个人开始报数*/
    {
        q=p;
        p=p->next;                      /*p 指向下一个结点*/
    }
    while(p->next!=p)
    {
        for(i=1;i<m;i++)                /*数到 m 的人出列*/
        {
            q=p;
            p=p->next;                  /*p 指向下一个结点*/
        }
        q->next=p->next;                /*将 p 指向的结点删除,即报数为 m 的人出列*/
        p->next->prior=q;
        printf("%4d",p->data);          /*输出被删除的结点*/
        free(p);                        /*释放 p 指向的结点空间*/
        p=q->next;                      /*p 指向下一个结点,重新开始报数*/
    }
    printf("%4d\n",p->data);            /*输出最后出列的人*/
```

程序运行结果如图 3-32 所示。

图 3-32　约瑟夫问题程序运行结果

在创建双向循环链表 CreateDCList 函数中，根据创建的是否为第一个结点分为两种情况处理。如果是第一个结点，则让该结点的前驱结点指针域和后继结点指针域都指向该结点，并让头指针指向该结点，代码如下。

```
head=s;
s->prior=head;
s->next=head;
```

切记不要漏掉 *s*->next=head 或 *s*->prior=head，否则在程序运行时会出现错误。

如果不是第一个结点，则将新结点插入双向链表的尾部，代码如下。

```
s->next=q->next;
q->next=s;
s->prior=q;
head->prior=s;
```

注意：语句 *s*->next=*q*->next 和 *q*->next=*s* 的顺序不能颠倒，另外不要忘记让头结点的 prior 域指向 *s*。

3.6 综合案例：一元多项式的表示与相加

一元多项式的相加是线性表在生活中的一个实际应用，它涵盖了本节所学到的链表的各种操作。通过使用链表实现一元多项式的相加，巩固读者对链表基本操作的理解与掌握。

3.6.1 一元多项式的表示

假设一元多项式为 $P_n(x)=a_nx^n+a_{n-1}x^{n-1}+\cdots+a_1x+a_0$，一元多项式的每一项由系数和指数构成，因此要表示一元多项式，需要定义一个结构体。结构体由两个部分构成，分别为 coef 和 exp，分别表示系数和指数。定义结构体的代码如下。

```
struct node          /*定义结构体 struct node*/
{
    float coef;      /*系数*/
    int exp;         /*指数*/
};
```

如果用结构体数组表示多项式的每一项，则需要 $n+1$ 个数组元素存放多项式（假设 n 为最高次数）。遇到指数不连续且指数之间跨越非常大时，例如，多项式 $2x^{500}+1$，则需要数组的长度为 501。这显然会浪费很多内存单元。

为了有效利用内存空间，可以使用链表表示多项式，多项式的每一项使用结点表示。结点由系数、指数和指针域 3 个部分构成，结构如图 3-33 所示。

coef	exp	next
系数	指数	指针域

图 3-33　多项式每一项的结点结构

结点用 C 语言描述如下。

```
struct node                      /*定义结构体 struct node*/
{
    float coef;                  /*系数*/
    int exp;                     /*指数*/
    struct node *next;           /*指针域*/
};
```

3.6.2 一元多项式相加

为了操作方便，将链表按照指数从高到低进行排列，即降幂排列。一个最高次数为 n 的多项式构成的链表如图 3-34 所示。

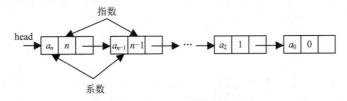

图 3-34　一元多项式的链表结构

例如，有两个一元多项式 $p(x)=3x^2+2x+1$ 和 $q(x)=5x^3+3x+2$，链表表示如图 3-35 所示。

图 3-35　一元多项式的链表表示

　　如果要将两个多项式相加，需要比较两个多项式的指数项后决定。当两个多项式的两项中指数相同时，才将系数相加。如果两个多项式的指数不相等，则多项式该项和的系数是其中一个多项式的系数。实现代码如下。

```
if(s1->exp==s2->exp)            /*如果两个指数相等,则将系数相加*/
{
    c=s1->coef+s2->coef;
    e=s1->exp;
    s1=s1->next;
    s2=s2->next;
}
else if(s1->exp>s2->exp)        /*如果s1的指数大于s2的指数,则将s1的指数作为结果*/
{
    c=s1->coef;
    e=s1->exp;
    s1=s1->next;
}
else                            /*如果s1的指数小于或等于s2,则将s2的指数作为结果*/
{
    c=s2->coef;
    e=s2->exp;
    s2=s2->next;
}
```

　　其中，s1 和 s2 分别指向两个链表表示的表达式。因为表达式是按照指数从大到小排列的，所以在指数不等时，将指数大的作为结果。指数小的还要继续进行比较。例如，如果当前 s1 指向系数为 3，指数为 2 的结点即(3,2)，s2 指向(3,1)的结点，因为 s1->exp>s2->exp，所以将 s1 的结点作为结果。在 s1 指向(2,1)时，还要与 s2 的(3,1)相加，得到(5,1)。

　　如果相加后的系数不为 0，则需要生成一个结点存放到链表中，代码如下。

```
if(c!=0)                                    /*如果相加后的系数不为0*/
{
    p=(ListNode*)malloc(sizeof(ListNode));  /*动态生成一个结点p*/
    p->coef=c;                              /*将系数存入coef域*/
    p->exp=e;                               /*将指数存入exp域*/
    p->next=NULL;                           /*结点的指针域为空*/
    if(s==NULL)                             /*若新生成的链表为空*/
        s=p;                                /*则s指向新生成的结点*/
    else                                    /*否则*/
        r->next=p;                          /*p指向的结点成为r的下一个结点*/
    r=p;                                    /*使r指向新链表的最后一个结点*/
}
```

　　如果在一个链表已经到达末尾，而另一个链表还有结点时，需要将剩下的结点插入新链表中，代码如下。

```
while(s1!=NULL)                  /*如果s1还有结点*/
{
    c=s1->coef;                 /*s1结点的系数赋给c*/
    e=s1->exp;                  /*s1结点的指数赋给e*/
    s1=s1->next;                /*s1结点指向下一个结点*/
```

```
        if(c!=0)                            /*如果相加后的系数不为 0,则生成一个结点存放到链表*/
        {
            p=(ListNode*)malloc(sizeof(ListNode));    /*动态生成一个结点 p*/
            p->coef=c;
            p->exp=e;
            p->next=NULL;
            if(s==NULL)                     /*若新生成的链表为空*/
                s=p;                        /*则将 p 指向的结点作为第一个结点*/
            else                            /*否则*/
                r->next=p;                  /*将新结点插入 r 指向的结点之后*/
            r=p;                            /*使 r 指向链表的最后一个结点*/
        }
    }
    while(s2!=NULL)                         /*如果 s2 还有剩余结点*/
    {
        c=s2->coef;                         /*s2 结点的系数赋给 c*/
        e=s2->exp;                          /*s2 结点的指数赋给 e*/
        s2=s2->next;                        /*s2 结点指向下一个结点*/
        if(c!=0)                            /*如果相加后的系数不为 0,则生成一个结点存放到链表*/
        {
            p=(ListNode*)malloc(sizeof(ListNode));    /*动态生成一个结点 p*/
            p->coef=c;
            p->exp=e;
            p->next=NULL;
            if(s==NULL)                     /*若新链表为空*/
                s=p;                        /*则将 p 指向的结点作为第一个结点*/
            else                            /*否则*/
                r->next=p;                  /*将新结点插入到 r 指向的结点之后*/
            r=p;                            /*使 r 指向链表的最后一个结点*/
        }
    }
```

最后，s 指向的链表就是两个多项式的和。

【例 3-6】依次输入两个多项式，编写程序求两个多项式的和。

```
ListNode *addpoly(ListNode *h1,ListNode *h2)
/*将两个多项式相加*/
{
    ListNode *p,*r=NULL,*s1,*s2,*s=NULL;
    float c;                            /*定义系数变量 c*/
    int e;                              /*定义指数变量 e*/
    s1=h1;                              /*使 s1 指向第一个多项式*/
    s2=h2;                              /*使 s2 指向第二个多项式*/
    while(s1!=NULL&&s2!=NULL)           /*如果两个多项式都不为空*/
    {
        if(s1->exp==s2->exp)            /*如果两个指数相等*/
        {
            c=s1->coef+s2->coef;        /*则对应系数相加后,将和赋给 c*/
            e=s1->exp;                  /*将指数赋给 e*/
            s1=s1->next;                /*使 s1 指向下一个待处理结点*/
            s2=s2->next;                /*使 s2 指向下一个待处理结点*/
        }
        else if(s1->exp>s2->exp)        /*如果第一个多项式结点的指数大于第二个多项式结点的指数*/
        {
            c=s1->coef;                 /*将第一个多项式结点的系数赋给 c*/
            e=s1->exp;                  /*将第一个多项式结点的指数赋给 e*/
            s1=s1->next;                /*使 s1 指向下一个待处理结点*/
        }
        else                            /*否则*/
```

```
        {
            c=s2->coef;                    /*将第二个多项式结点的系数赋给 c*/
            e=s2->exp;                     /*将第二个多项式结点的指数赋给 e*/
            s2=s2->next;                   /*使 s2 指向下一个待处理结点*/
        }
        if(c!=0)                           /*如果相加后的系数不为 0,则生成一个结点存放到链表*/
        {
            p=(ListNode*)malloc(sizeof(ListNode)); /*动态生成一个结点 p*/
            p->coef=c;                             /*将 c 赋给结点的系数*/
            p->exp=e;                              /*将 e 赋给结点的指数*/
            p->next=NULL;                          /*将结点的指针域置为空*/
            if(s==NULL)                            /*如果 s 为空链表*/
                s=p;                               /*则使新结点成为 s 的第一个结点*/
            else                                   /*否则*/
                r->next=p;                         /*使新结点*p 成为 r 的下一个结点*/
            r=p;                                   /*使 r 指向链表的最后一个结点*/
        }
    }
    while(s1!=NULL)                        /*如果第一个多项式还有其他结点*/
    {
        c=s1->coef;                        /*第一个多项式结点的系数赋给 c*/
        e=s1->exp;                         /*第一个多项式结点的指数赋给 e*/
        s1=s1->next;                       /*将 s1 指向下一个结点*/
        if(c!=0)                           /*如果相加后的系数不为 0,则生成一个结点存放到链表*/
        {
            p=(ListNode*)malloc(sizeof(ListNode));
            p->coef=c;
            p->exp=e;
            p->next=NULL;
            if(s==NULL)
                s=p;
            else
                r->next=p;
            r=p;
        }
    }
    while(s2!=NULL)                        /*如果第二个多项式还有其他结点*/
    {
        c=s2->coef;                        /*第二个多项式结点的系数赋给 c*/
        e=s2->exp;                         /*第二个多项式结点的指数赋给 e*/
        s2=s2->next;                       /*将 s2 指向下一个结点*/
        if(c!=0)                           /*如果相加后的系数不为 0,则生成一个结点存放到链表*/
        {
            p=(ListNode*)malloc(sizeof(ListNode));
            p->coef=c;
            p->exp=e;
            p->next=NULL;
            if(s==NULL)
                s=p;
            else
                r->next=p;
            r=p;
        }
    }
    return s;                              /*返回新生成的链表指针 s*/
}
```

程序运行结果如图 3-36 所示。

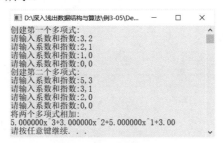

图 3-36　程序运行结果

3.7　小结

线性表中的元素之间是一对一的关系，除了第一个元素外，其他元素只有唯一的直接前驱，除了最后一个元素外，其他元素只有唯一的直接后继。

线性表有顺序存储和链式存储两种存储方式。采用顺序存储结构的线性表称为顺序表，采用链式存储结构的线性表称为链表。

顺序表中数据元素的逻辑顺序与物理顺序一致，因此可以随机存取。链表是靠指针域表示元素之间的逻辑关系。

链表又分为单链表和双向链表，这两种链表又可构成单循环链表、双向循环链表。单链表只有一个指针域，指针域指向直接后继结点。双向链表的一个指针域指向直接前驱结点，另一个指针域指向直接后继结点。

顺序表的优点是可以随机存取任意一个元素，算法实现较为简单，存储空间利用率高；缺点是需要预先分配存储空间，存储规模不好确定，插入和删除操作需要移动大量元素。链表的优点是不需要事先确定存储空间的大小，插入和删除元素不需要移动大量元素；缺点是只能从第一个结点开始顺序存取元素，存储单元利用率不高，算法实现较为复杂，因涉及指针操作，操作不当，会产生无法预料的内存错误。

第4章

栈和队列

栈是一种操作受限的线性表。栈具有线性表的结构特点，即每一个元素只有一个前驱元素和后继元素（除了第一个元素和最后一个元素外），但它只允许在表的一端进行插入和删除操作。与线性表一样，栈也有两种存储结构，即顺序存储结构和链式存储结构。与栈一样，队列也是一种操作受限的线性表。在实际生活中，栈和队列的应用十分广泛，在表达式求值、括号匹配中常常用到栈的设计思想，键盘输入缓冲区问题就是利用队列的思想实现的。

本章重点和难点：

- 栈和队列的顺序表示与算法实现。
- 栈和队列的链式表示与算法实现。
- 求算术表达式的值。
- 舞伴配对问题。
- 递归的消除。

4.1　栈的定义与抽象数据类型

4.1.1　什么是栈

栈（stack）也称为堆栈，它是限定仅在表尾进行插入和删除操作的线性表。对栈来说，表尾（允许操作的一端）称为栈顶（top），另一端称为栈底（bottom）。栈顶是动态变化的，它由一个称为栈顶指针（top）的变量指示。当表中没有元素时，称为空栈。

栈的插入操作称为入栈或进栈，删除操作称为出栈或退栈。

在栈 $S=(a_1,a_2,\cdots,a_n)$ 中，a_1 称为栈底元素，a_n 称为栈顶元素，由栈顶指针 top 指示。栈中的元素按照 a_1，a_2，$\cdots$，a_n 的顺序进栈，当前的栈顶元素为 a_n，如图 4-1 所示。最先进栈的元素一定是栈底元素，最后进栈的元素一定是栈顶元素。每次删除的元素是栈顶元素，也就是最后进栈的元素。因此，栈是一种后进先出（Last In First Out，LIFO）的线性表。

在软件应用中，栈的后进先出特性应用非常广泛，例如，使用浏览器上网时，浏览器的左上角有一个"后退"按钮，单击后可以按访问顺序的逆序加载浏览过的网页。

把栈想象成一个桶，先放进去的东西在最下面，后放进去的东西在最上面，最先取出来的

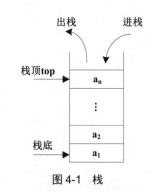

图 4-1　栈

是最后放进去的，最后取出来的是最先放进去的。这也像在日常生活中有一摞盘子，放盘子时，一个一个往上堆放，取盘子时，只能从上往下取，最后放上的盘子最先取下来，最先放的盘子最后取下来。

4.1.2　栈的抽象数据类型

1. 数据对象集合

栈的数据对象集合为$\{a_1, a_2, \cdots, a_n\}$，每个元素都有相同的类型 DataType。

栈中数据元素之间是一对一的关系。栈具有线性表的特点：除了第一个元素 a_1 外，每一个元素有且只有一个直接前驱元素；除了最后一个元素 a_n 外，每一个元素有且只有一个直接后继元素。

2. 基本操作集合

InitStack(&S)：初始化操作，建立一个空栈 S。这就像日常生活中，准备好了一个箱子，准备往里面摆盘子。

StackEmpty(S)：若栈 S 为空，返回 1，否则返回 0。栈空就像日常生活中，准备好了箱子，箱子还是空的，里面没有盘子；栈不空，说明箱子里已经有了盘子。

GetTop(S,&e)：返回栈 S 的栈顶元素给 e。栈顶元素就像箱子里面最上面的那个盘子。

PushStack(&S,e)：在栈 S 中插入元素 e，使其成为新的栈顶元素。这就像日常生活中，在箱子里新放入了一个盘子，这个盘子成为一摞盘子中最上面的一个。

PopStack(&S,&e)：删除栈 S 的栈顶元素，并用 e 返回其值。这就像是把箱子里最上面的那个盘子取出来。

StackLength(S)：返回栈 S 的元素个数。这就像放在箱子里的盘子总共有多少个。

ClearStack(S)：清空栈 S。这就像把箱子里的盘子全部取出来。

4.2　栈的顺序表示与实现

栈有两种存储结构，即顺序存储和链式存储。

4.2.1　栈的顺序存储结构

采用顺序存储结构的栈称为顺序栈。顺序栈是利用一组地址连续的存储单元依次存放自栈底到栈顶的数据元素，可利用 C 语言中的数组作为顺序栈的存储结构，同时附设一个栈顶指针 top，用于指向顺序栈的栈顶元素。当 top=0 时表示空栈。

栈的顺序存储结构类型描述如下。

```
#define StackSize 100              /*宏定义,表示栈中存放的最大元素个数*/
typedef struct                     /*定义栈结构*/
{
    DataType stack[StackSize];     /*定义栈存储空间,利用数组作为存储空间*/
    int top;                       /*定义栈顶指针*/
}SeqStack;
```

其中，DataType 为元素的数据类型，stack 用于存储栈中的数据元素的数组，top 为栈顶指针。

当栈中元素已经有 StackSize 个时，称为栈满。如果继续进栈操作则会产生溢出，称为上溢。对空栈进行删除操作，称为下溢。

顺序栈的结构如图 4-2 所示。元素 a、b、c、d、e、f、g、h 依次进栈后，a 为栈底元素，h 为栈顶元素。在实际操作中，栈顶指针指向栈顶元素的下一个位置。

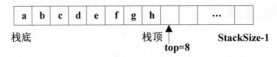

图 4-2　顺序栈结构

顺序栈涉及的一些基本操作如下。

（1）初始化栈，将栈顶指针置为 0，即令 $S.top=0$。

（2）判断栈空条件为 $S.top==0$，栈满条件为 $S.top==StackSize-1$。

（3）栈的长度（即栈中元素个数）为 $S.top$。

（4）进栈操作，先判断栈是否已满，若未满，将元素压入栈中，即 $S.stack[S.top]=e$，然后使栈顶指针加 1，即 $S.top$++。出栈操作，先判断栈是否为空，若不为空，使栈顶指针减 1，即 $S.top$--，然后元素出栈，即 $e=S.stack[S.top]$。

4.2.2　顺序栈的基本运算

顺序栈的基本运算如下（以下算法的实现保存在文件 SeqStack.h 中）。

（1）初始化栈，代码如下。

```
void InitStack(SeqStack *S)
/*初始化栈*/
{
    S->top=0;    /*把栈顶指针置为0*/
}
```

（2）判断栈是否为空，代码如下。

```
int StackEmpty(SeqStack S)
/*判断栈是否为空,栈为空返回1,否则返回0*/
{
    if(S.top==0)        /*如果栈顶指针 top 为 0*/
        return 1;       /*返回1*/
    else                /*否则*/
        return 0;       /*返回0*/
}
```

（3）取栈顶元素。在取栈顶元素前，先判断栈是否为空，如果栈为空，则返回 0 表示取栈顶元素失败；否则，将栈顶元素赋值给 e，并返回 1 表示取栈顶元素成功。取栈顶元素的算法实现如下。

```
int GetTop(SeqStack S, DataType *e)
/*取栈顶元素。将栈顶元素值返回给e,返回1表示成功,返回0表示失败*/
{
    if(S.top<=0)                /*如果栈为空*/
    {
        printf("栈已经空!\n");   /*输出提示信息*/
        return 0;               /*返回0*/
    }
    else                        /*否则*/
```

```
    {
        *e=S.stack[S.top-1];        /*取栈顶元素*/
        return 1;                   /*返回1*/
    }
}
```

（4）将元素 *e* 入栈。在将元素 *e* 进栈前，需要先判断栈是否已满，如果栈满，返回 0 表示进栈操作失败；否则将元素 *e* 压入栈中，然后将栈顶指针 top 增 1，并返回 1 表示进栈操作成功。进栈操作的算法实现如下。

```
int PushStack(SeqStack *S,DataType e)
/*将元素 e 进栈,元素进栈成功返回 1,否则返回 0*/
{
    if(S->top>=StackSize)                /*如果栈已满*/
    {
        printf("栈已满,不能将元素进栈! \n");    /*则输出提示信息*/
        return 0;                        /*返回 0*/
    }
    else                                 /*否则*/
    {
        S->stack[S->top]=e;              /*元素 e 进栈*/
        S->top++;                        /*修改栈顶指针*/
        return 1;                        /*返回 1*/
    }
}
```

（5）将栈顶元素出栈。在将元素出栈前，需要先判断栈是否为空。如果栈为空，则返回 0；如果栈不为空，则先使栈顶指针减 1，然后将栈顶元素赋值给 *e*，返回 1，表示出栈成功。出栈操作的算法实现如下。

```
int PopStack(SeqStack *S,DataType *e)
/*出栈操作。将栈顶元素出栈,并将其赋值给 e。出栈成功返回 1,否则返回 0*/
{
    if(S->top==0)                          /*如果栈为空*/
    {
        printf("栈中已经没有元素,不能进行出栈操作!\n"); /*则输出提示信息*/
        return 0;                          /*返回 0*/
    }
    else                                   /*否则*/
    {
        S->top--;                          /*先修改栈顶指针,即出栈*/
        *e=S->stack[S->top];               /*将出栈元素赋给 e*/
        return 1;                          /*返回 1*/
    }
}
```

（6）求栈的长度，代码如下。

```
int StackLength(SeqStack S)
/*求栈的长度*/
{
    return S.top;                          /*返回栈的长度*/
}
```

（7）清空栈，代码如下。

```
void ClearStack(SeqStack *S)
/*清空栈*/
{
    S->top=0;                    /*将栈顶指针置为 0*/
}
```

4.2.3 顺序栈应用举例

【例 4-1】利用顺序栈的基本操作，将元素 a、b、c、d、e 依次进栈，然后将 e 和 d 出栈，再将 f 和 g 进栈，最后将元素全部出栈，并依次输出出栈元素。

【分析】主要考查栈的基本操作和栈的后进先出特性，实现代码如下。

```c
#include<stdio.h>
#include<stdlib.h>
typedef char DataType;
#include "SeqStack.h"                      /*包含栈的基本类型定义和基本操作实现*/
void main()
{
    SeqStack S;                            /*定义一个栈*/
    int i;
    DataType a[]={'a','b','c','d','e'};
    DataType e;
    InitStack(&S);                         /*初始化栈*/
    for(i=0;i<sizeof(a)/sizeof(a[0]);i++)  /*将数组 a 中元素依次进栈*/
    {
        if(PushStack(&S,a[i])==0)
        {
            printf("栈已满,不能进栈! ");
            return;
        }
    }
    printf("出栈的元素是: ");
    if(PopStack(&S,&e)==1)                  /*元素 e 出栈*/
        printf("%4c",e);
    if(PopStack(&S,&d)==1)                  /*元素 d 出栈*/
        printf("%4c",d);
    printf("\n");
    printf("当前栈顶的元素是: ");
    if(GetTop(S,&e)==0)                     /*取栈顶元素*/
    {
        printf("栈已空! ");
        return;
    }
    else
        printf("%4c\n",e);
    if(PushStack(&S,'f')==0)                /*元素 f 进栈*/
    {
        printf("栈已满,不能进栈! ");
        return;
    }
    if(PushStack(&S,'g')==0)                /*元素 g 进栈*/
    {
        printf("栈已满,不能进栈! ");
        return;
    }
    printf("当前栈中的元素个数是: %d\n",StackLength(S)); /*输出栈中元素个数*/
    printf("元素出栈的序列是: ");
    while(!StackEmpty(S))                                /*如果栈不空,将所有元素出栈*/
    {
        PopStack(&S,&e);
        printf("%4c",e);
    }
    printf("\n");
    system("pause");
```

```
}
```

程序的运行结果如图 4-3 所示。

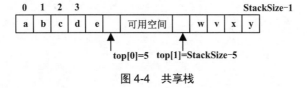

D:\深入浅出数据结构与算法\例4-01\...　—　□　×

```
出栈的元素是:    e  d
当前栈顶的元素是:    c
当前栈中的元素个数是: 5
元素出栈的序列是:    g  f  c  b  a
请按任意键继续. . .
```

图 4-3　栈的基本操作运行结果

【例 4-2】两个栈 S1 和 S2 都采用顺序结构存储，并且共享一个存储区。为了尽可能利用存储空间，减少溢出的可能，采用栈顶相向、迎面增长的方式，试设计 S1 和 S2 有关入栈和出栈的算法。

【分析】该题是哈尔滨工业大学的考研试题，主要考查共享栈的算法设计。在设计共享栈时，应注意两个栈的栈顶指针变化和栈满、栈空条件。

1. 什么是栈的共享

在使用顺序栈时，因为栈空间的大小难以准确估计，可能会出现有的栈还有空闲空间。为了能充分利用栈的空间，可以让多个栈共享一个足够大的连续存储空间，通过利用栈顶指针能灵活移动的特性，使多个栈存储空间互相补充，存储空间得到有效利用，这就是**栈的共享**。

最常见的是两个栈的共享。栈的共享原理是利用栈底固定、栈顶迎面增长的方式。可通过两个栈共享一个一维数组实现，两个栈的栈底设置在数组的两端，当有元素进栈时，栈顶位置从栈的两端迎面增长，当两个栈的栈顶相遇时，栈满。

共享栈的数据结构类型描述如下。

```
typedef struct                  /*定义共享栈结构*/
{   DataType stack[StackSize];
    int top[2];
}SSeqStack;
```

top[0]和 top[1]分别是两个栈的栈顶指针。

用一维数组表示的共享栈如图 4-4 所示。

```
 0  1  2  3                              StackSize-1
┌──┬──┬──┬──┬──┬───────────┬──┬──┬──┬──┐
│a │b │c │d │e │  可用空间  │w │v │x │y │
└──┴──┴──┴──┴──┴───────────┴──┴──┴──┴──┘
              ↑             ↑
         top[0]=5   top[1]=StackSize-5
```

图 4-4　共享栈

2. 共享栈的基本运算

下面是共享栈的基本运算（以下算法保存在文件 SSeqStack.h 中）。

（1）初始化栈，代码如下。

```
void InitStack(SSeqStack *S)
/*共享栈的初始化*/
{
    S->top[0]=0;
    S->top[1]=StackSize-1;
}
```

（2）取栈顶元素。首先判断要取哪个栈的栈顶元素，接着还要判断栈是否为空，如果栈为空，则返回 0 表示取栈顶元素失败；如果栈不为空，则将栈顶元素返回给 *e*，并返回 1 表示取栈顶元素成功。取栈顶元素的算法实现如下。

```
int GetTop(SSeqStack S, DataType*e,int flag)
/*取栈顶元素。将栈顶元素值返回给e,并返回1表示成功;否则返回0表示失败*/
{
    switch(flag)
    {
    case 1:        /*为1,表示要取左端栈的栈顶元素*/
        if(S.top[0]==0)
            return 0;
        *e=S.stack[S.top[0]-1];
        break;
    case 2:        /*为2,表示要取右端栈的栈顶元素*/
        if(S.top[1]==StackSize-1)
            return 0;
        *e=S.stack[S.top[1]+1];
        break;
    default:
        return 0;
    }
    return 1;
```

（3）将元素 e 入栈。在将元素入栈之前，需要先判断栈是否已满，如果栈已满，则返回 0 表示进栈操作失败；否则先通过标志变量 flag 判断哪个栈需要进栈操作，然后将元素 e 进栈，并修改栈顶指针，最后返回 1 表示进栈操作成功。将元素 e 入栈的算法实现如下。

```
int PushStack(SSeqStack *S,DataType e,int flag)
/*将元素e入共享栈。进栈成功返回1,否则返回0*/
{
    if(S->top[0]==S->top[1])        /*如果共享栈已满*/
        return 0;                   /*返回0,进栈失败*/
    switch(flag)
    {
        case 1:                     /*当flag为1,表示将元素进左端的栈*/
            S->stack[S->top[0]]=e;  /*元素进栈*/
            S->top[0]++;            /*修改栈顶指针*/
            break;
        case 2:                     /*当flag为2,表示将元素进右端的栈*/
            S->stack[S->top[1]]=e;  /*元素进栈*/
            S->top[1]--;            /*修改栈顶指针*/
            break;
        default:
            return 0;
    }
    return 1;                       /*返回1,进栈成功*/
}
```

（4）将栈顶元素出栈。

```
int PopStack(SSeqStack *S,DataType *e,int flag)
{
    switch(flag)                        /*在出栈操作之前,判断哪个栈要进行出栈操作*/
    {
        case 1:                         /*为1,表示左端的栈需要出栈操作*/
            if(S->top[0]==0)            /*左端的栈为空*/
                return 0;               /*返回0,出栈操作失败*/
            S->top[0]--;                /*修改栈顶指针,元素出栈操作*/
            *e=S->stack[S->top[0]];     /*将出栈的元素赋给e*/
            break;
        case 2:                         /*为2,表示右端的栈需要出栈操作*/
```

```
                    if(S->top[1]==StackSize-1)   /*右端的栈为空*/
                         return 0;               /*返回 0,出栈操作失败*/
                    S->top[1]++;                 /*修改栈顶指针,元素出栈操作*/
                    *e=S->stack[S->top[1]];      /*将出栈的元素赋给 e*/
                    break;
              default:
                    return 0;
         }
       return 1;                                 /*返回 1,出栈操作成功*/
}
```

（5）判断栈是否为空。

```
int StackEmpty(SSeqStack S,int flag)
/*判断栈是否为空。如果栈为空,返回 1; 否则,返回 0*/
{
       switch(flag)
       {
       case 1:       /*为 1,表示判断左端的栈是否为空*/
           if(S.top[0]==0)
               return 1;
           break;
       case 2:       /*为 2,表示判断右端的栈是否为空*/
           if(S.top[1]==StackSize-1)
               return 1;
           break;
       default:
           printf("输入的 flag 参数错误!");
           return -1;
       }
       return 0;
}
```

3. 测试代码

利用共享栈基本运算，将两个栈中元素{10,20,30,40,50,60}和{100,200,300,500}分别进行入栈、取栈顶元素、出栈等操作。

```
#include<stdio.h>
#include<stdlib.h>
#define StackSize 100
typedef int DataType;
#include "SSeqStack.h"                       /*包含共享栈的基本类型定义和基本操作实现*/
void main()
{
   SSeqStack S;                              /*定义一个共享栈*/
     int i;
     DataType a[]={10,20,30,40,50,60};
     DataType b[]={100,200,300,500};
     DataType e1,e2;
   InitStack(&S);                            /*初始化共享栈*/
   for(i=0;i<sizeof(a)/sizeof(a[0]);i++)     /*将数组 a 中元素依次进左端栈*/
   {
       if(PushStack(&S,a[i],1)==0)
       {
           printf("栈已满, 不能进栈! ");
           return;
       }
   }
    for(i=0;i<sizeof(b)/sizeof(b[0]);i++)    /*将数组 b 中元素依次进右端栈*/
   {
       if(PushStack(&S,b[i],2)==0)
```

```
            {
                printf("栈已满，不能进栈！");
                return;
            }
        }
        if(GetTop(S,&e1,1)==0)
        {
                printf("栈已空");
                return;
        }
        if(GetTop(S,&e2,2)==0)
        {
                printf("栈已空");
                return;
        }
        printf("左端栈的栈顶元素是：%d，右端栈的栈顶元素是：%d\n",e1,e2);
        printf("左端栈的出栈的元素次序是：");

        while(!StackEmpty(S,1))                    /*将左端栈元素出栈*/
    {
        PopStack(&S,&e1,1);
        printf("%5d",e1);
    }
    printf("\n");
    printf("右端栈的出栈的元素次序是：");
    while(!StackEmpty(S,2))                        /*将右端栈元素出栈*/
    {
            PopStack(&S,&e2,2);
            printf("%5d",e2);
    }
    printf("\n");
}
```

程序运行结果如图 4-5 所示。

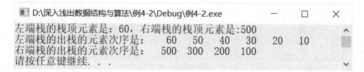

图 4-5　共享栈基本操作运行结果

　　因为采用数组作为共享栈的存储结构，所以栈顶指针的变化刚好相反。当左端栈进行入栈
操作时，栈顶指针需要 top++；当右端栈进行入栈操作时，栈顶指针需要 top--。当左端栈进行
出栈操作时，栈顶指针需要 top--；当右端栈进行出栈操作时，栈顶指针需要 top++。左端栈的
判空条件是 $S.top[0]==0$，右端栈的判空条件是 $S.top[1]==StackSize-1$。共享栈满的判断条件是
$S\text{->}top[0]==S\text{->}top[1]$。

4.3　栈的链式表示与实现

　　在顺序栈中，由于顺序存储结构需要事先静态分配，而存储规模往往又难以确定，如果栈
空间分配过小，可能会造成溢出；如果栈空间分配过大，又造成存储空间浪费。因此，为了克
服顺序存储的缺点，采用链式存储结构表示栈。

4.3.1　栈的链式存储结构

栈的链式存储结构是用一组不一定连续的存储单元来存放栈中数据元素的。一般来说，当栈中数据元素的数目变化较大或不确定时，使用链式存储结构作为栈的存储结构是比较合适的。人们将用链式存储结构表示的栈称为链栈或链式栈。

链栈通常用单链表表示。插入和删除操作都在栈顶指针的位置进行，这一端称为栈顶，通常由栈顶指针 top 指示。为了操作方便，通常在链栈中设置一个头结点，用栈顶指针 top 指向头结点，头结点的指针指向链栈的第一个结点。例如，元素 a、b、c、d 依次入栈的链栈如图 4-6 所示。

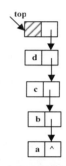

图 4-6　带头结点的链栈

栈顶指针 top 始终指向头结点，最先入栈的元素在链栈的栈底，最后入栈的元素成为栈顶元素。由于链栈的操作都是在链表的表头位置进行，因而链栈的基本操作的时间复杂度均为 $O(1)$。

链栈的结点类型描述如下。

```
typedef struct node
{
    DataType data;
    struct node *next;
}LStackNode,*LinkStack;
```

对于带头结点的链栈，初始化链栈时，有 top->next =NULL，判断栈空的条件为 top->next==NULL。对于不带头结点的链栈，初始化链栈时，有 top=NULL，判断栈空的条件为 top ==NULL。

4.3.2　链栈的基本运算

链栈的基本运算实现如下（以下算法的实现保存在文件 LinkStack.h 中）。

（1）初始化链栈。初始化链栈需要先为头结点分配存储单元，然后将头结点的指针域置为空。初始化链栈的算法实现如下。

```
void InitStack(LinkStack *top)
/*链栈的初始化*/
{
    if((*top=(LinkStack)malloc(sizeof(LStackNode)))==NULL) /*为头结点分配一个存储空间*/
        exit(-1);
    (*top)->next=NULL;             /*将链栈的头结点指针域置为空*/
}
```

（2）判断链栈是否为空。如果头结点指针域为空，说明链栈为空，返回 1；否则返回 0。判断链栈是否为空的算法实现如下。

```
int StackEmpty(LinkStack top)
/*判断链栈是否为空*/
{
    if(top->next==NULL)            /*如果头结点的指针域为空*/
        return 1;                  /*返回1*/
    else                           /*否则*/
        return 0;                  /*返回0*/
}
```

（3）将元素 e 入栈。先动态生成一个结点，用 p 指向该结点，将元素 e 值赋给*p 结点的数

据域，然后将新结点插入链表的第一个结点之前。把新结点插入链表中分为两个步骤，第一步
p->next=top->next，第二步 top->next=p。进栈操作如图4-7所示。

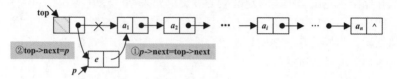

图4-7　进栈操作

将元素 e 入栈的算法实现如下。

```
int PushStack(LinkStack top, DataType e)
/*将元素e入栈,进栈成功返回1*/
{
    LStackNode *p;                  /*定义指针p,指向新生成的结点*/
    if((p=(LStackNode*)malloc(sizeof(LStackNode)))==NULL) /*为新结点动态分配内存空间*/
    {
        printf("内存分配失败!");      /*输出提示信息*/
        exit(-1);                   /*退出*/
    }
    p->data=e;                      /*将e赋给p指向的结点数据域*/
    p->next=top->next;              /*指针p指向头结点*/
    top->next=p;                    /*栈顶结点的指针域指向新插入的结点*/
    return 1;                       /*返回1*/
}
```

（4）将栈顶元素出栈。先判断栈是否为空，如果栈为空，返回 0 表示出栈操作失败；否则，
将栈顶元素出栈，并将栈顶元素值赋给 e，最后释放结点空间，返回 1 表示出栈操作成功。出
栈操作如图4-8所示。

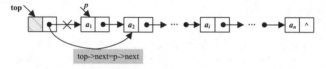

图4-8　出栈操作

将栈顶元素出栈的算法实现代码如下。

```
int PopStack(LinkStack top,DataType *e)
/*将栈顶元素出栈。删除成功返回1,失败返回0*/
{
LStackNode *p;                      /*定义栈结点指针变量*/
    p=top->next;                    /*指针p指向栈顶结点*/
    if(!p)                          /*判断链栈是否为空*/
    {
        printf("栈已空");            /*输出提示信息*/
        return 0;                   /*返回0*/
    }
    top->next=p->next;              /*将栈顶结点与链表断开,即出栈*/
    *e=p->data;                     /*将出栈元素赋值给e*/
    free(p);                        /*释放p指向的结点*/
    return 1;                       /*返回1*/
}
```

（5）取栈顶元素。

```
int GetTop(LinkStack top,DataType *e)
/*取栈顶元素。取栈顶元素成功返回1,否则返回0*/
```

```
{
    LStackNode *p;                          /*定义栈结点指针变量*/
    p=top->next;                            /*指针 p 指向栈顶结点*/
    if(!p)                                  /*如果栈为空*/
    {
        printf("栈已空");                    /*输出提示信息*/
        return 0;                           /*返回 0*/
    }
    *e=p->data;                             /*将 p 指向的结点元素赋值给 e*/
    return 1;                               /*返回 1*/
}
```

（6）求栈的长度。

```
int StackLength(LinkStack top)
/*求栈的长度操作*/
{
    LStackNode *p;                          /*定义栈结点指针变量*/
    int count=0;                            /*定义一个计数器,并初始化为 0*/
    p=top;                                  /*p 指向栈顶指针*/
    while(p->next!=NULL)                    /*如果栈中还有结点*/
    {
        p=p->next;                          /*依次访问栈中的结点*/
        count++;                            /*每次找到一个结点,计数器累加 1*/
    }
    return count;                           /*返回栈的长度*/
}
```

（7）销毁链栈。

```
void DestroyStack(LinkStack top)
/*销毁链栈。通过一个指针指向栈顶指针,从栈顶开始,依次释放结点空间,直到最后一个结点*/
{
    LStackNode *p,*q;                       /*定义栈结点指针变量*/
    p=top;                                  /*指针 p 指向栈顶结点*/
    while(!p)                               /*如果栈还有结点*/
    {
        q=p;                                /*q 就是要释放的结点*/
        p=p->next;                          /*p 指向下一个结点,即下一次要释放的结点*/
        free(q);                            /*释放 q 指向的结点空间*/
    }
}
```

4.4 栈与递归

栈的后进先出的思想还体现在递归函数中。本节主要讲解栈与递归调用的关系、递归利用栈的实现过程、递归与非递归的转换。

4.4.1 递归

先来看一个经典的递归例子：斐波那契数列。

1. 斐波那契数列

如果兔子在出生两个月后就有繁殖能力，以后一对兔子每个月能生出一对兔子，假设所有兔子都不死，那么一年以后可以繁殖多少对兔子呢？

不妨拿新出生的一对小兔子来分析下。第一、二个月小兔子没有繁殖能力，所以还是一对；两个月后，生下一对小兔子，共有 2 对兔子；三个月后，老兔子又生下一对，因为小兔子还没有繁殖能力，所以一共是 3 对兔子；以此类推，可以得出表 4-1 每月兔子的对数。

表 4-1　每月兔子的对数

经过的月数	1	2	3	4	5	6	7	8	9	10	11	12
兔子对数	1	1	2	3	5	8	13	21	34	55	89	144

从表 4-1 中不难看出，数字 1，1，2，3，5，8，构成了一个数列，这个数列有个十分明显的特征，即前面相邻两项之和构成后一项，可用数学函数表示如下。

$$\text{Fib}(n) = \begin{cases} 0, n = 0 \\ 1, n = 1 \\ \text{Fib}(n-1) + \text{Fib}(n-2), n > 1 \end{cases}$$

如果要打印出斐波那契数列的前 40 项，常规的迭代方法实现代码如下。

```
void main( )
{
    int i,a[40];
    a[0]=0;
    a[1]=1;
    printf("%4d",a[0]);              /*输出第一项*/
    printf("%4d",a[1]);              /*输出第二项*/
    for(i=2;i<40;i++)                /*通过不断迭代求解其他项*/
    {
        a[i]=a[i-1]+a[i-2];          /*根据前两项求解第三项*
        printf("%4d",a[i]);          /*输出得到的当前项的值*
    }
}
```

以上代码比较简单，不用过多解释，如果用递归实现，代码会更加简洁。

```
int Fib (int n)                      /*使用递归方法计算斐波那契数列*/
{
    if(n==0)                         /*若是第 0 项*/
        return 0;                    /*则返回 0*/
    else if(n==1)                    /*若是第一项*/
        return 1;                    /*则返回 1*/
    else                             /*其他情况*/
        return Fib(n-1)+Fib(n-2);    /*第三项为前两项之和*/
}
void main()
{
    int i;
    for(i=0;i<40;i++)
        printf("%4d",Fib(i));
}
```

例如，当 n=4 时，代码执行过程如图 4-9 所示。

2. 什么是递归函数

递归是指在函数的定义中，在定义自己的同时又出现了对自身的调用。如果一个函数在函数体中直接调用自己，称为直接递归函数。如果经过一系列的中间调用间接调用自己称为间接递归函数。

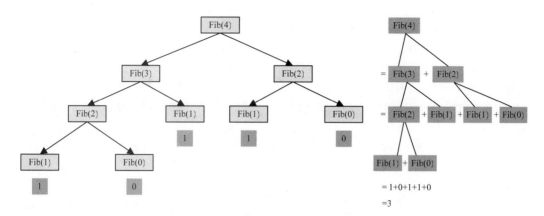

图 4-9　斐波那契数列的执行过程

例如，n 的阶乘的递归函数定义如下。

$$\mathrm{fact}(n)\begin{cases}1, & n = 0 \\ n \times \mathrm{fact}(n-1), & n > 0\end{cases}$$

n 的阶乘递归函数 C 语言程序实现如下。

```
int fact(int n)          /*n 的阶乘递归算法实现*/
{
    if(n==1)
        return 1;
    else
        return n*fact(n-1);
}
```

Ackerman 函数定义如下。

$$\mathrm{Ack}(m,n)\begin{cases}n+1, & m = 0 \\ \mathrm{Ack}(m-1,1), & m \neq 0, n = 0 \\ \mathrm{Ack}(m-1,\mathrm{Ack}(m,n-1)), & m \neq 0, n \neq 0\end{cases}$$

Ackerman 递归函数 C 语言程序实现如下。

```
int Ack(int m,int n)                    /*Ackerman 递归算法实现*/
{
    if(m==0)
        return n+1;
    else if(n==0)
        return Ack(m-1,1);
    else
        return Ack(m-1,Ack(m,n-1));
}
```

递归的实现本质上就是把嵌套调用变成栈实现。在递归调用过程中，被调用函数在执行前系统要完成如下 3 件事情。

（1）将所有参数和返回地址传递给被调用函数保存。

（2）为被调用函数的局部变量分配存储空间。

（3）将控制转到被调用函数的入口。

当被调用函数执行完毕，返回给调用函数前，系统同样需要完成如下 3 个任务。

（1）保存被调用函数的执行结果。

（2）释放被调用函数的数据存储区。

（3）将控制转到调用函数的返回地址处。

在有多层嵌套调用时，后调用的先返回，刚好满足后进先出的特性，因此递归调用是通过栈实现的。函数递归调用过程中，在递归结束前，每调用一次，就进入下一层。当一层递归调用结束时，返回到上一层。

为了保证递归调用能正确执行，系统设置了一个工作栈作为递归函数运行期间使用的数据存储区。每一层递归包括实参、局部变量及上一层的返回地址等构成一个工作记录。每进入下一层，新的工作栈记录被压入栈顶。每返回到上一层，就从栈顶弹出一个工作记录。因此，当前层的工作记录是栈顶工作记录，被称为活动记录。递归过程产生的栈由系统自动管理，类似用户自己定义的栈。

4.4.2　消除递归

用递归编写的程序结构清晰，算法也容易实现，读算法的人也容易理解，但递归算法的执行效率比较低，这是因为递归需要反复入栈，时间和空间开销都比较大，为了避免这种开销，需要消除递归。消除递归的方法通常有两种：一种是对于简单的递归可以直接用迭代，通过循环结构就可以消除；另一种方法是利用栈的方式实现。例如，n 的阶乘就是一个简单的递归，可以直接利用迭代就可以消除递归。n 的阶乘的非递归算法如下。

```
int fact(int n)                    /*n 的阶乘的非递归算法实现*/
{
    int f,i;
    f=1;
    for(i=1;i<=n;i++)              /*直接用迭代,通过循环结构就可消除递归*/
        f=f*i;
    return f;
}
```

当然，n 的阶乘的递归算法也可以转换为利用栈实现的非递归算法。

【例 4-3】编写求 n 的阶乘的递归算法与利用栈实现的非递归算法。

【分析】利用栈模拟实现求 n 的阶乘。定义一个二维数组，数组的第一维用于存放本层参数 n，第二维用于存放本层要返回的结果。

当 $n=3$ 时，递归调用过程如图 4-10 所示。

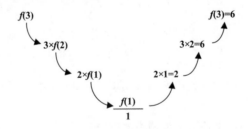

图 4-10　递归调用过程

在递归函数调用的过程中，各参数入栈情况如图 4-11 所示。为便于描述，用 f 代替 fact 表示函数。

图 4-11　递归调用入栈过程

当 $n=1$ 时，递归调用开始逐层返回，参数开始出栈，如图 4-12 所示。

图 4-12　递归调用出栈过程

n 的阶乘递归与非递归算法实现如下。

```
int fact1(int n)
/*n 的阶乘递归实现*/
{
    if(n==1)                        /*递归函数出口。当 n=1 时,开始返回到上一层*/
        return 1;
    else
        return n*fact1(n-1);        /*n 的阶乘递归实现。把一个规模为 n 的问题转换为 n-1 的问题*/
}
int fact2(int n)
/*n 的阶乘非递归实现*/
{
    int s[MaxSize][2],top=-1;       /*定义一个二维数组,并将栈顶指针置为-1*/
    /*栈顶指针加 1,将工作记录入栈*/
    top++;
    s[top][0]=n;                    /*记录每一层的参数*/
    s[top][1]=0;                    /*记录每一层的结果返回值*/
    do
    {
        if(s[top][0]==1)            /*递归出口*/
        {
            s[top][1]=1;
            printf("n=%4d, fact=%4d\n",s[top][0],s[top][1]);
        }
        if(s[top][0]>1&&s[top][1]==0)   /*通过栈模拟递归的递推过程,将问题依次入栈*/
        {
            top++;
            s[top][0]=s[top-1][0]-1;
            s[top][1]=0;            /*将结果置为 0,还没有返回结果*/
            printf("n=%4d, fact=%4d\n",s[top][0],s[top][1]);
        }
        if(s[top][1]!=0)            /*模拟递归的返回过程,将每一层调用的结果返回*/
        {
            s[top-1][1]=s[top][1]*s[top-1][0];
            printf("n=%4d, fact=%4d\n",s[top-1][0],s[top-1][1]);
            top--;
        }
```

```
    }while(top>0);
    return s[0][1];                        /*返回计算的阶乘结果*/
}
```

程序运行结果如图 4-13 所示。

利用栈实现的非递归过程可分为以下几个步骤。

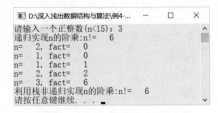

（1）设置一个工作栈，用于保存递归工作记录，包括实参、返回地址等。

（2）将调用函数传递过来的参数和返回地址入栈。

（3）利用循环模拟递归分解过程，逐层将递归过程的参数和返回地址入栈。当满足递归结束条件时，依次逐层退栈，并将结果返回给上一层，直到栈空为止。

图 4-13　n 的阶乘程序运行结果

4.5　队列的定义与抽象数据类型

队列只允许在表的一端进行插入操作，在另一端进行删除操作。

4.5.1　什么是队列

日常生活中，人们在医院排队挂号就是一个队列。新来挂号的排在最后，这是一个入队的过程；排在队列最前面的人挂完号离开，这是出队的过程。在程序设计中也经常会遇到排队等待服务的问题。一个典型的例子就是操作系统中的多任务处理。在计算机系统中，同时有几个任务等待输出，那么就要按照请求输出的先后顺序进行输出。

队列（queue）是一种先进先出（First In First Out，FIFO）的线性表，它只允许在表的一端进行插入，另一端删除元素。这与日常生活中的排队是一致的，最早进入队列的元素最早离开。在队列中，允许插入的一端称为队尾（rear），允许删除的一端称为队头（front）。

假设队列为 $q=(a_1, a_2, \cdots, a_i, \cdots, a_n)$，那么 a_1 为队头元素，a_n 为队尾元素。进入队列时，是按照 $a_1, a_2, \cdots, a_n$ 的顺序进入的，退出队列时也是按照这个顺序退出的。也就是说，当先进入队列的元素都退出之后，后进入队列的元素才能退出。即只有当 $a_1, a_2, \cdots, a_{n-1}$ 都退出队列以后，a_n 才能退出队列。图 4-14 是一个队列的示意图。

图 4-14　队列

4.5.2　队列的抽象数据类型

1. 数据对象集合

队列的数据对象集合为 $\{a_1, a_2, \cdots, a_n\}$，每个元素都具有相同的数据类型 DataType。

队列中的数据元素之间也是一对一的关系。除第一个元素 a_1 外，每一个元素有且只有一个直接前驱元素；除最后一个元素 a_n 外，每一个元素有且只有一个直接后继元素。

2. 基本操作集合

InitQueue(&*Q*)：初始化操作，建立一个空队列 *Q*。这就像日常生活中医院新增一个挂号窗口，前来看病的人就可以排队在这里挂号看病。

QueueEmpty(*Q*)：若 *Q* 为空队列，返回 1，否则返回 0。这就类似于挂号窗口前是否还有人排队挂号。

EnQueue(&*Q,e*)：插入元素 *e* 到队列 *Q* 的队尾。这就像前来挂号的人都要到队列的最后排队挂号。

DeQueue(&*Q*,&*e*)：删除 *Q* 的队首元素，并用 *e* 返回其值。这就像排在最前面的人挂完号离开队列。

Gethead(*Q*,&*e*)：用 *e* 返回 *Q* 的队首元素。这就像询问排队挂号的人是谁一样。

ClearQueue(&*Q*)：将队列 *Q* 清空。这就像所有排队的人都挂完了号离开队列。

4.6　队列的顺序存储及实现

队列的存储表示有两种，分别为顺序存储和链式存储。采用顺序存储结构的队列被称为顺序队列，采用链式存储结构的队列被称为链式队列。

4.6.1　顺序循环队列——顺序队列的表示

1. 顺序队列的表示

顺序队列通常采用一维数组依次存放从队头到队尾的元素。同时，使用两个指针分别指示数组中存放的第一个元素和最后一个元素的位置。其中，指向第一个元素的指针被称为队头指针 front，指向最后一个元素的指针被称为队尾指针 rear。

初始时，队列为空，队头指针 front 和队尾指针 rear 都指向队列的第一个位置，即 front=rear=0，如图 4-15 所示。

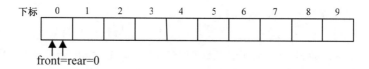

图 4-15　顺序队列为空

元素 a、b、c、d、e、f、g 依次进入队列后的状态如图 4-16 所示。

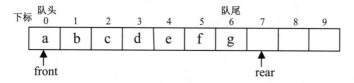

图 4-16　顺序队列

当一个元素出队列时，队头指针 front 增 1，队头元素即 a 出队后，front 向后移动一个位置，指向下一个位置，rear 不变，如图 4-17 所示。

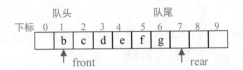

图 4-17　删除队头元素 a 后的顺序队列

2. 顺序队列的"假溢出"

经过多次插入和删除操作后，实际上队列还有存储空间，但是又无法向队列中插入元素，这种溢出称为"假溢出"。

例如，在如图 4-17 所示的队列中插入 3 个元素 h、i、j，然后删除元素 b，就会出现如图 4-18 所示的情况。当插入元素 j 后，队尾指针 rear 将越出数组的下界而造成"假溢出"。

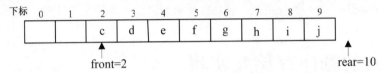

图 4-18　插入元素 h、i、j 和删除元素 a、b 后的"假溢出"

3. 顺序循环队列的表示

为了充分利用存储空间，消除这种"假溢出"现象，当队尾指针 rear 和队头指针 front 到达存储空间的最大值（假定队列的存储空间为 QueueSize）的时候，让队尾指针和队头指针转换为 0，这样就可以将元素插入到队列还没有利用的存储单元中。例如，在图 4-18 中插入元素 j 之后，使 rear 变为 0，可以继续将元素插入下标为 0 的存储单元中。这样就把顺序队列使用的存储空间构造成一个逻辑上首尾相连的循环队列。

当队尾指针 rear 达到最大值 QueueSize-1 时，前提是队列中还有存储空间，若要插入元素，就要把队尾指针 rear 变为 0；当队头指针 front 达到最大值 QueueSize-1 时，若要将队头元素出队，要让队头指针 front 变为 0。这可通过取余操作实现队列的首尾相连。例如，假设 QueueSize=10，当队尾指针 rear=9 时，若要将新元素入队，则先令 rear=（rear+1）%10=0，然后将元素存入队列的第 0 号单元，通过取余操作实现了队列逻辑上的首尾相连。

4. 顺序循环队列的队空和队满判断

在顺序循环队列队空和队满的情况下，队头指针 front 和队尾指针 rear 同时都会指向同一个位置，即 front==rear，如图 4-19 所示。即队列为空时，有 front=0，rear=0，因此 front==rear；队满时也有 front=0，rear=0，因此 front==rear。

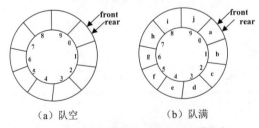

（a）队空　　　　　　　（b）队满

图 4-19　顺序循环队列队空和队满状态

为了区分是队空还是队满，通常采用如下两个方法。

（1）增加一个标志位。设这个标志位为 flag，初始时，有 flag=0；当入队成功，则 flag=1；

当出队成功，有 flag=0。则队列为空的判断条件为 front==rear&&flag==0，队列满的判断条件为 front==rear&&flag==1。

（2）少用一个存储单元。队空的判断条件为 front==rear，队满的判断条件为 front==(rear+1)%QueueSize。那么，入队的操作语句为 rear=（rear+1）%QueueSize，queue[rear]='i'。出队的操作语句为 front=（front+1）%QueueSize。少用一个存储单元的顺序循环队列队满情况如图 4-20 所示。

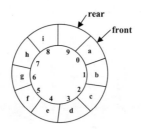

图 4-20　少用一个存储单元的顺序循环队列队满状态

顺序循环队列类型描述如下。

```
#define  QueueSize  60          /*队列的最大容量*/
typedef struct Squeue{
        DataType queue[QueueSize];
        int front,rear;          /*队头指针和队尾指针*/
}SeqQueue;
```

其中，queue 用来存储队列中的元素，front 和 rear 分别表示队头指针和队尾指针，取值范围为 0~QueueSize。

顺序循环队列的主要操作说明如下。

（1）初始化时，设置 SQ.front=SQ.rear=0。

（2）循环队列队空的条件为 SQ.front=SQ.rear，队满的条件为 SQ.front=（SQ.rear+1）%QueueSize。

（3）入队操作时，先判断队列是否已满，若队列未满，则将元素值 e 存入队尾指针指向的存储单元，然后将队尾指针加 1 后取模。

（4）出队操作时，先判断队列是否为空，若队列不空，则先把队头指针指向的元素值赋给 e，即取出队头元素，然后将队头指针加 1 后取模。

（5）循环队列的长度为（SQ.rear+QueueSize-SQ.front）%QueueSize。

4.6.2　顺序循环队列的基本运算

顺序循环队列的基本运算算法实现如下（以下算法的实现保存在文件 SeqQueue.h 中）。

（1）初始化队列。

```
void InitQueue(SeqQueue *SCQ)
/*顺序循环队列的初始化*/
{
    SCQ ->front=SCQ ->rear=0;          /*把队头指针和队尾指针同时置为 0*/
}
```

（2）判断队列是否为空。

```
int QueueEmpty(SeqQueue SCQ)
/*判断顺序循环队列是否为空,队列为空返回 1,否则返回 0*/
```

```
{
    if(SCQ.front== SCQ.rear)                /*当顺序循环队列为空时*/
        return 1;                           /*返回1*/
    else                                    /*否则*/
        return 0;                           /*返回0*/
}
```

（3）将元素 e 入队。

```
int EnQueue(SeqQueue *SCQ,DataType e)
/*将元素 e 插入到顺序循环队列 SCQ 中,插入成功返回1,否则返回0*/
{
    if(SCQ->front== (SCQ->rear+1)%QueueSize)
    /*在插入新的元素之前,判断队尾指针是否到达数组的最大值,即是否上溢*/
        return 0;
    SCQ->queue[SCQ->rear]=e;                    /*在队尾插入元素 e*/
    SCQ->rear=(SCQ->rear+1)%QueueSize;          /*将队尾指针向后移动一个位置*/
    return 1;
}
```

（4）将队头元素出队。

```
int DeQueue(SeqQueue *SCQ,DataType *e)
/*将队头元素出队,并将该元素赋值给 e,出队成功返回1,否则返回0*/
{
    if(SCQ->front==SCQ->rear)                       /*在删除元素之前,判断顺序循环队列是否为空*/
        return 0;
    else
    {
        *e=SCQ->queue[SCQ->front];                  /*将要删除的元素赋值给 e*/
        SCQ->front=(SCQ->front+1)%QueueSize;        /*将队头指针向后移动一个位置,指向新的队头*/
        return 1;
    }
}
```

（5）取队头元素。

```
int GetHead (SeqQueue SCQ,DataType *e)
/*取队头元素,并将该元素赋值给 e,取元素成功返回1,否则返回0*/
{
    if(SCQ.front==SCQ.rear)             /*若顺序循环队列为空*/
        return 0;                       /*返回0*/
    else
    {
        *e=SCQ.queue[SCQ.front];        /*将队头元素赋值给 e,取出队头元素*/
        return 1;                       /*返回1*/
    }
}
```

（6）清空队列，算法实现如下。

```
void ClearQueue(SeqQueue *SCQ)
/*清空队列*/
{
    SCQ->front=SCQ->rear=0;             /*将队头指针和队尾指针都置为0*/
}
```

4.7　队列的链式存储及实现

采用链式存储的队列称为链式队列或链队列。链式队列在插入和删除过程中，不需要移动大量的元素，只需要改变指针的位置即可。

4.7.1 链式队列的表示

顺序队列在插入和删除操作过程中需要移动大量元素，这样算法的效率会比较低，为了避免以上问题，可采用链式存储结构表示队列。

1. 链式队列

链式队列通常用链表实现。一个链队列显然需要两个分别指示队头和队尾的指针（分别称为队头指针和队尾指针）才能唯一确定。这里，与单链表一样，为了操作方便，给链队列添加一个头结点，并令队头指针 front 指向头结点，用队尾指针 rear 指向最后一个结点。一个不带头结点的链式队列和带头结点的链队列分别如图 4-21 和图 4-22 所示。

对于带头结点的链式队列，当队列为空时，队头指针 front 和队尾指针 rear 都指向头结点，如图 4-23 所示。

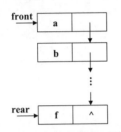

图 4-21　不带头结点的链式队列

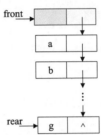

图 4-22　带头结点的链式队列

链式队列中，插入和删除操作只需要移动队头指针和队尾指针，这两种操作的指针变化如图 4-24～图 4-26 所示。图 4-24 表示在队列中插入元素 a 的情况，图 4-25 表示队列中插入了元素 a、b、c 之后的情况，图 4-26 表示元素 a 出队列的情况。

图 4-23　带头结点的空链式队列　　　　图 4-24　在队列中插入元素 a

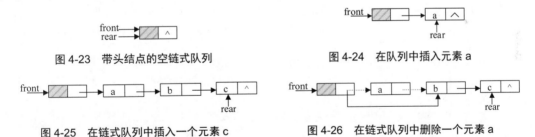

图 4-25　在链式队列中插入一个元素 c　　　　图 4-26　在链式队列中删除一个元素 a

链式队列的类型描述如下。

```c
/*链式队列结点类型定义*/
typedef struct QNode
{
    DataType data;
    struct QNode* next;
}LQNode,*QueuePtr;
/*链式队列类型定义*/
typedef struct
{
    QueuePtr front;
    QueuePtr rear;
}LinkQueue;
```

2. 链式循环队列

将链式队列的首尾相连就构成了链式循环队列。在链式循环队列中，可以只设置队尾指针，如图 4-27 所示。当队列为空时，如图 4-28 所示，队列 LQ 为空的判断条件为 LQ.rear->next==LQ.rear。

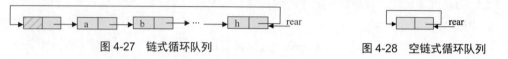

图 4-27　链式循环队列　　　　　　　　　　图 4-28　空链式循环队列

4.7.2　链式队列的基本运算

链式队列的基本运算算法实现如下（以下队列基本操作实现代码保存在文件 LinkQueue.h 中）。

（1）初始化队列。

```
void InitQueue(LinkQueue *LQ)
/*初始化链式队列*/
{
    LQ->front=LQ->rear=(LQNode*)malloc(sizeof(LQNode));    /*动态分配结点空间*/
    if(LQ->front==NULL) exit(-1);           /*如果分配失败,则退出*/
    LQ ->front->next=NULL;                  /*把头结点的指针域置为 NULL*/
}
```

（2）判断队列是否为空。

```
int QueueEmpty(LinkQueue LQ)
/*判断链式队列是否为空,队列为空返回1,否则返回0*/
{
    if(LQ.rear==LQ.front)                   /*若链式队列为空时*/
        return 1;                           /*则返回1*/
    else                                    /*否则*/
        return 0;                           /*返回0*/
}
```

（3）将元素 e 入队。先为新结点申请一个空间，然后将 e 赋给数据域，并使原队尾元素结点的指针域指向新结点，队尾指针指向新结点，从而将结点加入队列中。操作过程如图 4-29 所示。

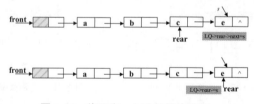

图 4-29　将元素 e 入队的操作过程

将元素 e 入队的算法实现如下。

```
int EnQueue(LinkQueue *LQ,DataType e)
/*将元素e插入到链式队列LQ中,插入成功返回1*/
{
    LQNode *s;
    s=(LQNode*)malloc(sizeof(LQNode));      /*为将要入队的元素申请一个结点的空间*/
    if(!s) exit(-1);                        /*如果申请空间失败,则退出并返回参数-1*/
    s->data=e;                              /*将元素值赋值给结点的数据域*/
    s->next=NULL;                           /*将结点的指针域置为空*/
    LQ->rear->next=s;                       /*将原来队列的队尾指针指向 s*/
    LQ->rear=s;                             /*将队尾指针指向 s*/
    return 1;
}
```

（4）将队头元素出队。

```
int DeQueue(LinkQueue *LQ,DataType *e)
/*删除链式队列中的队头元素,并将该元素赋给e,删除成功返回1,否则返回0*/
{
    LQNode *s;
    if(LQ->front==LQ->rear)            /*在删除元素之前,判断链式队列是否为空*/
        return 0;
    else
    {
        s=LQ->front->next;             /*使指针s指向队头元素的指针*/
        *e=s->data;                    /*将要删除的队头元素赋给e*/
        LQ->front->next=s->next;       /*使头结点的指针指向指针s的下一个结点*/
        if(LQ->rear==s) LQ->rear=LQ->front;/*如果要删除的结点是队尾,则使队尾指针指向队头指针*/
        free(s);                       /*释放指针s指向的结点空间*/
        return 1;
    }
}
```

（5）取队头元素。

```
int GetHead (LinkQueue LQ,DataType *e)
/*取链式队列中的队头元素,并将该元素赋给e,取元素成功返回1,否则返回0*/
{
    LQNode *s;
    if(LQ.front==LQ.rear)              /*若链式队列为空*/
        return 0;                      /*返回0*/
    else                               /*若链式队列不为空*/
    {
        s=LQ.front->next;              /*将指针p指向队列的第一个元素即队头元素*/
        *e=s->data;                    /*将队头元素赋给e,取出队头元素*/
        return 1;                      /*返回1*/
    }
}
```

（6）清空队列。

```
void ClearQueue(LinkQueue *LQ)
/*清空队列*/
{
    while(LQ->front!=NULL)
    {
        LQ->rear=LQ->front->next;      /*将队尾指针指向队头指针指向的下一个结点*/
        free(LQ->front);               /*释放队头指针指向的结点*/
        LQ->front=LQ->rear;            /*将队头指针指向队尾指针*/
    }
}
```

4.8　双端队列

双端队列和栈、队列一样，也是一种操作受限的线性表。

4.8.1　什么是双端队列

双端队列是限定插入和删除操作在表两端进行的线性表。这两端分别称为端点 1 和端点 2。

双端队列可以在队列的任何一端进行插入和删除操作，而一般的队列要求在一端插入元素，在另一端删除元素。一个双端队列如图 4-30 所示。

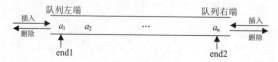

图 4-30　双端队列

在图 4-30 中，可以在队列的左端或右端插入元素，也可以在队列的左端或右端删除元素。其中，end1 和 end2 分别是双端队列的指针。

在实际应用中，还有输入受限和输出受限的双端队列。输入受限的双端队列指的是只允许在队列的一端插入元素，而两端都能删除元素的队列。输出受限的双端队列指的是只允许在队列的一端删除元素，两端都能输入元素的队列。

4.8.2　双端队列的应用

采用一个一维数组作为双端队列的数据存储结构，试编写入队算法和出队算法。双端队列为空的状态如图 4-31 所示。

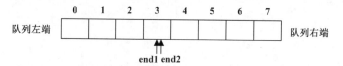

图 4-31　双端队列的初始状态（队列为空）

在实际操作过程中，用循环队列实现双端队列的操作是比较恰当的。元素 a、b、c 依次进入右端的队列，元素 d、e 依次进入左端的队列，如图 4-32 所示。

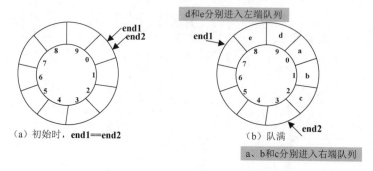

（a）初始时，end1==end2　　　　（b）队满

图 4-32　双端队列插入元素之后

注意：双端队列虽然是两个队列共享一个存储空间，但是每个队列只有一个指针，在上述实现过程中，一般情况下，要求仅在一端进行插入和删除操作，这是与一般队列操作上的差别。

【例 4-4】编写算法，实现双端队列的入队和出队操作，要求如下。

（1）当队满时，最多只能有一个存储空间为空。

（2）在进行插入和删除元素时，队列中的其他元素不动。

【分析】设双端队列为 Q，初始时，队列为空，有 $Q.\text{end1}==Q.\text{end2}$，队满的条件为（$Q.\text{end1}-1+$

QueueSize）% QueueSize ＝Q.end2 或（Q.end2+1+ QueueSize）% QueueSize ＝Q.end1。对于左端的队列，当元素入队时，需要执行 Q.end-1 操作；当元素出队时，需要执行 Q.end1+1 操作。对于右端的队列，当元素入队时，需要执行 Q.end2+1 操作；当元素出队时，需要执行 Q.end2-1 操作。

双端队列的入队和出队算法实现如下。

```
#define QueueSize 10                    /*定义双端队列的大小*/
typedef char DataType;                  /*定义数据类型为字符类型*/
typedef struct DQueue                   /*双端队列的类型定义*/
{
    DataType queue[QueueSize];
    int end1,end2;                      /*双端队列的队尾指针*/
}DQueue;
int EnQueue(DQueue *DQ,DataType e,int tag)
/*将元素e插入到双端队列中.如果成功返回1,否则返回0*/
{
    switch(tag)
    {
    case 1:                             /*1表示左端的队列元素入队*/
        if((DQ->end1-1+QueueSize)%QueueSize!=DQ->end2) /*判断队列是否已满*/
        {
            DQ->queue[DQ->end1]=e;       /*元素e入队*/
            DQ->end1=(DQ->end1-1+ QueueSize)%QueueSize;/*移动队列指针*/
            return 1;
        }
        else
            return 0;
    case 2:                             /*2表示右端队列的元素入队*/
        if((DQ->end2+1+QueueSize)%QueueSize!=DQ->end1) /*判断队列是否已满*/
        {
            DQ->queue[DQ->end2]=e;       /*元素e入队*/
            DQ->end2=(DQ->end2+1+QueueSize)%QueueSize;  /*移动队列指针*/
            return 1;
        }
        else
            return 0;
    }
    return 0;
}
int DeQueue(DQueue *DQ,DataType *e,int tag)
/*将元素出队列,并将出队列的元素赋值给e.如果出队列成功返回1,否则返回0*/
{
    switch(tag)
    {
    case 1:                             /*1表示左端队列元素出队*/
        if(DQ->end1!=DQ->end2)           /*判断队列是否为空*/
        {
            DQ->end1=(DQ->end1+1+QueueSize)%QueueSize;/*元素出队列*/
            *e=DQ->queue[DQ->end1];       /*将出队的元素赋值给e*/
            return 1;
        }
        else
            return 0;
    case 2:                             /*2表示右端队列元素出队*/
        if(DQ->end2!=DQ->end1)           /*判断队列是否为空*/
        {
            DQ->end2=(DQ->end2-1+QueueSize)%QueueSize;/*元素出队列*/
            *e=DQ->queue[DQ->end2];       /*将出队的元素赋值给e*/
```

```
            return 1;
        }
        else
            return 0;
    }
    return 0;
}
```

4.9 栈与队列的典型应用

在软件开发过程中，栈的"后进先出"和队列的"先进先出"特性应用非常广泛。例如，在计算机程序的编译和运行过程中，需要利用栈的"后进先出"特性对程序的语法进行检查，如进制转换、括号的匹配、表达式求值、迷宫求解。而舞伴配对、排队买票、打印任务管理都利用了队列的"先进先出"思想。

4.9.1 求算术表达式的值

表达式求值是程序设计编译中的基本问题，它的实现是栈应用的一个典型例子。

一个算术表达式是由操作数、运算符和分界符组成的。为了简化问题，假设算术运算符仅由加、减、乘、除 4 种运算符和左、右圆括号组成。

例如，一个算术表达式为 6+(7-1)×3+10/2，这种算术表达式中的运算符总是出现在两个操作数之间，这种算术表达式称为中缀表达式。计算机编译系统在计算一个算术表达式之前，要将中缀表达式转换为后缀表达式，然后对后缀表达式进行计算。后缀表达式就是算术运算符出现在操作数之后，并且不含括号。

计算机在求算术表达式的值时分为如下两个步骤。

（1）将中缀表达式转换为后缀表达式。

（2）求后缀表达式的值。

1. 将中缀表达式转换为后缀表达式

要将一个算术表达式的中缀形式转换为相应的后缀形式，首先要了解算术四则运算的规则。算术四则运算的规则如下。

（1）先乘除，后加减。

（2）同级别的运算从左到右进行计算。

（3）先括号内，后括号外。

举例：算术表达式 6+(7-1)×3+10/2 转换为后缀表达式为 6 7 1 - 3 × + 10 2 / +。

不难看出，转换后的后缀表达式具有以下两个特点。

（1）后缀表达式与中缀表达式的操作数出现顺序相同，只是运算符先后顺序改变了。

（2）后缀表达式不出现括号。

正因为后缀表达式的以上特点，所以编译系统不必考虑运算符的优先关系。仅需要从左到右依次扫描后缀表达式中的各个字符，遇到运算符时，直接对运算符前面的两个操作数进行运算即可。

如何将中缀表达式转换为后缀表达式呢？根据中缀表达式与后缀表达式中的操作数次序相

同，只是运算符次序不同的特点，设置一个栈，用于存放运算符。依次读入表达式中的每个字符，如果是操作数，则直接输出。如果是运算符，则比较栈顶元素符与当前运算符的优先级，然后根据优先级高低进行处理，直到整个表达式处理完毕。约定#作为后缀表达式的结束标志，假设 θ_1 为栈顶运算符，θ_2 为当前扫描的运算符，则中缀表达式转换为后缀表达式的算法描述如下。

（1）初始化栈，并将#入栈。

（2）若当前读入的字符是操作数，则将该操作数输出，并读入下一字符。

（3）若当前字符是运算符，记作 θ_2，则将 θ_2 与栈顶的运算符 θ_1 比较。若 θ_1 优先级低于 θ_2，则将 θ_2 进栈；若 θ_1 优先级高于 θ_2，则将 θ_1 出栈并将其作为后缀表达式输出。然后继续比较新的栈顶运算符 θ_1 与当前运算符 θ_2 的优先级，若 θ_1 的优先级与 θ_2 相等，且 θ_1 为(，θ_2 为)，则将 θ_1 出栈，继续读入下一个字符。

（4）如果 θ_2 的优先级与 θ_1 相等，且 θ_1 和 θ_2 都为#，将 θ_1 出栈，栈为空，则完成中缀表达式转换为后缀表达式，算法结束。

运算符的优先关系如表 4-2 所示。

表 4-2　运算符的优先关系

θ_1 ＼ θ_2	＋	－	×	/	(	)	#
＋	>	>	<	<	<	>	>
－	>	>	<	<	<	>	>
×	>	>	>	>	<	>	>
/	>	>	>	>	<	>	>
(	<	<	<	<	<	=	
)	>	>	>	>		>	>
#	<	<	<	<	<		=

初始化一个空栈，用来对运算符进行出栈和入栈操作。中缀表达式 6+(7-1)×3+10/2#转换为后缀表达式的具体过程如图 4-33 所示（为了便于描述，可在要转换表达式的末尾加一个#作为结束标记）。

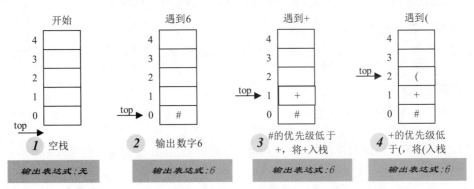

图 4-33　中缀表达式 6+(7-1)×3+10/2 转换为后缀表达式的过程

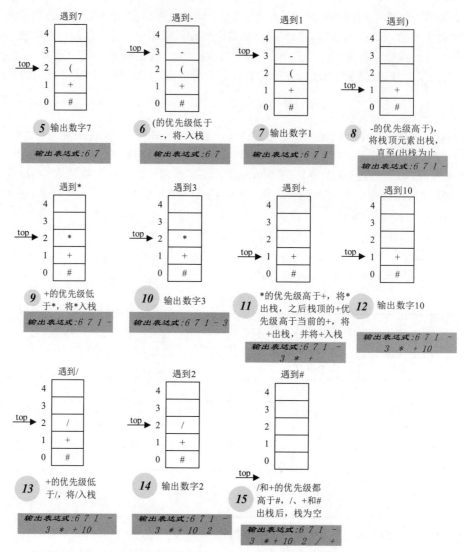

图 4-33 中缀表达式 6+(7−1)×3+10/2 转换为后缀表达式的过程（续）

中缀表达式 6+(7−1)×3+10/2 转换为后缀表达式的输出过程如表 4-3 所示。

2. 求后缀表达式的值

在得到后缀表达式后，借助于栈就可以计算出后缀表达式的值。需要设置一个操作数栈 operand，用于存放中间运算结果。

后缀表达式的求值算法实现如下。

（1）初始化 operand 栈。

（2）如果当前读入的字符是操作数，则将该操作数进入 operand 栈。

（3）如果当前字符是运算符 θ，则将 operand 栈退栈两次，分别得到操作数 x 和 y，对 x 和 y 进行 θ 运算，即 $yθx$，得到中间结果 z，将 z 进 operand 栈。

（4）重复执行步骤（2）和（3），直到表达式处理完毕。此时栈中元素即为算术表达式的运行结果。

表 4-3　中缀表达式 6+(7-1)×3+10/2 转换为后缀表达式的输出过程

步骤	中缀表达式	栈	输出 后缀表达式	步骤	中缀表达式	栈	输出 后缀表达式
1	6+(7-1)×3+10/2#	#		11	+10/2#	#+×	6 7 1 - 3
2	+(7-1)×3+10/2#	#	6	12	+10/2#	#+	6 7 1 - 3 ×
3	(7-1)×3+10/2#	#+	6	13	+10/2#	#	6 7 1 - 3 × +
4	7-1)×3+10/2#	#+(	6	14	10/2#	#+	6 7 1 - 3 × +
5	-1)×3+10/2#	#+(	6 7	15	/2#	#+	6 7 1 - 3 × +10
6	1)×3+10/2#	#+(-	6 7	16	2#	#+/	6 7 1 - 3 × +10
7	)×3+10/2#	#+(-	6 7 1	17	#	#+/	6 7 1 - 3 × +10 2
8	)×3+10/2#	#+(	6 7 1 -	18	#	#+	6 7 1 - 3 × +10 2 /
9	×3+10/2#	#+	6 7 1 -	19	#	#	6 7 1 - 3 × +10 2 / +
10	3+10/2#	#+×	6 7 1 -	20			6 7 1 - 3 × +10 2 / +

利用上述规则，求后缀表达式 6 7 1-3×+10 2 /+的运算过程如图 4-34 所示。

3. 算法实现

【例 4-5】通过键盘输入一个表达式，如 6+(7-1)×3+10/2，要求将其转换为后缀表达式，并计算该表达式的值。

【分析】设置两个字符数组 str 和 exp，str 用于存放中缀表达式的字符串，exp 用于存放后缀表达式的字符串。利用栈将中缀表达式转换为后缀表达式的方法是依次扫描中缀表达式，如果遇到数字则将其直接存入数组 exp 中；如果遇到的是运算符，则将栈顶运算符与当前运算符比较，如果当前运算符的优先级高于栈顶运算符的优先级，则将当前运算符进栈；如果栈顶运算符的优先级高于当前运算符的优先级，则将栈顶运算符出栈，并保存到数组 exp 中。

求后缀表达式的值时，依次扫描后缀表达式中的每个字符，如果是数字字符，将其转换为数字（数值型数据），并将其入栈；如果是运算符，则将栈顶的两个数字出栈，进行加、减、乘、除运算，并将结果入栈。当后缀表达式对应的字符串处理完毕后，将栈中元素出栈，即为所求表达式的值。

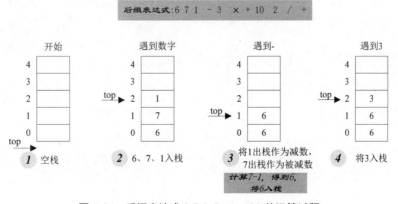

图 4-34　后缀表达式 6 7 1-3× +10/+的运算过程

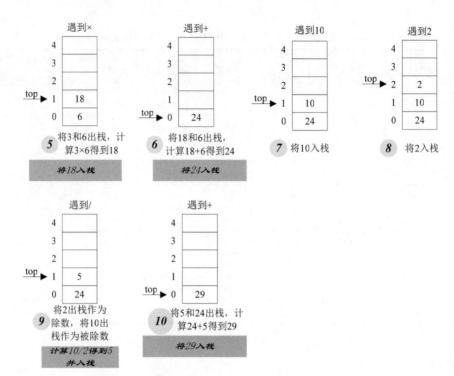

图 4-34　后缀表达式 6 7 1-3× +10/+的运算过程（续）

求算术表达式的值的核心程序如下。

```
float ComputeExpress(char a[])
/*计算后缀表达式的值*/
{
    OpStack S;                                    /*定义一个操作数栈*/
    int i=0,value;
    float x1,x2;
    float result;
    S.top=-1;                                     /*初始化栈*/
    while(a[i]!='\0')                             /*依次扫描后缀表达式中的每个字符*/
    {
        if(a[i]!=' '&&a[i]>='0'&&a[i]<='9')       /*如果当前字符是数字字符*/
        {
            value=0;
            while(a[i]!=' ')                      /*如果不是空格,说明数字字符是两位数以上的数字字符*/
            {
                value=10*value+a[i]-'0';
                i++;
            }
            S.top++;
            S.data[S.top]=value;                  /*处理之后将数字进栈*/
        }
        else                                      /*如果当前字符是运算符*/
        {
            switch(a[i])       /*将栈中的数字出栈两次,然后用当前的运算符进行运算,再将结果入栈*/
            {
            case '+':                             /*相加运算处理过程*/
                x1=S.data[S.top];
                S.top--;
                x2=S.data[S.top];
                S.top--;
```

```
                result=x1+x2;
                S.top++;
                S.data[S.top]=result;
                break;
           case '-':                       /*相减运算处理过程*/
                x1=S.data[S.top];
                S.top--;
                x2=S.data[S.top];
                S.top--;
                result=x2-x1;
                S.top++;
                S.data[S.top]=result;
                break;
           case '*':                       /*相乘运算处理过程*/
                x1=S.data[S.top];
                S.top--;
                x2=S.data[S.top];
                S.top--;
                result=x1*x2;
                S.top++;
                S.data[S.top]=result;
                break;
           case '/':                       /*相除运算处理过程*/
                x1=S.data[S.top];
                S.top--;
                x2=S.data[S.top];
                S.top--;
                result=x2/x1;
                S.top++;
                S.data[S.top]=result;
                break;
           }
           i++;                            /*i自增1,进行下一个字符处理*/
        }
    }
    if(!S.top!=-1)                          /*如果栈不空,将结果出栈,并返回*/
    {
        result=S.data[S.top];
        S.top--;
        if(S.top==-1)
            return result;                  /*返回运算结果*/
        else
        {
            printf("表达式错误");           /*输出提示信息*/
            exit(-1);                        /*退出*/
        }
    }
}
void TranslateExpress(char str[],char exp[])
/*把中缀表达式转换为后缀表达式*/
{
    SeqStack S;                             /*定义一个栈,用于存放运算符*/
    char ch;
    DataType e;
    int i=0,j=0;
    InitStack(&S);
    ch=str[i];
    i++;
    while(ch!='\0')                         /*依次扫描中缀表达式中的每个字符*/
    {
```

```
            switch(ch)
            {
            case'(':                              /*如果当前字符是左括号,则将其进栈*/
                PushStack(&S,ch);
                break;
            case')':              /*如果是右括号,将栈中的运算符出栈,并将其存入数组 exp 中*/
                while(GetTop(S,&e)&&e!='(')
                {
                    PopStack(&S,&e);
                    exp[j]=e;
                    j++;
                    exp[j]=' ';                    /*加上空格*/
                    j++;
                }
                PopStack(&S,&e);                   /*将左括号出栈*/
                break;
            case'+':
            case'-':               /*如果遇到的是'+'和'-',因为其优先级低于栈顶运算符的优先
        级,所以将先将栈顶字符出栈,并将其存入数组 exp 中,然后将当前运算符进栈*/
                while(!StackEmpty(S)&&GetTop(S,&e)&&e!='(')
                {
                    PopStack(&S,&e);
                    exp[j]=e;
                    j++;
                    exp[j]=' ';                    /*加上空格*/
                    j++;
                }
                PushStack(&S,ch);                  /*当前运算符进栈*/
                break;
            case'*': /*如果遇到的是'*'和'/',先将同级运算符出栈,存入 exp 中,然后将当前运算符进栈*/
            case'/':
                while(!StackEmpty(S)&&GetTop(S,&e)&&e=='/'||e=='*')
                {
                    PopStack(&S,&e);
                    exp[j]=e;
                    j++;
                    exp[j]=' ';                    /*加上空格*/
                    j++;
                }
                PushStack(&S,ch);                  /*当前运算符进栈*/
                break;
            case' ':                              /*如果遇到空格,忽略*/
                break;
            default:  /*如果遇到的是操作数,则将其直接送入 exp 中,并在其后添加一个空格,以分隔数字字符*/
                while(ch>='0'&&ch<='9')
                {
                    exp[j]=ch;
                    j++;
                    ch=str[i];
                    i++;
                }
                i--;
                exp[j]=' ';
                j++;
            }
            ch=str[i];                            /*读入下一个字符,准备处理*/
            i++;
        }
        while(!StackEmpty(S))                      /*将栈中所有剩余的运算符出栈,送入数组 exp 中*/
        {
```

```
        PopStack(&S,&e);
        exp[j]=e;
        j++;
        exp[j]=' ';                        /*加上空格*/
        j++;
    }
    exp[j]='\0';
}
```

程序运行结果如图 4-35 所示。

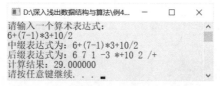

请输入一个算术表达式：
6+(7-1)*3+10/2
中缀表达式为：6+(7-1)*3+10/2
后缀表达式为：6 7 1 -3 *+10 2 /+
计算结果：29.000000
请按任意键继续. . .

图 4-35　算术表达式程序运行结果

注意：在将中缀表达式转换为后缀表达式的过程中，每输出一个数字字符，需要在其后补一个空格，与其他相邻数字字符隔开，否则一连串数字字符放在一起无法区分是一个数字还是两个数字。

在 ComputeExpress() 函数中，遇到-运算符时，先出栈的为减数，后出栈的为被减数；对于/运算也一样。

4.9.2　舞伴配对

【例 4-6】 假设在周末舞会上，男士们和女士们进入舞厅时，各自排成一队。跳舞开始时，依次从男队和女队的队头上各出一人配成舞伴。若两队初始人数不相同，则较长的那一队中未配对者等待下一轮舞曲。现要求写一算法模拟上述舞伴配对问题。

【分析】 先入队的男士或女士先出队配成舞伴。因此该问题具有典型的先进先出特性，可用队列作为算法的数据结构。假设男士和女士的记录存放在一个数组中作为输入，然后依次扫描该数组的各元素，并根据性别来决定是进入男队还是女队。当这两个队列构造完成之后，依次将两队当前的队头元素出队来配成舞伴，直至某队列变空为止。此时，若某队仍有等待配对者，算法输出此队列中等待者的人数及排在队头的等待者的名字，他（或她）将是下一轮舞曲开始时第一个可获得舞伴的人。

舞伴问题实现代码如下。

```
#include<stdio.h>
typedef struct{
    char name[20];
    char sex;                          /*性别,'F'表示女性,'M'表示男性*/
}Person;                               /*定义队列中元素的数据类型*/
typedef Person DataType;               /*将队列中元素的数据类型重新定义为Person*/
#include"SeqQueue.h"                    /*包含队列基本操作头文件*/
void DancePartner(DataType dancer[],int num)
/*结构体数组 dancer 中存放舞池中的舞者,num 是跳舞的人数*/
{
    int i;
    DataType p;                        /*定义队列中的数据类型变量*/
    SeqQueue Mdancers,Fdancers;
    InitQueue(&Mdancers);              /*男士队列初始化*/
    InitQueue(&Fdancers);              /*女士队列初始化*/
```

```
    for(i=0;i<num;i++)                    /*依次将跳舞者依其性别入队*/
    {
        p=dancer[i];
        if(p.sex=='F')
            EnQueue(&Fdancers,p);         /*排入女队*/
        else
            EnQueue(&Mdancers,p);         /*排入男队*/
    }
    printf("配对成功的舞伴分别是：\n");
    while(!QueueEmpty(Fdancers)&&!QueueEmpty(Mdancers)){
        /*依次输入男女舞伴名*/
        DeQueue(&Fdancers,&p);            /*女士出队*/
        printf("%s   ",p.name);          /*打印出队女士名*/
        DeQueue(&Mdancers,&p);           /*男士出队*/
        printf("%s\n",p.name);           /*打印出队男士名*/
    }
    if(!QueueEmpty(Fdancers))            /*输出女士剩余人数及队头女士的名字*/
    {
        printf("还有%d名女士等待下一轮舞曲.\n",DancerCount(Fdancers));
        GetHead(Fdancers,&p);            /*取队头*/
        printf("%s 将在下一轮中最先得到舞伴.\n",p.name);
    }
    else if(!QueueEmpty(Mdancers))      /*输出男队剩余人数及队头者名字*/
    {
        printf("还有%d名男士等待下一轮舞曲.\n",DancerCount(Mdancers));
        GetHead(Mdancers,&p);
        printf("%s 将在下一轮中最先得到舞伴.\n",p.name);
    }
}
int DancerCount(SeqQueue Q)
/*队列中等待配对的人数*/
{
    return (Q.rear-Q.front+QueueSize)%QueueSize;
}
```

程序的运行结果如图 4-36 所示。

图 4-36　顺序循环队列程序运行结果

4.10　小结

栈和队列是限定性线性表。栈只允许在线性表的一端进行插入和删除操作，队列允许在一端进行插入，另一端进行删除操作。

　　与线性表类似，栈也有顺序存储和链式存储两种存储方式。采用顺序存储结构的栈称为顺序栈，采用链式存储结构的栈称为链栈。

　　栈的后进先出特性使栈在编译处理等方面发挥了极大的作用。例如，数制转换、括号匹配、表达式求值等正是利用栈的后进先出特性解决的。

　　递归的调用过程也是系统借助栈的特性实现的。因此，可利用栈模拟递归调用过程，可以设置一个栈，用于存储每一层递归调用的信息，包括实际参数、局部变量及上一层的返回地址等。每进入一层，将工作记录压入栈顶。每退出一层，将栈顶的工作记录弹出。这样就可以将递归转换为非递归，从而消除了递归。

第5章
串、数组与广义表

计算机上的非数值处理对象基本上是字符串数据。字符串一般简称为串，它也是一种重要的线性结构。数组与广义表都可被看作线性数据结构的扩展。线性表、栈、队列、串的数据元素都是不可再分的原子类型，而数组中的数据元素是可以再分的。在进销存等事物处理中，顾客的姓名和地址、货物的名称、产地和规格都是字符串数据，信息管理系统、信息检索系统、问答系统、自然语言翻译程序等都是以字符串数据作为处理对象的。广义表被广泛应用于人工智能等领域，在 Lisp 语言中，广义表是一种基本的数据结构。

本章重点和难点：
- 串的存储表示与实现。
- 串的模式匹配算法。
- 特殊矩阵、稀疏矩阵的压缩存储。
- 广义表的存储表示。

5.1 串的定义及抽象数据类型

串是仅由字符组成的一种特殊的线性表。

5.1.1 什么是串

串（String），也称为字符串，是由零个或多个字符组成的有限序列。串是一种特殊的线性表，仅由字符组成。一般记作：

$S="a_1a_2\cdots a_n"$

其中，S 是串名，n 是串的长度。用双引号括起来的字符序列是串的值。$a_i(1\leqslant i\leqslant n)$可以是字母、数字和其他字符。$n=0$ 时，串称为空串。

串中任意个连续的字符组成的子序列称为该串的子串。相应地，包含子串的串称为主串。通常将字符在串中的序号称为该字符在串中的位置。子串在主串中的位置以子串的第一个字符在主串中的位置来表示。

例如，有四个串 a="tinghua university"，b="tinghua"，c="university"，d="tinghuauniversity"。它们的长度分别为 18，7，10，17，b 和 c 是 a 和 d 的子串，b 在 a 和 d 中的位置都为 1，c 在 a 中的位置是 9，c 在 d 中的位置是 8。

只有当两个串的长度相等，且串中各个对应位置的字符均相等时，两个串才是相等的。即两个串是相等的，当且仅当这两个串的值是相等的。例如，上面的四个串 a，b，c，d 两两之间都不相等。

需要说明的是，串中的元素必须用一对双引号括起来，但是，双引号并不属于串，双引号的作用仅仅是为了与变量名或常量相区别。

例如，串 a="tinghua university"中，a 是一个串的变量名，字符序列 tinghua university 是串的值。

由一个或多个空格组成的串，称为空格串。空格串的长度是串中空格字符的个数。请注意，空格串不是空串。

串是一种特殊的线性表，因此，串的逻辑结构与线性表非常相似，区别仅在于串的数据对象为字符集合。

5.1.2 串的抽象数据类型

串的抽象数据类型包括数据对象集合和基本操作集合。其中，数据对象集合定义了串的数据元素及元素之间的关系，基本操作集合定义了在该数据集合上的一些基本操作。

1. 数据对象集合

串的数据对象集合为$\{a_1, a_2, \cdots, a_n\}$，每个元素的类型均为字符。串是一种特殊的线性表，具有线性表的逻辑特征：除了第一个元素 a_1 外，每一个元素有且只有一个直接前驱元素，除了最后一个元素 a_n 外，每一个元素有且只有一个直接后继元素。数据元素之间的关系是一对一的关系。

串是由字符组成的集合，数据对象是线性表的子集。

2. 基本操作集合

串的操作通常不是以单个元素作为操作对象，而是将一连串的字符作为操作对象。例如，在串中查找某个子串，在串中的某个位置插入或删除一个子串等。

为了说明方便，定义以下几个串。

S="I come from Beijing"

T="I come from Shanghai"

R="Beijing"

V="Chongqing"

串的基本操作主要有以下几种。

（1）StrAssign(&S,cstr)。

初始条件：cstr 是字符串常量。

操作结果：生成一个其值等于 cstr 的串 S。

（2）StrEmpty(S)。

初始条件：串 S 已存在。

操作结果：如果是空串，则返回 1，否则返回 0。

（3）StrLength(S)。

初始条件：串 S 已存在。

操作结果：返回串中的字符个数，即串的长度。

例如，StrLength(S)=19，StrLength(T)=20，StrLength(R)=7，StrLength(V)=9。

（4）StrCopy(&T,S)。

初始条件：串 S 已存在。

操作结果：由串 S 复制产生一个与 S 完全相同的另一个字符串 T。

（5）StrCompare(S,T)。

初始条件：串 S 和 T 已存在。

操作结果：比较串 S 和 T 的每个字符的 ASCII 值的大小，如果 S 的值大于 T，则返回 1；如果 S 的值等于 T，则返回 0；如果 S 的值小于 T，则返回-1。

例如，StrCompare(S,T)=-1，因为串 S 和串 T 比较到第 13 个字符时，字符'B'的 ASCII 值小于字符'S'的 ASCII 值，所以返回-1。

（6）StrInsert(&S,pos,T)。

初始条件：串 S 和 T 已存在，且 1≤pos≤StrLength(S)+1。

操作结果：在串 S 的 pos 个位置插入串 T，如果插入成功，返回 1；否则，返回 0。

例如，如果在串 S 中的第 3 个位置插入字符串 "don't" 后，即 StrInsert(S,3,"don't")，串 S="I don't come from Beijing"。

（7）StrDelete(&S,pos,len)。

初始条件：串 S 已存在，且 1≤pos≤StrLength(S)- len+1。

操作结果：在串 S 中删除第 pos 个字符开始，长度为 len 的字符串。如果找到并删除成功，返回 1；否则，返回 0。

例如，如果在串 S 中的第 13 个位置删除长度为 7 的字符串后，即 StrDelete(S,13,7)，则 S="I come from"。

（8）StrConcat(&T,S)。

初始条件：串 S 和 T 已存在。

操作结果：将串 S 连接在串 T 的后面。连接成功，返回 1；否则，返回 0。

例如，如果将串 S 连接在串 T 的后面，即 StrConcat(T,S)，则 T="I come from Shanghai I come from Beijing"。

（9）SubString(&Sub,S,pos,len)。

初始条件：串 S 已存在，1≤pos≤StrLength(S)且 0≤len≤StrLength(S)-len+1。

操作结果：从串 S 中截取从第 pos 个字符开始，长度为 len 的连续字符，并赋值给 Sub。截取成功返回 1，否则返回 0。

例如，如果将串 S 中的第 8 个字符开始，长度为 4 的字符串赋值给 Sub，即 SubString(Sub, S,8,4)，则 Sub="from"。

（10）StrReplace(&S,T,V)。

初始条件：串 S,T 和 V 已存在，且 T 为非空串。

操作结果：如果在串 S 中存在子串 T，则用 V 替换串 S 中的所有子串 T。替换操作成功，返回 1；否则，返回 0。

例如，如果将串 S 中的子串 R 替换为串 V，即 StrReplace(S,R,V)，则 S="I come from Chongqing"。

（11）StrIndex(S,pos,T)。

初始条件：串 S 和 T 存在，T 是非空串，且 1≤len≤StrLength(S)。

操作结果：如果主串 S 中存在与串 T 的值相等的子串，则返回子串 T 在主串 S 中，第 pos 个字符之后的第一次出现的位置，否则返回 0。

例如，在串 S 中的第 4 个字符开始查找，如果串 S 中存在与子串 R 相等的子串，则返回 R 在 S 中第一次出现的位置，则 StrIndex(S,4,R)=13。

（12）StrClear(&S)。

初始条件：串 S 已存在。

操作结果：将 S 清为空串。

（13）StrDestroy(&S)。

初始条件：串 S 已存在。

操作结果：将串 S 销毁。

5.2 串的存储表示与实现

串也有顺序存储和链式存储两种存储方式。最为常用的是串的顺序存储表示，操作起来更为方便。

5.2.1 串的顺序存储结构及基本运算

采用顺序存储结构的串称为顺序串，又称为定长顺序串。顺序串利用 C 语言中的一个字符类型的数组存放串值。利用数组存储字符串时，当定义了一个字符数组，数组的起始地址已经确定。但是串的长度还不确定，需要定义一个变量确定串的长度。

在串的顺序存储结构中，确定串的长度有两种方法：一种方法就是在串的末尾加上一个结束标记，在 C 语言中，在定义串时，系统会自动在串值的最后添加'\0'作为结束标记。例如，在 C 语言中定义一个字符数组：

char str[]="Hello World!";

则串"Hello World!"在内存中的存放形式如图 5-1 所示。

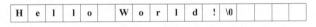

图 5-1 "Hello World!"在内存中的存放形式

其中，数组名 str 指示串的起始地址，"\0"表示串的结束。因此，串"Hello World!"的长度为 12，不包括结束标记"\0"。

另一种方法是定义一个变量 length，用来存放串的长度。通常在串的顺序存储结构中，设置串的长度的方法更为常用。例如，串"Hello World!"在内存中，用设置串长度的方法的表示如图 5-2 所示。

length=12

图 5-2 设置串长度的"Hello World!"在内存中的表示

串的顺序存储结构类型定义描述如下。

```
#define MAXLEN 60
typedef struct
{
```

```
    char str[MAXLEN];
    int length;
}SeqString;
```

MAXLEN 表示串的最大长度，str 是存储串的字符数组，length 为串的长度。这里，要注意数组的定义类型是 char，不是前面定义的数据类型 DataType。

在顺序存储结构中，串的基本运算实现保存在文件 SeqString.h 中。

5.2.2　串的链式存储结构

在采用静态顺序存储表示的顺序串中，在串的插入操作、串的连接及串的替换操作中，如果串的长度超过了 MaxLen，串会被截断处理。为了克服顺序串静态分配的缺点，可使用动态存储分配表示串并实现串的基本操作——串的堆分配表示与实现。

1. 堆分配的存储结构

采用堆分配存储表示的串称为堆串。堆串仍然采用一组地址连续的存储单元，存放串中的字符。但是，堆串的存储空间是在程序的执行过程中动态分配的。

在 C 语言中，函数 malloc 和 free 管理堆的存储空间。利用函数 malloc 为串动态分配一块存储空间，若分配成功，返回存储空间起始地址的指针，作为串的基地址（起始地址）。如果内存单元使用完，调用函数 free 释放内存空间。

堆串的类型定义如下。

```
typedef struct              /*定义堆串结构体*/
{
    char *str;              /*定义指向堆串的起始地址的指针*/
    int length;             /*定义堆串的长度*/
}HeapString;
```

其中，str 是指向堆串的起始地址的指针，length 表示堆串的长度。

2. 串的块链式存储结构

串的链式存储结构与线性表的链式存储类似，通过一个结点实现。结点包含两个域：数据域和指针域。采用链式存储结构的串称为链串。由于串的特殊性——每个元素只包含一个字符，因此，每个结点可以存放一个字符，也可以存放多个字符。例如，一个结点包含 4 个字符，即结点大小为 4 的链串如图 5-3 所示。

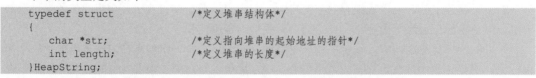

图 5-3　一个结点包含 4 个字符的链串示意图

由于串长不一定是结点大小的整数倍，因此，链串中的最后一个结点不一定被串值占满，可以补上特殊的字符如'#'。例如，一个含有 10 个字符的链串，通过补上两个'#'填满数据域，如图 5-4 所示。

图 5-4　填充两个'#'的链串示意图

一个结点大小为 1 的链串如图 5-5 所示。

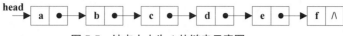

图 5-5　结点大小为 1 的链串示意图

为了方便串的操作，除了用链表实现串的存储，还增加一个尾指针和一个表示串长度的变量。其中，尾指针指向链表（链串）的最后一个结点。因为块链的结点的数据域可以包含多个字符，所以串的链式存储结构也称为块链结构。

串的链式存储结构类型描述如下。

```
#define CHUNKSIZE 10
#define stuff '#'
/*串的结点类型定义*/
typedef struct Chunk
{
    char ch[CHUNKSIZE];
    struct Chunk *next;
}Chunk;
/*链串的类型定义*/
typedef struct
{
    Chunk *head;
    Chunk *tail;
    int length;
}LinkString;
```

其中，CHUNKSIZE 是结点的大小，可以由用户定义。当 CHUNKSIZE 等于 1 时，链串就变成一个普通链表。当 CHUNKSIZE 大于 1 时，链串中的每个结点可以存放多个字符，如果最后一个结点没有填充满，使用'#'填充，在算法实现中，用 stuff 代替'#'。head 表示头指针，指向链串的第一个结点。tail 表示尾指针，指向链串的最后一个结点。length 表示链串中字符的个数。

5.2.3　顺序串应用举例

【例 5-1】要求编写一个删除字符串"abcdeabdbcdaaabdecdf"中所有子串"abd"的程序。

【分析】主要考查串的创建、定位、删除等基本操作的用法。为了删除主串 S1 中出现的所有子串 S2，需要先在主串 S1 中查找子串 S2 出现的位置，然后再进行删除操作。因此，算法的实现分为以下两个主要过程：①在主串 S1 中查找子串 S2 的位置；②删除 S1 中出现的所有 S2。

为了在 S1 中查找 S2，需要设置 3 个指示器 i、j 和 k，其中，i 和 k 指示 S1 中当前正在比较的字符，j 指示 S2 中当前正在比较的字符。每趟比较开始时，先判断 S1 的起始字符是否与 S2 的第一个字符相同，若相同，则令 k 从 S1 的下一个字符开始与 S2 的下一个字符进行比较，直到对应的字符不相同或子串 S2 中所有字符比较完毕或到达 S1 的末尾为止；若两个字符不相同，则需要从主串 S1 的下一个字符开始重新开始与子串 S2 的第一个字符进行比较，重复执行以上过程直到 S1 的所有字符都比较完毕。完成一趟比较后，若 j 的值等于 S2 的长度，则表明在 S1 中找到了 S2，返回 $i+1$ 即可；否则，返回-1 表明 S1 中不存在 S2。为了删除主串 S1 中的所有子串 S2，因为 S1 中可能会存在多个 S2，所以需要多次调用查找子串的过程，直到所有子串被删除完毕。

删除所有子串的主要程序实现如下。

```
#include<stdio.h>
#include<string.h>
#define MaxLen 60                        /*宏定义,设置字符串最大长度*/
```

```
typedef struct                                    /*定义字符串结构类型*/
{
    char str[MaxLen];
    int length;
}SeqString;
int DelSubString(SeqString *S,int pos,int n);     /*删除子串的函数声明*/
void DelAllString(SeqString *S1,SeqString *S2);   /*在主串 S1 中删除所有子串 S2 的函数声明*/
void CreateString(SeqString *S,char str[]);       /*通过字符数组创建串的函数声明*/
void StrPrint(SeqString S);                       /*串的输出函数声明*/
int StrLength(SeqString *S);                      /*得到字符串长度的函数声明*/
int Index(SeqString *S1,SeqString *S2)            /*比较字符串,获取子串在主串中的位置*/
{
    int i=0,j,k;
    while(i<S1->length)                           /*若 i 小于 S1 的长度,表明还未查找完毕*/
    {
        j=0;
        if(S1->str[i]==S2->str[j])                /*如果两个串的字符相同*/
        {
            k=i+1;          /*则令 k 指向 S1 的下一个字符,准备比较下一个字符是否相同*/
            j++;            /*令 j 指向 S2 的下一个字符*/
            while(k<S1->length && j<S2->length && S1->str[k]==S2->str[j])
                            /*若两个串的字符相同*/
            {
                k++;        /*则令 k 指向 S1 的下一个待比较字符*/
                j++;        /*则令 j 指向 S2 的下一个待比较字符*/
            }
            if(j==S2->length)                     /*若完成一次匹配*/
                break;                            /*则跳出循环,表明已在主串中找到子串*/
            else if(j==S1->length+1 && k==S2->length+1) /*若匹配发生在 S1 的末尾*/
                break;                            /*则跳出循环,表明已找到子串位置*/
            else                                  /*否则*/
                i++;                              /*从主串的下一个字符开始比较*/
        }
        else                                      /*若两个串中对应的字符不相同*/
            i++;                                  /*需要从主串的下一个字符开始比较*/
    }
    if(j==S2->length+1 && k==S1->length+1 && S1->str[k-1]=='\0')
                            /*若在主串的末尾找到子串*/
        return i+1;                 /*则返回子串在主串中的起始位置*/
    if(i>=S1->length)               /*若主串的下标超过 S1 的长度,表明主串中不存在子串*/
        return -1;                  /*则返回-1 表示查找子串失败*/
    else                            /*否则,表明查找子串成功*/
        return i+1;                 /*返回子串在主串中的起始位置*/
}
```

程序的运行结果如图 5-6 所示。

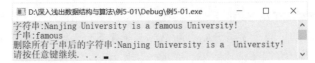

图 5-6　在主串中删除所有子串的程序运行结果

5.3　串的模式匹配

串的模式匹配也称为子串的定位操作,即查找子串在主串中出现的位置。串的模式匹配主要有朴素模式匹配算法 Brute-Force 及改进算法 KMP 算法。

5.3.1 朴素模式匹配算法——Brute-Force

子串的定位操作串通常称为模式匹配，是各种串处理系统中最重要的操作之一。设有主串 S 和子串 T，如果在主串 S 中找到一个与子串 T 相等的串，则返回串 T 的第一个字符在串 S 中的位置。其中，主串 S 又称为目标串，子串 T 又称为模式串。

Brute-Force 算法的思想是从主串 $S="s_0s_1\cdots s_{n-1}"$ 的第 pos 个字符开始与模式串 $T="t_0t_1\cdots t_{m-1}"$ 的第一个字符比较，如果相等则继续逐个比较后续字符；否则从主串的下一个字符开始重新与模式串 T 的第一个字符比较，以此类推。如果在主串 S 中存在与模式串 T 相等的连续字符序列，则匹配成功，函数返回模式串 T 中第一个字符在主串 S 中的位置；否则函数返回-1 表示匹配失败。

例如，主串 $S="abaababaddecab"$，子串 $T="abad"$，S 的长度为 $n=14$，T 的长度为 $m=4$。用变量 i 表示主串 S 中当前正在比较字符的下标，变量 j 表示子串 T 中当前正在比较字符的下标。模式匹配的过程如图 5-7 所示。

图 5-7 经典的模式匹配过程

假设串采用顺序存储方式存储，则 Brute-Force 匹配算法如下。

```
int B_FIndex(SeqString S,int pos,SeqString T)
/*在主串 S 中的第 pos 个位置开始查找模式串 T,如果找到,返回子串在主串中的位置；否则,返回-1*/
{
    int i,j;
    i=pos-1;
    j=0;
    while(i<S.length&&j<T.length)
    {
        if(S.str[i]==T.str[j])    /*如果串 S 和串 T 中对应位置字符相等,则继续比较下一个字符*/
        {
            i++;
            j++;
        }
        else   /*如果当前对应位置的字符不相等,则从串 S 的下一个字符开始,T 的第 0 个字符开始比较*/
        {
            i=i-j+1;
            j=0;
        }
    }
    if(j>=T.length)             /*如果在 S 中找到串 T,则返回子串 T 在主串 S 中的位置*/
        return i-j+1;
    else
        return -1;
}
```

Brute-Force 匹配算法简单且容易理解，并且在进行某些文本处理时，效率也比较高，如检查"Welcome"是否存在于主串 "Nanjing University is a comprehensive university with a long history. Welcome to Nanjing University." 中时，上述算法中 while 循环次数（即进行单个字符比较的次数）为 79（70+1+8），除了遇到主串中呈黑体的'w'字符，需要比较两次外，其他每个字符均只和模式串比较了一次。在这种情况下，此算法的时间复杂度为 $O(n+m)$。其中，n 和 m 分别为主串和模式串的长度。

然而，在有些情况下，该算法的效率却很低。例如，设主串 S="aaaaaaaaaaaaab"，模式串 T="aaab"。其中，n=14，m=4。因为模式串的前 3 个字符是"aaa"，主串的前 13 个字符也是"aaa"，每趟比较模式串的最后一个字符与主串中的字符不相等，所以均需要将主串的指针回退，从主串的下一个字符开始与模式串的第一个字符重新比较。在整个匹配过程中，主串的指针需要回退 9 次，匹配不成功的比较次数是 10×4，成功匹配的比较次数是 4 次，因此总的比较次数是 10×4+4=11×4 即(n-m+1)×m。

可见，Brute-Force 匹配算法在最好的情况下，即主串的前 m 个字符刚好与模式串相等，时间复杂度为 $O(m)$。在最坏的情况下，Brute-Force 匹配算法的时间复杂度是 $O(n×m)$。

在 Brute-Force 算法中，即使主串与模式串已有多个字符经过比较相等，只要有一个字符不相等，就需要将主串的比较位置回退。

5.3.2 KMP 算法

KMP 算法是由 D.E.Knuth、J.H.Morris、V.R.Pratt 共同提出的，因此称为 KMP 算法（Knuth-Morris-Pratt 算法）。KMP 算法在 Brute-Force 算法的基础上有较大改进，可在 $O(n+m)$时间数量级上完成串的模式匹配，主要是消除了主串指针的回退，使算法效率有了很大程度的提高。

1. KMP 算法思想

KMP 算法的基本思想是在每一趟匹配过程中出现字符不等时，不需要回退主串的指针，而是利用已经得到的前面"部分匹配"的结果，将模式串向右滑动若干字符后，继续与主串中的当前字符进行比较。

那到底向右滑动多少个字符呢？仍然假设主串 S="abaababaddecab"，子串 T="abad"。KMP 算法匹配过程如图 5-8 所示。

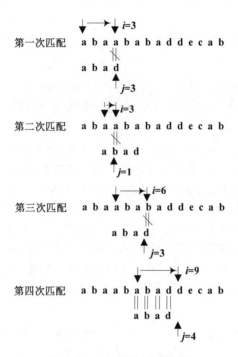

图 5-8　KMP 算法的匹配过程

从图 5-8 中可以看出，KMP 算法的匹配次数由原来的 6 次减少为 4 次。在第一次匹配的过程中，当 i=3、j=3，主串中的字符与子串中的字符不相等，Brute-Force 算法从 i=1、j=0 开始比较。而这种将主串的指针回退的比较是没有必要的，在第一次比较遇到主串与子串中的字符不相等时，有 $S_0=T_0$='a'，$S_1=T_1$='b'，$S_2=T_2$='a'，$S_3 \neq T_3$。因为 $S_1=T_1$ 且 $T_0 \neq T_1$，所以 $S_1 \neq T_0$，S_1 与 T_0 不必比较。又因为 $S_2=T_2$ 且 $T_0=T_2$，有 $S_2=T_0$，所以从 S_3 与 T_1 开始比较。

同理，在第三次比较主串中的字符与子串中的字符不相等时，只需要将子串向右滑动两个字符，进行 i=5、j=0 的字符比较。在整个 KMP 算法中，主串中的 i 指针没有回退。

下面来讨论一般情况。假设主串 S="$s_0 s_1 \cdots s_{n-1}$"，T="$t_0 t_1 \cdots t_{m-1}$"。在模式匹配过程中，如果出现字符不匹配的情况，即当 $S_i \neq T_j (0 \leqslant i < n, 0 \leqslant j < m)$ 时，有

"$s_{i-j} s_{i-j+1} \cdots s_{i-1}$"="$t_0 t_1 \cdots t_{j-1}$"

假设子串即模式串存在可重叠的真子串，即

"$t_0 t_1 \cdots t_{k-1}$"="$t_{j-k} t_{j-k+1} \cdots t_{j-1}$"

也就是说，子串中存在从 t_0 开始到 t_{k-1} 与从 t_{j-k} 到 t_{j-1} 的重叠子串，则存在主串"$s_{i-k} s_{i-k+1} \cdots s_{i-1}$"与子串"$t_0 t_1 \cdots t_{k-1}$"相等，如图 5-9 所示。因此，下一次可以直接从比较 s_i 和 t_k 开始。

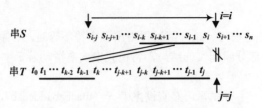

图 5-9　在子串有重叠时主串与子串模式匹配

如果令 next[j]=k，则 next[j]表示：当子串中的第 j 个字符与主串中对应的字符不相等时，下一次子串需要与主串中该字符进行比较的字符的位置。子串即模式串中的 next 函数定义如下。

$$next[j]\begin{cases} -1, & \text{当}j=0 \\ \text{Max}\{k|0<k<j\text{且}"t_0t_1kt_{k-1}"="t_{j-k}t_{j-k+1}\cdots t_{j-1}"\}, & \text{当存在真子串时} \\ 0, & \text{其他情况} \end{cases}$$

其中，第一种情况，next[j]函数是为了方便算法设计而定义的；第二种情况，如果子串（模式串）中存在重叠的真子串，则 next[j]的取值就是 k，即模式串的最长子串的长度；第三种情况，如果模式串中不存在重叠的子串，则从子串的第一个字符开始比较。

KMP 算法的模式匹配过程：如果模式串 T 中存在真子串"$t_0t_1\cdots t_{k-1}$"="$t_{j-k}t_{j-k+1}\cdots t_{j-1}$"，当模式串 T 与主串 S 的 s_i 不相等时，则按照 next[j]=k 将模式串向右滑动，从主串中的 s_i 与模式串的 t_k 开始比较。如果 $s_i=t_k$，则主串与子串的指针各自增 1，继续比较下一个字符。如果 $s_i\neq t_k$，则按照 next[next[j]]将模式串继续向右滑动，将主串中的 s_i 与模式串中的 next[next[j]]字符进行比较。如果仍然不相等，则按照以上方法，将模式串继续向右滑动，直到 next[j]=-1 为止。这时，模式串不再向右滑动，比较 s_{+1} 与 t_0。利用 next 函数的模式匹配过程如图 5-10 所示。

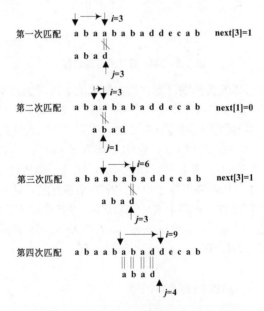

图 5-10　利用 next 函数的模式匹配过程

利用模式串 T 的 next 函数值求 T 在主串 S 中的第 pos 个字符之后的位置的 KMP 算法描述如下。

```
int KMP_Index(SeqString S,int pos,SeqString T,int next[])
/*KMP 模式匹配算法。利用模式串 T 的 next 函数在主串 S 中的第 pos 个位置开始查找模式串 T,如果找到返回
模式串在主串中的位置；否则,返回-1*/
{
    int i,j;
    i=pos-1;
    j=0;
    while(i<S.length&&j<T.length)
    {
        if(j==-1||S.str[i]==T.str[j])          /*如果 j=-1 或当前字符相等,则继续比较后面的字符*/
        {
            i++;
            j++;
        }
        else                                    /*如果当前字符不相等,则将模式串向右移动*/
            j=next[j];                          /*数组 next 保存 next 函数值*/
    }
    if(j>=T.length)                             /*匹配成功,返回子串在主串中的位置*/
        return i-T.length+1;
    else                                        /*否则返回-1*/
        return -1;
}
```

2. 求 next 函数值

KMP 模式匹配算法是建立在模式串的 next 函数值已知的基础上的。下面来讨论如何求模式串的 next 函数值。

从上面的分析可以看出，模式串的 next 函数值的取值与主串无关，仅与模式串相关。根据模式串 next 函数定义，next 函数值可用递推的方法得到。

设 next[j]=k，表示在模式串 T 中存在以下关系：

"$t_0t_1\cdots t_{k-1}$"="$t_{j-k}t_{j-k+1}\cdots t_{j-1}$"

其中，$0<k<j$，k 为满足等式的最大值，即不可能存在 $k'>k$ 满足以上等式。那么计算 next[$j+1$] 的值可能有如下两种情况出现。

（1）如果 $t_j=t_k$，则表示在模式串 T 中满足关系"$t_0t_1\cdots t_k$"="$t_{j-k}t_{j-k+1}\cdots t_j$"，并且不可能存在 $k'>k$ 满足以上等式。因此，有 next[$j+1$]=$k+1$，即 next[$j+1$]=next[j]+1。

（2）如果 $t_j\neq t_k$，则表示在模式串 T 中满足关系"$t_0t_1\cdots t_k$"≠"$t_{j-k}t_{j-k+1}\cdots t_j$"。在这种情况下，可以把求 next 函数值的问题看成一个模式匹配的问题。目前已经有"$t_0t_1\cdots t_{k-1}$"="$t_{j-k}t_{j-k+1}\cdots t_{j-1}$"，但是 $t_j\neq t_k$，把模式串 T 向右滑动到 k'=next[k]，如果有 $t_j=t_{k'}$，则表示模式串中有"$t_0t_1\cdots t_{k'}$"="$t_{j-k}t_{j-k'+1}\cdots t_j$"，因此有 next[$j+1$]=$k'+1$，即 next[$j+1$]=next[$k$]+1。

如果 $t_j\neq t_{k'}$，则将模式串继续向右滑动到第 next[k'] 个字符与 t_j 比较。如果仍不相等，则将模式串继续向右滑动到下标为 next[next[k']] 字符与 t_j 比较。以此类推，直到 t_j 和模式串中某个字符匹配成功或不存在任何 $k'(1<k'<j)$ 满足"$t_0t_1\cdots t_{k'}$"="$t_{j-k}t_{j-k+1}\cdots t_j$"，则有 next[$j+1$]=0。

以上讨论的是如何根据 next 函数的定义递推得到 next 函数值。例如，模式串 T="cbcaacbcbc" 的 next 函数值如表 5-1 所示。

表 5-1　模式串 T="cbcaacbcbc"的 next 函数值

j	0	1	2	3	4	5	6	7	8	9
模式串	c	b	c	a	a	c	b	c	b	c
next[j]	-1	0	0	1	0	0	1	2	3	2

在表 5-1 中，如果已经求得前 3 个字符的 next 函数值，现在求 next[3]，因为 next[2]=0 且 $t_2=t_0$，则 next[3]=next[2]+1=1。接着求 next[4]，因为 $t_2=t_0$，但"t_2t_3"≠"t_0t_1"，则需要将 t_3 与下标为 next[1]=0 的字符即 t_0 比较，因为 $t_0≠t_3$，则 next[4]=0。

同理，在求得 next[8]=3 后，如何求 next[9]？因为 next[8]=3，但 $t_8≠t_3$，则比较 t_1 与 t_8 的值是否相等（next[3]=1），有 $t_1=t_8$，则 next[9]=k'+1=1+1=2。

求 next 函数值的算法描述如下。

```
void GetNext(SeqString T,int next[])
/*求模式串 T 的 next 函数值并存入数组 next*/
{
    int j,k;
    j=0;
    k=-1;
    next[0]=-1;
    while(j<T.length)
    {
        if(k==-1||T.str[j]==T.str[k])/*若k=-1或当前字符相等,则继续比较后面字符将函数值存入next数组*/
        {
            j++;
            k++;
            next[j]=k;
        }
        else        /*如果当前字符不相等,则将模式串向右移动继续比较*/
            k=next[k];
    }
}
```

求 next 函数值的算法时间复杂度是 $O(m)$。一般情况下，模式串的长度比主串的长度要小得多，因此，对整个字符串的匹配来说，增加这点时间是值得的。

3. 改进的求 next 函数算法

上述求 next 函数值有时也存在缺陷。例如，主串 S="aaaacabacaaaba"与模式串 T="aaaab"进行匹配时，当 i=4、j=4 时，$s_4≠t_4$，而因为 next[0]=-1，next[1]=0，next[2]=1，next[3]=2，next[4]=3 所以需要将主串的 s_4 与子串中的 t_3、t_2、t_1、t_0 依次进行比较。因模式串中的 t_3 与 t_0、t_1、t_2 都相等，没有必要将这些字符与主串的 s_3 进行比较，仅需要直接将 s_4 与 t_0 进行比较。

一般地，在求得 next[j]=k 后，如果模式串中的 $t_j=t_k$，则当主串中的 $s_i≠t_j$ 时，不必再将 s_i 与 t_k 比较，而直接与 $t_{next[k]}$ 比较。因此，可以将求 next 函数值的算法进行修正，即在求得 next[j]=k 之后，判断 t_j 是否与 t_k 相等，如果相等，还需继续将模式串向右滑动，使 k'=next[k]，判断 t_j 是否与 $t_{k'}$ 相等，直到两者不等为止。

例如，模式串 T="abcdabcdabd"的函数值与改进后的函数值如表 5-2 所示。

其中，nextval[j]中存放改进后的 next 函数值。在表 5-2 中，如果主串中对应的字符 s_i 与模式串 T 对应的 t_8 失配，则应取 $t_{next[8]}$ 与主串的 s_i 比较，即 t_4 与 s_i 比较，因为 $t_4=t_8$='a'，所以也一定与 s_i 失配，则取 $t_{next[4]}$ 与 s_i 比较，即 t_0 与 s_i 比较，又 t_0='a'，也必然与 s_i 失配，则取 next[0]=-1，这时，模式串停止向右滑动。其中，t_4、t_0 与 s_i 比较是没有意义的，所以需要修正 next[8]和 next[4]的值为-1。同理，用类似的方法修正其他 next 的函数值。

表 5-2　模式串 T="abcdabcdabd"的 next 函数值

j	0	1	2	3	4	5	6	7	8	9	10
模式串	a	b	c	d	a	b	c	d	a	b	d

续表

next[*j*]	-1	0	0	0	0	1	2	3	4	5	6
nextval[*j*]	-1	0	0	0	-1	0	0	0	-1	0	6

求 next 函数值的改进算法描述如下。

```
void GetNextVal(SeqString T,int nextval[])
/*求模式串 T 的 next 函数值的修正值并存入数组 nextval*/
{
    int j,k;
    j=0;
    k=-1;
    nextval[0]=-1;
    while(j<T.length)
    {
        if(k==-1||T.str[j]==T.str[k])/*如果 k=-1 或当前字符相等,则继续比较后面的字符并将函
                              数值存入 nextval 数组*/
        {
            j++;
            k++;
            if(T.str[j]!=T.str[k])    /*如果所求的 nextval[j]与已有的 nextval[k]不相等,则
                              将 k 存放在 nextval 中*/
                nextval[j]=k;
            else
                nextval[j]=nextval[k];
        }
        else                        /*如果当前字符不相等,则将模式串向右移动继续比较*/
            k=nextval[k];
    }
}
```

注意：本章在讨论串的实现及主串与模式串的匹配问题时，均将串从下标为 0 开始计算，这样做的目的是便于 C 语言实现。

5.3.3　模式匹配应用举例

【例 5-2】编写程序比较 Brute-Force 算法与 KMP 算法的效率。例如，主串 *S*="cabaadcabaabab aabacabababab"，模式串 *T*="abaabacababa"，统计 Brute-Force 算法与 KMP 算法在匹配过程中的比较次数，并输出模式串的 next 函数值与 nextval 函数值。

【分析】通过主串的模式匹配比较 Brute-Force 算法与 KMP 算法的效果。朴素的 Brute-Force 算法也是常用的算法，毕竟它不需要计算 next 函数值。KMP 算法在模式串与主串存在许多部分匹配的情况下，其优越性才会显示出来。

主函数部分主要包括头文件的引用、函数的声明、主函数及打印输出的实现，程序代码如下。

```
#include<stdio.h>
#include<stdlib.h>
#include<string.h>
#include"SeqString.h"
int B_FIndex(SeqString S,int pos,SeqString T,int *count);
int KMP_Index(SeqString S,int pos,SeqString T,int next[],int *count);
void GetNext(SeqString T,int next[]);
void GetNextVal(SeqString T,int nextval[]);
void PrintArray(SeqString T,int next[],int nextval[],int length);
```

```
void main()
{
    SeqString S,T;
    int count1=0,count2=0,count3=0,find;
    int next[40],nextval[40];
    /*第 1 个例子*/
    StrAssign(&S,"cabaadcabaababababaabacababababab");  /*给主串 S 赋值*/
    StrAssign(&T,"abaabacababa");                        /*给模式串 T 赋值*/
    GetNext(T,next);                                     /*求 next 函数值*/
    GetNextVal(T,nextval);                               /*求改进后的 next 函数值*/
    printf("模式串 T 的 next 和改进后的 next 值:\n");
    PrintArray(T,next,nextval,StrLength(T)); /*输出模式串 T 的 next 值和 nextval 值*/
    find=B_FIndex(S,1,T,&count1);                        /*朴素模式串匹配*/
    if(find>0)
        printf("Brute-Force 算法的比较次数为:%2d\n",count1);
    find=KMP_Index(S,1,T,next,&count2);
    if(find>0)
    1   printf("利用 next 的 KMP 算法的比较次数为:%2d\n",count2);
    find=KMP_Index(S,1,T,nextval,&count3);
    if(find>0)
        printf("利用 nextval 的 KMP 匹配算法的比较次数为:%2d\n",count3);
    /*第 2 个例子*/
    StrAssign(&S,"abccbaaaababcabcbccabcbcabccbcbcb");    /*给主串 S 赋值*/
    StrAssign(&T,"abcabcbc");                            /*给模式串 T 赋值*/
    GetNext(T,next);                                     /*求 next 函数值*/
    GetNextVal(T,nextval);                               /*求改进后的 next 函数值*/
    printf("模式串 T 的 next 和改进后的 next 值:\n");
    PrintArray(T,next,nextval,StrLength(T));        /*输出模式串 T 的 next 值和 nextval 值*/
    find=B_FIndex(S,1,T,&count1);                        /*朴素模式串匹配*/
    if(find>0)
        printf("Brute-Force 算法的比较次数为:%2d\n",count1);
    find=KMP_Index(S,1,T,next,&count2);
    if(find>0)
        printf("利用 next 的 KMP 算法的比较次数为:%2d\n",count2);
    find=KMP_Index(S,1,T,nextval,&count3);
    if(find>0)
        printf("利用 nextval 的 KMP 匹配算法的比较次数为:%2d\n",count3);
}
void PrintArray(SeqString T,int next[],int nextval[],int length)
/*模式串 T 的 next 值与 nextval 值输出函数*/
{
    int j;
    printf("j:\t\t");
    for(j=0;j<length;j++)
        printf("%3d",j);
    printf("\n");
    printf("模式串:\t\t");
    for(j=0;j<length;j++)
        printf("%3c",T.str[j]);
    printf("\n");
    printf("next[j]:\t");
    for(j=0;j<length;j++)
        printf("%3d",next[j]);
    printf("\n");
    printf("nextval[j]:\t");
    for(j=0;j<length;j++)
        printf("%3d",nextval[j]);
    printf("\n");
}
```

程序运行结果如图 5-11 所示。

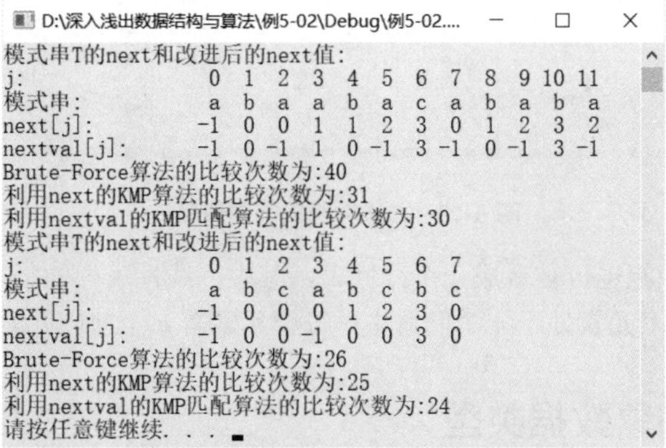

图 5-11　串的模式匹配程序运行结果

5.4　数组的定义及抽象数据类型

数组线性表的扩展，表中的元素可以是原子类型，也可以是一个线性表。

5.4.1　重新认识数组

数组（Array）是由 n 个类型相同的数据元素组成的有限序列。其中，这 n 个数据元素占用一块地址连续的存储空间。数组中的数据元素可以是原子类型的，如整型、字符型、浮点型等，这种类型的数组称为一维数组；也可以是一个线性表，这种类型的数组称为二维数组。二维数组可被看成线性表的线性表。

一个含有 n 个元素的一维数组可以表示成线性表 $A=(a_0,a_1,\cdots,a_{n-1})$。其中，$a_i(0\leqslant i\leqslant n-1)$ 是表 A 中的元素，表中的元素个数是 n。

一个 m 行 n 列的二维数组可被看成一个线性表，其中数组中的每个元素也是一个线性表。例如，$A=(p_0,p_1,\cdots,p_r)$，其中，$r=n-1$。表中的每个元素 $p_j(0\leqslant j\leqslant r)$ 又是一个列向量表示的线性表，$p_j=(a_{0,j},a_{1,j},\cdots,a_{m-1,j})$，其中，$0\leqslant j\leqslant n-1$。因此，这样的 m 行 n 列的二维数组可以表示成由列向量组成的线性表，如图 5-12 所示。

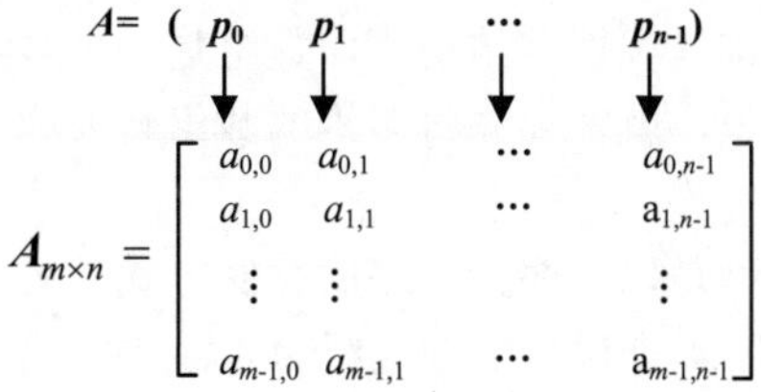

$$A=\begin{pmatrix} p_0 & p_1 & \cdots & p_{n-1}\end{pmatrix}$$

$$A_{m\times n}=\begin{bmatrix} a_{0,0} & a_{0,1} & \cdots & a_{0,n-1} \\ a_{1,0} & a_{1,1} & \cdots & a_{1,n-1} \\ \vdots & \vdots & & \vdots \\ a_{m-1,0} & a_{m-1,1} & \cdots & a_{m-1,n-1}\end{bmatrix}$$

图 5-12　二维数组以列向量表示

在图 5-12 中，二维数组的每一列可被看成线性表中的每一个元素。线性表 A 中的每一个元素 $p_j(0\leqslant j\leqslant r)$ 是一个列向量。同样，还可以把图 5-12 中的矩阵看成一个由行向量构成的线性表：$B=(q_0,q_1,\cdots,q_s)$，其中，$s=m-1$。q_i 是一个行向量，即 $q_i=(a_{i,0},a_{i,1},\cdots,a_{i,n-1})$，如图 5-13 所示。

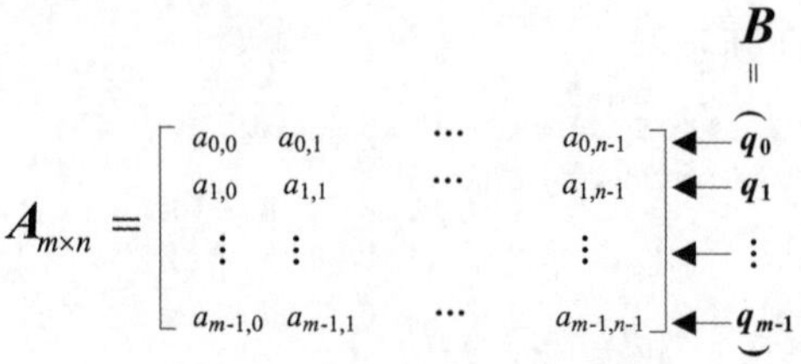

$$A_{m \times n} = \begin{bmatrix} a_{0,0} & a_{0,1} & \cdots & a_{0,n-1} \\ a_{1,0} & a_{1,1} & \cdots & a_{1,n-1} \\ \vdots & \vdots & & \vdots \\ a_{m-1,0} & a_{m-1,1} & \cdots & a_{m-1,n-1} \end{bmatrix} \begin{matrix} \overset{\displaystyle B}{\underset{\shortparallel}{}} \\ \leftarrow q_0 \\ \leftarrow q_1 \\ \leftarrow \vdots \\ \leftarrow q_{m-1} \end{matrix}$$

图 5-13　二维数组以行向量表示

同理，一个 n 维数组也可被看成一个线性表，其中，线性表中的每个数据元素是 n-1 维的数组。n 维数组中的每个元素处于 n 个向量中，每个元素有 n 个前驱元素，也有 n 个后继元素。

5.4.2　数组的抽象数据类型

1. 数据对象集合

数组的数据对象集合为 $\{a_{j1\,j2}\cdots_{jn}|n(>0)$ 称为数组的维数，$j_i=0,1,\cdots,b_{i-1}$，其中，$0 \leqslant i \leqslant n$。$b_i$ 是数组的第 i 维长度，j_i 是数组的第 i 维下标$\}$。在一个二维数组中，若把数组看成由列向量组成的线性表，那么元素 a_{ij} 的前驱元素是 $a_{i-1,j}$，后继元素是 $a_{i+1,j}$；若把数组看成由行向量组成的线性表，那么元素 a_{ij} 的前驱元素是 $a_{i,j-1}$，后继元素是 $a_{i,j+1}$。

数组是一个特殊的线性表。

2. 基本操作集合

（1）InitArray(&A,n,bound1,$\cdots$,bound$n$)：初始化操作。如果维数和各维的长度合法，则构造数组 A，并返回 1，表示成功。

（2）DestroyArray(&A)：销毁数组操作。

（3）GetValue(A,&e,index1,$\cdots$,index$n$)：返回数组的元素操作。如果下标合法，将数组 A 中对应的元素赋值给 e，并返回 1，表示成功。

（4）AssignValue(&A,e,index1,$\cdots$,index$n$)：设置数组的元素值操作。如果下标合法，将数组 A 中由下标 index1,$\cdots$,index$n$ 指定的元素值置为 e。

（5）LocateArray(A,ap,&offset)：数组的定位操作。根据数组的元素下标，求出该元素在数组中的相对地址。

5.4.3　数组的顺序存储结构

计算机中的存储器结构是一维（线性）结构，而数组是一个多维结构，如果要将一个多维结构存放在一个一维的存储单元里，就需要先将多维的数组转换成一个一维线性序列，才能将其存放在存储器中。

数组的存储方式有两种，一种是以行序为主序的存储方式，另一种是以列序为主序的存储方式，对于如图 5-14 所示的数组 A 来说，二维数组 A 以行序为主序的存储顺序为 $a_{0,0},a_{0,1},\cdots$，$a_{0,n-1},a_{1,0},a_{1,1},\cdots,a_{1,n-1},\cdots,a_{m-1,0},a_{m-1,1},\cdots,a_{m-1,n-1}$，以列序为主序的存储顺序为 $a_{0,0},a_{1,0},\cdots,a_{m-1,0},a_{0,1}$，$a_{1,1},\cdots,a_{m-1,1},\cdots,a_{0,n-1},a_{1,n-1},\cdots,a_{m-1,n-1}$。

根据数组的维数和各维的长度就能为数组分配存储空间。因为数组中的元素连续存放，所以任意给定一个数组的下标，就可以求出相应数组元素的存储位置。

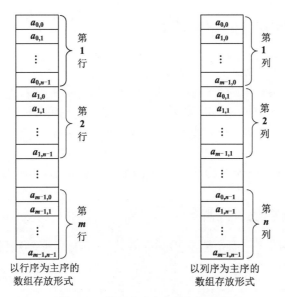

图 5-14　数组在内存中的存放形式

下面说明以行序为主序的数组元素的存储地址与数组的下标之间的关系。设每个元素占 m 个存储单元，则二维数组 A 中的任何一个元素 a_{ij} 的存储位置可以由以下公式确定。

$Loc(i, j) = Loc(0,0) + (i \times n + j) \times m$

其中，$Loc(i, j)$ 表示元素 a_{ij} 的存储地址，$Loc(0,0)$ 表示元素 a_{00} 的存储地址，即二维数组的起始地址（也称为基地址）。

推广到更一般的情况，可以得到 n 维数组中数据元素的存储地址与数组的下标之间的关系为
$Loc(j_1, j_2, \cdots, j_n) = Loc(0,0, \cdots, 0) + (b_1 \times b_2 \times \cdots \times b_{n-1} \times j_0 + b_2 \times b_3 \times \cdots \times b_{n-1} \times j_1 + \cdots + b_{n-1} \times j_{n-2} + j_{n-1}) \times L$。

其中，$b_i (1 \leqslant i \leqslant n-1)$ 是第 i 维的长度，j_i 是数组的第 i 维下标。

数组的顺序存储结构类型定义如下。

```
#define MaxArraySize 3
#include<stdarg.h>      /*标准头文件,包含va_start、va-arg、va_end 宏定义*/
typedef struct
{
    DataType *base;     /*数组元素的基地址*/
    int dim;            /*数组的维数*/
    int *bounds;        /*数组的每一维之间的界限的地址*/
    int *constants;     /*数组存储映像常量基地址*/
}Array;
```

其中，base 是数组元素的基地址，dim 是数组的维数，bounds 是数组每一维之间的界限的地址，constants 是数组存储映像常量基地址。

数组的顺序存储结构如图 5-15 所示。

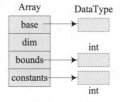

图 5-15　数组的顺序存储结构

5.5 特殊矩阵的压缩存储

　　矩阵是科学计算、工程数学，尤其是数值分析经常研究的对象。在高级语言中，通常使用二维数组来存储矩阵。在有些高阶矩阵中，非零元素非常少，此时若使用二维数组将造成存储空间的浪费，这时可只存储部分元素，从而提高存储空间的利用率。这种存储方式称为矩阵的压缩存储。压缩存储指的是为多个相同值的元素只分配一个存储单元，对值为零的元素不分配存储单元。

　　非零元素非常少（远小于 $m×n$）或元素分布呈一定规律的矩阵称为特殊矩阵。

5.5.1 对称矩阵的压缩存储

　　如果一个 n 阶的矩阵 A 中的元素满足 $a_{ij}=a_{ji}(0≤i,j≤n-1)$，则称这种矩阵为 n 阶对称矩阵。

　　对于对称矩阵，每一对对称元素值相同，只需要为每一对对称元素其中之一分配一个存储空间，这样就可以用 $n(n+1)/2$ 个存储单元存储 n^2 个元素。n 阶对称矩阵 A 和下三角矩阵如图 5-16 所示。

$$A_{n×n} = \begin{bmatrix} a_{0,0} & a_{0,1} & \cdots & a_{0,n-1} \\ a_{1,0} & a_{1,1} & \cdots & a_{1,n-1} \\ \vdots & \vdots & & \vdots \\ a_{n-1,0} & a_{n-1,1} & \cdots & a_{n-1,n-1} \end{bmatrix} \qquad A_{n×n} = \begin{bmatrix} a_{0,0} & & & \\ a_{1,0} & a_{1,1} & & \\ \vdots & \vdots & \ddots & \\ a_{n-1,0} & a_{n-1,1} & \cdots & a_{n-1,-1} \end{bmatrix}$$

对称矩阵　　　　　　　　　　　　　　下三角矩阵

图 5-16　n 阶对称矩阵与下三角矩阵

　　假设用一维数组 s 存储对称矩阵 A 的上三角或下三角元素，则一维数组 s 的下标 k 与 n 阶对称矩阵 A 的元素 a_{ij} 之间的对应关系为 $k = \begin{cases} \dfrac{i×(i+1)}{2}+j, & i≥j \\ \dfrac{j(j+1)}{2}+i, & i<j \end{cases}$。

　　当 $i≥j$ 时，矩阵 A 以下三角形式存储，$\dfrac{i×(i+1)}{2}+j$ 为矩阵 A 中元素的线性序列编号；当 $i<j$ 时，矩阵 A 以上三角形式存储，$\dfrac{j×(j+1)}{2}+i$ 为矩阵 A 中元素的线性序列编号。任意给定一组下标 (i,j)，就可以确定矩阵 A 在一维数组 s 中的存储位置。s 称为 n 阶对称矩阵 A 的压缩存储。

　　矩阵的下三角元素的压缩存储表示如图 5-17 所示。

$k=$	0	1	2	3		$\dfrac{n×(n-1)}{2}$		$\dfrac{n×(n+1)}{2}-1$
	a_{00}	a_{10}	a_{11}	a_{20}	$\cdots$	$a_{n-1,0}$	$\cdots$	$a_{n-1,n-1}$

图 5-17　对称矩阵的压缩存储

5.5.2 三角矩阵的压缩存储

　　三角矩阵可分为两种：上三角矩阵和下三角矩阵。其中，下三角元素均为常数 C 或零的 n

阶矩阵称为上三角矩阵，上三角元素均为常数 C 或零的 n 阶矩阵称为**下三角矩阵**。$n \times n$ 的上三角矩阵和下三角矩阵如图 5-18 所示。

$$A_{n \times n} = \begin{bmatrix} a_{0,0} & a_{0,1} & \cdots & a_{0,n-1} \\ & a_{1,1} & \cdots & a_{1,n-1} \\ & & & \vdots \\ C & & \ddots & a_{n-1,n-1} \end{bmatrix} \qquad A_{n \times n} = \begin{bmatrix} a_{0,0} & & & \\ a_{1,0} & a_{1,1} & & C \\ \vdots & \vdots & \ddots & \\ a_{n-1,0} & a_{n-1,1} & \cdots & a_{n-1,n-1} \end{bmatrix}$$

上三角矩阵　　　　　　　　　　　　　　下三角矩阵

图 5-18　上三角矩阵与下三角矩阵

上三角矩阵的压缩原则是只存储上三角的元素，不存储下三角的零元素（或只用一个存储单元存储下三角的非零元素）。下三角矩阵的存储元素与上三角矩阵压缩存储类似。如果用一维数组来存储三角矩阵，则需要存储 $n \times (n+1)/2+1$ 个元素。一维数组的下标 k 与矩阵的下标(i, j)的对应关系如下。

$$k = \begin{cases} \dfrac{i \times (2n-i+1)}{2} + j - i, i \leq j \\ \dfrac{n \times (n+1)}{2}, i > j \end{cases} \qquad k = \begin{cases} \dfrac{i \times (i+1)}{2} + j, i \geq j \\ \dfrac{n \times (n+1)}{2}, i < j \end{cases}$$

上三角矩阵　　　　　　　　　　　　　　下三角矩阵

其中，第 $k = \dfrac{n \times (n+1)}{2}$ 个位置存放的是常数 C 或者零元素。上述公式可根据等差数列推导得出。

关于一个以行序为主序与以列为主序压缩存储相互转换的情况，例如，设有一个 $n \times n$ 的上三角矩阵 A 的上三角元素已按行序为主序连续存放在数组 b 中，请设计一个算法 trans 将 b 中元素按列序为主序连续存放在数组 c 中。

其中，b=(1,2,3,4,5,6,7,8,9,10,11,12,13,14,15)，c= (1,2,6,3,7,10,4,8,11,13,5,9,12,14,15)。那如何根据数组 b 得到 c 呢？

【分析】本题主要考查特殊矩阵的压缩存储中对数组下标的灵活使用程度。用 i 和 j 分别表示矩阵中元素的行列下标，用 k 表示压缩矩阵 b 元素的下标。解答本题的关键是找出以行序为主序和以列序为主序数组下标的对应关系（初始时，i=0，j=0，k=0），即 $c[j \times (j+1)/2+i]=b[k]$，其中，$j \times (j+1)/2+i$ 就是根据等差数列得出的。根据这种对应关系，直接把 b 中的元素赋给 c 中对应的位置即可。但是读出 c 中一列即 b 中的一行（元素 1、2、3、4、5）之后，还要改变行下标 i 和列下标 j，开始读 6、7、8 元素时，列下标 j 需要从 1 开始，行下标 i 也需要增加 1，以此类推，可以得出修改行下标和列下标的办法为：当一行还没有结束时，j++；否则 i++，并修改下一行的元素个数及 i、j 的值，直到 $k=n(n+1)/2$ 为止。

根据以上分析，相应的压缩矩阵转换算法如下。

```
void trans(int b[],int c[],int n)
/*将 b 中元素按列序为主序连续存放到数组 c 中*/
{
    int step=n,count=0,i=0,j=0,k;
    for(k=0;k<n*(n+1)/2;k++)
    {
        count++;                      /*记录一行是否读完*/
```

```
            c[j*(j+1)/2+i]=b[k];        /*把以行序为主序的数存放到对应以列序为主序的数组中*/
            if(count==step)             /*一行读完后*/
            {
                step--;
                count=0;                /*下一行重新开始计数*/
                i++;                    /*下一行的开始行*/
                j=n-step;               /*一行读完后,下一轮的开始列*/
            }
            else
                j++;                    /*一行还没有读完,继续下一列的数*/
    }
}
```

5.5.3 对角矩阵的压缩存储

对角矩阵（也叫带状矩阵）是另一类特殊的矩阵。所谓对角矩阵，就是所有的非零元素都集中在以主对角线为中心的带状区域内（对角线的个数为奇数）。也就是说，除了主对角线和主对角线上、下若干条对角线上的元素外，其他元素的值均为 0。一个 3 对角矩阵如图 5-19 所示。

通过观察，可以发现以上对角矩阵具有以下特点。

当 $i=0$，$j=1,2$ 时，即第一行有 2 个非零元素；当 $0<i<n-1$，$j=i-1,i,i+1$ 时，即第 2 行到第 $n-1$ 行有 3 个非零元素；当 $i=n-1$，$j=n-2,n-1$ 时，即最后一行有 2 个非零元素。除此以外，其他元素均为零。

除了第 1 行和最后 1 行的非零元素为 2 个，其余各行非零元素为 3 个，因此，若用一维数组存储这些非零元素，需要 $2+3\times(n-2)+2=3n-2$ 个存储单元。对角矩阵的压缩存储在数组中的情况如图 5-20 所示。

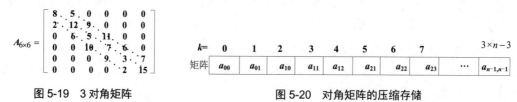

$$A_{6\times6}=\begin{bmatrix} 8 & 5 & 0 & 0 & 0 & 0 \\ 2 & 12 & 9 & 0 & 0 & 0 \\ 0 & 6 & 5 & 11 & 0 & 0 \\ 0 & 0 & 10 & 7 & 6 & 0 \\ 0 & 0 & 0 & 9 & 3 & 7 \\ 0 & 0 & 0 & 0 & 2 & 15 \end{bmatrix}$$

$k=$	0	1	2	3	4	5	6	7		$3\times n-3$
矩阵	a_{00}	a_{01}	a_{10}	a_{11}	a_{12}	a_{21}	a_{22}	a_{23}	...	$a_{n-1,n-1}$

图 5-19 3 对角矩阵   图 5-20 对角矩阵的压缩存储

下面确定一维数组的下标 k 与矩阵中元素的下标 (i,j) 之间的关系。先确定下标为 (i,j) 的元素与第一个元素之间在一维数组中的关系，$Loc(i,j)$ 表示 a_{ij} 在一维数组中的位置，$Loc(0,0)$ 表示第一个元素在一维数组中的地址。

$Loc(i,j)=Loc(0,0)+$前 $i-1$ 行的非零元素个数+第 i 行的非零元素个数-1，由于下标从 0 开始，前面实际上需要计算前 i 行非零元素个数，第 $0\sim i-1$ 行的非零元素个数为 $3*(i-1)+2=3*i-1$，第 i 行的非零元素个数为 $j-i+2$。其中，$j-i=\begin{cases} -1, & \text{当}i>j \\ 0, & \text{当}i=j \\ 1, & \text{当}i<j \end{cases}$。

因此，$Loc(i,j)=Loc(0,0)+2*i+j$。

5.6 稀疏矩阵的压缩存储

稀疏矩阵中的大多数元素是零，为了节省存储单元，需要对稀疏矩阵进行压缩存储。本节主要介绍稀疏矩阵的定义、稀疏矩阵的抽象数据类型、稀疏矩阵的三元组表示及算法实现。

5.6.1 什么是稀疏矩阵

稀疏矩阵假设在 $m \times n$ 矩阵中有 t 个元素不为零，令 $\delta = \dfrac{t}{m \times n}$，$\delta$ 为矩阵的稀疏因子，如果 $\delta \leqslant 0.05$，则称矩阵为稀疏矩阵。通俗来讲，若矩阵中大多数元素值为零，只有很少的非零元素，这样的矩阵就是稀疏矩阵。

例如，如图 5-21 所示是一个 6×7 的稀疏矩阵，这里为了方便讲解，所取行数和列数较小。

$$M_{6 \times 7} = \begin{bmatrix} 0 & 0 & 0 & 6 & 0 & 0 & 0 \\ 0 & 3 & 0 & 0 & 0 & 0 & 0 \\ 0 & 0 & 7 & 2 & 0 & 0 & 0 \\ 9 & 0 & 0 & 0 & -2 & 0 & 0 \\ 0 & 4 & 3 & 0 & 0 & 0 & 0 \\ 0 & 0 & 0 & 0 & 8 & 0 & 0 \end{bmatrix}$$

图 5-21 6×7 稀疏矩阵

5.6.2 稀疏矩阵抽象数据类型

1. 数据对象集合

在 C 语言中，稀疏矩阵其实是一个特殊的二维数组。数组中的元素大多数是零，只有少数的非零元素。从数据结构的角度看，稀疏矩阵可看成线性表的线性表。

2. 基本操作集合

（1）CreateMatrix(&*M*)：创建稀疏矩阵 *M*。根据输入的行号、列号和元素值创建稀疏矩阵。

（2）DestroyMatrix(&*M*)：销毁稀疏矩阵 *M*。将稀疏矩阵的行数、列数、非零元素的个数置为零。

（3）PrintMatrix(*M*)：打印稀疏矩阵中的元素。按照以行序为主序或以列序为主序输出稀疏矩阵的元素。

（4）CopyMatrix(*M*,&*N*)：稀疏矩阵的复制操作。由稀疏矩阵 *M* 复制得到稀疏矩阵 *N*。

（5）AddMatrix(*M*,*N*,&*Q*)：稀疏矩阵的相加操作。将两个稀疏矩阵 *M* 和 *N* 的对应行和列的元素相加，将结果存入稀疏矩阵 *Q*。

（6）SubMatrix(*M*,*N*,&*Q*)：稀疏矩阵的相减操作。将两个稀疏矩阵 *M* 和 *N* 的对应行和列的元素相减，将结果存入稀疏矩阵 *Q*。

（7）MultMatrix(*M*,*N*,&*Q*)：稀疏矩阵的相乘操作。将两个稀疏矩阵 *M* 和 *N* 相乘，将结果存入稀疏矩阵 *Q*。

（8）TransposeMatrix(*M*,&*N*)：稀疏矩阵的转置操作。将稀疏矩阵 *M* 中的元素对应的行和列互换，得到转置矩阵 *N*。

5.6.3 稀疏矩阵的三元组表示

为了节省内存单元，需要对稀疏矩阵进行压缩存储。在进行压缩存储的过程中，可以只存储稀疏矩阵的非零元素，为了表示非零元素在矩阵中的位置，还需存储非零元素对应的行和列的位置(i, j)。即可以通过存储非零元素的行号、列号和元素值实现稀疏矩阵的压缩存储，这种存储表示称为稀疏矩阵的三元组表示。三元组的结点结构如图 5-22 所示。

图 5-22 中的非零元素可以用三元组((0,3,6),(1,1,3),(2,2,7),(2,3,2),(3,0,9),(3,4,-2),(4,2,4),(4,3,3),

(5,4,8))表示。将这些三元组按照行序为主序存放在结构体数组中，如图 5-23 所示，其中，k 表示数组的下标。

k	i	j	e
0	0	3	6
1	1	1	3
2	2	2	7
3	2	3	2
4	3	0	9
5	3	4	-2
6	4	2	4
7	4	3	3
8	5	4	8

i	j	e
非零元素 的行号	非零元素 的列号	非零元 素的值

图 5-22　稀疏矩阵的三元组结点结构　　　　图 5-23　稀疏矩阵的三元组存储结构

一般情况下，数组采用顺序存储结构，采用顺序存储结构的三元组称为三元组顺序表。三元组顺序表的类型描述如下。

```
#define MaxSize 200
typedef struct          /*三元组类型定义*/
{
    int i;              /*非零元素的行号*/
    int j;              /*非零元素的列号*/
    DataType e;
}Triple;
typedef struct          /*矩阵类型定义*/
{
    Triple data[MaxSize];
    int m;              /*矩阵的行数*/
    int n;              /*矩阵的列数*/
    int len;            /*矩阵中非零元素的个数*/
}TriSeqMatrix;
```

5.6.4　稀疏矩阵的三元组实现

稀疏矩阵的基本运算的算法实现如下。

（1）创建稀疏矩阵。根据输入的行号、列号和元素值，创建一个稀疏矩阵。注意按照行序优先顺序输入。创建成功返回 1，否则返回 0。算法实现如下。

```
int CreateMatrix(TriSeqMatrix *M)
/*创建稀疏矩阵（按照行序优先顺序输入非零元素值）*/
{
    int i,m,n;
    DataType e;
    int flag;
    printf("请输入稀疏矩阵的行数、列数及非零元素个数：");
    scanf("%d,%d,%d",&M->m,&M->n,&M->len);
    if(M->len>MaxSize)
        return 0;
    for(i=0;i<M->len;i++)
    {
        do
        {
            printf("请按行序顺序输入第%d个非零元素所在的行(0~%d),列(0~%d),元素值:",
                i+1,M->m-1,M->n-1);
            scanf("%d,%d,%d",&m,&n,&e);
```

```
            flag=0;                                    /*初始化标志位*/
            if(m<0||m>M->m||n<0||n>M->n)               /*如果行号或列号正确,标志位为 1*/
                flag=1;
                /*若输入的顺序正确,则标志位为 1*/
            if(i>0&&m<M->data[i-1].i||m==M->data[i-1].i&&n<=M->data[i-1].j)
                flag=1;
        }while(flag);
        M->data[i].i=m;
        M->data[i].j=n;
        M->data[i].e=e;
    }
    return 1;
}
```

（2）复制稀疏矩阵。为了得到稀疏矩阵 **M** 的一个副本 **N**，只需将稀疏矩阵 **M** 的非零元素的行号、列号及元素值依次赋给矩阵 **N** 的行号、列号及元素值。复制稀疏矩阵的算法实现如下。

```
void CopyMatrix(TriSeqMatrix M,TriSeqMatrix *N)
/*由稀疏矩阵 M 复制得到另一个副本 N*/
{

    int i;
    N->len=M.len;              /*修改稀疏矩阵 N 的非零元素的个数*/
    N->m=M.m;                  /*修改稀疏矩阵 N 的行数*/
    N->n=M.n;                  /*修改稀疏矩阵 N 的列数*/
    for(i=0;i<M.len;i++)       /*把 M 中非零元素的行号、列号及元素值依次赋值给 N 的行号、列号及元素值*/
    {
        N->data[i].i=M.data[i].i;
        N->data[i].j=M.data[i].j;
        N->data[i].e=M.data[i].e;
    }
}
```

（3）转置稀疏矩阵。转置稀疏矩阵就是将矩阵中的元素由原来的存放位置(i,j)变为(j,i)，也就是说，将元素的行列互换。例如，如图 5-21 所示的 6×7 矩阵，经过转置后变为 7×6 矩阵，并且矩阵中的元素也要以主对角线为准进行交换。

将稀疏矩阵转置的方法是将矩阵 **M** 的三元组中的行和列互换，就可以得到转置后的矩阵 **N**，如图 5-24 所示。稀疏矩阵的三元组顺序表转置过程如图 5-25 所示。

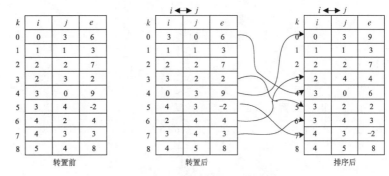

图 5-24　稀疏矩阵转置　　　　图 5-25　矩阵转置的三元组表示

行列下标互换后，还需要将行、列下标重新进行排序，才能保证转置后的矩阵也是以行序优先存放的。为了避免这种排序，以矩阵中列序顺序优先的元素进行转置，然后按照顺序依次存放到转置后的矩阵中，这样经过转置后得到的三元组顺序表正好是以行序为主序存放的。具体算法实现大致有两种。

（1）逐次扫描三元组顺序表 M，第 1 次扫描 M，找到 $j=0$ 的元素，将行号和列号互换后存入到三元组顺序表 N 中，即找到（3，0，9），将行号和列号互换，把（3，0，9）直接存入 N 中，作为 N 的第一个元素。然后第 2 次扫描 M，找到 $j=1$ 的元素，将行号和列号互换后存入三元组顺序表 N 中；以此类推，直到所有元素都存放至 N 中，最后得到的三元组顺序表 N 如图 5-26 所示。

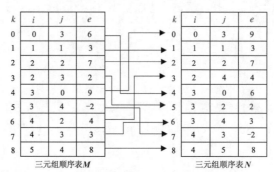

图 5-26 稀疏矩阵转置的三元组顺序表表示

稀疏矩阵转置的算法实现如下。

```
void TransposeMatrix(TriSeqMatrix M,TriSeqMatrix *N)
/*稀疏矩阵的转置*/
{
    int i,k,col;
    N->m=M.n;
    N->n=M.m;
    N->len=M.len;
    if(N->len)
    {
        k=0;
        for(col=0;col<M.n;col++)            /*按照列号扫描三元组顺序表*/
            for(i=0;i<M.len;i++)
                if(M.data[i].j==col)        /*如果元素的列号是当前列,则进行转置*/
                {
                    N->data[k].i=M.data[i].j;
                    N->data[k].j=M.data[i].i;
                    N->data[k].e=M.data[i].e;
                    k++;
                }
    }
}
```

通过分析该转置算法，其时间主要耗费在 for 语句的两层循环上，故算法的时间复杂度是 $O(n\times\text{len})$，即与 M 的列数及非零元素的个数成正比。我们知道，一般矩阵的转置算法为：

```
for(col=0;col<M.n;++col)
    for(row=0;row<M.len;row++)
        N[col][row]=M[row][col];
```

其时间复杂度为 $O(n\times m)$。当非零元素的个数 len 与 $m\times n$ 同数量级时，稀疏矩阵的转置算法时间复杂度就变为 $O(m\times n^2)$ 了。假设在 200×500 的矩阵中，有 len=20 000 个非零元素，虽然三元组存储节省了存储空间，但时间复杂度提高了，因此稀疏矩阵的转置仅适用于 len≪$m\times n$ 的情况。

（2）稀疏矩阵的快速转置。按照 M 中三元组的次序进行转置，并将转置后的三元组置入 N 中恰当位置。若能预先确定矩阵 M 中的每一列第一个非零元素在 N 中的应有位置，那么对 M

中的三元组进行转置时，便可直接放到 *N* 中的恰当位置。

为了确定这些位置，在转置前，应先求得 *M* 的每一列中非零元素的个数，进而求得每一列的第一个非零元素在 *N* 中的应有位置。

设置两个数组 num 和 position，num[col]表示三元组顺序表 *M* 中第 col 列的非零元素个数，position[col]表示 *M* 中的第 col 列的第一个非零元素在 *N* 中的恰当位置。

依次扫描三元组顺序表 *M*，可以得到每一列非零元素的个数，即 num[col]。position[col]的值可以由 num[col]得到，显然，position[col]与 num[col]存在如下关系。

position[0]=0;

position[col]=position[col-1]+num[col-1]，其中 $1 \leq col \leq M.n\text{-}1$。

例如，如图 5-21 所示的稀疏矩阵的 num[col]和 position[col]的值如表 5-3 所示。

表 5-3　矩阵 *M* 的 num[col]与 position[col]的值

列号 col	0	1	2	3	4	5	6
num[col]	1	1	2	3	2	0	0
position[col]	0	1	2	4	7	9	9

算法实现如下。

```
void FastTransposeMatrix(TriSeqMatrix M,TriSeqMatrix *N)
/*稀疏矩阵的快速转置运算*/
{
    int i,k,t,col,*num,*position;
    num=(int *)malloc((M.n+1)*sizeof(int)); /*数组 num 用于存放 M 中的每一列非零元素个数*/
    position=(int *)malloc((M.n+1)*sizeof(int));
                           /*数组 position 用于存放 N 中每一行非零元素的第一个位置*/
    N->n=M.m;
    N->m=M.n;
    N->len=M.len;
    if(N->len)
    {
        for(col=0;col<M.n;++col)
            num[col]=0;                     /*初始化 num 数组*/
        for(t=0;t<M.len;t++)                /*计算 M 中每一列非零元素的个数*/
            num[M.data[t].j]++;
        position[0]=0;                      /*N 中第一行的第一个非零元素的序号为 0*/
        for(col=1;col<M.n;col++)            /*将 N 中第 col 行的第一个非零元素的位置*/
            position[col]=position[col-1]+num[col-1];
        for(i=0;i<M.len;i++)                /*依据 position 对 M 进行转置,存入 N*/
        {
            col=M.data[i].j;
            k=position[col];                /*取出 N 中非零元素应该存放的位置,赋值给 k*/
            N->data[k].i=M.data[i].j;
            N->data[k].j=M.data[i].i;
            N->data[k].e=M.data[i].e;
            position[col]++;                /*修改下一个非零元素应该存放的位置*/
        }
    }
    free(num);
    free(position);
}
```

先扫描 *M*，得到 *M* 中每一列非零元素的个数，存放到 num 中。然后根据 num[col]和 position[col]的关系，求出 *N* 中每一行第一个非零元素的位置。初始时，position[col]是 *M* 的第

col 列第一个非零元素的位置，每个 M 中的第 col 列的非零元素存入 N 中，则将 position[col]加 1，使 position[col]的值始终为下一个要转置的非零元素应存放的位置。

该算法中有 4 个并列的单循环，循环次数分别为 n 和 M.len，因此总的时间复杂度为 $O(n+len)$。当 M 的非零元素个数 len 与 $m \times n$ 处于同一个数量级时，算法的时间复杂度变为 $O(m \times n)$，与经典的矩阵转置算法时间复杂度相同。

（3）销毁稀疏矩阵，代码如下。

```
void DestroyMatrix(TriSeqMatrix *M)
/*销毁稀疏矩阵*/
{
    M->m=M->n=M->len=0;
}
```

5.6.5 稀疏矩阵应用举例——三元组表示的稀疏矩阵相加

【例 5-3】有两个稀疏矩阵 A 和 B，相加得到 C，如图 5-27 所示。请利用三元组顺序表实现两个稀疏矩阵的相加，并输出结果。

$$A_{4\times4} = \begin{bmatrix} 0 & 5 & 0 & 0 \\ 3 & 0 & 0 & 0 \\ 0 & 0 & 3 & 0 \\ 0 & 0 & 0 & -2 \end{bmatrix} \quad B_{4\times4} = \begin{bmatrix} 0 & 0 & 4 & 0 \\ 0 & -3 & 0 & 2 \\ 0 & 0 & 0 & 0 \\ 8 & 0 & 0 & 0 \end{bmatrix} \quad C_{4\times4} = \begin{bmatrix} 0 & 5 & 4 & 0 \\ 3 & -3 & 0 & 2 \\ 0 & 0 & 3 & 0 \\ 8 & 0 & 0 & -2 \end{bmatrix}$$

图 5-27 三元组顺序表表示的稀疏矩阵的相加

提示：矩阵中两个元素相加可能会出现如下 3 种情况。

（1）A 中的元素 $a_{ij} \neq 0$ 且 B 中的元素 $b_{ij} \neq 0$，但是结果可能为零，如果结果为零，则不保存元素值；如果结果不为零，则将结果保存在 C 中。

（2）A 中的第(i,j)个位置存在非零元素 a_{ij}，而 B 中不存在非零元素，则只需要将该值赋值给 C。

（3）B 中的第(i,j)个位置存在非零元素 b_{ij}，而 A 中不存在非零元素，则只需要将 b_{ij} 赋值给 C。

两个稀疏矩阵相加的算法实现如下。

```
int AddMatrix(TriSeqMatrix A,TriSeqMatrix B,TriSeqMatrix *C)
/*将两个矩阵 A 和 B 对应的元素值相加,得到另一个稀疏矩阵 C*/
{
    int m=0,n=0,k=-1;
    if(A.m!=B.m||A.n!=B.n)  /*如果两个矩阵的行数与列数不相等,则不能够进行相加运算*/
        return 0;
    C->m=A.m;
    C->n=A.n;
    while(m<A.len&&n<B.len)
    {
        switch(CompareElement(A.data[m].i,B.data[n].i))/*比较两个矩阵对应元素的行号*/
        {
        case -1:
            C->data[++k]=A.data[m++]; /*将矩阵 A,即行号小的元素赋值给 C*/
            break;
        case 0:
            /*如果矩阵 A 和 B 的行号相等,则比较列号*/
            switch(CompareElement(A.data[m].j,B.data[n].j))
            {
            case -1:              /*如果 A 的列号小于 B 的列号,则将矩阵 A 的元素赋值给 C*/
```

```
            C->data[++k]=A.data[m++];
            break;
        case  0:                    /*如果A和B的行号、列号均相等,则将两元素相加,存入C*/
            C->data[++k]=A.data[m++];
            C->data[k].e+=B.data[n++].e;
            if(C->data[k].e==0)     /*如果两个元素的和为0,则不保存*/
                k--;
            break;
        case  1:                    /*如果A的列号大于B的列号,则将矩阵B的元素赋值给C*/
            C->data[++k]=B.data[n++];
        }
        break;
        case  1:                    /*如果A的行号大于B的行号,则将矩阵B的元素赋值给C*/
            C->data[++k]=B.data[n++];
        }
    }
    while(m<A.len)                  /*如果矩阵A的元素还没处理完毕,则将A中的元素赋值给C*/
        C->data[++k]=A.data[m++];
    while(n<B.len)                  /*如果矩阵B的元素还没处理完毕,则将B中的元素赋值给C*/
        C->data[++k]=B.data[n++];
    C->len=k+1;                     /*修改非零元素的个数*/
    if(k>MaxSize)
        return 0;
    return 1;
}
```

　　m 和 n 分别为矩阵 A 和 B 的当前处理的非零元素下标，初始时为 0。需要特别注意的是，最后求得的非零元素个数为 $k+1$，k 为非零元素最后一个元素的下标。

　　程序运行结果如图 5-28 所示。

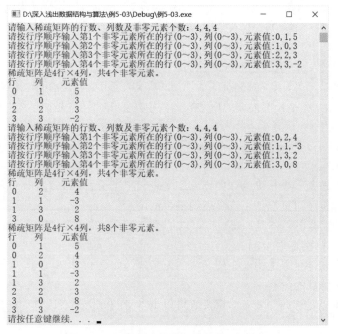

图 5-28　两个稀疏矩阵相加程序运行结果

　　两个稀疏矩阵 A 和 B 相减的算法实现与相加算法实现类似，只需要将相加算法中的+改成-

即可，也可以将第二个矩阵的元素值都乘上-1，然后调用矩阵相加的函数即可。稀疏矩阵相减的算法实现如下。

```
int SubMatrix(TriSeqMatrix A,TriSeqMatrix B,TriSeqMatrix *C)
/*稀疏矩阵的相减*/
{
    int i;
    for(i=0;i<B.len;i++)
        B.data[i].e*=-1;              /*将矩阵B的元素都乘-1,然后将两个矩阵相加*/
    return AddMatrix(A,B,C);
}
```

5.7　广义表

与数组一样，广义表是线性表的扩展。广义表中的元素可以是单个元素，也可以是一个广义表。

5.7.1　什么是广义表

广义表，也称为列表，是由 n 个类型相同的数据元素$(a_1,a_2,a_3,\cdots,a_n)$组成的有限序列。其中，广义表中的元素 a_i 可以是单个元素，也可以是一个广义表。

通常，广义表记作 GL=$(a_1,a_2,a_3,\cdots,a_n)$。其中，GL 是广义表的名字，n 是广义表的长度。如果广义表中的 a_i 是单个元素，则称 a_i 是原子。如果广义表中的 a_i 是一个广义表，则称 a_i 是广义表的子表。

习惯上用大写字母表示广义表的名字，用小写字母表示原子。

对于非空的广义表 GL，a_1 称为广义表 GL 的表头（head），其余元素组成的表$(a_2,a_3,\cdots,a_n)$ 称为广义表 GL 的表尾（tail）。广义表是一个递归的定义，因为在描述广义表时又用到了广义表的概念。如下是一些广义表的例子。

（1）$A=()$，广义表 A 是长度为 0 的空表。

（2）$B=(a)$，B 是一个长度为 1 且元素为原子的广义表（其实就是前面讨论过的一般的线性表）。

（3）$C=(a,(b,c))$，C 是长度为 2 的广义表。其中，第 1 个元素是原子 a，第 2 个元素是一个子表(b,c)。

（4）$D=(A,B,C)$，D 是一个长度为 3 的广义表，这 3 个元素都是子表，第 1 个元素是一个空表 A。

（5）$E=(a,E)$，E 是一个长度为 2 的递归广义表，相当于 $E=(a,(a,(a,(a,(a,\cdots)))))$。

由上述定义和例子可推出如下广义表的重要结论。

（1）广义表的元素既可以是原子，也可以是子表，子表的元素可以是元素，也可以是子表。广义表的结构是一个多层次的结构。

（2）一个广义表还可以是另一个广义表的元素。例如，A、B 和 C 是 D 的子表，在表 D 中不需要列出 A、B 和 C 的元素。

（3）广义表可以是递归的表，即广义表可以是本身的一个子表。例如，E 就是一个递归的广义表。

（4）对于非空广义表来说，才有求表头和表尾操作的定义。

任何一个非空广义表的表头可以是一个原子，也可以是一个广义表，而表尾一定是一个广义表。例如，head(*B*)=a，tail(*B*)=()，head(*C*)=a、tail(*C*)=((b,c))、head(*D*)=A、tail(*D*)=(*B*,*C*)，其中，head(*B*)表示取广义表 *B* 的表头元素，tail(*B*)表示取广义表 *B* 的表尾元素。

注意：广义表()和(())不同，前者是空表，长度为 0；后者长度为 1，表示元素值为空表的广义表，可分解得到表头、表尾均为空表()。

5.7.2　广义表的抽象数据类型

1. 数据对象集合

广义表的数据对象集合为{a_i|1≤i≤n，a_i 可以是原子，也可以是广义表}。例如，*A*=(a,(b,c))是一个广义表，*A* 中包含两个元素 a 和(b,c)，第 2 个元素为子表，包含两个元素 b 和 c。若把(b,c)看成一个整体，则 a 和(b,c)构成了一个线性表，在子表(b,c)的内部，b 和 c 又构成了线性表。故广义表可看作线性表的扩展。

2. 基本操作集合

（1）GetHead(*L*)：求广义表的表头。如果广义表是空表，则返回 NULL；否则返回指向表头结点的指针。

（2）GetTail(*L*)：求广义表的表尾。如果广义表是空表，则返回 NULL；否则返回指向表尾结点的指针。

（3）GListLength(*L*)：返回广义表的长度。如果广义表是空表，则返回 0；否则返回广义表的长度。

（4）CopyGList(&*T*,*L*)：复制广义表。由广义表 *L* 复制得到广义表 *T*。复制成功返回 1，否则返回 0。

（5）GListDepth(*L*)：求广义表的深度。广义表的深度就是广义表中括号嵌套的层数。如果广义表是空表，则返回 1，否则返回广义表的深度。

5.7.3　广义表的头尾链表存储结构

因广义表中有原子和子表两种元素，所以广义表的链表结点也分为**原子结点**和**子表结点**两种，其中，子表结点包含标志域、指向表头的指针域和指向表尾的指针域 3 个域。原子结点包含标志域和值域两个域。表结点和原子结点的存储结构如图 5-29 所示。

tag=1	hp	tp

tag=0	atom

表结点　　　　　　原子结点

图 5-29　表结点和原子结点的存储结构

其中，tag=1 表示子表，hp 和 tp 分别指向表头结点和表尾结点，tag=0 表示原子，atom 用于存储原子的值。

广义表的这种存储结构称为头尾链表存储表示。例如，用头尾链法表示的广义表 *A*=()，*B*=(a)，*C*=(a,(b,c))，*D*=(*A*,*B*,*C*)，*E*=(a,*E*)如图 5-30 所示。

广义表的头尾链表存储结构类型描述如下。

```
typedef enum{ATOM,LIST}ElemTag;      /*ATOM=0,表示原子,LIST=1,表示子表*/
typedef struct
{
    ElemTag tag;                     /*标志位 tag 用于区分元素是原子还是子表*/
```

```
    union
    {
        AtomType atom;                 /*AtomType 是原子结点的值域,用户自己定义类型*/
        struct
        {
            struct GLNode *hp,*tp; /*hp 指向表头,tp 指向表尾*/
        }ptr;
    };
}*GList,GLNode;
```

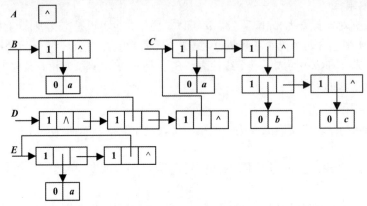

图 5-30　广义表的存储结构

5.7.4　广义表的扩展线性链表存储结构

采用扩展线性链表表示的广义表也包含两种结点，分别为表结点和原子结点，这两种结点都包含 3 个域。其中，表结点由标志域 tag、表头指针域 hp 和表尾指针域 tp 构成，原子结点由标志域、原子的值域和表尾指针域构成。

标志域 tag 用来区分当前结点是表结点还是原子结点，tag=0 时为原子结点，tag=1 时为表结点。hp 和 tp 分别指向广义表的表头和表尾，atom 用来存储原子结点的值。扩展性链表的结点结构如图 5-31 所示。

表结点　　　　　　　　　　原子结点

图 5-31　扩展性链表结点存储结构

例如，$A=()$，$B=(a)$，$C=(a,(b,c))$，$D=(A,B,C)$，$E=(a,E,)$，则广义表 A、B、C、D、E 的扩展性链表存储结构如图 5-32 所示。

广义表的扩展线性链表存储结构的类型描述如下。

```
typedef enum{ATOM,LIST}ElemTag;        /*ATOM=0,表示原子,LIST=1,表示子表*/
typedef struct
{
    ElemTag tag;                       /*标志位 tag 用于区分元素是原子还是子表*/
    union
    {
        AtomType atom;                 /*AtomType 是原子结点的值域,用户自己定义类型*/
        struct GLNode *hp; /*hp 指向表头*/
```

```
    }ptr;
    struct GLNode *tp;                  /*tp 指向表尾*/
}*GList,GLNode;
```

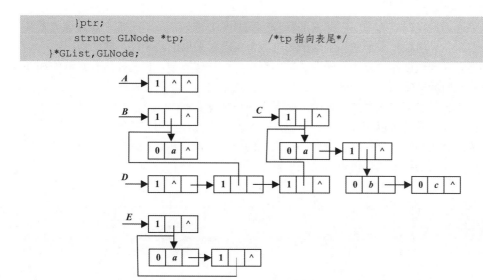

图 5-32 广义表的扩展性链表表示

5.8 小结

串是由零个或多个字符组成的有限序列。其中，含零个字符的串称为空串。串中的字符可以是字母、数字或其他字符。串中任意个连续的字符组成的子序列称为串的子串，相应地，包含子串的串称为主串。

两个串相等当且仅当两个串中对应位置的字符相等并且长度相等。注意空串与空格串的区别。

串也有顺序存储结构和链式存储结构两种存储结构。

串的链式存储结构也称为块链的存储结构，它是采用一个"块"作为结点的数据域，存储串中的若干个字符。但是这种结构在串的各种操作中会带来不便，因为在串的操作过程中，需要判断一个结点是否结束，需要一个"块"一个"块"地取数据和存储数据。串的长度可能不是块大小的整数倍，因此在最后一个结点的数据域空出的部分用'#'填充。

由于串的顺序存储结构在串的各种操作中实现方便，并且存储空间的利用率很高，所以串的顺序存储结构更常用。

串的模式匹配有两种方法：朴素模式匹配（即 Brute-Force 算法）与串的改进算法（即 KMP 算法）。对于 Brute-Force 算法，在每次出现主串与模式串的字符不相等时，主串的指针均需回退。而 KMP 算法根据模式串中的 next 函数值，消除了当主串中的字符与模式串中的字符不匹配时主串指针的回退，提高了算法的效率。

数组是一种扩展类型的线性表，数组中的元素 a_i 可以是原子，也可以是一个线性表。

一般情况下，数组的存放是以顺序存储结构的形式存放。采用顺序存储结构的数组具有随机存取的特点，方便数组中元素的查找等操作。在 C 语言中，矩阵通常以二维数组存储。

常见的特殊矩阵有对称矩阵、三角矩阵和对角矩阵 3 种。特殊矩阵可以通过转换，存储在一个一维数组中，这种存储方式可以节省存储空间，称为特殊矩阵的压缩存储。

稀疏矩阵也需要压缩存储，稀疏矩阵的压缩存储通常分为稀疏矩阵的三元组顺序表表示和稀疏矩阵的十字链表表示两种方式。

三元组顺序表通过存储矩阵中非零元素的行号、列号和非零元素值，来唯一确定该元素及在矩阵中的位置。三元组顺序表通常利用一个一维数组实现，采用的是顺序存储结构。

三元组顺序表在实现创建、复制、转置、输出等操作时比较方便，但是在进行矩阵的相加和相乘的运算中，时间的复杂度比较高。

习惯上，广义表的名字用大写字母表示，原子用小写字母表示。

广义表中的数据元素既可以是原子，也可以是广义表，因此，利用定长的顺序存储结构很难表示。广义表通常采用链式存储结构表示。广义表的链式存储结构包括两种：广义表的头尾链表存储表示和广义表的扩展线性链表存储表示。

第三篇
非线性数据结构

第6章
树

树和图都属于非线性数据结构。线性数据结构中的元素之间是一对一的关系，而树中的元素之间是一对多的关系。树结构在实际应用中也非常广泛，主要应用在文件系统、目录组织等数据处理中。

本章重点和难点：

- 树与二叉树的性质。
- 二叉树的各种递归与非递归遍历算法。
- 二叉树的线索化。
- 树、二叉树、森林的相互转换。
- 哈夫曼树与哈夫曼编码。

6.1 树的相关概念及抽象数据类型

树是一种非线性的数据结构，树中元素之间的关系是一对多的层次关系。

6.1.1 什么是树

树是 $n(n \geq 0)$ 个结点的有限集合，一棵非空树具有以下特点。

（1）有且只有一个称为根（root）的结点。

（2）当 $n>1$ 时，其余 $n-1$ 个结点可以划分为 m 个有限集合 T_1，T_2，$\cdots$，T_m，且这 m 个有限集合不相交，其中，T_i（$1 \leq i \leq m$）又是一棵树，称为根的子树。

当 $n=0$ 时，称为空树；当 $n>0$ 时，称为非空树。树的逻辑结构如图 6-1 所示。

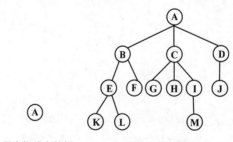

（a）只有根结点的树　　（b）一般的树

图 6-1 树的逻辑结构

图 6-1（a）是一棵只有根结点的树，图 6-1（b）是一棵有 13 个结点的树，其中，A 是根结点，其余结点分成 3 个互不相交的子集 $T_1=\{B,E,F,K,L\}$，$T_2=\{C,G,H,I,M\}$ 和 $T_3=\{D,J\}$。其中，T_1、T_2 和 T_3 分别是一棵树，它们都是根结点 A 的子树。T_1 的根结点是 B，其余的 4 个结点又分为两个不相交的子集 $T_{11}=\{E,K,L\}$ 和 $T_{12}=\{F\}$。其中，T_{11} 和 T_{12} 都是 T_1 的子树，E 是 T_{11} 的根结点，$\{K,L\}$ 是 E 的子树。

如图 6-1（b）所示的树看上去像一棵颠倒过来的树，根结点就像是树根，子树像一棵树的枝杈。一棵树中只有一个根结点。树的最末端的结点称为叶子结点，即 K、L、F、G、H、M 和 J 都是叶子结点，类似树的叶子，这些结点没有子树。

一棵树的根与子树是一对多的关系，例如，结点 C 有 3 棵子树 $T_{21}=\{G\}$、$T_{22}=\{H\}$ 和 $T_{23}=\{I,M\}$，而 T_{21}、T_{22} 和 T_{23} 只有一个根结点 C。

6.1.2　树的相关概念

树的结点：包含一个数据元素及指向其他结点的分支信息。

结点的度（degree）：结点的子树的个数称为结点的度。例如，结点 B 有两棵子树，因此度为 2。

树的度：树中各结点的度的最大值。例如，图 6-1（b）中的树的度为 3，因为结点 A 和 C 的度都为 3，它们是树中拥有最大度的结点。

叶子结点：也称为终端结点，度为零的结点即没有子树的结点称为叶子结点。例如，结点 K、L、F、G、H、M 和 J 都是叶子结点。

非终端结点：度不为零的结点也称为分支结点。例如，A、B、C、D、E、I 等都是非终端结点。

孩子（child）与双亲（parent）：结点的子树的根称为孩子，相应地，该结点称为双亲。例如，$\{G,M\}$ 是根结点 C 的子树，而 C 又是这棵子树的根结点，因此，G 是 C 的孩子。而 C 是 G 的双亲。

兄弟（sibling）：同一个双亲的孩子之间互称为兄弟。例如，E 和 F 是 B 的孩子，故 E 和 F 互为兄弟，同理，G、H 和 I 互为兄弟。

祖先与子孙：从根结点到达一个结点所经分支上的所有结点称为该结点的祖先。反之，以某结点为根的子树中的任一结点都称为该结点的子孙。例如，I、C 和 A 都为 M 的祖先，$\{E,F,K,L\}$ 是 B 的子树，故 E、F、K 和 L 都是 B 的子孙。

结点的层次：从根结点起，根结点为第 1 层，根结点的孩子结点为第 2 层，依此类推，如果某一个结点是第 L 层，则其孩子结点位于第 $L+1$ 层。在图 6-1（b）所示的树中，'A'的层次为 1，'B'的层次为 2，'G'的层次为 3，'M'的层次为 4。

树的深度（depth）：树中所有结点的层次最大值称为树的深度，也称为树的高度。例如，图 6-1（b）中树的深度为 4。

有序树：如果树中各棵子树之间是有先后次序的，则称该树为有序树。

无序树：如果树中各棵子树之间没有先后次序，则称该树为无序树。

森林（forest）：m 棵互不相交的树构成一个森林。若把一棵非空的树的根结点删除，则该树就变成了一个森林，森林中的树由原来的根结点的各棵子树构成。反之，把一个森林加上一个根结点，则该森林就变成一棵树。

6.1.3 树的逻辑表示

树的逻辑表示方法可以分为树形表示法、文氏图表示法、广义表表示法和凹入表示法 4 种。

树形表示法如图 6-1 所示。树形表示法是最常见的表示法，它能直观、形象地表示出树的逻辑结构和结点之间的关系。

文氏图是一种集合表示法，对于其中任意两个集合，或者不相交，或者一个包含另一个。文氏图表示法如图 6-2 所示。

根作为由子树森林组成的表的名字写在表的左边，如图 6-1（b）所示的树可用广义表表示如下。

(A(B(E(K,L),F),C(G,H,I(M)),D(J)))

如图 6-1（b）所示的树采用凹入表示法如图 6-3 所示。

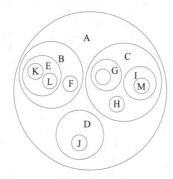

图 6-2　树的文氏图表示法

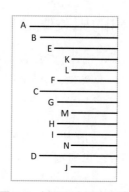

图 6-3　树的凹入法表示法

在这 4 种表示树的形式中，比较常见的是树形表示法和广义表表示法。

6.1.4 树的存储结构

通常情况下，树的存储结构有双亲表示法、孩子表示法和孩子兄弟表示法 3 种。

1. 双亲表示法

双亲表示法是利用一组连续的存储单元存储树的每个结点，并利用一个指示器表示结点的双亲结点在树中的相对位置。双亲表示法中结点结构如图 6-4 所示。

其中，data 存放数据元素信息，parent 存放该结点的双亲在数组中的下标。

在 C 语言中，通常采用数组存储树中的结点，这类似于静态链表的实现。一棵树结构及树的双亲表示法如图 6-5 所示。

data	parent

图 6-4　双亲表示法的结点结构

数组下标	结点	双亲位置
0	A	-1
1	B	0
2	C	0
3	D	0
4	E	1
5	F	1
6	G	3
7	H	6
8	I	6
9	J	6

图 6-5　树的双亲表示法

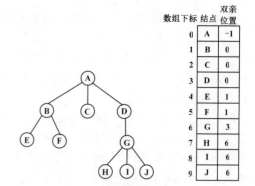

其中，树的根结点的双亲位置用-1 表示。

在采用双亲表示法存储树结构时，根据给定结点查找其双亲结点非常容易，可通过反复调用求双亲结点，很快能找到树的根结点。采用双亲表示法的树类型定义如下。

```
#define MaxSize 200
typedef struct Pnode          /*双亲表示法的结点定义*/
{
    DataType data;
    int parent;               /*指示结点的双亲*/
}PNode;
typedef struct               /*双亲表示法的树结构类型定义*/
{
    PNode node[MaxSize];      /*存储 PNode 结点类型数据*/
    int num;                  /*结点的个数*/
}PTree;
```

2. 孩子表示法

孩子表示法是将双亲结点的孩子结点构成一个链表，然后让双亲结点指向这个链表，这样的链表称为孩子链表。若树中有 n 个结点，就有 n 个孩子链表。n 个结点的数据及头指针构成一个顺序表。如图 6-5 所示的树的孩子表示法如图 6-6 所示，其中，^表示空。

为此，需要设计两个结点结构，一个是孩子链表的孩子结点，如图 6-6 所示，child 是数据域，存放结点在表头数组中的下标，next 是指针域，存放指向下一个孩子结点的指针；另一个是表头数组的表头结点，如图 6-7 所示，data 存储结点的数据信息，firstchild 存储孩子链表的头指针。

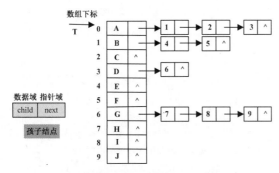

图 6-6　树的孩子表示法　　　　图 6-7　表头结点

树的孩子表示法的类型定义如下。

```
#define MaxSize 200
typedef struct CNode          /*孩子结点结构*/
{
    int child;
    struct CNode*next;        /*指向下一个结点*/
}ChildNode;
typedef struct               /*表头结点结构*/
{
    DataType data;
    ChildNode *firstchild;    /*孩子链表的指针*/
}DataNode;
typedef struct               /*孩子表示法树的类型定义*/
{
    DataNode node[MaxSize];
    int num,root;             /*结点的个数,根结点在顺序表中的位置*/
```

```
}CTree;
```

树的孩子表示法使得已知一个结点查找其孩子结点变得非常容易。通过表头结点指向的链表，找到该结点的每个孩子结点。但是查找双亲结点并不方便，这可将双亲表示法与孩子表示法结合起来，即在结点的顺序表中增加一个表示双亲结点位置的域，这样无论是查找双亲结点还是孩子结点都非常方便，图 6-8 就是将两者结合起来的带双亲的孩子链表。

3. 孩子兄弟表示法

孩子兄弟表示法也称为树的二叉链表表示法。孩子兄弟表示法采用链表作为存储结构，结点包含一个数据域和两个指针域。数据域存放结点的数据信息，一个指针域用来指示结点的第一个孩子结点，另一个指针域用来指示结点的下一个兄弟结点。

如图 6-5 所示的树对应的孩子兄弟表示及结点结构如图 6-9 所示。

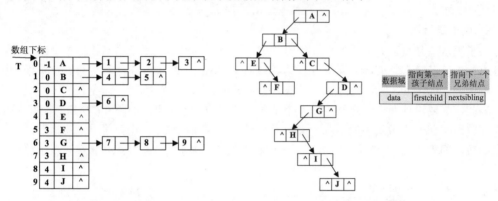

图 6-8 带双亲的孩子链表　　　　　　图 6-9 树的孩子兄弟表示法

树的孩子兄弟表示法的类型定义如下。

```
typedef struct CSNode                    /*孩子兄弟表示法的类型*/
{
    DataType data;
    struct CSNode*firstchild,*nextsibling;   /*指向第一个孩子和下一个兄弟*/
}CSNode,*CSTree;
```

其中，指针 firstchild 指向结点的第一个孩子结点，nextsibling 指向结点的下一个兄弟结点。孩子兄弟表示法是树的最常用的存储结构，利用树的孩子兄弟表示法可以实现树的各种操作。例如，要查找树中 D 的第 3 个孩子结点，则只需要从 D 的 firstchild 找到第一个孩子结点，然后顺着结点的 nextsibling 域走两步，就可以找到 D 的第 3 个孩子结点 H。

6.2　二叉树的相关概念及抽象数据类型

在探讨一般的树之前，先研究一种比较特殊的树——二叉树。二叉树具有树的一般特性，与一般的树相比，它的结构简单，更有利于读者对树这个抽象概念的掌握。

6.2.1　什么是二叉树

二叉树（binary tree）是由 $n(n \geq 0)$ 个结点构成的另一种树结构。它的特点是每个结点最多只有两棵子树（即二叉树中不存在度大于 2 的结点），并且二叉树的子树有左右之分（称为左孩子和右孩子），次序不能颠倒。若 $n=0$，则称该二叉树为空二叉树。

在二叉树中，任何一个结点的度只可能是 0、1 和 2。

二叉树有 5 种基本形态，如图 6-10 所示。

在如图 6-11 所示的二叉树中，D 是 B 的左孩子结点，E 是 B 的右孩子结点，H 是 E 的左孩子结点，D 既没有左孩子结点也没有右孩子结点。

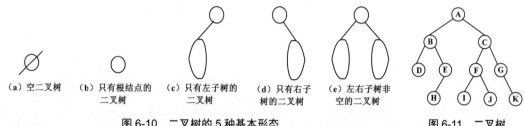

图 6-10　二叉树的 5 种基本形态　　　　　图 6-11　二叉树

6.2.2　二叉树的性质

二叉树具有以下重要的性质。

性质 1　二叉树的第 k 层上至多有 2^{k-1} 个结点（$k\geqslant1$）。

证明：利用数学归纳法证明此性质。

（1）当 $k=1$ 时，只有一个根结点，显然有 $2^{k-1}=2^{1-1}=2^0=1$，命题成立。

（2）假设对于所有的 j（$1<j<k$）命题成立，即第 j 层上至多有 2^{j-1} 个结点，那么，可以证明 $j=k$ 时命题也成立。由归纳假设，第 $k-1$ 层上至多有 2^{k-2} 个结点。由于二叉树中的每个结点的度至多为 2，则在第 k 层上的最大结点数为第 $k-1$ 层上的最大结点数的 2 倍，即 $2\times2^{k-2}=2^{k-2+1}=2^{k-1}$。

性质 2　深度为 $k(k\geqslant1)$ 的二叉树至多有 2^k-1 个结点。

证明：由性质 1 可知，第 i 层结点的最多个数为 2^{i-1}，将深度为 k 的二叉树中的每一层的结点的最大值相加，就得到二叉树中结点的最大值，因此深度为 k 的二叉树的结点总数至多为

$$\sum_{i=1}^{k}(第i层的结点最大个数)=\sum_{i=1}^{k}2^{i-1}=2^0+2^1+\cdots+2^{k-1}=\frac{2^0(2^k-1)}{2-1}=2^k-1。$$

性质 3　对于任何一棵二叉树 T，如果终端结点数为 n_0，度为 2 的结点数为 n_2，则有 $n_0=n_2+1$。

证明：假设二叉树的结点数为 n，度为 1 的结点数为 n_1，则 n 等于度为 0、度为 1 和度为 2 的结点总数的和，即 $n=n_0+n_1+n_2$。

再看二叉树的分支数，除了根结点外，其余结点都有一个分支进入，设 B 为分支总数，则 $n=B+1$。由于这些分支是由度为 1 或 2 的结点射出的，所以又有 $B=n_1+2n_2$，于是得到 $n=B+1=n_1+2n_2+1$。

联合上述两式，即 $n=n_0+n_1+n_2$ 和 $n=n_1+2n_2+1$，可得 $n_0+n_1+n_2=n_1+2n_2+1$，即 $n_0=n_2+1$。命题得证。

1. 满二叉树

满二叉树和完全二叉树是两种特殊的二叉树。每层结点都是满的二叉树称为满二叉树，即在满二叉树中，每一层的结点都具有最大的结点个数。如图 6-12 所示就是一棵满二叉树。在满二叉树中，每个结点的度或者为 2，或者为 0（即叶子结点），不存在度为 1 的结点。

2. 完全二叉树

对满二叉树的结点进行连续编号，约定从根结点开始，自上到下，自左到右，可以得到如图6-13所示的带编号的满二叉树。

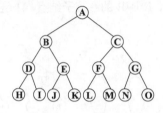

图 6-12　满二叉树

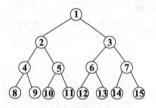

图 6-13　带编号的满二叉树

在一棵具有 m（$0 \leqslant m \leqslant n$）个结点的二叉树中，若每个结点都与满二叉树的编号从 1 到 m 一一对应时，称为完全二叉树。一棵完全二叉树及编号如图 6-14 所示，而如图 6-15 所示的树不是一棵完全二叉树。

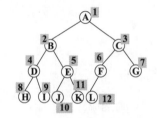

图 6-14　完全二叉树及编号

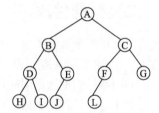

图 6-15　非完全二叉树

由此可以得出结论，如果二叉树的层数为 k，则满二叉树的叶子结点一定是在第 k 层，而完全二叉树的叶子结点一定在第 k 层或者第 k-1 层出现。满二叉树一定是完全二叉树，而完全二叉树却不一定是满二叉树。

性质 4　具有 n 个结点的完全二叉树的深度为 $\lfloor \log_2 n \rfloor + 1$（$\lfloor x \rfloor$ 表示不大于 x 的最大整数）。

证明：假设完全二叉树的深度为 k。根据性质 2，k-1 层满二叉树的结点总数为 $n_1 = 2^{k-1} - 1$，k 层满二叉树的结点总数为 $n_2 = 2^k - 1$。因此有 $n_1 < n \leqslant n_2$，即 $n_1 + 1 \leqslant n \leqslant n_2 + 1$，又 $n_1 = 2^{k-1} - 1$，$n_2 = 2^k - 1$，故得到 $2^{k-1} - 1 \leqslant n < 2^k - 1$，同时对不等式两边取对数，有 $k-1 \leqslant \log_2 n < k$。因为 k 是整数，k-1 也是整数，所以 $k-1 = \lfloor \log_2 n \rfloor$，即 $k = \lfloor \log_2 n \rfloor + 1$。命题得证。

性质 5　如果对于 n 个结点的完全二叉树（其深度为 $\lfloor \log_2 n \rfloor + 1$）的结点按层序编号（从第 1 层到第 $\lfloor \log_2 n \rfloor + 1$ 层，每层从左至右），则对任一结点 i（$1 \leqslant i \leqslant n$）有以下性质。

（1）如果 $i = 1$，则结点 i 是二叉树的根，无双亲；若 $i > 1$，则其双亲结点为 $\lfloor i/2 \rfloor$。

（2）如果 $2i > n$，则结点 i 无左孩子。否则，其左孩子是 $2i$。

（3）如果 $2i + 1 > n$，则结点 i 无右孩子。否则，其右孩子是 $2i + 1$。

证明：（1）只要先证明了性质（2）和性质（3），便可由（2）和（3）得到性质（1）。

当 $i = 1$ 时，该结点一定是根结点，根结点没有双亲结点。当 $i > 1$ 时，分为两种情况讨论。

设编号为 m 的结点是编号为 i 的双亲结点。如果编号为 i 的结点是序号为 m 的结点的左孩子结点，则根据性质（2）有 $2m = i$，即 $m = i/2$。

如果编号为 i 的结点是编号为 m 结点的右孩子结点，则根据性质（3）有 $2m + 1 = i$，即 $m = (i-1)/2 = i/2 - 1/2$。综合以上两种情况，当 $i > 1$ 时，编号为 i 的结点的双亲结点编号为 $\lfloor i/2 \rfloor$。结论得证。

（2）利用数学归纳法。当 $i=1$ 时，有 $2i=2$，如果 $2>n$，则二叉树中不存在编号为 2 的结点，也就不存在编号为 i 的左孩子结点。如果 $2 \leqslant n$，则该二叉树中存在两个结点，编号 2 是编号为 i 的结点的左孩子结点的编号。

假设编号 $i=k$ 时，当 $2k \leqslant n$ 时，编号为 k 的结点的左孩子结点存在且编号为 $2k$，当 $2k>n$ 时，编号为 k 的结点的左孩子结点不存在。

当 $i=k+1$ 时，在完全二叉树中，如果编号为 $k+1$ 的结点的左孩子结点存在（$2i \leqslant n$），则其左孩子结点的编号为 k 的结点的右孩子结点编号加 1，即编号为 $k+1$ 的结点的左孩子结点编号为 $(2k+1)+1=2(k+1)=2i$。因此，当 $2i>n$ 时，编号为 i 的结点的左孩子不存在。结论得证。

（3）利用数学归纳法。当 $i=1$ 时，如果 $2i+1=3>n$，则该二叉树中不存在序号为 3 的结点，即编号为 i 的结点的右孩子不存在。如果 $2i+1=3 \leqslant n$，则该二叉树存在编号为 3 的结点，且序号为 3 的结点是编号为 i 的结点的右孩子结点。

假设编号 $i=k$ 时，当 $2k+1 \leqslant n$ 时，编号为 k 的结点的右孩子结点存在且编号为 $2k+1$，当 $2k+1>n$ 时，序号为 k 的结点的右孩子结点不存在。

当 $i=k+1$ 时，在完全二叉树中，如果编号为 $k+1$ 的结点的右孩子结点存在（$2i+1 \leqslant n$），则其右孩子结点的序号为编号为 k 的结点的右孩子结点序号加 2，即编号为 $k+1$ 的结点的右孩子结点编号为 $(2k+1)+2=2(k+1)+1=2i+1$。因此，当 $2i+1>n$ 时，编号为 i 的结点的右孩子不存在。结论得证。

6.2.3　二叉树的抽象数据类型

1. 数据对象集合

二叉树的数据对象集合为二叉树中的各个结点构成的集合。根结点没有双亲结点，其他结点只有一个双亲结点。每个结点的孩子可能是 0 个、1 个和 2 个。

2. 基本操作集合

（1）InitBitTree(&T)。

操作结果：构造空二叉树 T。

（2）CreateBitTree(&T)。

初始条件：二叉树 T 不存在。

操作结果：创建二叉树 T。

（3）DestroyBitTree(&T)。

初始条件：二叉树 T 已存在。

操作结果：如果二叉树存在，则将该二叉树销毁。

（4）InsertChild(p,LR,c)。

初始条件：二叉树 T 存在，p 指向 T 中某个结点，LR 为 0 或 1，c 非空，与 T 不相交且右子树为空。

操作结果：根据 LR 为 0 或 1，插入 c 为 p 所指结点的左子树或右子树，p 所指结点的原有左子树或右子树成为 c 的右子树。插入成功返回 1，否则返回 0。

（5）LeftChild(&T,e)。

初始条件：二叉树 T 存在，e 是 T 中的某个结点。

操作结果：如果结点 e 存在左孩子结点，则返回 e 的左孩子结点元素值，否则返回空。

（6）RigthChild(&T,e)。

初始条件：二叉树 T 存在，e 是 T 中的某个结点。

操作结果：如果结点 e 存在右孩子结点，则返回 e 的右孩子结点元素值，否则返回空。

（7）DeleteChild(p,int LR)。

初始条件：二叉树 T 存在，p 指向 T 中的某个结点，LR 为 0 或 1。

操作结果：根据 LR 为 0 或 1，删除 T 中 p 所指向的左子树或右子树。如果删除成功，返回 1，否则返回 0。

（8）PreOrderTraverse(T)。

初始条件：二叉树 T 存在。

操作结果：先序遍历二叉树 T。二叉树的先序遍历，就是按照先访问根结点，再访问左子树，最后访问右子树的顺序，对每个结点进行访问且仅访问一次的操作。

（9）InOrderTraverse(T)。

初始条件：二叉树 T 存在。

操作结果：中序遍历二叉树。二叉树的中序遍历，就是按照先访问左子树，再访问根结点，最后访问右子树的次序，对二叉树中的每个结点进行访问且仅访问一次的操作。

（10）PostOrderTraverse(T)。

初始条件：二叉树 T 存在。

操作结果：后序遍历二叉树 T。二叉树的后序遍历，就是按照先访问左子树，再访问右子树，最后访问根结点的次序，对二叉树中的每个结点进行访问且仅访问一次的操作。

（11）LevelTraverse(T)。

初始条件：二叉树 T 存在。

操作结果：层次遍历二叉树 T。二叉树的层次遍历，就是按照从上到下，从左到右，依次对二叉树中的每个结点进行访问。

（12）BitTreeDepth(T)。

初始条件：二叉树 T 存在。

操作结果：求二叉树 T 的深度。二叉树的深度即二叉树的结点层次的最大值。如果二叉树非空，返回二叉树的深度；如果二叉树为空，返回 0。

6.2.4　二叉树的存储表示与实现

二叉树存储结构也有顺序存储和链式存储两种。其中，链式存储是二叉树最常用的存储结构。

1. 二叉树的顺序存储

完全二叉树的存储可以按照从上到下、从左到右的顺序依次存储在一维数组中。完全二叉树的顺序存储如图 6-16 所示。

如果按照从上到下、从左到右的顺序把非完全二叉树也进行同样的编号，将结点依次存放在一维数组中。为了能够正确反映二叉树中结点之间的逻辑关系，需要在一维数组中将二叉树中不存在的结点位置空出，并用"∧"填充。非完全二叉树的顺序存储结构如图 6-17 所示。

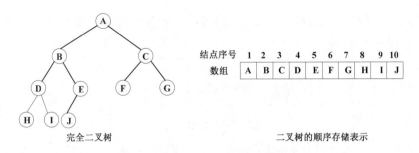

图 6-16 完全二叉树的顺序存储表示

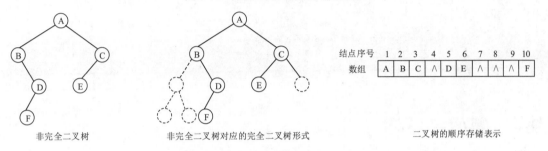

图 6-17 非完全二叉树的顺序存储表示

　　顺序存储对于完全二叉树来说是比较适合的。但是，对于非完全二叉树来说，这种存储方式会浪费内存空间。在最坏的情况下，如果每个结点只有右孩子结点，而没有左孩子结点，则需要占用 2^k-1 个存储单元，而实际上，该二叉树只有 k 个结点。

2. 二叉树的链式存储

　　在二叉树中，每个结点有一个双亲结点和两个孩子结点。从一棵二叉树的根结点开始，通过结点的左右孩子地址就可以找到二叉树的每一个结点。因此二叉树的链式存储结构包括三个域：数据域、左孩子指针域和右孩子指针域。其中，数据域存放结点的值，左孩子指针域指向左孩子结点，右孩子指针域指向右孩子的结点。这种链式存储结构称为二叉链表存储结构，如图 6-18 所示。

lchild	data	rchild

左孩子指针域　数据域　右孩子指针域

图 6-18 二叉链表存储结构结点

　　如果二叉树采用二叉链表存储结构表示，其二叉树的存储表示如图 6-19 所示。

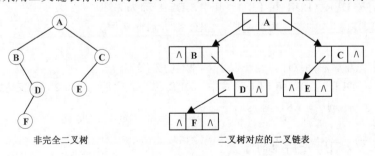

图 6-19 二叉树的二叉链表存储表示

有时为了方便找到结点的双亲结点，在二叉链表的存储结构中增加一个指向双亲结点的指针域 parent。该结点的存储结构如图 6-20 所示。这种存储结构称为三叉链表结点存储结构。

| lchild | data | rchild | parent |

左孩子　数据域　右孩子　双亲结点
指针域　　　　　指针域　指针域

图 6-20　三叉链表结点结构

通常情况下，二叉树采用二叉链表进行表示。二叉链表存储结构的类型定义描述如下。

```
typedef struct Node              /*二叉链表的结点结构*/
{
    DataType data;               /*数据域*/
    struct Node *lchild;         /*指向左孩子结点*/
    struct Node *rchild;         /*指向右孩子结点*/
}*BiTree,BitNode;
```

6.3　遍历二叉树

在二叉树的一些应用中，经常需要在树中查找具有某种特征的结点，这就是二叉树的遍历问题。

6.3.1　什么是遍历二叉树

遍历二叉树即按照某种规律对二叉树的每个结点进行访问，使得每个结点仅被访问一次的操作。这里的访问可以是统计结点的数据信息、输出结点信息等。

二叉树的遍历不同于线性表的遍历，对于二叉树来说，每个结点有两棵子树，因而需要寻找一种规律，使得二叉树的结点能排列在一个线性队列上，从而便于遍历。从这个意义上讲，二叉树的遍历过程其实也是将二叉树的非线性序列转换成一个线性序列的过程。

回顾二叉树的定义，二叉树是由根结点、左子树和右子树构成。二叉树的基本结构如图 6-21 所示。如果能依次遍历这 3 个部分，就是遍历了整棵二叉树。如果用 D、L、R 分别代表遍历根结点、遍历左子树和遍历右子树，根据组合原理，有 6 种遍历方案，分别是 DLR、DRL、LDR、LRD、RDL 和 RLD。

如果限定先左后右的次序，则以上 6 种遍历方案只剩下 3 种方案，分别是 DLR、LDR 和 LRD。其中，DLR 称为先序（根）遍历，LDR 称为中序（根）遍历，LRD 称为后序（根）遍历。

如果限定先左后右的次序，则在以上 6 种遍历方案中，只剩下 3 种方案：DLR、LDR 和 LRD。其中，DLR 称为先序遍历，LDR 称为中序遍历，LRD 称为后序遍历。

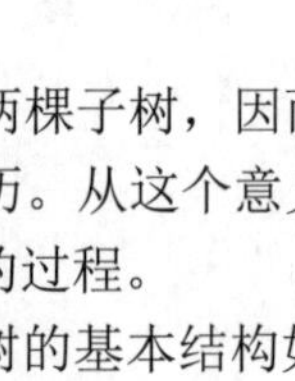

图 6-21　二叉树的结点的基本结构

6.3.2　二叉树的先序遍历

二叉树的先序遍历的递归定义如下。

如果二叉树为空，则执行空操作。如果二叉树非空，则执行以下操作。

（1）访问根结点。

（2）先序遍历左子树。

（3）先序遍历右子树。

根据二叉树的先序递归定义，得到图 6-22 的二叉树的先序序列为：A、B、D、G、E、H、I、C、F、J。

在二叉树先序遍历过程中，对每一棵二叉树重复执行以上的递归遍历操作，就可以得到先序序列。例如，在遍历根结点 A 的左子树{B,D,E,G,H,I}时，根据先序遍历的递归定义，先访问根结点 B，然后遍历 B 的左子树为{D,G}，最后遍历 B 的右子树为{E,H,I}。访问过 B 之后，开始遍历 B 的左子树{D,G}，在子树{D,G}中，先访问根结点 D，因为 D 没有左子树，所以遍历其右子树，右子树只有一个结点 G，所以访问 G。B 的左子树遍历完毕，按照以上方法遍历 B 的右子树。最后得到结点 A 的左子树先序序列：B、D、G、E、H、I。

依据二叉树的先序递归定义，可以得到二叉树的先序递归算法。

```
void PreOrderTraverse(BiTree T)
/*先序遍历二叉树的递归实现*/
{
    if(T)                              /*如果二叉树不为空*/
    {
        printf("%2c",T->data);         /*访问根结点*/
        PreOrderTraverse(T->lchild);   /*先序遍历左子树*/
        PreOrderTraverse(T->rchild);   /*先序遍历右子树*/
    }
}
```

下面来介绍二叉树的非递归算法实现。

算法实现：从二叉树的根结点开始，访问根结点，然后将根结点的指针入栈，重复执行以下两个步骤：①如果该结点的左孩子结点存在，访问左孩子结点，并将左孩子结点的指针入栈，重复执行此操作，直到结点的左孩子不存在；②将栈顶的元素（指针）出栈，如果该指针指向的右孩子结点存在，则将当前指针指向右孩子结点。重复执行以上两个步骤，直到栈空为止。以上算法思想的执行流程如图 6-23 所示。

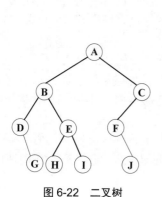

图 6-22　二叉树

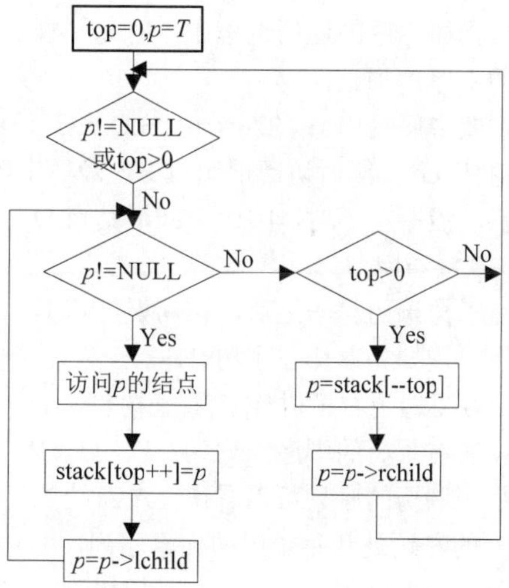

图 6-23　二叉树的先序遍历非递归算法执行流程图

二叉树的先序遍历非递归算法实现如下。

```
void PreOrderTraverse(BiTree T)
/*先序遍历二叉树的非递归实现*/
{
    BiTree stack[MAXSIZE];          /*定义一个栈,用于存放结点的指针*/
    int top;                        /*定义栈顶指针*/
    BitNode *p;                     /*定义一个结点的指针*/
    top=0;                          /*初始化栈*/
    p=T;
    while(p!=NULL||top>0)
    {
        while(p!=NULL)              /*如果p不空,则遍历左子树*/
        {
            printf("%2c",p->data);  /*访问根结点*/
            stack[top++]=p;         /*将p入栈*/
            p=p->lchild;            /*遍历左子树*/
        }
        if(top>0)                   /*如果栈不空*/
        {
            p=stack[--top];         /*栈顶元素出栈*/
            p=p->rchild;            /*遍历右子树*/
        }
    }
}
```

6.3.3 二叉树的中序遍历

二叉树的中序遍历的递归定义如下。

如果二叉树为空，则执行空操作。如果二叉树非空，则执行以下操作。

（1）中序遍历左子树。

（2）访问根结点。

（3）中序遍历右子树。

根据二叉树的中序递归定义，图 6-22 的二叉树的中序序列为：D、G、B、H、E、I、A、F、J、C。

在二叉树中序的遍历过程中，对每一棵二叉树重复执行以上的递归遍历操作，就可以得到二叉树的中序序列。

如果要中序遍历 A 的左子树{B,D,E,G,H,I}，根据中序遍历的递归定义，需要先中序遍历 B 的左子树{D,G}，然后访问根结点 B，最后中序遍历 B 的右子树为{E,H,I}。在子树{D,G}中，D 是根结点，没有左子树，因此访问根结点 D，接着遍历 D 的右子树，因为右子树只有一个结点 G，所以直接访问 G。

在左子树遍历完毕之后，访问根结点 B。最后要遍历 B 的右子树{E,H,I}，E 是子树{E,H,I}的根结点，需要先遍历左子树{H}，因为左子树只有一个 H，所以直接访问 H，然后访问根结点 E，最后要遍历右子树{I}，右子树也只有一个结点，所以直接访问 I，B 的右子树访问完毕。因此，A 的右子树的中序序列为：D、G、B、H、E 和 I。

从中序遍历的序列可以看出，A 左边的序列是 A 的左子树元素，右边是 A 的右子树序列。同样，B 的左边是其左子树的元素序列，右边是其右子树序列。根结点把二叉树的中序序列分为左右两棵子树序列，左边为左子树序列，右边是右子树序列。

依据二叉树的中序递归定义，可以得到二叉树的中序递归算法。

```
void InOrderTraverse(BiTree T)
/*中序遍历二叉树的递归实现*/
{
    if(T)                              /*如果二叉树不为空*/
    {
        InOrderTraverse(T->lchild);    /*中序遍历左子树*/
        printf("%2c",T->data);         /*访问根结点*/
        InOrderTraverse(T->rchild);    /*中序遍历右子树*/
    }
}
```

二叉树的中序遍历非递归算法实现：从二叉树的根结点开始，将根结点的指针入栈，执行以下两个步骤：①如果该结点的左孩子结点存在，将左孩子结点的指针入栈，重复执行此操作，直到结点的左孩子不存在；②将栈顶的元素（指针）出栈，并访问该指针指向的结点，如果该指针指向的右孩子结点存在，则将当前指针指向右孩子结点。重复执行以上①和②，直到栈空为止。以上算法思想的执行流程如图 6-24 所示。

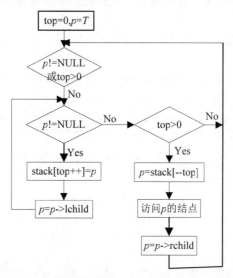

图 6-24 二叉树的中序遍历非递归算法执行流程图

二叉树的中序遍历非递归算法实现如下。

```
void InOrderTraverse(BiTree T)
/*中序遍历二叉树的非递归实现*/
{
BiTree stack[MAXSIZE];             /*定义一个栈,用于存放结点的指针*/
int top;                           /*定义栈顶指针*/
BitNode *p;                        /*定义一个结点的指针*/
top=0;                             /*初始化栈*/
p=T;
while(p!=NULL||top>0)
{
    while(p!=NULL)                 /*如果 p 不空,访问根结点,遍历左子树*/
    {
        stack[top++]=p;            /*将 p 入栈*/
        p=p->lchild;               /*遍历左子树*/
    }
    if(top>0)                      /*如果栈不空*/
    {
        p=stack[--top];            /*栈顶元素出栈*/
```

```
        printf("%2c",p->data);      /*访问根结点*/
        p=p->rchild;                /*遍历右子树*/
    }
  }
}
```

6.3.4　二叉树的后序遍历

二叉树的后序遍历的递归定义如下。

如果二叉树为空，则执行空操作。如果二叉树非空，则执行以下操作。

（1）后序遍历左子树。

（2）后序遍历右子树。

（3）访问根结点。

根据二叉树的后序递归定义，图 6-22 的二叉树的后序序列为：G、D、H、I、E、B、J、F、C、A。

在二叉树后序的遍历过程中，对每一棵二叉树重复执行以上的递归遍历操作，就可以得到二叉树的后序序列。

例如，如果要后序遍历 A 的左子树{B,D,E,G,H,I}，根据后序遍历的递归定义，需要先后序遍历 B 的左子树{D,G}，然后后序遍历 B 的右子树为{E,H,I}，最后访问根结点 B。在子树{D,G}中，D 是根结点，没有左子树，因此遍历 D 的右子树，因为右子树只有一个结点 G，所以直接访问 G，接着访问根结点 D。

在左子树遍历完毕之后，需要遍历 B 的右子树{E,H,I}，E 是子树{E,H,I}的根结点，需要先遍历左子树{H}，因为左子树只有一个 H，所以直接访问 H，然后遍历右子树{I}，右子树也只有一个结点，所以直接访问 I，最后访问子树{E,H,I}的根结点 E。此时，B 的左、右子树均访问完毕。最后访问结点 B。因此，A 的右子树的后序序列为：G、D、H、I、E 和 B。

依据二叉树的后序递归定义，可以得到二叉树的后序递归算法。

```
void PostOrderTraverse(BiTree T)
/*后序遍历二叉树的递归实现*/
{
    if(T)                                  /*如果二叉树不为空*/
    {
        PostOrderTraverse(T->lchild);      /*后序遍历左子树*/
        PostOrderTraverse(T->rchild);      /*后序遍历右子树*/
        printf("%2c",T->data);             /*访问根结点*/
    }
}
```

二叉树的后序遍历非递归算法实现：从二叉树的根结点开始，将根结点的指针入栈，执行以下两个步骤：①如果该结点的左孩子结点存在，将左孩子结点的指针入栈，重复执行此操作，直到结点的左孩子不存在；②取栈顶元素（指针）并赋给 p，如果 p->rchild==NULL 或 p->rchild=q，即 p 没有右孩子或右孩子结点已经访问过，则访问根结点，即 p 指向的结点，并用 q 记录刚刚访问过的结点指针，将栈顶元素退栈。如果 p 有右孩子且右孩子结点没有被访问过，则执行 p=p->rchild。重复执行以上①和②，直到栈空为止。以上算法思想的执行流程如图 6-25 所示。

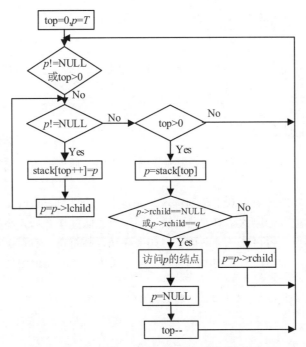

图 6-25 二叉树的后序遍历非递归算法执行流程图

二叉树的后序遍历非递归算法实现如下。

```
void PostOrderTraverse(BiTree T)
/*后序遍历二叉树的非递归实现*/
{
    BiTree stack[MAXSIZE];                      /*定义一个栈,用于存放结点的指针*/
    int top;                                    /*定义栈顶指针*/
    BitNode *p,*q;                              /*定义结点的指针*/
    top=0;                                      /*初始化栈*/
    p=T,q=NULL;                                 /*初始化结点的指针*/
    while(p!=NULL||top>0)
    {
        while(p!=NULL)                          /*如果 p 不空,则遍历左子树*/
        {
            stack[top++]=p;                     /*将 p 入栈*/
            p=p->lchild;                        /*遍历左子树*/
        }
        if(top>0)                               /*如果栈不空*/
        {
            p=stack[top-1];                     /*取栈顶元素*/
            if(p->rchild==NULL||p->rchild==q)   /*若 p 无右孩子,或右孩子已访问过*/
            {
                printf("%2c",p->data);          /*访问根结点*/
                q=p;
                p=NULL;
                top--;                          /*出栈*/
            }
            else
                p=p->rchild;                    /*遍历右子树*/
        }
    }
}
```

6.4 遍历二叉树的应用

二叉树的遍历应用非常广泛，本节主要介绍如何利用遍历二叉树的算法思想输出二叉树及计算二叉树的结点。

6.4.1 按层次输出二叉树

打印输出二叉树的方式有多种，可以按照先序、中序、后序的方式输出二叉树，还可以按层次输出二叉树。

按层次输出二叉树的结点可利用队列实现，先定义一个队列 queue，用来存放结点信息。从根结点出发，依次把每一层的结点入队，当一层结点入队完毕之后，将队头元素出队，输出该结点，然后判断结点是否存在左、右孩子，如果存在，则将左、右孩子入队。重复执行以上操作，直到队空为止。最后得到的输出序列就是按二叉树层次的输出序列。

按层次输出二叉树的算法实现如下。

```
void LevelPrint(BiTree T)
/*按层次输出二叉树*/
{
    BiTree queue[MaxSize];              /*定义一个队列,用于存放结点的指针*/
    BitNode *p;
    int front,rear;                     /*定义队列的队头指针和队尾指针*/
    front=rear=-1;                      /*队列初始化为空*/
    rear++;                            /*队尾指针加1*/
    queue[rear]=T;                      /*将根结点指针入队*/
    while(front!=rear)                  /*如果队列不为空*/
    {
        front=(front+1)%MaxSize;
        p=queue[front];                /*取出队头元素*/
        printf("%c",p->data);          /*输出根结点*/
        if(p->lchild!=NULL)            /*如果左孩子不为空,将左孩子结点指针入队*/
        {
            rear=(rear+1)%MaxSize;
            queue[rear]=p->lchild;
        }
        if(p->rchild!=NULL)            /*如果右孩子不为空,将右孩子结点指针入队*/
        {
            rear=(rear+1)%MaxSize;
            queue[rear]=p->rchild;
        }
    }
}
```

6.4.2 二叉树的计数

二叉树的计数也可以通过遍历二叉树来实现，关于二叉树计数的算法有求二叉树叶子结点的个数、非叶子结点的个数。

1. 计算二叉树叶子结点的个数

求二叉树叶子结点的个数递归定义如下。

$$leaf(T) = \begin{cases} 0, & T=NULL \\ 1, & T\text{的左右孩子均为空} \\ leaf(T\text{->}lchild)+leaf(T\text{->}rchild), & \text{其他情况} \end{cases}$$

含义为，当二叉树为空时，叶子结点个数为 0；当二叉树只有一个根结点时，根结点就是叶子结点，叶子结点个数为 1；其他情况下，计算左子树与右子树中叶子结点的和。由此可得到统计叶子结点个数的算法。

求二叉树叶子结点个数的算法实现如下。

```
int LeafNum(BiTree T)
/*求二叉树中叶子结点的个数*/
{
    if(!T)                                      /*如果是空二叉树,返回 0*/
      return 0;
    else if(!T->lchild&&!T->rchild)             /*如果左子树和右子树都为空,返回 1*/
      return 1;
    else
      return LeafNum(T->lchild)+LeafNum(T->rchild); /*将左子树与右子树叶子结点个数相加*/
}
```

2. 求二叉树的非叶子结点个数

二叉树的非叶子结点个数的递归定义如下。

$$NotLeaf(T) = \begin{cases} 0, & T=NULL \\ 0, & T\text{的左右孩子均为空} \\ NotLeaf(T\text{->}lchild)+NotLeaf(T\text{->}rchild)+1, & \text{其他情况} \end{cases}$$

含义为，当二叉树为空时，非叶子结点个数为 0；当二叉树只有根结点时，根结点为叶子结点，非叶子结点个数为 0；在其他情况下，非叶子结点个数为左子树与右子树中非叶子结点的个数再加 1（根结点）。

求二叉树中非叶子结点个数的算法实现如下。

```
int NotLeafNum(BiTree T)
/*求二叉树中非叶子结点的个数*/
{
    if(!T)                                      /*如果是空二叉树*/
      return 0;                                 /*则返回 0*/
    else if(!T->lchild&&!T->rchild)             /*如果是叶子结点*/
      return 0;                                 /*则返回 0*/
    else                                        /*如果是非叶子结点,也不是根结点*/
      return NotLeafNum(T->lchild)+NotLeafNum(T->rchild)+1;
                                                /*左右子树非叶子结点个数与根结点个数之和*/
}
```

3. 计算二叉树的所有结点数

二叉树的所有结点数的递归定义如下。

$$AllNodes(T) = \begin{cases} 0, & T=NULL \\ 1, & T\text{->}lchild=NULL\text{且}T\text{->}rchild=NULL \\ AllNodes(T\text{->}lchild)+AllNodes(T\text{->}rchild)+1, & \text{其他情况} \end{cases}$$

若二叉树为空，则结点个数为 0；在二叉树不空的情况下，若左、右子树为空，则结点数为 1；否则，二叉树的结点数为左、右子树的结点数之和加 1。

求二叉树中所有结点个数的算法实现如下。

```
int AllNodes(BiTree T)
```

```
/*求二叉树中所有结点的个数*/
{
    if(!T)                              /*如果是空二叉树*/
        return 0;                       /*则返回0*/
    else if(!T->lchild&&!T->rchild)     /*如果是叶子结点*/
        return 1;                       /*则返回1*/
      else                              /*如果是非叶子结点,也不是根结点*/
        return AllNodes(T->lchild)+AllNodes(T->rchild)+1;
                                        /*左右子树结点个数与根结点个数之和*/
}
```

4. 计算二叉树的深度

二叉树的深度递归定义如下。

$$depth(T) = \begin{cases} 0, & T\text{=NULL} \\ 1, & T\text{的左右孩子均为空} \\ max(depth(T\text{->lchild}),depth(T\text{->rchild}))+1, & \text{其他情况} \end{cases}$$

含义为，当二叉树为空时，其深度为 0；当二叉树只有根结点时，即结点的左、右子树均为空，二叉树的深度为 1；在其他情况下，求二叉树的左、右子树深度的最大值再加 1（根结点）。由此，得到二叉树的深度的算法如下。

```
int BitTreeDepth(BiTree T)
/*计算二叉树的深度*/
{
    if(T == NULL)           /*若二叉树为空*/
        return 0;           /*则深度为0*/
    return  BitTreeDepth(T->lchild)>BitTreeDepth(T->rchild)?1+BitTreeDepth(T->lchild):
1+BitTreeDepth(T->rchild);         /*深度为二叉树的左、右子树深度的最大值加1*/
    }
```

6.4.3　求叶子结点的最大最小枝长

求二叉树的所有叶子结点的最大枝长的递归模型如下。

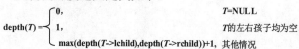

$$MaxLeaf(b) = \begin{cases} 0, & b\text{=NULL} \\ Max(MaxLeaf(b\text{->left}),MaxLeaf(b\text{->right}))+1, & b\neq\text{NULL} \end{cases}$$

求二叉树的所有叶子结点的最小枝长的递归模型如下。

$$MinLeaf(b) = \begin{cases} 0, & b\text{=NULL} \\ Min(MinLeaf(b\text{->left}),MinLeaf(b\text{->right}))+1, & b\neq\text{NULL} \end{cases}$$

相应的算法如下。

```
void MaxMinLeaf(BiTree T,int *max,int *min)
/*计算叶子结点的最大最小枝长*/
{
    int m1,m2,n1,n2;
    if(T==NULL)             /*二叉树为空,最大最小枝长为0*/
    {
        *max=0;
        *min=0;
    }
    else
    {
/*通过递归的方式分别求左右子树的最大枝长*/
```

```
        MaxMinLeaf(T->lchild,m1,n1);
        MaxMinLeaf(T->rchild,m2,n2);
        *max=(m1>m2?m1:m2)+1;
        *min=(m1<m2?m1:m2)+1;
    }
}
```

6.4.4　判断两棵二叉树是否相似

两棵二叉树 T_1 和 T_2 相似的定义是，或者 T_1 和 T_2 都是空树，或者 T_1 和 T_2 的根结点相似，且 T_1 和 T_2 的左子树和右子树都相似。

判断两棵二叉树是否相似可在用同样的次序遍历这两棵二叉树的过程中进行，因此可用递归算法实现。设 t1 和 t2 分别是指向二叉树 T_1 和 T_2 中当前结点的指针，初始时指向根结点。若 t1 和 t2 皆为空，则这两棵二叉树相似，返回 1；若 t1 和 t2 中有一个为空，而另一个不为空，则这两棵二叉树不相似，返回 0；否则遍历这两棵二叉树的左子树，检查是否相似，然后遍历右子树，检查是否相似。

```
intBiTree_Like(BiTree t1,BiTree t2)
/*判断两棵二叉树是否相似*/
{
    if(t1==NULL && t2==NULL)                         /*若两棵树均为空树,则相似*/
        return 1;
    if( (t1!=NULL && t2==NULL) || (t1==NULL && t2!=NULL))
    /*若两棵树中有一棵树为空树,一棵树不为空树,则不相似*/
        return 0 ;
    if(BiTree_Like(t1->lchild,t2->lchild))           /*若左子树相似*/
        return (BiTree_Like(t1->rchild,t2->rchild)); /*则两棵是否相似取决于右子树*/
    else
        return 0;
}
```

6.4.5　交换二叉树的左右子树

同样，在遍历二叉树的过程中也可以交换各个结点的左右子树。

```
Void BiTree_Swap(BiTree T)
/*交换二叉树的左右子树*/
{
    BiTree p;
    if(T!=NULL)
    if(T->lchild!=NULL || T->rchild!=NULL)   /*若 T 的两棵子树不同时为空,则交换两棵子树*/
    {
        p=T->lchild;
        T->lchild=T->rchild;
        T->rchild=p;
    }
    if(T->lchild!=NULL)     /*若 T 的左子树不为空,则将左子树的左右子树交换*/
        BiTree_Swap(T->lchild);
    if(T->rchild!=NULL)     /*若 T 的右子树不为空,则将右子树的左右子树交换*/
        BiTree_Swap(T->rchild);
}
```

注意：也可用后序遍历的方式实现交换左右两棵子树，但不宜用中序遍历的方式实现，这是因为若用中序遍历的算法，则仅交换了根结点的左右孩子。

6.4.6 求根结点到 r 结点之间的路径

假设二叉树采用二叉链表方式存储，root 指向根结点，r 所指结点为任一结点，试编写算法，求出从根结点到 r 结点之间的路径。

【分析】由于后序遍历的过程中，访问到 r 所指结点时，栈中所有结点均为 r 所指的祖先，这些祖先便构成了一条从根结点到 r 所指结点之间的路径，故可采用后序遍历。

```
void path(BiTree root, BitNode *r)
/*求根结点到 r 结点之间的路径*/
{
    BitNode *p,*q;
    int i,top=0;
    BitNode *s[StackSize];
    q=NULL;
    p=root;
    while(p!=NULL || top!=0)    /*若树或栈不为空*/
    {
        while(p!=NULL)
        /*遍历左子树*/
        {
            top++;
            if(top>=StackSize)
                exit(-1);
            s[top]=p;
            p=p->lchild;
        }
        if(top>0)                /*若栈不为空*/
        {
            p=s[top];
            if(p->rchild == NULL || p->rchild==q)/*若 p 的右孩子为空或右孩子已经被访问过*/
            {
                if(p==r)    /*找到 r 所指结点,则输出从根结点到 r 所指结点之间的结点*/
                {
                    for(i=1;i<=top;i++)
                        printf("%4d",s[i]->data);
                        top=0;
                }
                else
                {
                    q=p;       /*用 q 保存刚刚遍历过的结点*/
                    top--;
                    p=NULL;
                }
            }
            else
                p=p->rchild;        /*遍历右子树*/
        }
    }
}
```

本算法与后序非递归遍历二叉树算法唯一不同的地方是增加了如下语句。

```
if(p==r)    /*若找到 r 所指结点,则输出从根结点到 r 所指结点之间的结点*/
{
    for(i=1;i<=top;i++)
        printf("%4d",s[i]->data);
    top=0;
}
```

意即，如果找到 r 所指结点，则输出从根结点到 r 所指结点的路径。

6.5　线索二叉树

采用二叉链表作为二叉树的存储结构，只能找到结点的左、右孩子结点，而不能直接找到该结点的直接前驱和后继结点信息，这种信息只能在对二叉树的遍历过程中才能找到，显然这并不是最直接、最简便的方法。为了能快速找到任何一个结点的直接前驱和直接后继信息，需要对二叉树进行线索化。

6.5.1　什么是线索化二叉树

为了在遍历二叉树的过程中能直接找到任何一个结点的直接前驱结点或者直接后继结点，可在二叉链表结点中增加两个指针域，一个用来指示结点的前驱，另一个用来指示结点的后继。如果这样做，需要为每个结点增加两个域的存储单元，也会使结点结构的利用率大大下降。

在二叉链表的存储结构中，n 个结点的二叉链表具有 $n+1$ 个空指针域（根据二叉树的分支特点，分支数目为 $B=n-1$，即非空链域为 $n-1$ 个，故空链域有 $2n-(n-1)=n+1$ 个）。

因此，可以利用这些空指针域存放结点的直接前驱和直接后继的信息。假定，若结点存在左子树，则指针域 lchild 指示其左孩子结点，否则指针域 lchild 指示其直接前驱结点；若结点存在右子树，则指针域 rchild 指示其右孩子结点，否则指针域 rchild 指示其直接后继结点。

另外增加两个标志域 ltag 和 rtag，分别用来区分指针域指向的是左孩子结点还是直接前驱结点，右孩子结点还是直接后继结点，这样的结点存储结构如图 6-26 所示。

lchild	ltag	data	rtag	rchild

前驱结点　　　　　　　　　后继结点
标志域　　　　　　　　　　标志域

图 6-26　结点的存储结构

当 ltag=0 时，lchild 指示结点的左孩子；当 ltag=1 时，lchild 指示结点的直接前驱结点。当 rtag=0 时，rchild 指示结点的右孩子；当 rtag=1 时，rchild 指示结点的直接后继结点。

由这种存储结构构成的二叉链表称为二叉树的线索二叉树。采用这种存储结构的二叉链表称为线索链表。其中，指向结点直接前驱和直接后继的指针称为线索。在二叉树的先序遍历过程中，加上线索之后，得到先序线索二叉树。同理，在二叉树的中序（后序）遍历过程中，加上线索之后，得到中序（后序）线索二叉树。二叉树按照某种遍历方式使二叉树变为线索二叉树的过程称为二叉树的线索化。如图 6-27 所示就是将二叉树进行先序、中序和后序遍历得到的线索二叉树。

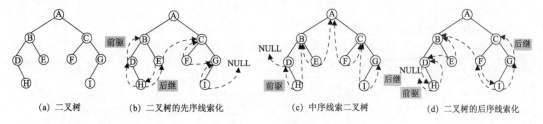

(a) 二叉树　　　(b) 二叉树的先序线索化　　　(c) 中序线索二叉树　　　(d) 二叉树的后序线索化

图 6-27　二叉树的线索化

线索二叉树的存储结构类型描述如下。

```
typedef enum {Link,Thread}PointerTag;
                    /*Link=0 表示指向孩子结点,Thread=1 表示指向前驱结点或后继结点*/
typedef struct Node    /*线索二叉树存储结构类型定义*/
```

```
{
    DataType data;                      /*数据域*/
    struct Node *lchild,rchild;         /*指向左孩子结点的指针和右孩子结点的指针*/
    PointerTag ltag,rtag;               /*标志域*/
}*BiThrTree,BiThrNode;
```

6.5.2 线索二叉树

在二叉树遍历的过程中，可得到结点的前驱信息和后继信息，同时将结点的空指针域修改为其直接前驱或直接后继信息。因此，二叉树的线索化就是对二叉树的遍历过程。这里以二叉树的中序线索化为例介绍二叉树的线索化。

为了便于算法操作，在二叉链表中增加一个头结点。头结点的数据域可以存放二叉树的结点信息，也可以为空。令头结点的指针域 lchild 指向二叉树的根结点，指针域 rchild 指向二叉树中序遍历时的最后一个结点，二叉树中的第一个结点的线索指针指向头结点。在初始化时，使二叉树的头结点指针域 lchild 和 rchild 均指向头结点，并将头结点的标志域 ltag 置为 Link，标志域 rtag 置为 Thread。

线索化后的二叉树像一个循环链表，既可以从线索二叉树中的第一个结点出发沿着结点的后继线索指针遍历整个二叉树，也可以从线索二叉树的最后一个结点出发沿着结点的前驱线索指针遍历整个二叉树。经过线索化的二叉树及存储结构如图 6-28 所示。

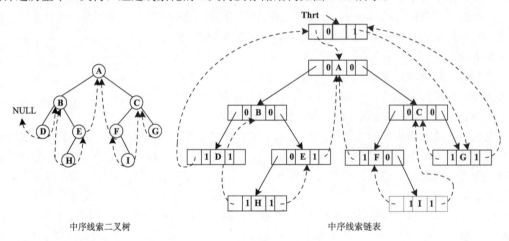

中序线索二叉树   中序线索链表

图 6-28　中序线索二叉树

中序线索二叉树的算法实现如下。

```
BiThrTree pre;                            /*pre 始终指向已经线索化的结点*/
int InOrderThreading(BiThrTree *Thrt,BiThrTree T)
/*通过中序遍历二叉树 T，使 T 中序线索化。Thrt 是指向头结点的指针*/
{

    if(!(*Thrt=(BiThrTree)malloc(sizeof(BiThrNode))))  /*为头结点分配内存单元*/
        exit(-1);
    /*将头结点线索化*/
    (*Thrt)->ltag=Link;                   /*修改前驱线索标志*/
    (*Thrt)->rtag=Thread;                 /*修改后继线索标志*/
    (*Thrt)->rchild=*Thrt;                /*将头结点的 rchild 指针指向自己*/
    if(!T)                                /*如果二叉树为空，则将 lchild 指针指向自己*/
        (*Thrt)->lchild=*Thrt;
```

```
    else
    {
        (*Thrt)->lchild=T;              /*将头结点的左指针指向根结点*/
        pre=*Thrt;                      /*将pre指向已经线索化的结点*/
        InThreading(T);                 /*中序遍历进行中序线索化*/
        /*将最后一个结点线索化*/
        pre->rchild=*Thrt;              /*将最后一个结点的右指针指向头结点*/
        pre->rtag=Thread;               /*修改最后一个结点的rtag标志域*/
        (*Thrt)->rchild=pre;            /*将头结点的rchild指针指向最后一个结点*/
    }
    return 1;
}
void InThreading(BiThrTree p)
/*二叉树的中序线索化*/
{
    if(p)
    {
        InThreading(p->lchild);         /*左子树线索化*/
        if(!p->lchild)                  /*前驱线索化*/
        {
            p->ltag=Thread;
            p->lchild=pre;
        }
        if(!pre->rchild)                /*后继线索化*/
        {
            pre->rtag=Thread;
            pre->rchild=p;
        }
        pre=p;                          /*pre指向的结点线索化完毕,使p指向的结点成为前驱*/
        InThreading(p->rchild);         /*右子树线索化*/
    }
}
```

6.5.3　遍历线索二叉树

遍历线索二叉树，就是根据线索查找结点的前驱和后继。

1. 在中序线索二叉树中查找结点的直接前驱

在中序线索二叉树中，结点 *p（即指针 p 指向的结点）的直接前驱就是其左子树的最右下端结点。若 p->ltag=1，那么 p->lchild 指向的结点就是 p 的直接前驱结点。例如，如图 6-28 所示的二叉树中，结点 I 的前驱标志域为 1，即 Thread，则直接前驱为 F，即 lchild 指向的结点。如果 p->ltag=0，对于结点 C，它的直接前驱为 I，即结点 C 的左子树的最右下端结点。查找结点的直接前驱的算法实现如下。

```
BiThrNode *InOrderPre(BiThrNode *p)
/*在中序线索树中找结点*p的直接前趋*/
{
    BiThrNode *pre;
    if (p->ltag==Thread)            /*如果p的标志域ltag为线索,则p的左子树结点即为前驱*/
        return p->lchild;
    else
    {
        pre=p->lchild;              /*查找p的左孩子的最右下端结点*/
        while (pre->rtag==Link)     /*右子树非空时,沿右链往下查找*/
            pre=pre->rchild;
```

```
        return pre;                    /*pre 就是最右下端结点*/
    }
}
```

2. 在中序线索二叉树中查找结点的直接后继

在中序线索二叉树中，查找结点*p 的中序直接后继与查找结点的直接前驱类似。若 p->rtag=1，那么 p->rchild 指向的结点就是 p 的直接后继结点。例如，在图 6-28 中，结点 E 的后继标志域为 1，即 Thread，则其直接后继为 A，即 rchild 指向的结点。若 p->rtag=0，对于结点 A，它的直接后继为 F，即 A 的右子树的最左下端结点。

```
BiThrNode *InOrderPost(BiThrNode *p)
/*在中序线索树中查找结点*p 的直接后继*/
{
    BiThrNode *pre;
    if (p->rtag==Thread)           /*如果 p 的标志域 ltag 为线索,则 p 的右子树结点即为后继*/
        return p->rchild;
    else
    {
        pre=p->rchild;             /*查找 p 的右孩子的最左下端结点*/
        while (pre->ltag==Link)    /*左子树非空时,沿左链往下查找*/
            pre=pre->lchild;
        return pre;                /*pre 就是最左下端结点*/
    }
}
```

3. 中序遍历线索二叉树

中序遍历线索二叉树可分为 3 步：第 1 步，从根结点出发，找到二叉树的最左下端结点并访问；第 2 步，判断该结点的右标志域是否为线索指针，若为线索指针即 p->rtag==Thread，表明 p->rchild 指向的是后继结点，则将指针移动到右孩子结点，并访问右孩子结点；第 3 步，将当前指针指向该右孩子结点。重复执行以上 3 步，就可访问完二叉树中的所有结点。中序遍历线索二叉树的过程，就是线索查找后继和查找右子树的最左下端结点的过程。

```
intInOrderTraverse(BiThrTreeT,int (* visit)(BiThrTree e))
/*中序遍历线索二叉树.其中 visit 是函数指针,指向访问结点的函数实现*/
{
    BiThrTree p;
    p=T->lchild;                              /*p 指向根结点*/
    while(p!=T)                               /*空树或遍历结束时,p==T*/
    {
        while(p->ltag==Link)
            p=p->lchild;
        if(!visit(p))                         /*若已遍历完所有结点*/
            return 0;                         /*则返回 0*/
        while(p->rtag==Thread&&p->rchild!=T)  /*若标志域为线索指针,则访问后继结点*/
        {
            p=p->rchild;                      /*移动到右孩子结点*/
            visit(p);                         /*访问右孩子结点*/
        }
        p=p->rchild;                          /*指向该右孩子结点*/
    }
    return 1;
}
```

由此可得出结论：对于中序线索二叉树，若 ltag =0，则直接前驱为左子树的最右下端结点；若 rtag=0，则其直接后继为右子树的最左下端结点。

6.6 树、森林与二叉树

树、森林和二叉树作为树的类型，它们之间是可以相互转换的。

6.6.1 树转换为二叉树

树的孩子兄弟表示和二叉树的二叉链表在存储方式上是相同的，也就是说，从它们的相同的物理结构可以得到一棵树，也可以得到一棵二叉树。树与二叉树的存储结构如图 6-29 所示。

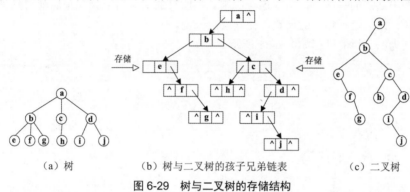

（a）树　　　　　（b）树与二叉树的孩子兄弟链表　　　　（c）二叉树

图 6-29 树与二叉树的存储结构

树如何转换为二叉树呢？我们知道，一棵树的结点没有左右之分，而二叉树的结点有左右孩子之分。为了表述方便，约定树中的每一个孩子结点按照从左至右的顺序编号。例如，图 6-29 中结点 a 有 3 个孩子结点 b、c 和 d，约定 b 为 a 的第 1 个孩子结点，c 是 a 的第 2 个孩子结点，d 是 a 的第 3 个孩子结点。

将一棵树转换为二叉树的步骤如下。

（1）加线。在所有兄弟结点之间加一条连线。

（2）去线。对树中的每个结点，只保留每个结点与它的第一个孩子结点间的连线，删除它与其他孩子结点的连线。

（3）调整。以树的根结点为轴心，将整棵树顺时针旋转一定的角度，使其结构层次分明。第一个孩子为二叉树中结点的左孩子，兄弟转换过来的孩子为右孩子。

图 6-30 给出了树转换为二叉树的过程。

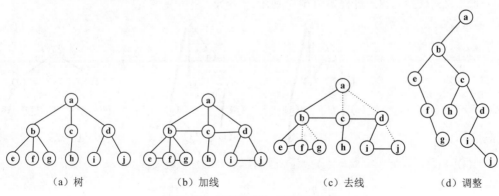

（a）树　　　　　　（b）加线　　　　　　（c）去线　　　　　　（d）调整

图 6-30 将树转换为二叉树的过程

树转换为对应的二叉树后，树中每个结点的第1个孩子变为二叉树的左孩子结点，第2个孩子结点变为第1个孩子结点的右孩子结点，第3个孩子结点变为第2个孩子结点的右孩子结点。

6.6.2 森林转换为二叉树

森林是若干棵树组成的集合。森林也可以转换为对应的二叉树，方法如下。

（1）把森林中的每棵树都转换为二叉树。

（2）第一棵二叉树保持不动，从第二棵二叉树开始，依次把后一棵二叉树的根结点作为前一棵二叉树的根结点的右孩子，用线连接起来。当所有的二叉树连接起来后就得到了由森林转换来的二叉树，最后进行相应的调整，使其层次分明。

森林转换为二叉树的过程如图 6-31 所示。

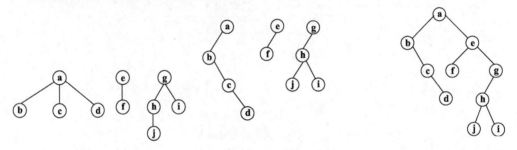

（a）森林　　　　（b）森林中每棵树转换为二叉树　　（c）将所有二叉树转换为一棵二叉树

图 6-31　森林转换为二叉树的过程

6.6.3 二叉树转换为树和森林

二叉树转换为树或者森林，就是将树和森林转换为二叉树的逆过程。把一棵二叉树转换为树的方法如下。

（1）加线。若某结点的左孩子结点存在，则将该结点的左孩子的右孩子结点、右孩子的右孩子结点都与该结点用线条连接。

（2）去线。删除原二叉树中所有结点与右孩子结点的连线。

（3）调整。使结构层次分明。

一棵二叉树转换为树的过程如图 6-32 所示。

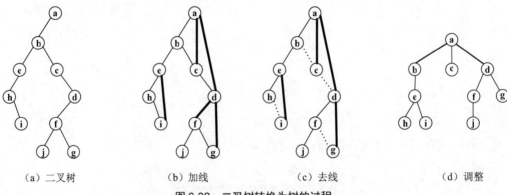

（a）二叉树　　　　（b）加线　　　　（c）去线　　　　（d）调整

图 6-32　二叉树转换为树的过程

与二叉树转换为树的方法类似，二叉树转换为森林的过程如图 6-33 所示。

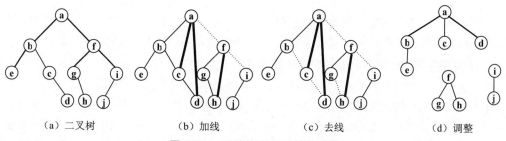

（a）二叉树　　　　　（b）加线　　　　　（c）去线　　　　　（d）调整

图 6-33 二叉树转换为森林的过程

6.6.4 树和森林的遍历

与二叉树的遍历类似，树和森林的遍历也是按照某种规律对树或者森林中的每个结点进行访问，且仅访问一次的操作。

1. 树的遍历

通常情况下，按照访问树中根结点的先后次序，树的遍历方式分为先根遍历和后根遍历两种。先根遍历的步骤如下。

（1）访问根结点。

（2）按照从左到右的顺序依次先根遍历每一棵子树。

例如，如图 6-32 所示树后根遍历后得到的结点序列是 e、f、g、b、h、c、i、j、d、a。

后根遍历的步骤如下。

（1）按照从左到右的顺序依次后根遍历每一棵子树。

（2）访问根结点。

例如，如图 6-32 所示树后根遍历后得到的结点序列是 h、i、e、b、c、j、f、g、d、a。

2. 森林的遍历

森林的遍历方法有先序遍历和中序遍历两种。

先序遍历森林的方法如下。

（1）访问森林中第一棵树的根结点。

（2）先序遍历第一棵树的根结点的子树。

（3）先序遍历森林中剩余的树。

例如，如图 6-33 所示森林先序遍历得到的结点序列是 a、b、e、c、d、f、g、h、i、j。

中序遍历森林的方法如下。

（1）中序遍历第一棵树的根结点的子树。

（2）访问森林中第一棵树的根结点。

（3）中序遍历森林中剩余的树。

例如，如图 6-33 所示森林中序遍历得到的结点序列是 e、b、c、d、a、g、h、f、j、i。

从森林与二叉树之间的转换规则可知，当森林转换为二叉树时，其第一棵树的子树森林转换为左子树，剩余的树的森林转换为右子树。上述森林的先序和中序遍历即为其对应二叉树的先序和中序遍历。

6.6.5　树与二叉树应用举例

任何一棵二叉树只有唯一的先序、中序和后序序列，反过来，已知先序和中序序列、中序和后序序列、先序和后序序列，能唯一确定一棵二叉树吗？下面就来探讨这个问题。

1. 由先序序列和中序序列唯一确定一棵二叉树

先序遍历二叉树时，需要先访问根结点，然后先序遍历左子树，最后先序遍历右子树。因此，在二叉树的先序遍历过程中，根结点一定是第一个访问的结点。在中序遍历二叉树时，先中序遍历左子树，然后是根结点，最后遍历右子树。因此，在二叉树的中序序列中，根结点位于左右子树序列的中间，把序列分为两部分，左边序列为左子树结点，右边序列是右子树结点。

根据先序序列的左子树部分和中序序列的左子树部分，左子树的根结点可继续将中序序列分为左子树和右子树两个部分，以此类推，就可以构造出二叉树。

设结点的先序序列为（A,B,C,D,E,F,G），中序序列为（C,B,A,E,F,D,G），图 6-34 给出了确定二叉树的过程。

在先序序列的第一个结点一定是根结点，故 A 为根结点，则 A 的左子树为{B，C}，右子树为{D，E，F，G}，再观察先序序列和中序序列，对于 A 的左子树来说，先序序列为 B、C，中序序列为 C、B，B 一定是 C 的根结点，而 C 一定是 B 的左孩子，故现在就画出了 A 的左子树。

现在再观察 A 的右子树，右子树先序序列为 D、E、F、G，中序序列为 E、F、D、G，则 D 一定是这棵子树的根结点，那么 E、F 就是 D 的左子树，G 为 D 的右子树。再观察 D 的左子树先序序列和中序序列，E 为 F 的根，F 为右子树，这样就构造出了整棵二叉树。

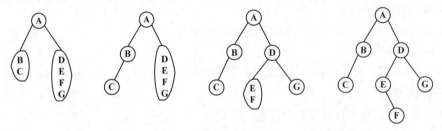

图 6-34　由先序序列和中序序列确定的二叉树过程

由先序序列和中序序列构造二叉树的算法实现如下。

```
void CreateBiTree1(BiTree *T,char *pre,char *in,int len)
/*由先序序列和中序序列构造二叉树*/
{
    int k;
    char *temp;
    if(len<=0)
    {
        *T=NULL;
        return;
    }
    *T=(BitNode*)malloc(sizeof(BitNode));        /*生成根结点*/
    (*T)->data=*pre;
    for(temp=in;temp<in+len;temp++)              /*在中序序列 in 中找到根结点所在的位置*/
        if(*pre==*temp)
            break;
    k=temp-in;                                   /*左子树的长度*/
    CreateBiTree1(&((*T)->lchild),pre+1,in,k);   /*建立左子树*/
```

```
        CreateBiTree1(&((*T)->rchild),pre+1+k,temp+1,len-1-k);        /*建立右子树*/
}
```

2. 由中序序列和后序序列唯一确定一棵二叉树

由中序序列和后序序列也可以唯一确定一棵二叉树。后序遍历二叉树的顺序是先后序遍历左子树，接着后序遍历右子树，最后是访问根结点。因此，在二叉树的后序序列中，最后一个结点元素一定是根结点。在中序遍历二叉树的过程中，先中序遍历左子树，然后是根结点，最后遍历右子树。因此，在二叉树的中序序列中，根结点将中序序列分为左子树序列和右子树序列两部分。由中序序列的左子树结点个数，通过扫描后序序列，可以将后序序列分为左子树序列和右子树序列。以此类推，就可以构造出二叉树。

设结点的中序序列为(C,E,B,D,A,H,G,I,F)，后序序列为(E,C,D,B,H,I,G,F,A)，图 6-35 给出了唯一确定一棵二叉树的过程。

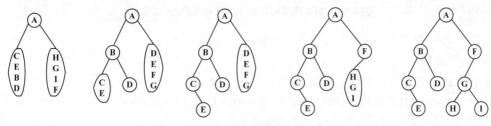

图 6-35 由中序序列和后序序列确定二叉树的过程

由后序序列可知，A 为二叉树的根结点，左子树为{C,E,B,D}，右子树为{H,G,I,F}，然后再观察 A 的左子树的中序序列和后序序列，从后序序列可知 B 为该子树的根结点，再由中序序列，{C,E}为 B 的左子树，D 为 B 的右孩子，还按照上述方法，继续由 B 的左子树的中序序列和后序序列可知，再根据中序序列得知 C 为 E 的根结点，再由中序序列可知 E 为 C 的右子树，这样就构造出了 A 的左子树。

下面来构造 A 的右子树，因 A 的右子树中序序列为 H、G、I、F，后序序列为 H、I、G、F，则 A 的右子树的根结点为 F，即后序序列的最后一个结点，再根据其左子树序列，左子树为{H,G,I}，F 没有右子树。然后再根据 F 的左子树的后序序列 H，G，I 可知，F 左子树根结点为 G，再由中序序列可知 H 为 G 的左孩子，I 为 G 的右孩子。这样就构造出了 A 的右子树。

由中序序列和后序序列构造二叉树的算法如下。

```
void CreateBiTree2(BiTree *T,char *in,char *post,int len)
/*由中序序列和后序序列构造二叉树*/
{
    int k;
    char *temp;
    if(len<=0)
    {
        *T=NULL;
        return;
    }
    for(temp=in;temp<in+len;temp++)            /*在中序序列 in 中找到根结点所在的位置*/
        if(*(post+len-1)==*temp)
        {
            k=temp-in;                          /*左子树的长度*/
            (*T)=(BitNode*)malloc(sizeof(BitNode));
            (*T)->data =*temp;
            break;
```

```
    }
    CreateBiTree2(&((*T)->lchild),in,post,k);              /*建立左子树*/
    CreateBiTree2(&((*T)->rchild),in+k+1,post+k,len-k-1);  /*建立右子树*/
}
```

3. 由先序序列和后序序列不能唯一确定二叉树

那么，给定先序序列和后序序列可以唯一确定一棵二叉树吗？答案是不能。假设有一个先序序列为(A,B,C)，一个后序序列为(C,B,A)，可以构造出两棵树，如图 6-36 所示。

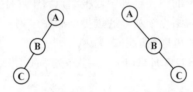

图 6-36 由先序序列和后序序列确定的两棵二叉树

由此可知，给定先序序列和后序序列不能唯一确定二叉树。

4. 程序举例

【例 6-3】编写算法，已知先序序列(E,B,A,D,C,F,H,G,I,K,J)和中序序列(A,B,C,D,E,F,G,H,I,J,K)或给出中序序列(A,B,C,D,E,F,G,H,I,J,K)和后序序列(A,C,D,B,G,J,K,I,H,F,E)，构造一棵二叉树。

```
void PrintLevel(BiTree T)
/*按层次输出二叉树的结点*/
{
    BiTree Queue[MaxSize];
    int front,rear;
    if(T==NULL)
        return;
    front=-1;                              /*初始化队列*/
    rear=0;
    Queue[rear]=T;
    while(front!=rear)                     /*如果队列不空*/
    {
        front++;                           /*将队头元素出队*/
        printf("%4c",Queue[front]->data);  /*输出队头元素*/
        if(Queue[front]->lchild!=NULL)     /*如果队头元素的左孩子结点不为空,则将左孩子入队*/
        {
            rear++;
            Queue[rear]=Queue[front]->lchild;
        }
        if(Queue[front]->rchild!=NULL)     /*如果队头元素的右孩子结点不为空,则将右孩子入队*/
        {
            rear++;
            Queue[rear]=Queue[front]->rchild;
        }
    }
}
void PrintTLR(BiTree T)
/*先序输出二叉树的结点*/
{
    if(T!=NULL)
    {
        printf("%4c",T->data);             /*输出根结点*/
        PrintTLR(T->lchild);               /*先序遍历左子树*/
        PrintTLR(T->rchild);               /*先序遍历右子树*/
    }
```

```
}
void PrintLRT(BiTree T)
/*后序输出二叉树的结点*/
{
    if (T!=NULL)
    {
        PrintLRT(T->lchild);           /*先序遍历左子树*/
        PrintLRT(T->rchild);           /*先序遍历右子树*/
        printf("%4c",T->data);         /*输出根结点*/
    }
}
void Visit(BiTree T,BiTree pre,char e,int i)
/*访问结点 e*/
{
    if(T==NULL&&pre==NULL)
    {
        printf("\n对不起！你还没有建立二叉树,先建立再进行访问！\n");
        return;
    }
    if(T==NULL)
        return;
    else if(T->data==e)                /*如果找到结点 e,则输出结点的双亲结点*/
    {
        if(pre!=NULL)
        {
            printf("%2c 的双亲结点是:%2c\n",e,pre->data);
            printf("%2c 结点在%2d 层上\n",e,i);
        }
        else
            printf("%2c 位于第 1 层,无双亲结点！\n",e);
    }
    else
    {
        Visit(T->lchild,T,e,i+1);      /*遍历左子树*/
        Visit(T->rchild,T,e,i+1);      /*遍历右子树*/
    }
}
```

程序的运行结果如图 6-37 所示。由先序序列和中序序列确定的二叉树如图 6-38 所示。

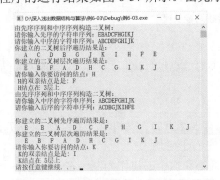

图 6-37　由给定序列构造二叉树运行结果

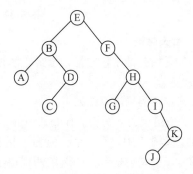

图 6-38　由先序序列和中序序列确定的二叉树

6.7　综合案例：哈夫曼树

哈夫曼（Huffman）树又称最优二叉树。它是一种带权路径长度最短的树，应用非常广泛。

本节主要介绍什么是哈夫曼树、哈夫曼编码及哈夫曼编码算法的实现。

6.7.1 什么是哈夫曼树

在介绍什么是哈夫曼树之前，先来了解以下几个概念。

1. 路径和路径长度

路径是指在树中从一个结点到另一个结点所走过的路程。路径长度是一个结点到另一个结点之间的分支数目。树的路径长度是指从树的树根到每一个结点的路径长度的和。

2. 树的带权路径长度

结点的带权路径长度为从该结点到树根之间的路径长度与结点上权的乘积。树的带权路径长度为树中所有叶子结点的带权路径长度之和，通常记作 $\text{WPL}=\sum_{i=1}^{n} w_i \times l_i$，其中，$n$ 是树中叶子结点的个数，w_i 是第 i 个叶子结点的权值，l_i 是第 i 个叶子结点的路径长度。

例如，图 6-39 所示的二叉树的带权路径长度分别是 WPL=$7\times2+5\times2+2\times2+4\times2=36$、WPL=$4\times2+7\times3+5\times3+2\times1=46$、WPL=$7\times1+5\times2+2\times3+4\times3=35$，因此，第 3 棵树的带权路径长度最小，即其带权路径长度在所有带权为 7、5、2、4 的 4 个叶子结点的二叉树中最小，它其实就是一棵哈夫曼树。

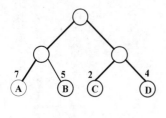
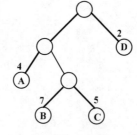
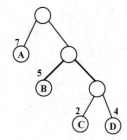

（a）带权路径长度为 36　　　　（b）带权路径长度为 46　　　　（c）带权路径长度为 35

图 6-39　二叉树的带权路径长度

3. 哈夫曼树

哈夫曼树就是带权路径长度最小的树，权值越小的结点越远离根结点，权值越大的结点越靠近根结点。

哈夫曼树的构造算法如下。

（1）由给定的 n 个权值 $\{w_1,w_2,\cdots,w_n\}$ 构成 n 棵只有根结点的二叉树集合 $F=\{T_1,T_2,\cdots,T_n\}$，其中每棵二叉树 T_i 中只有一个权值为 w_i 的根结点，其左右子树均为空。

（2）在二叉树集合 F 中选取两棵根结点的权值最小和次小的树作为左、右子树构造一棵新的二叉树，新二叉树的根结点的权重为这两棵子树根结点的权重之和。

（3）在二叉树集合 F 中删除这两棵二叉树，并将新得到的二叉树加入到集合 F 中。

（4）重复步骤（2）和（3），直到集合 F 中只剩下一棵二叉树为止。这棵二叉树就是哈夫曼树。

例如，假设给定一组权值 $\{2,3,6,8\}$，按照哈夫曼构造的算法对集合的权重构造哈夫曼树的过程如图 6-40 所示。

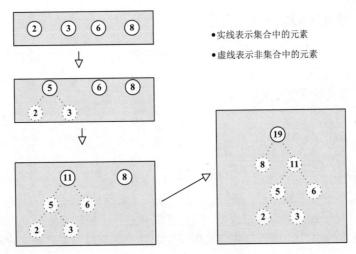

图 6-40 哈夫曼树构造过程

6.7.2 哈夫曼编码

在电报的传输过程中，需将传送的文字转换成由二进制的字符组成的字符串。例如，假设需传送的电文为"ABACCDA"，它只有 4 种字符，只需使用两个字符构成的串就可表示该电文。假设 A、B、C、D 的编码分别为 00、01、10、11，则上述 7 个字符的电文便为"00010010101100"，总长 14 位，对方接收后可按两位分隔进行译码。

当然，在传送电文时，希望电文的长度尽可能短。如果每个字符按照长度不等进行编码，将出现频率高的字符采用尽可能短的编码，则电文的代码长度就会减少。如果设计 A、B、C、D 的编码分别为 0、00、1 和 01，则上述 7 个字符的电文可转换为总长为 9 的字符串"000011010"。但是这样的电文无法翻译，例如，传送过去的字符串中前 4 个字符子串"0000"就可能有多种译法，可能是"AAAA"，也可能是"ABA"还可能是"BB"，因此，所设计的长短不等的编码必须满足任一个字符的编码都不是另一个字符的编码的前缀的要求，这样的编码称为前缀编码。

二叉树可以用来设计二进制的前缀编码。假设如图 6-41 所示的二叉树，其 4 个叶子结点分别表示 a、b、c、d 这 4 个字符，且约定的左孩子分支为 0，右孩子分支为 1，从根结点到每个叶子结点经过的分支组成的 0 和 1 序列就是结点的前缀编码。字符 a 的编码为 0，字符 b 的编码为 110，字符 c 的编码为 111，字符 d 的编码为 10。

那又如何得到使电文长度最短的二进制前缀编码呢？具体构造方法如下。

假设需要编码的字符集合为 $\{c_1, c_2, \cdots, c_n\}$，相应地，字符在电文中的出现次数为 $\{w_1, w_2, \cdots, w_n\}$，以字符 c_1、c_2、$\cdots$、c_n 作为叶子结点，以 w_1、w_2、$\cdots$、w_n 为对应叶子结点的权值构造一棵二叉树，按照以上构造方法，假设字符集合为 $\{a,b,c,d\}$，其各个字符相应的出现次数为 $\{4,1,1,2\}$，则这些字符作为叶子结点构成的哈夫曼树如图 6-41 所示。

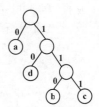

图 6-41 哈夫曼树

因此，可以得到电文 abdaacda 的哈夫曼编码为 01101000111100，共 13 个二进制字符。这样就保证了电文的编码达到最短。

6.7.3　哈夫曼编码算法的实现

【例6-3】假设一个字符序列为{a,b,c,d}，对应的权重为{2,3,6,8}。试构造一棵哈夫曼树，然后输出相应的哈夫曼编码。

【分析】哈夫曼树的类型定义如下。

```
typedef struct                        /*哈夫曼树类型定义*/
{
    unsigned int weight;
    unsigned int parent,lchild,rchild;
}HTNode,*HuffmanTree;
typedef char **HuffmanCode;           /*存放哈夫曼编码*/
```

HuffmanCode 为一个二级指针，相当于二维数组，用来存放每一个叶子结点的哈夫曼编码。初始时，将每一个叶子结点的双亲结点域、左孩子域和右孩子域初始化为0。若有 n 个叶子结点，则非叶子结点有 $n-1$ 个，所以总共结点数目是 $2n-1$ 个。同时也要将剩下的 $n-1$ 个双亲结点域初始化为0，这主要是为了查找权值最小的结点方便。

依次选择两个权值最小的结点 s1 和 s2 分别作为左子树结点和右子树结点，并为其双亲结点赋予一个地址，双亲结点的权值为 s1 和 s2 的权值之和。修改它们的 parent 域，使它们指向同一个双亲结点，双亲结点的左子树为权值最小的结点，右子树为权值次小的结点。重复执行这种操作 $n-1$ 次，即求出 $n-1$ 个非叶子结点的权值。这样就构造出了一棵哈夫曼树。代码如下。

```
/*构造哈夫曼树HT*/
for(i=n+1;i<=m;i++)
{
    Select(HT,i-1,&s1,&s2);
    (*HT)[s1].parent=(*HT)[s2].parent=i;
    (*HT)[i].lchild=s1;
    (*HT)[i].rchild=s2;
    (*HT)[i].weight=(*HT)[s1].weight+(*HT)[s2].weight;
}
```

求哈夫曼编码的方式有两种，即从根结点开始到叶子结点正向求哈夫曼编码和从叶子结点到根结点逆向求哈夫曼编码，这里只给出从根结点出发到叶子结点求哈夫曼编码的算法，其算法思想为，从编号为 $2n-1$ 的结点开始，即根结点开始，依次通过判断左孩子和右孩子是否存在进行编码，若左孩子存在则编码为0，若右孩子存在则编码为1；同时，利用 weight 域作为结点是否已经访问的标志位，若左孩子结点已经访问则将相应的 weight 域置为1，若右孩子结点也已经访问过则将相应的 weight 域置为2，若左孩子和右孩子都已经访问过则回退至双亲结点。按照这个思路，直到所有结点都已经访问过，并回退至根结点，算法结束。

从根结点到叶子结点求哈夫曼编码的算法实现如下。

```
void HuffmanCoding(HuffmanTree *HT,HuffmanCode *HC,int *w,int n)
/*构造哈夫曼树HT,并从根结点到叶子结点求哈夫曼编码并保存在 HC 中*/
{
    int s1,s2,i,m;
    unsigned int r,cdlen;
    char *cd;
    HuffmanTree p;
    if(n<=1)
        return;
    m=2*n-1;
```

```
*HT=(HuffmanTree)malloc((m+1)*sizeof(HTNode));
for(p=*HT+1,i=1;i<=n;i++,p++,w++)
{
    (*p).weight=*w;
    (*p).parent=0;
    (*p).lchild=0;
    (*p).rchild=0;
}
for(;i<=m;++i,++p)
    (*p).parent=0;
/*构造哈夫曼树HT*/
for(i=n+1;i<=m;i++)
{
    Select(HT,i-1,&s1,&s2);
    (*HT)[s1].parent=(*HT)[s2].parent=i;
    (*HT)[i].lchild=s1;
    (*HT)[i].rchild=s2;
    (*HT)[i].weight=(*HT)[s1].weight+(*HT)[s2].weight;
}
/*从根结点到叶子结点求哈夫曼编码并保存在HC中*/
*HC=(HuffmanCode)malloc((n+1)*sizeof(char*));
cd=(char*)malloc(n*sizeof(char));
r=m;                             /*从根结点开始*/
cdlen=0;                         /*编码长度初始化为0*/
for(i=1;i<=m;i++)
    (*HT)[i].weight=0;           /*将weight域作为状态标志*/
while(r)
{
    if((*HT)[r].weight==0)           /*如果weight域等于零,说明左孩子结点没有遍历*/
    {
        (*HT)[r].weight=1;           /*修改标志*/
        if((*HT)[r].lchild!=0)       /*如果存在左孩子结点,则将编码置为0*/
        {
            r=(*HT)[r].lchild;
            cd[cdlen++]='0';
        }
        else if((*HT)[r].rchild==0)   /*如果是叶子结点,则将当前求出的编码保存到HC中*/
        {
            (*HC)[r]=(char *)malloc((cdlen+1)*sizeof(char));
            cd[cdlen]='\0';
            strcpy((*HC)[r],cd);
        }
    }
    else if((*HT)[r].weight==1)       /*如果已经访问过左孩子结点,则访问右孩子结点*/
    {
        (*HT)[r].weight=2;           /*修改标志*/
        if((*HT)[r].rchild!=0)
        {
            r=(*HT)[r].rchild;
            cd[cdlen++]='1';
```

```
            }
        }
        else                    /*如果左孩子结点和右孩子结点都已经访问过,则退回到双亲结点*/
        {
            r=(*HT)[r].parent;
            --cdlen;            /*编码长度减1*/
        }
    }
    free(cd);
}
```

在算法的实现过程中，数组 HT 在初始时和哈夫曼树生成后的状态如图 6-42 所示。

数组下标	weight	parent	lchild	rchild
1	2	0	0	0
2	3	0	0	0
3	6	0	0	0
4	8	0	0	0
5		0		
6		0		
7		0		

（a）HT 数组初始化状态

数组下标	weight	parent	lchild	rchild
1	2	5	0	0
2	3	5	0	0
3	6	6	0	0
4	8	7	0	0
5	5	6	1	2
6	11	7	5	3
7	19	0	4	6

（b）生成哈夫曼树后 HT 的状态

图 6-42　数组 HT 在初始化和生成哈夫曼树后的状态变化情况

生成的哈夫曼树如图 6-43 所示，不难看出，权值为 2、3、6 和 8 的哈夫曼编码分别是 100、101、11 和 0。

程序运行结果如图 6-44 所示。

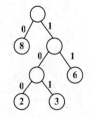

图 6-43　哈夫曼树

图 6-44　哈夫曼编码程序运行结果

6.8　小结

树是学习数据结构课程的一个重点和难点部分，也是各种考试常考内容之一。树反映的是一种层次结构的关系。树中结点之间是一种一对多的关系。

树与二叉树的定义都是递归的。树中的子树没有次序之分，二叉树的左右子树是有次序的，分别叫作左子树和右子树。

在二叉树中有两种特殊的树，即满二叉树和完全二叉树。满二叉树中每个非叶子结点都存在左子树和右子树，所有的叶子结点都处在同一层次上。完全二叉树是指与满二叉树的前 n 个结点结构相同，满二叉树是一种特殊的完全二叉树。

二叉树的存储结构有顺序存储和链式存储两种。完全二叉树可以采用顺序存储，采用顺序存储结构可以实现随机存取，实现比较方便。一般来说，一棵二叉树并不一定是完全二叉树，采用顺序存储结构会浪费大量的存储空间。通常情况下，采用二叉链表表示二叉树。二叉链表中的结点包括一个数据域和两个指针域。数据域存放结点的值信息，两个指针域分别指向左孩子结点和右孩子结点。

　　二叉树的遍历是一种常用的操作。二叉树的遍历分为先序遍历、中序遍历和后序遍历。

　　采用二叉链表表示的二叉树，不能直接找到该结点的直接前驱和后继结点信息，为了能快速找到任何一个结点的直接前驱和直接后继信息，需要对二叉树进行线索化。

　　哈夫曼树是一种特殊的二叉树，树中只有叶子结点和度为 2 的结点。哈夫曼树是带权路径最小的二叉树，也称为最优二叉树。

第7章

图

图（graph）是一种比线性表、树更为复杂的数据结构。在线性表中，数据元素之间呈线性关系，即除第一元素外，其他元素只有一个直接前驱元素和除最后一个元素外，其他元素只有一个直接后继元素。在树结构中，数据元素之间有明显的层次关系，即每个结点只有一个直接前驱结点，但可有多个直接后继结点，而在图结构中，每个结点既可有多个直接前驱结点，也可有多个直接后继结点。图的最早应用可以追溯到 18 世纪数学家欧拉（Euler）利用图解决的著名的哥尼斯堡桥问题，为图在现代科学技术领域的应用奠定了基础。

图的应用领域十分广泛，如化学分析、工程设计、遗传学、人工智能等。

本章重点和难点：

- 图的定义及性质。
- 图的邻接矩阵和邻接表表示。
- 图的各种遍历算法实现。
- 最小生成树。
- 关键路径。
- 最短路径。

7.1 图的定义与相关概念

图是一种非线性的数据结构，图中的数据元素之间的关系是多对多的关系。

7.1.1 什么是图

图是由数据元素集合 V 与边的集合 E 构成的。在图中，数据元素通常称为顶点（Vertex）。其中，顶点集合 V 不能为空，边表示顶点之间的关系。

（1）若 $<x,y> \in E$，则 $<x,y>$ 表示从顶点 x 到顶点 y 存在一条弧（Arc），x 称为弧尾（tail）或起始点（initial node），y 称为弧头（head）或终端点（terminal node）。这样的图称为有向图（digraph），如图 7-1（a）所示。

（2）如果 $<x,y> \in E$ 且有 $<y,x> \in E$，即 E 是对称的，则用无序对 (x,y) 代替有序对 $<x,y>$ 和 $<y,x>$，表示 x 与 y 之间存在一条边（edge），这样的图称为无向图（undigraph），如图 7-1（b）所示。

图的形式化定义为 $G=(V,E)$，其中，$V=\{x|x \in$ 数据元素集合$\}$，$E=\{<x,y>|\text{Path}(x,y) \wedge (x \in V, y \in V)\}$。$\text{Path}(x,y)$ 表示 $<x,y>$ 的意义或信息。

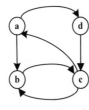

（a）有向图 G_1 （b）无向图 G_2

图 7-1　有向图 G_1 与无向图 G_2

在图 7-1 中，有向图 G_1 可以表示为 $G_1=(V_1,E_1)$，其中，顶点的集合为 $V_1=\{a,b,c,d\}$，边的集合为 $E_1=\{<a,b>,<a,d>,<b,c>,<c,a>,<c,b>,<d,c>\}$。无向图 G_2 可以表示为 $G_2=(V_2,E_2)$，其中，顶点的集合为 $V_2=\{a,b,c,d\}$，边的集合为 $E_2=\{(a,b),(a,c),(a,d),(b,c),(c,d)\}$。

7.1.2　图的相关概念

下面介绍与图有关的一些概念。

1. 邻接点

对于无向图 $G=(V,E)$，若边 $(v_i,v_j)\in E$，则称 v_i 和 v_j 互为邻接点，即 v_i 和 v_j 相邻接。边 (v_i,v_j) 依附于顶点 v_i 和 v_j，或者说边 (v_i,v_j) 与顶点 v_i、v_j 相关联。对于有向图 $G=(V,A)$，若弧 $<v_i,v_j>\in A$，则称顶点 v_i 邻接到顶点 v_j，顶点 v_j 邻接自顶点 v_i，弧 $<v_i,v_j>$ 和顶点 v_i、v_j 相关联。

无向图 G_2 的边的集合为 $E=\{(a,b),(a,c),(a,d),(b,c),(c,d)\}$，顶点 a 和 b 互为邻接点，边 (a,b) 依附于顶点 a 和 b。顶点 c 和 d 互为邻接点，边 (c,d) 依附于顶点 c 和 d。有向图 G_1 的弧的集合为 $A=\{<a,b>,<a,d>,<b,c>,<c,a>,<c,b>,<d,c>\}$，顶点 a 邻接到顶点 b，弧 $<a,b>$ 与顶点 a 和 b 相关联。顶点 c 邻接自顶点 d，弧 $<d,c>$ 与顶点 d 和 c 相关联。

2. 顶点的度

对于无向图，顶点 v 的度是指与 v 相关联的边的数目，记作 $TD(v)$。对于有向图，以顶点 v 为弧头的数目称为顶点 v 的入度(indegree)，记作 $ID(v)$。以顶点 v 为弧尾的数目称为 v 的出度(outdegree)，记作 $OD(v)$。顶点 v 的度(degree)为 $TD(v)=ID(v)+OD(v)$。

无向图 G_2 中顶点 a 的度为 3，顶点 b 的度为 2，顶点 c 的度为 3，顶点 d 的度为 2。有向图 G_1 的弧的集合为 $A=\{<a,b>,<a,d>,<b,c>,<c,a>,<c,b>,<d,c>\}$，顶点 a、b、c 和 d 的入度分别为 1、2、2 和 1，顶点 a、b、c 和 d 的出度分别为 2、1、2 和 1，顶点 a、b、c 和 d 的度分别为 3、3、4 和 2。

若图的顶点的个数为 n，边数或弧数为 e，顶点 v_i 的度记作 $TD(v_i)$，则顶点的度与弧或者边数满足关系 $e=\dfrac{1}{2}\sum_{i=1}^{n}TD(v_i)$。

3. 路径

无向图 G 中，从顶点 v 到顶点 v' 的路径（path）是从 v 出发，经过一系列的顶点序列到达顶点 v'。如果 G 是有向图，则路径也是有向的，路径的长度是路径上弧或边的数目。第一个顶点和最后一个顶点相同的路径称为回路或环（cycle）。序列中顶点不重复出现的路径称为简单路径。除了第一个顶点和最后一个顶点外，其他顶点不重复出现的回路，称为简单回路或简单环。

在如图 7-1 所示的有向图 G_1 中，顶点序列 a，d，C 成了一个简单回路。在无向图 G_2 中，从顶点 a 到顶点 c 所经过的路径为 a、d、c（或 a、b、c）。

4. 子图

假设存在两个图 $G=\{V,E\}$ 和 $G'=\{V',E'\}$，若 G' 的顶点和关系都是 G 的子集，即有 $V'\subseteq V$，$E'\subseteq E$，则 G' 为 G 的子图，如图 7-2 所示。

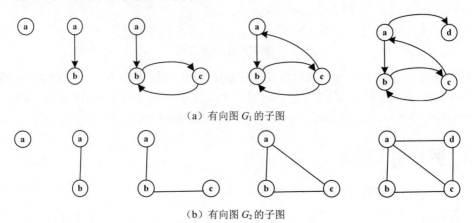

（a）有向图 G_1 的子图

（b）有向图 G_2 的子图

图 7-2　有向图 G_1 与无向图 G_2 的子图

5. 连通图和强连通图

对于无向图 G，如果从顶点 v_i 到顶点 v_j 存在路径，则称 v_i 到 v_j 是连通的。如果对于图中任意两个顶点 v_i、$v_j\in V$，v_i 和 v_j 都是连通的，则称 G 是连通图（connected graph）。无向图中的极大连通子图称为连通分量。无向图 G_3 与连通分量如图 7-3 所示。

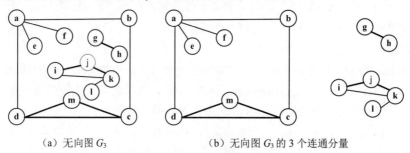

（a）无向图 G_3 　　　　　（b）无向图 G_3 的 3 个连通分量

图 7-3　无向图 G_3 的连通分量

对于有向图 G，如果对每一对顶点 v_i 和 v_j，且 $v_i\neq v_j$，从 v_i 到 v_j 和从 v_j 到 v_i 都存在路径，则 G 为强连通图。有向图中的极大强连通子图称为有向图的强连通分量。有向图 G_4 与强连通分量如图 7-4 所示。

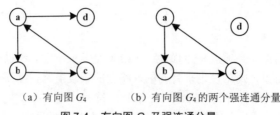

（a）有向图 G_4 　　　　（b）有向图 G_4 的两个强连通分量

图 7-4　有向图 G_4 及强连通分量

在如图 7-4 所示的强连通分量中，顶点集合分别为 {a，b，c} 和 {d}，a 到任何一个顶点都有路径，b、c 到任何一个顶点也存在路径。

6. 完全图

若图的顶点数目是 n，图的边（弧）的数目是 e。若不存在顶点到自身的边或弧，即若存在 $<v_i,v_j>$，则有 $v_i \neq v_j$。对于无向图，边数 e 的取值范围为 $0 \sim n(n-1)/2$。将具有 $n(n-1)/2$ 条边的无向图称为完全图（completed graph）或无向完全图。对于有向图，弧数 e 的取值范围是 $0 \sim n(n-1)$。具有 $n(n-1)$ 条弧的有向图称为有向完全图。

7. 稀疏图和稠密图

具有 $e < n\log_2 n$ 条弧或边的图称为稀疏图，反之称为稠密图。

8. 生成树

一个连通图的生成树是一个极小连通子图，它含有图的全部顶点，但只有足以构成一棵树的 $n-1$ 条边。如果在该生成树中添加一条边，则一定会在图中出现一个环。一棵具有 n 个顶点的生成树仅有 $n-1$ 条边，如果少于 $n-1$ 条边，则该图是非连通的；多于 $n-1$ 条边，则一定有环的出现。反过来，具有 $n-1$ 条边的图不一定能构成生成树。一个图的生成树不一定是唯一的。如图 7-5 所示是无向图 G_5 中最大连通分量的一棵生成树。

9. 网

在图的边或弧上，有时标有与它们相关的数，这种与图的边或弧相关的数称作权（weight）。这些权可以表示从一个顶点到另一个顶点的距离或代价。这种带权的图称为网（network），如图 7-6 所示。

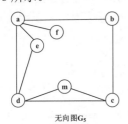

无向图 G_5

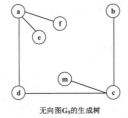

无向图 G_5 的生成树

图 7-5 有向图 G_5 的生成树

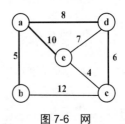

图 7-6 网

7.1.3 图的抽象数据类型

1. 数据对象集合

图的数据对象为图的各个顶点和边的集合。图中的顶点是没有先后次序的。图分为有向图和无向图，图中结点之间的关系用弧或边表示，通过弧或边相连的顶点相邻接或相关联。

图中顶点之间是多对多的关系，即任何一个顶点可以有与之邻接或关联的顶点。

2. 基本操作集合

（1）CreateGraph(&G)：创建图。根据顶点和边或弧构造一个图 G。

（2）DestroyGraph(&T)：销毁图的操作。如果图 G 存在，则将图 G 销毁。

（3）LocateVertex(G,v)：返回顶点 v 在图中的位置。在图 G 中查找顶点 v，如果找到该顶点，返回顶点在图 G 中的位置。

（4）GetVertex(G,i)：返回图 G 中序号 i 对应的值。i 是图 G 某个顶点的序号，返回图 G 中序号 i 对应的值。

（5）FirstAdjVertex(*G,v*)：返回 *v* 的第一个邻接顶点。在图 *G* 中查找 *v* 的第一个邻接顶点，并将其返回。如果在 *G* 中没有邻接顶点，则返回-1。

（6）NextAdjVertex(*G,v,w*)：返回 *v* 的下一个邻接顶点。在图 *G* 中查找 *v* 的下一个邻接顶点，即 *w* 的第一个邻接顶点，找到返回其值，否则返回-1。

（7）InsertVertex(&*G,v*)：图的顶点插入操作。在图 *G* 中增加新的顶点 *v*，并将图的顶点数增 1。

（8）DeleteVertex(&*G,v*)：图的顶点删除操作。将图 *G* 中的顶点 *v* 及相关联的弧删除。

（9）InsertArc(&*G,v,w*)：图的弧插入操作。在图 *G* 中增加弧<*v,w*>。对于无向图，还要插入弧<*w,v*>。

（10）DeleteArc(&*G,v,w*)：图的弧删除操作。在图 *G* 中删除弧<*v,w*>。对于无向图，还要删除弧<*w,v*>。

（11）DFSTraverseGraph(*G*)：图的深度优先遍历操作。从图 *G* 中的某个顶点出发，对图进行深度优先遍历。

（12）BFSTraverseGraph(*G*)：图的广度优先遍历操作。从图 *G* 中的某个顶点出发，对图进行广度优先遍历。

7.2　图的存储结构

在前面几章讨论的数据结构中，除了广义表和树外，其他数据结构都有两类存储结构，图的存储方式主要有邻接矩阵表示法、邻接表表示法、十字链表表示法和邻接多重链表表示法 4 种。

7.2.1　邻接矩阵（数组表示法）

图的邻接矩阵可利用两个数组实现，一个是一维数组，用来存储图中的顶点信息；另一个是二维数组，用来存储图中顶点之间的关系，该二维数组称为邻接矩阵。如果图是一个无权图，则邻接矩阵表示为：

$$A[i][j] = \begin{cases} 1, & <v_i, v_j> \in E \text{ 或} (v_i, v_j) \in E \\ 0, & \text{其他} \end{cases}$$

对于带权图，有：

$$A[i][j] = \begin{cases} w_{ij}, & <v_i, v_j> \in E \text{ 或} (v_i, v_j) \in E \\ \infty, & \text{其他} \end{cases}$$

其中，w_{ij} 表示顶点 i 与顶点 j 构成的弧或边的权值，如果顶点之间不存在弧或边，则用 ∞ 表示。

例如图 7-1 中，两个图弧和边的集合分别为 *A*={<a,b>,<a,d>,<b,c>,<c,a>,<c,b>,<d,c>} 和 *E*={(a,b),(a,c),(a,d),(b,c),(c,d)}，它们的邻接矩阵表示如图 7-7 所示。

$$G_1 = \begin{matrix} & a\ b\ c\ d \\ \begin{bmatrix} 0 & 1 & 0 & 1 \\ 0 & 0 & 1 & 0 \\ 1 & 1 & 0 & 0 \\ 0 & 0 & 1 & 0 \end{bmatrix} & \begin{matrix} a \\ b \\ c \\ d \end{matrix} \end{matrix} \qquad G_2 = \begin{matrix} & a\ b\ c\ d \\ \begin{bmatrix} 0 & 1 & 1 & 1 \\ 1 & 0 & 1 & 0 \\ 1 & 1 & 0 & 1 \\ 1 & 0 & 1 & 0 \end{bmatrix} & \begin{matrix} a \\ b \\ c \\ d \end{matrix} \end{matrix}$$

（a）有向图 G_1 的邻接矩阵　　（b）无向图 G_2 的邻接矩阵

图 7-7　图的邻接矩阵表示

在无向图的邻接矩阵中，如果有边(a,b)存在，则<a,b>和<b,a>的对应位置都置为 1。带权图的邻接矩阵表示如图 7-8 所示。

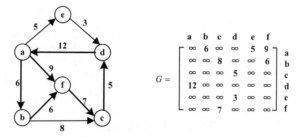

图 7-8　带权图的邻接矩阵表示

图的邻接矩阵存储结构描述如下。

```
#define INFINITY 65535              /*65535 被认为是一个无穷大的值*/
#define MaxSize 50                  /*顶点个数的最大值*/
typedef enum{DG,DN,UG,UN}GraphKind; /*图的类型：有向图、有向网、无向图和无向网*/
typedef struct
{
    VRType adj;             /*对于无权图,用 1 表示相邻,0 表示不相邻；对于带权图,存储权值*/
    InfoPtr *info;                  /*与弧或边的相关信息*/
}ArcNode,AdjMatrix[MaxSize][MaxSize];
typedef struct                      /*图的类型定义*/
{
    VertexType vex[MaxSize];        /*用于存储顶点*/
    AdjMatrix arc;                  /*邻接矩阵,存储边或弧的信息*/
    int vexnum,arcnum;              /*顶点数和边（弧）的数目*/
    GraphKind kind;                 /*图的类型*/
}MGraph;
```

其中，数组 vex 用于存储图中的顶点信息，如 a、b、c、d；arcs 用于存储图中边的信息。

7.2.2　邻接表

邻接表（adjacency list）是图的一种链式存储方式。采用邻接表表示图一般需要两个表结构：边表和表头结点表。

在邻接表中，对图中的每个顶点都建立一个单链表，第 i 个单链表中的结点表示依附于顶点 v_i 的边（对有向图来说是以顶点 v_i 为尾的弧），这种链表称为边表，其中，结点称为弧结点或边表结点。弧结点由 3 个域组成，分别为邻接点域（adjvex）、数据域（info）和指针域（nextarc），邻接点域表示与相应的表头顶点相邻接顶点的位置，数据域存储与边或弧的信息，指针域用来指示与表头相邻接的下一个顶点。

在每个链表前面设置一个头结点，除了设有存储各个顶点信息的数据域（data）外，还设有指向对应边表中第一个结点的链域（firstarc），这种表称为表头结点表。相应地，结点称为表头结点。通常情况下，表头结点采用顺序存储结构实现，这样可以随机地访问任意顶点。

边表结点和表头结点的结构如图 7-9 所示。

图 7-9　边表结点和表头结点存储结构

如图 7-1 所示的图 G_1 和 G_2 用邻接表表示如图 7-10 所示。

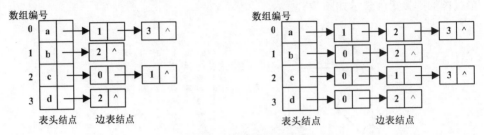

图 7-10　图的邻接表表示

如图 7-8 所示的带权图的邻接表如图 7-11 所示。

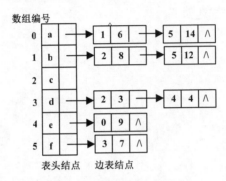

图 7-11　带权图的邻接表表示

图的邻接表存储结构描述如下。

```
#define MaxSize 50                            /*顶点个数的最大值*/
typedef enum{DG,DN,UG,UN}GraphKind;          /*图的类型：有向图、有向网、无向图和无向网*/
typedef struct ArcNode                        /*边结点的类型定义*/
{
    int adjvex;                               /*弧指向的顶点的位置*/
    InfoPtr *info;                            /*与弧相关的信息*/
    struct ArcNode *nextarc;                  /*指示下一个与该顶点相邻接的顶点*/
}ArcNode;
typedef struct VNode                          /*头结点的类型定义*/
{
    VertexType data;                          /*用于存储顶点*/
    ArcNode *firstarc;                        /*指示第一个与该顶点邻接的顶点*/
}VNode,AdjList[MaxSize];
typedef struct                                /*图的类型定义*/
{
    AdjList vertex;
    int vexnum,arcnum;                        /*图的顶点数目与弧的数目*/
    GraphKind kind;                           /*图的类型*/
}AdjGraph;
```

如果无向图 G 中有 n 个顶点和 e 条边，则图采用邻接表表示，需要 n 个头结点和 $2e$ 个表结点。在 e 远小于 $n(n-1)/2$ 时，采用邻接表存储表示显然要比采用邻接矩阵表示更能节省空间。

在图的邻接表存储结构中，某个顶点的度正好等于该顶点对应链表中的结点个数。对于有向图的邻接表来说，某顶点对应链表的结点个数等于某个顶点的出度。

有时为了便于求某个顶点的入度，需要建立一个有向图的逆邻接链表，也就是为每个顶点 v_i 建立一个以 v_i 为弧头的链表。在邻接表中，边表结点的邻接点域的值为 i 的个数，就是顶点

v_i 的入度。因此如果要求某个顶点的入度，则需要对整个邻接表进行遍历。如图 7-1 所示的有向图 G_1 的逆邻接链表如图 7-12 所示。

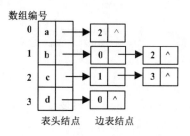

图 7-12 有向图 G_1 的逆邻接链表

7.2.3 十字链表

十字链表（orthogonal list）是有向图的另一种链式存储结构，它可以看作是将有向图的邻接表与逆邻接链表结合起来的一种链表。十字链表中结点的结构如图 7-13 所示。

tailvex	headvex	hlink	tlink	info

（a）弧结点

data	firstin	firstout

（b）顶点结点

图 7-13 十字链表中的结点结构

弧结点包含 5 个域，分别为尾域 tailvex、头域 headvex、info 域和两个指针域 hlink、tlink。尾域 tailvex 用于表示弧尾顶点在图中的位置，头域 headvex 表示弧头顶点在图中的位置，info 域表示弧的相关信息，指针域 hlink 指向弧头相同的下一条弧，tlink 指向弧尾相同的下一条弧。

顶点结点包含 3 个域，分别为 data 域和 firstin 域、firstout 域。data 域存储与顶点相关的信息，如顶点的名称；firstin 域和 firstout 域是两个指针域，分别指向以该顶点为弧头和弧尾的第一个弧结点。

有向图 G_1 的十字链表存储表示如图 7-14 所示。

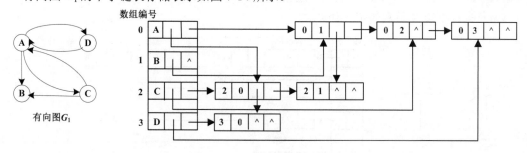

图 7-14 有向图 G_1 的十字链表存储结构

有向图的十字链表存储结构描述如下。

```
#define MaxSize 50              /*顶点个数的最大值*/
typedef struct ArcNode          /*弧结点的类型定义*/
{
    int headvex,tailvex;        /*弧的头顶点和尾顶点位置*/
    InfoPtr *info;              /*与弧相关的信息*/
    struct *hlink,*tlink;       /*指示弧头和弧尾相同的结点*/
}ArcNode;
```

```
typedef struct VNode                    /*顶点结点的类型定义*/
{
    VertexType data;                    /*用于存储顶点*/
    ArcNode *firstin,*firstout;         /*分别指向顶点的第一条入弧和出弧*/
}VNode;
typedef struct                          /*图的类型定义*/
{
    VNode vertex[MaxSize];
    int vexnum,arcnum;                  /*图的顶点数目与弧的数目*/
}OLGraph;
```

十字链表中的表头结点即顶点结点之间不是链接存储，而是顺序存储。在图的十字链表中，可以很容易找到以某个顶点为弧尾和弧头的弧。

7.2.4 邻接多重链表

邻接多重链表（adjacency multilist）是无向图的另一种链式存储结构。在无向图的邻接表存储表示中，虽然很容易求得顶点和边的各种信息，但是对于每一条边（v_i,v_j）都有两个结点，分别存储在第 i 个和第 j 个链表中，这给图的某些操作带来不便。例如，要删除一条边，此时需要找到表示同一条边的两个顶点。因此，在进行这一类操作时，采用邻接多重链表比较合适，邻接多重链表是将图的一条边用一个结点表示，它的结点结构如图 7-15 所示。

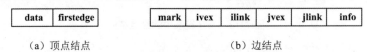

（a）顶点结点　　　　　　　　　（b）边结点

图 7-15　邻接多重链表的结点结构

顶点结点包含两个域，分别为 data 域和 firstedge 域，data 为数据域，存储顶点的数据信息；firstedge 为指针域，指示依附于顶点的第一条边。边结点有 6 个域，分别为 mark 域、ivex 域、ilink 域、jvex 域、jlink 域和 info 域。mark 域用来表示边是否被检索过，ivex 域和 jvex 域表示依附于边的两个顶点在图中的位置，ilink 域指向依附于顶点 ivex 的下一条边，jlink 域指向依附于顶点 jvex 的下一条边，info 域表示与边相关的信息。

无向图 G_2 的多重链表如图 7-16 所示。

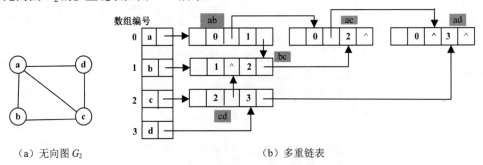

（a）无向图 G_2　　　　　　　　　　（b）多重链表

图 7-16　无向图 G_2 的多重链表

无向图的多重链表存储结构描述如下。

```
#define MaxSize 50                      /*顶点个数的最大值*/
typedef struct EdgeNode                 /*边结点的类型定义*/
{
    int mark,ivex,jvex;                 /*访问标志和边的两个顶点位置*/
    InfoPtr *info;                      /*与边相关的信息*/
```

```
    struct *ilink,*jlink;              /*指示与边顶点相同的结点*/
}EdgeNode;
typedef struct VNode                   /*顶点结点的类型定义*/
{
    VertexType data;                   /*用于存储顶点*/
    EdgeNode *firstedge;               /*指向依附于顶点的第一条边*/
}VexNode;
typedef struct                         /*图的类型定义*/
{
    VexNode vertex[MaxSize];
    int vexnum,edgenum;                /*图的顶点数目与边的数目*/
}AdjMultiGraph;
```

7.3　图的遍历

与树的遍历类似,从图中某一顶点出发访问遍图中其余顶点,且使每一个顶点仅被访问一次,这一过程就叫作图的遍历(traversing graph)。图的遍历算法是求解图的连通性问题、拓扑排序和求关键路径等算法的基础。图的遍历方式主要有两种:深度优先搜索和广度优先搜索。

7.3.1　图的深度优先搜索

1. 什么是图的深度优先搜索遍历

图的深度优先搜索(depth_first search)遍历类似于树的先根遍历,是树的先根遍历的推广。图的深度优先遍历的思想是:假设初始状态时,图中所有顶点未曾被访问,从图中某个顶点 v_0 出发,访问顶点 v_0,然后依次从 v_0 的未被访问的邻接点出发深度优先遍历图,直至图中所有和 v_0 有路径相通的顶点都被访问到;若此时图中还有顶点未被访问,则另选图中一个未被访问的顶点作为起始点,重复执行上述过程,直到图中所有的顶点都被访问过。

图的深度优先搜索遍历过程如图 7-17 所示,实箭头表示访问顶点的方向,虚箭头表示回溯,数字表示访问或回溯的次序。

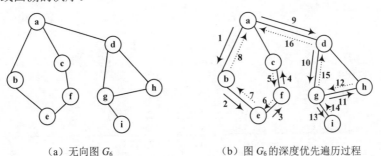

(a) 无向图 G_6　　　　　　　　(b) 图 G_6 的深度优先遍历过程

图 7-17　图 G_6 及深度优先遍历过程

图的深度优先搜索遍历过程如下。

(1) 从顶点 a 出发,因 a 还未被访问过,首先访问 a。

(2) 因 a 的邻接点有 b、c、d,先访问 a 的第 1 个邻接点 b。

(3) 顶点 b 还有一个邻接点 e 未被访问过,故访问顶点 e。

(4) 顶点 e 的邻接点 f 还未被访问过,故访问顶点 f。

（5）顶点 f 的邻接点 c 还未被访问过，故访问顶点 c。

（6）顶点 c 的邻接点都已经被访问过，此时回溯到前一个顶点 f。

（7）同理，顶点 f、e、b 都已经被访问过，且没有其他未访问的邻接点，因此，回溯到顶点 a。

（8）顶点 a 的邻接点 d 还没有被访问过，故访问顶点 d。

（9）顶点 d 的邻接点有 g 和 h 两个，先访问第一个顶点 g。

（10）顶点 g 的邻接点有 h 和 i 两个，先访问第一个顶点 h。

（11）顶点 h 的邻接点都已经被访问过，回溯到前一个顶点 g。

（12）顶点 g 的未被访问过的邻接点只有 i，故访问顶点 i。

（13）顶点 i 所有的邻接点都已经被访问过，回溯到顶点 g。

（14）同理，顶点 g、d 都没有未被访问的邻接点，回溯到顶点 a。

顶点 a 所有的邻接点都已经被访问过，得到图的深度优先搜索遍历的序列为 a、b、e、f、c、d、g、h、i。

在图的深度优先搜索遍历过程中，图中可能存在回路，因此，在访问某个顶点之后，沿着某条路径遍历，有可能又回到该顶点。例如，在访问顶点 a 之后，接着访问顶点 b、e、f、c，顶点 c 的邻接点是顶点 a，因顶点 c 的邻接点是 a，因此会继续沿着边(c,a)再次访问顶点 a。为了避免再次访问已经访问过的顶点，需要设置一个数组 visited[n]，作为一个标志记录结点是否访问过，其初值为 0，一旦某个顶点被访问，则其相应的分量被置为 1。

2. 图的深度优先搜索遍历的算法实现

图的深度优先遍历（邻接表实现）的算法描述如下。

```
int visited[MaxSize];          /*访问标志数组*/
void DFSTraverse(AdjGraph G)
/*从第 1 个顶点起,深度优先搜索遍历图 G*/
{
    int v;
    for(v=0;v<G.vexnum;v++)
        visited[v]=0;          /*访问标志数组初始化为未被访问*/
    for(v=0;v<G.vexnum;v++)
        if(!visited[v])
            DFS(G,v);          /*对未访问的顶点 v 进行深度优先搜索遍历*/
    printf("\n");
}
void DFS(AdjGraph G,int v)
/*从顶点 v 出发递归深度优先搜索遍历图 G*/
{
    int w;
    visited[v]=1;              /*访问标志设置为已访问*/
    Visit(G.vertex[v].data);   /*访问第 v 个顶点*/
    for(w=FirstAdjVertex(G,G.vertex[v].data);w>=0;
        w=NextAdjVertex(G,G.vertex[v].data, G.vertex[w].data))
        if(!visited[w])
            DFS(G,w);          /*递归调用 DFS 对 v 的尚未访问的序号为 w 的邻接顶点*/
}
```

如果该图是一个无向连通图或者一个强连通图，则只需要调用一次 DFS(G,v)就可以遍历整个图，否则需要多次调用 DFS(G,v)。在遍历图时，对图中的每个顶点至多调用一次 DFS(G,v)函数，因为一旦某个顶点被标志为已被访问，就不再从它出发进行搜索。因此，遍历图的过程实质上是对每个顶点查找其邻接点的过程。其时间耗费取决于所采用的存储结构。当用二维数组表示邻接矩阵作为图的存储结构时，查找每个顶点的邻接点所需时间为 $O(n^2)$，其中，n 为图中的顶点数。当以邻接表作为图的存储结构时，查找邻接点的时间为 $O(e)$，其中，e 为无向图边的数目或有向图弧的数目。由此，当以邻接表作为存储结构时，深度优先搜索遍历图的时间复杂度为 $O(n+e)$。

图的深度优先搜索遍历算法 DFS 的另外一种写法如下。

```
void DFS(AdjGraph G,int v)
/*从顶点 v 出发递归深度优先搜索遍历图 G*/
{
    ArcNode *p;
    visited[v]=1;                    /*访问标志设置为已访问*/
    Visit(G.vertex[v].data);         /*访问第 v 个顶点*/
    p=G.vertex[v].firstarc;          /*取 v 的边表头指针,p 指向 v 的邻接点*/
    while(p)
    /*依次搜索 v 的邻接点*/
    {
        if(!visited[p->adjvex])      /*若 v 尚未被访问*/
            DFS(G,p->adjvex);        /*以 v 的邻接点纵深搜索*/
        p=p->nextarc;               /*找 v 的下一个邻接点*/
    }
}
```

以邻接表作为存储结构，查找 v 的第一个邻接点，算法实现如下。

```
int FirstAdjVertex(AdjGraph G,VertexType v)
/*返回顶点 v 的第一个邻接顶点的序号*/
{
    ArcNode *p;
    int v1;
    v1=LocateVertex(G,v);    /*v1 为顶点 v 在图 G 中的序号*/
    p=G.vertex[v1].firstarc;
    if(p)                    /*如果顶点 v 的第一个邻接点存在,返回邻接点的序号,否则返回-1*/
        return p->adjvex;
    else
        return -1;
}
```

以邻接表作为存储结构，查找 v 的相对于 w 的下一个邻接点，算法实现如下。

```
int NextAdjVertex(AdjGraph G,VertexType v,VertexType w)
/*返回 v 的相对于 w 的下一个邻接顶点的序号*/
{
    ArcNode *p,*next;
    int v1,w1;
    v1=LocateVertex(G,v);            /*v1 为顶点 v 在图 G 中的序号*/
    w1=LocateVertex(G,w);            /*w1 为顶点 w 在图 G 中的序号*/
    for(next=G.vertex[v1].firstarc;next;)
        if(next->adjvex!=w1)
            next=next->nextarc;
    p=next;                          /*p 指向顶点 v 的邻接顶点 w 的结点*/
    if(!p||!p->nextarc)              /*如果 w 不存在或 w 是最后一个邻接点,则返回-1*/
        return -1;
    else
        return p->nextarc->adjvex;   /*返回 v 的相对于 w 的下一个邻接点的序号*/
}
```

7.3.2 图的广度优先搜索

本节介绍图的广度优先搜索遍历的定义和算法实现。

1. 什么是图的广度优先搜索遍历

图的广度优先搜索（breadth_first search）遍历类似于树的层次遍历过程。图的广度优先搜索遍历的思想是：从图的某个顶点 v 出发，在访问了 v 之后依次访问 v 的各个未曾访问过的邻接点，然后分别从这些邻接点出发依次访问它们的邻接点，并使"先被访问的顶点的邻接点"先于"后被访问的顶点的邻接点"被访问，直至图中所有已访问的顶点的邻接点都被访问到；若此时图中还有顶点未被访问，则另选图中一个未曾被访问的顶点作为起始点，重复上述过程，直至图中的所有顶点都被访问到为止。

例如，图 G_6 的广度优先搜索遍历的过程如图 7-18 所示。其中，箭头表示广度遍历的方向，旁边的数字表示遍历的次序。图 G_6 的广度优先搜索遍历的过程如下。

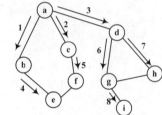

（1）首先从顶点 a 出发，因 a 还未被访问过，首先访问顶点 a。

（2）顶点 a 的邻接点有 b、c、d，先访问 a 的第一个邻接点 b。

图 7-18　图 G_6 的广度优先搜索遍历过程

（3）顶点 a 的邻接点 c 还没有被访问，故访问邻接点 c。

（4）顶点 a 的邻接点 d 还没有被访问，故访问邻接点 d。

（5）顶点 b 邻接点 e 还没有被访问，故访问顶点 e。

（6）顶点 c 的邻接点 f 还没有被访问过，故访问顶点 f。

（7）顶点 d 的邻接点有 g 和 h，且都未被访问过，先访问第一个顶点 g。

（8）顶点 d 的邻接点 h 还没有被访问，故访问 h。

（9）顶点 e、f、h 不存在未被访问的邻接点，顶点 g 未被访问的邻接点只有 i，故访问顶点 i。至此，图 G_6 所有的顶点已经访问完毕。

因此，图 G_6 的广度优先搜索遍历序列为 a、b、c、d、e、f、g、h、i。

2. 图的广度优先搜索遍历的算法实现

与深度优先搜索遍历类似，在图的广度优先搜索遍历过程中也需要一个访问标志数组 visited[MaxSize]，用来表示顶点是否被访问过。初始时，将图中的所有顶点的标志数组 visited[v_i] 都初始化为 0，表示顶点未被访问。从第一个顶点 v_0 出发，访问该顶点并将标志数组置为 1；然后将 v_0 入队，当队列不为空时，将队头元素（顶点）出队，依次访问该顶点的所有邻接点，同时将标志数组对应位置 1，并将其邻接点依次入队。以此类推，直到图中的所有顶点都已被访问过。

图的广度优先搜索遍历的算法实现如下。

```
void BFSTraverse(AdjGraph G)
/*从第一个顶点出发,按广度优先非递归遍历图 G*/
{
    int v,front,rear;
    ArcNode *p;
    int queue[MaxSize];              /*定义一个队列*/
    front=rear=-1;                   /*初始化队列*/
    for(v=0;v<G.vexnum;v++)          /*初始化标志位*/
        visited[v]=0;
```

```
v=0;
visited[v]=1;                        /*设置访问标志为 1,表示已经被访问过*/
Visit(G.vertex[v].data);
rear=(rear+1)%MaxSize;
queue[rear]=v;                       /*v 入队列*/
while(front<rear)                    /*如果队列不空*/
{
    front=(front+1)%MaxSize;
    v=queue[front];                  /*队头元素出队赋值给 v*/
    p=G.vertex[v].firstarc;
    while(p!=NULL)                    /*遍历序号为 v 的所有邻接点*/
    {
        if(visited[p->adjvex]==0)     /*如果该顶点未被访问过*/
        {
            visited[p->adjvex]=1;
            Visit(G.vertex[p->adjvex].data);
            rear=(rear+1)%MaxSize;
            queue[rear]=p->adjvex;
        }
        p=p->nextarc;                /*p 指向下一个邻接点*/
    }
}
}
```

设图的顶点个数为 n，边（弧）的数目为 e，则采用邻接表实现图的广度优先遍历的时间复杂度为 $O(n+e)$。图的深度优先遍历和广度优先遍历的结果并不是唯一的，这主要与图的存储结点的位置有关。

7.4　图的连通性问题

前面介绍了连通图和连通分量的概念，如何判断一个图是否为连通图呢？如何求解一个连通图的连通分量呢？

7.4.1　无向图的连通分量与最小生成树

在对无向图进行遍历时，对于连通图，仅需从图的任何一个顶点出发进行深度优先搜索遍历或广度优先搜索遍历，就可访问到图中的所有顶点；对于非连通图，则需从多个顶点出发进行搜索，而且每一次从一个新的起始点出发进行搜索过程中得到的顶点访问序列恰为其各个连通分量中的顶点集。图 7-3 中的非连通图 G_3 的邻接表如图 7-19 所示。图 G_3 是非连通图且有 3 个连通分量，因此在对图 G_3 进行深度优先遍历时，需要从图的至少 3 个顶点（顶点 a、顶点 g 和顶点 i）出发，才能完成对图中的每个顶点的访问。对图 G_3 进行深度遍历，经过 3 次递归调用得到的 3 个序列，分别为 a、b、c、d、m、e、f；g、h；i、j、k、l。这 3 个顶点集分别加上依附于这些顶点的边，就构成了非连通图 G_3 的两个连通分量，如图 7-19（b）所示。

设 $E(G)$ 为连通图 G 中所有边的集合，则从图中任一顶点出发遍历图时，必定将 $E(G)$ 分成两个集合 $T(G)$ 和 $B(G)$，其中，$T(G)$ 是遍历图过程中经过的边的集合，$B(G)$ 是剩余边的集合。显然，$T(G)$ 和图 G 中所有顶点一起构成连通图 G 的极小连通子图，根据 7.1 节生成树的定义，它是连通图的一棵生成树。由深度优先搜索得到的为深度优先生成树，对于连通图，由广度优先搜索得到的为广度优先生成树。如图 7-20 所示就是对应图 G_6 的深度优先生成树和广度优先生成树。

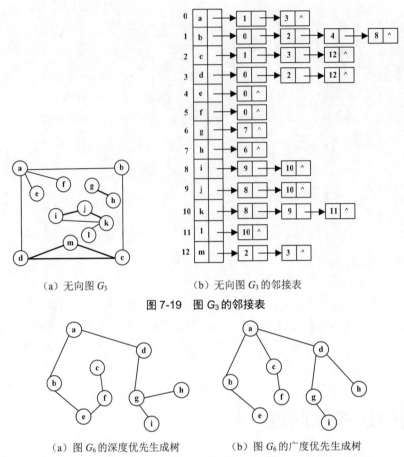

（a）无向图 G_3　　　　　　　（b）无向图 G_3 的邻接表

图 7-19　图 G_3 的邻接表

（a）图 G_6 的深度优先生成树　　　　　　（b）图 G_6 的广度优先生成树

图 7-20　图 G_6 的深度优先生成树和广度优先生成树

　　对于非连通图，从某一个顶点出发，对图进行深度优先搜索遍历或者广度优先搜索遍历，按照访问路径会得到若干棵生成树，这些生成树放在一起就构成了森林。对图 G_3 进行深度优先搜索得到的森林如图 7-21 所示。

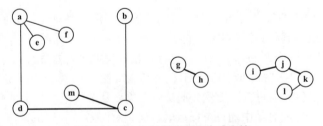

图 7-21　图 G_3 的深度优先生成森林

　　为了判断一个图是否为连通图，可通过对图进行深度优先搜索或广度优先搜索，若调用遍历图的函数不止一次，则说明该图是非连通的，否则该图为连通图。

7.4.2　最小生成树

　　许多应用问题都是一个求无向连通图的最小生成树问题。假设要在 n 个城市之间铺设光缆，主要目标是要使这 n 个城市的任意两个之间都可以通信，且使铺设光缆的总费用最低。

在每两个城市之间都可以铺设光缆，n 个城市之间最多可能铺设 $n(n-1)/2$ 条光缆，但铺设光缆的费用很高，且各个城市之间铺设光缆的费用不同，那么，如何在这些可能的线路中选择 $n-1$ 条以使总的费用最少呢？

用连通网来表示 n 个城市及 n 个城市间可能铺设的光缆，其中，网的顶点表示城市，边表示两个城市之间的光缆线路，赋予边的权值表示相应的造价。对于 n 个顶点的连通网可以建立许多不同的生成树，每一棵生成树都可以是一个通信网。现在，要选择这样一棵生成树，也就是使总的造价最少。这个问题就是构造连通网的最小代价生成树（minimum cost spanning tree，简称为最小生成树）问题，其中一棵生成树的代价就是树上所有边的代价之和。代价在网中通过权值来表示，一棵生成树的代价就是生成树各边的代价之和。

最小生成树有多种算法，其中大多数算法都利用了最小生成树的 MST 性质，具体如下。

假设一个连通网 $N=(V,E)$，V 是顶点的集合，E 是边的集合，V 有一个非空子集 U。如果 (u,v) 是一条具有最小权值的边，其中，$u \in U$，$v \in V-U$，那么一定存在一棵包含边 (u,v) 的最小生成树。

下面用反证法证明以上 MST 性质。

假设所有最小生成树都不存在这样的一条边 (u,v)。设 T 是连通网 N 中的一棵最小生成树，如果将边 (u,v) 加入 T 中，根据生成树的定义，T 一定出现包含 (u,v) 的回路。另外，T 中一定存在一条边 (u',v') 的权值大于或等于 (u,v) 的权值，如果删除边 (u',v')，则得到一棵代价小于或等于 T 的生成树 T'。T' 是包含边 (u,v) 的最小生成树，这与假设矛盾。由此，性质得证。

普里姆（Prim）算法和克鲁斯卡尔（Kruskal）算法就是利用 MST 性质构造的最小生成树算法。

1. Prim 普里姆算法

普里姆算法描述如下。

假设 $N=\{V,E\}$ 是连通网，TE 是 N 的最小生成树边的集合。执行以下操作：

（1）初始时，令 $U=\{u_0\}(u_0 \in V)$，$TE=\Phi$。

（2）对于所有的边 $u \in U$，$v \in V-U$ 的边 $(u,v) \in E$，将一条代价最小的边 (u_0,v_0) 放到集合 TE 中，同时将顶点 v_0 放进集合 U 中。

（3）重复执行步骤（2），直到 $U=V$ 为止。

这时，边集合 TE 一定有 $n-1$ 条边，$T=\{V,TE\}$ 就是连通网 N 的最小生成树。

例如，图 7-22 就是利用普里姆算法构造最小生成树的过程。

初始时，集合 $U=\{a\}$，集合 $V-U=\{b,c,d,e,f\}$，边集合为 Φ。只有一个元素 $a \in U$，将 a 从 U 中取出，比较顶点 a 与集合 $V-U$ 中顶点构成的代价最小边，在 (a,b)、(a,c)、(a,d) 中，(a,c) 的权值最小，故将顶点 c 加入到集合 U 中，边 (a,c) 加入到 TE 中，此时有 $U=\{a,c\}$，$V-U=\{b,d,e,f\}$，$TE==\{(a,c)\}$。目前集合 U 的元素与集合 $V-U$ 的元素构成的所有边为 (a,b)、(a,d)、(b,c)、(c,d)、(c,e) 和 (c,f)，其中代价最小的边为 (c,f)，故把顶点 f 加入到集合 U 中，边 (c,f) 加入到 TE 中，此时有 $U=\{a,c,f\}$，$V-U=\{b,d,e\}$，$TE==\{(a,c), (c,f)\}$。以此类推，直到所有的顶点都加入到 U 中。

为实现这个算法需附设一个辅助数组 closeedge[MaxSize]，以记录 U 到 $V-U$ 最小代价的边。对于每个顶点 $v \in V-U$，在辅助数组中存在一个相应分量 closeedge[v]，它包括两个域 adjvex 和 lowcost，其中，adjvex 域用来表示该边中属于 U 中的顶点，lowcost 域存储该边对应的权值。用公式描述为：

closeedge[v].lowcost=Min({cost(u,v)|$u \in U$})

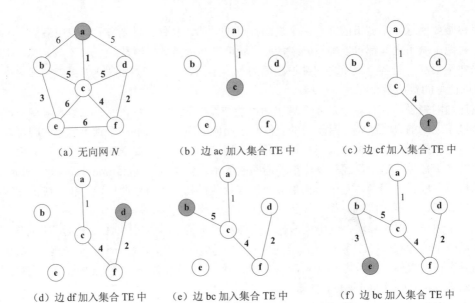

（a）无向网 N （b）边 ac 加入集合 TE 中 （c）边 cf 加入集合 TE 中

（d）边 df 加入集合 TE 中 （e）边 bc 加入集合 TE 中 （f）边 bc 加入集合 TE 中

图 7-22　利用普里姆算法构造最小生成树的过程

根据普里姆算法构造最小生成树，其对应过程中各个参数的变化情况如表 7-1 所示。

表 7-1　普里姆算法各个参数的变化

i / closeedge[i]	0	1	2	3	4	5	U	$V-U$	k	(u_0, v_0)
adjvex lowcost	0	a 6	a 1	a 5			{a}	{b,c,d,e,f}	2	(a,c)
adjvex lowcost	0	c 5	0	a 5	c 6	c 4	{a,c}	{b,d,e,f}	5	(c,f)
adjvex lowcost	0	c 5	0	f 2	c 6	0	{a,c,f}	{b,d,e}	3	(d,f)
adjvex lowcost	0	c 5	0	0	c 6	0	{a,c,d,f}	{b,e}	1	(b,c)
adjvex lowcost	0	0	0	0	b 3	0	{a,b,c,d,f}	{e}	4	(b,e)
adjvex lowcost	0	0	0	0	0	0	{a,b,c,d,e,f}	{}		

普里姆算法描述如下。

```
/*记录从顶点集合 U 到 V-U 的代价最小的边的数组定义*/
typedef struct
{
    VertexType adjvex;
    VRType lowcost;
}closeedge[MaxSize];
void MiniSpanTree_PRIM (MGraph G,VertexType u)
/*利用普里姆算法求从第 u 个顶点出发构造网 G 的最小生成树 T*/
{
    int i,j,k;
    closeedge closedge;
```

```
        k=LocateVertex(G,u);                    /*k 为顶点 u 对应的序号*/
        for(j=0;j<G.vexnum;j++)                  /*数组初始化*/
        {
            strcpy(closedge[j].adjvex,u);
            closedge[j].lowcost=G.arc[k][j].adj;
        }
        closedge[k].lowcost=0;                   /*初始时集合 U 只包括顶点 u*/
        printf("最小代价生成树的各条边为:\n");
        for(i=1;i<G.vexnum;i++)                  /*选择剩下的 G.vexnum-1 个顶点*/
        {
            k=MiniNum(closedge,G);               /*k 为与 U 中顶点相邻接的下一个顶点的序号*/
            printf("(%s-%s)\n",closedge[k].adjvex,G.vex[k]);    /*输出生成树的边*/
            closedge[k].lowcost=0;               /*第 k 顶点并入 U 集*/
            for(j=0;j<G.vexnum;j++)
                if(G.arc[k][j].adj<closedge[j].lowcost)        /*新顶点加入U集后重新将最小边存入到数组*/
                {
                    strcpy(closedge[j].adjvex,G.vex[k]);
                    closedge[j].lowcost=G.arc[k][j].adj;
                }
        }
}
```

普里姆算法中有两个嵌套的 for 循环，假设顶点的个数是 n，则第一层循环的频度为 $n-1$，第二层循环的频度为 n，因此该算法的时间复杂度为 $O(n^2)$，与网中的边数无关，因此普里姆算法适用于求边稠密的最小生成树。

对于图 7-22 中的网，利用普里姆算法，将输出生成树上的 5 条边(a,c)、(c,f)、(d,f)、(b,c)、(b,e)。

【例 7-1】创建一个如图 7-22 所示的无向网 N，然后利用普里姆算法求无向网的最小生成树。

【分析】主要考查普里姆算法求无向网的最小生成树算法。数组 closedge 有 adjvex 域和 lowcost 域两个域，adjvex 域用来存放依附于集合 U 的顶点，lowcost 域用来存放数组下标对应的顶点到顶点（adjvex 中的值）的最小权值。因此，查找无向网 N 中的最小权值的边就是在数组 lowcost 中找到最小值，输出生成树的边后，要将新的顶点对应的数组值赋值为 0，即将新顶点加入集合 U。以此类推，直到所有的顶点都加入集合 U 中。

```
#include"malloc.h"
#include"stdlib.h"
#include"stdio.h"
#include <string.h>
#define MAX_VERTEX_NUM 20           /*顶点个数的最大值*/
#define MAX_NAME 3                  /*顶点字符串的最大长度+1*/
#define INFINITY 65535              /*65535 代表无限大的值*/
typedef int VRType;
typedef char InfoType;
typedef char VertexType[MAX_NAME];

/*邻接矩阵的数据结构*/
typedef struct
{
    VRType adj;                     /*顶点关系类型。对无权图,用 1(是)或 0(否)表示相邻否*/
                                    /*对带权图,则为权值类型*/
    InfoType *info;                 /*该弧相关信息的指针(可无)*/
}ArcCell, AdjMatrix[MAX_VERTEX_NUM][MAX_VERTEX_NUM];

/*图的数据结构*/
typedef struct
{
    VertexType vexs[MAX_VERTEX_NUM];     /*顶点向量*/
```

```
    AdjMatrix arcs;                        /*邻接矩阵*/
    int vexnum,                            /*图的当前顶点数*/
        arcnum;                            /*图的当前弧数*/
} MGraph;

/*记录从顶点集 U 到 V-U 的代价最小的边的辅助数组定义*/
typedef struct
{
    VertexType adjvex;
    VRType lowcost;
}Closedge[MAX_VERTEX_NUM];

/*采用数组(邻接矩阵)表示法,构造无向网 G*/
//求 closedge.lowcost 的最小正值
int MiniNum(Closedge edge,MGraph G)
{
    int i=0,j,k,min;
    while(!edge[i].lowcost)
        i++;
    min=edge[i].lowcost;                   /*第一个不为 0 的值*/
    k=i;
    for(j=i+1;j<G.vexnum;j++)
        if(edge[j].lowcost>0)
            if(min>edge[j].lowcost)
            {
                min=edge[j].lowcost;
                k=j;
            }
    return k;
}
void main()
{
    MGraph N;
    printf("创建一个无向网：\n");
    CreateGraph(&N);
    DisplayGraph(N);
    Prim(N,"A");
    DestroyGraph(&N);
    system("pause");
}
```

程序运行结果如图 7-23 所示。

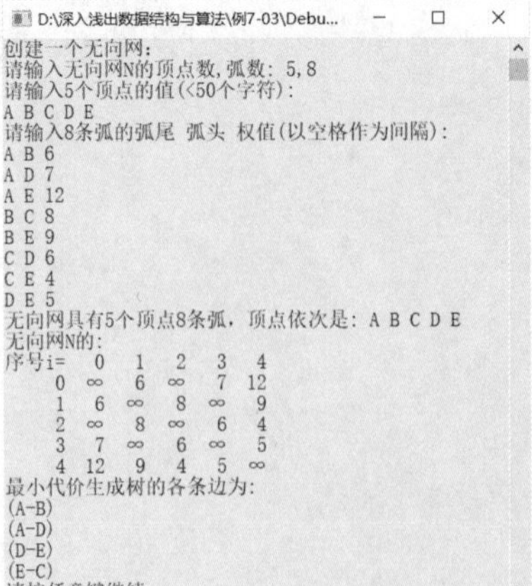

图 7-23　普里姆算法运行结果

数组 closedge 的 adjvex 域和 lowcost 域的变化情况如图 7-24 所示。

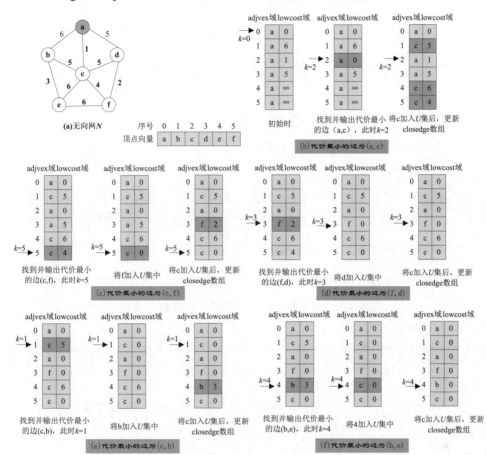

图 7-24　数组 closedge 的变化情况

2. Kruska（克鲁斯卡尔）算法

克鲁斯卡尔算法从另一途径求网的最小生成树，连通网为 $N=\{V,E\}$，则令最小生成树的初始状态为只有 n 个顶点而无边的非连通图 $T=\{V,\{\}\}$，图中每个顶点自成一个连通分量。在 E 中选择代价最小的边，若该边依附的顶点落在 T 中不同的连通分量中，则将此边加入到 T 中，否则舍去此边而选择下一条代价最小的边。以此类推，直至 T 中所有顶点都在同一连通分量上为止。

例如，如图 7-24 所示的无向图 N 利用克鲁斯卡尔算法构造最小生成树的过程如图 7-25 所示。

初始时，边的集合 E 为空集，顶点 a、b、c、d、e、f 分别属于不同的集合，假设 $U_1=\{a\}$，$U_2=\{b\}$，$U_3=\{c\}$，$U_4=\{d\}$，$U_5=\{e\}$，$U_6=\{f\}$。图中含有 10 条边，将这 10 条边按照权值从小到大排列，依次取出权值最小的边且依附于边的两个顶点属于不同的集合，则将该边加入集合 E 中，并将这两个顶点合并为一个集合，重复执行类似操作直到所有顶点都属于一个集合为止。

在这 10 条边中，权值最小的是边(a,c)，其权值 cost(a,c)=1，并且 $a\in U_1$，$c\in U_3$，U_1 和 U_3 分别属于不同的集合，故将边(a,c)加入集合 E 中，并将两个顶点所在的集合归并为一个集合，$E=\{(a,c)\}$，$U_1=U_3=\{a,c\}$。在剩下的边的集合中，边(d,f)权值最小，且 $d\in U_4$，$f\in U_5$，$U_3\neq U_4$，因此，将边(d,f)加入边的集合 E 中，合并顶点集合，有 $E=\{(a,c),(d,f)\}$，$U_1=U_3=U_4=U_6=\{a,c,d,f\}$。

然后继续从剩下的边的集合中选择权值最小的边，依次加入 E 中，并合并顶点集合，直到所有的顶点都属于同一顶点集合。

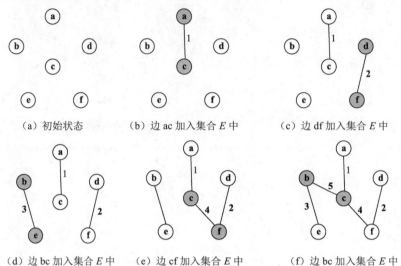

（a）初始状态 　　　　（b）边 ac 加入集合 E 中 　　　　（c）边 df 加入集合 E 中

（d）边 bc 加入集合 E 中 　　（e）边 cf 加入集合 E 中 　　（f）边 bc 加入集合 E 中

图 7-25　克鲁斯卡尔算法构造最小生成树的过程

克鲁斯卡尔算法描述如下。

```
void Kruskal(MGraph G)
/*克鲁斯卡尔算法求最小生成树*/
{
    int set[MaxSize],i,j;
    int a=0,b=0,min=G.arc[a][b].adj,k=0;
    for(i=0;i<G.vexnum;i++)                        /*初始时,各顶点分别属于不同的集合*/
        set[i]=i;
    printf("最小生成树的各条边为:\n");
    while(k<G.vexnum-1)                            /*查找所有最小权值的边*/
    {
        for(i=0;i<G.vexnum;i++)                    /*在矩阵的上三角查找最小权值的边*/
            for(j=i+1;j<G.vexnum;j++)
                if(G.arc[i][j].adj<min)
                {
                    min=G.arc[i][j].adj;
                    a=i;
                    b=j;
                }
        min=G.arc[a][b].adj=INFINITY;              /*删除上三角中最小权值的边,下次不再查找*/
        if(set[a]!=set[b])                         /*如果边的两个顶点在不同的集合*/
        {
            printf("%s-%s\n",G.vex[a],G.vex[b]);   /*输出最小权值的边*/
            k++;
            for(i=0;i<G.vexnum;i++)
                if(set[i]==set[b])                 /*将顶点 b 所在集合并入顶点 a 集合中*/
                    set[i]=set[a];
        }
    }
}
```

克鲁斯卡尔算法的时间复杂度为 $O(eloge)$（其中，e 为网中边的数目），因此，它相对于普里姆算法来说，适合于求边稀疏的最小生成树。

7.5 有向无环图

一个无环的有向图被称为有向无环图（Directed Acycline Graph，DAG）。有向无环图可用来描述工程或系统的进行过程，如一个工程的施工过程图、学生学习课程的制约关系图等。

7.5.1 AOV 网与拓扑排序

由 AOV 网可以得到拓扑排序。在学习拓扑排序之前，先来介绍一下 AOV 网。

1. 什么是 AOV 网

几乎所有工程都可分为若干个称为活动的子工程，而这些子工程之间通常受一些条件的制约，如某些子工程的开始必须在另一些子工程完成之后才能进行。用图的顶点表示活动，用弧表示活动之间的优先关系的有向无环图称为 AOV 网（Activity On Vertex network），即顶点表示活动的网。

在 AOV 网中，若从顶点 v_i 到顶点 v_j 之间存在一条有向路径，则顶点 v_i 是顶点 v_j 的前驱，顶点 v_j 为顶点 v_i 的后继。若 $<v_i, v_j>$ 是有向网的一条弧，则称顶点 v_i 是顶点 v_j 的直接前驱，顶点 v_j 是顶点 v_i 的直接后继。

例如，一个软件工程专业的学生必须修完一系列基本课程才能毕业，其中有些课程是基础课，它独立于其他课程，如"高等数学"，而另一些课程必须在学完它的基础先修课程之后才能开始，如"数据结构"是在学习完"程序设计基础"和"离散数学"之后才能开始学习。这些先决条件定义了课程之间的优先次序。例如，软件工程专业的课程及先决条件如表 7-2 所示。

表 7-2 软件工程专业课程关系表

课 程 编 号	课 程 名 称	先修课程编号
C_1	高等数学	无
C_2	程序设计基础	无
C_3	离散数学	C_1, C_2
C_4	数据结构	C_2, C_3
C_5	算法设计与分析	C_2, C_4
C_6	普通物理	C_1
C_7	计算机组成原理	C_6
C_8	操作系统	C_4, C_7
C_9	编译原理	C_4, C_5
C_{10}	线性代数	C_1

这些课程之间的关系利用有向图可以更清楚地表示，如图 7-26 所示。

在 AOV 网中，不应该出现有向环，因为存在环意味着某项活动以自己为先决条件，显然这是不可能的。若设计出这样的流程图，工程就无法进行；对于程序的流程图来说，就是一个死循环。因此，对给定的有向图，应首先判断网中是否存在环，检测的办法就要利用有向图的拓扑排序知识了。

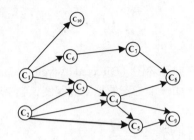

图 7-26　表示课程之间优先关系的有向图

2. 拓扑排序

拓扑排序的方法如下。

（1）在有向图中任意选择一个没有前驱的顶点即入度为零的顶点，将该顶点输出。

（2）从图中删除该顶点和所有以它为尾的弧。

（3）重复执行步骤（1）和（2），直至所有顶点均已被输出或者当前图中不存在无前驱的顶点为止（说明有向图中存在环）。

按照以上方法，可得到如图 7-28 所示的有向图的两个拓扑序列（当然还可构造其他拓扑序列）为（$C_1,C_6,C_{10},C_7,C_2,C_3,C_4,C_5,C_8,C_9$）和（$C_2,C_1,C_3,C_4,C_5,C_9,C_{10},C_6,C_7,C_8$）。图 7-27 展示了一个完整的拓扑序列的构造过程，其拓扑序列为 V_1、V_2、V_4、V_3、V_5、V_6。

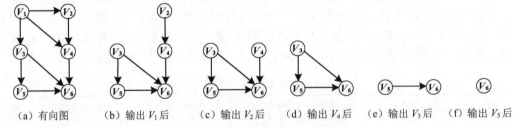

（a）有向图　（b）输出 V_1 后　（c）输出 V_2 后　（d）输出 V_4 后　（e）输出 V_3 后　（f）输出 V_5 后

图 7-27　AOV 网构造拓扑序列的过程

对有向图拓扑排序后，如果图中的顶点全部输出，表示图中不存在回路，则表明该有向图为 AOV 网；如果图中还存在未输出的顶点，表示图中存在回路。

针对以上算法步骤，可采用邻接表作为有向图的存储结构，且在头结点中增加一个存放顶点入度的数组 indegree。入度为零的顶点即为没有前驱的顶点，算法实现：遍历邻接表，将各个顶点的入度保存在数组 indegree 中；将入度为零的顶点入栈，依次将栈顶元素出栈并输出该顶点，对该顶点的邻接顶点的入度减 1，如果邻接顶点的入度为零，则入栈，否则将下一个邻接顶点的入度减 1 并进行相同的处理；然后继续将栈中元素出栈；重复执行以上操作，直到栈空为止。

有向图的拓扑排序算法描述如下。

```
int TopologicalSort(AdjGraph G)
/*有向图 G 的拓扑排序。如果图 G 没有回路,则输出 G 的一个拓扑序列并返回1,否则返回 0*/
{
    int i,k,count=0;
    int indegree[MaxSize];              /*存放各顶点当前入度*/
    SeqStack S;
    ArcNode *p;
    /*将图中各顶点的入度保存在数组 indegree 中*/
    for(i=0;i<G.vexnum;i++)             /*将数组 indegree 赋初值*/
```

```
            indegree[i]=0;
    for(i=0;i<G.vexnum;i++)
    {
        p=G.vertex[i].firstarc;
        while(p!=NULL)
        {
            k=p->adjvex;
            indegree[k]++;
            p=p->nextarc;
        }
    }
    /*对图 G 进行拓扑排序*/
    InitStack(&S);                    /*初始化栈 S*/
    for(i=0;i<G.vexnum;i++)           /*将所有入度为零的顶点入栈*/
        if(!indegree[i])
            PushStack(&S,i);
    while(!StackEmpty(S))             /*如果栈 S 不为空,则将栈顶元素出栈,输出该顶点*/
    {
        PopStack(&S,&i);              /*将栈顶元素出栈*/
        printf("%s",G.vertex[i].data);   /*输出编号为 i 的顶点*/
        count++;                      /*将已输出顶点数加 1*/
        for(p=G.vertex[i].firstarc;p;p=p->nextarc)/*处理编号为 i 的顶点的所有邻接顶点*/
        {
            k=p->data.adjvex;
            if(!(--indegree[k]))     /*如果编号为 i 的邻接顶点的入度减 1 后变为 0,则将其入栈*/
                PushStack(&S,k);
        }
    }
    if(count<G.vexnum)               /*图 G 中还有未输出的顶点,则存在回路,否则可以构成一个拓扑序列*/
    {
        printf("该有向图有回路\n");
        return 0;
    }
    else
    {
        printf("该图可以构成一个拓扑序列.\n");
        return 1;
    }
}
```

对有 n 个顶点和 e 条弧的有向图来说，建立求各顶点的入度的时间复杂度为 $O(e)$，将零入度的顶点入栈的时间复杂度为 $O(n)$；在拓扑排序过程中，若有向图无环，则每个顶点进一次栈，出一次栈，入度减 1 操作在 while 语句中总共执行 e 次，因此，拓扑排序总的时间复杂度为 $O(n+e)$。

7.5.2　AOE 网与关键路径

AOV 网描述了活动之间的优先关系，是一个定性的研究，而 AOE 网就是一个定量的研究。如整个工程的最短完成时间、各个子工程影响整个工程的程度、每个子工程的最短完成时间和最长完成时间，都需要利用 AOE 网的相关知识来解决，通过研究事件与活动之间的关系，从而可以确定整个工程的最短完成时间，明确活动之间的相互影响，确保整个工程的顺利进行。

1. 什么是 AOE 网

AOE 网即用边表示活动的网。AOE 网是一个带权的有向无环图，顶点表示事件，弧表示活动，权表示活动持续的时间，权值表示子工程的活动需要的时间。通常可用 AOE 网估算工程的完成时间。

图 7-28 是一个具有 11 个活动的 AOE 网，其中，v_1、v_2、$\cdots$、v_9 表示 9 个事件，$<v_1,v_2>$、$<v_1,v_3>$、$\cdots$、$<v_8,v_9>$ 表示 11 个活动，a_1、a_2、$\cdots$、a_{11} 表示活动的执行时间。进入顶点的有向弧表示的活动已经完成，从顶点出发的有向弧表示的活动可以开始。顶点 v_1 表示整个工程的开始，v_9 表示整个工程的结束。顶点 v_5 表示活动 a_4、a_5 已经完成，活动 a_7 和 a_8 可以开始。完成活动 a_1 和活动 a_2 分别需要 6 天和 4 天。

在某事件（顶点表示）发生之后，活动（该顶点出发的有向弧）才能开始。活动完成之后，之后的事件才会发生。

由于整个工程只有一个开始点和一个完成点，对于 AOE 网来说，网中只有一个入度为零的点（称为源点）和一个出度为零的点（称为汇点）。

2. 关键路径

AOE 网需要研究的问题是完成整个工程至少需要多少时间，以及哪些活动是影响工程进度的关键。

由于在 AOE 网中有些活动可以并行进行，所以完成工程的最短时间是从开始点到完成点的最长路径的长度，这里所说的路径长度是指路径上各个活动持续时间之和。最长的路径就是关键路径（critical path）。在 AOE 网中，关键路径其实就是完成工程的最短时间所经过的路径。关键路径表示了完成工程的最短工期。

下面是和关键路径有关的几个概念。

（1）事件 v_i 的最早发生时间 ve(i)：从源点到顶点 v_i 的最长路径长度，称为事件 v_i 的最早发生时间，记作 ve(i)。求解 ve(i) 可以从源点 ve(0)=0 开始，按照拓扑排序规则根据递推得到，即 $ve(i)=Max\{ve(k)+dut(<k,i>)|<k,i>\in T,1\leq i\leq n-1\}$，其中，$T$ 是所有以第 i 个顶点为弧头的弧的集合，$dut(<k,i>)$ 表示弧 $<k,i>$ 对应的活动的持续时间。例如，已知 v_2 的最早发生时间为 ve(2)=6，v_3 的最早发生时间为 ve(3)=4，活动 a_4 和 a_5 的持续时间为 1，故 v_5 的最早发生时间为 ve(5)=Max(6+1,4+1)=7，如图 7-29 所示。

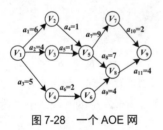

图 7-28 一个 AOE 网

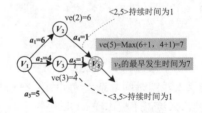

图 7-29 v_5 的最早发生时间

（2）事件 v_i 的最晚发生时间 vl(i)：在保证整个工程正常完成的前提下，活动的最迟开始时间，记作 vl(i)。在求解事件 v_i 的最早发生时间 ve(i) 的前提 vl(n-1)=ve(n-1) 下，从汇点开始，向源点推进得到 $vl(i)=Min\{vl(k)-dut(<i,k>)|<i,k>\in S,0\leq i\leq n-2\}$，其中，$S$ 是所有以第 i 个顶点为弧尾的弧的集合，$dut(<i,k>)$ 表示弧 $<i,k>$ 对应的活动的持续时间。

（3）活动 a_i 的最早开始时间 e(i)：如果弧 $<v_k,v_j>$ 表示活动 a_i，当事件 v_k 发生之后，活动 a_i 才开始。因此，事件 v_k 的最早发生时间也就是活动 a_i 的最早开始时间，即 e(i)=ve(k)。

（4）活动 a_i 的最晚开始时间 l(i)：在不推迟整个工程完成时间的基础上，活动 a_i 最迟必须开始的时间。如果弧 $<v_k,v_j>$ 表示活动 a_i 持续时间为 $dut(<k,j>)$，则活动 a_i 的最晚开始时间 $l(i)=vl(j)-dut(<k,j>)$。例如，因事件 v_8 的最晚开始时间为 14，活动 a_8 的持续时间为 7，所以 a_8 的最晚开始时间为 14-7=7，如图 7-30 所示。

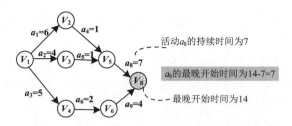

图 7-30 活动 a_8 的最晚开始时间

（5）活动 a_i 的松弛时间：活动 a_i 的最晚开始时间与最早开始时间之差，记作 $l(i)-e(i)$。

在如图 7-28 所示的 AOE 网中，从源点 v_1 到汇点 v_9 的关键路径是 (v_1,v_2,v_5,v_8,v_9)，路径长度为 18，也就是说，v_9 的最早发生时间为 18。活动 a_6 的最早开始时间是 5，最晚开始时间是 8，这意味着，如果 a_6 推迟 3 天开始或延迟 3 天完成，都不会影响到整个工程的进度。

当 $e(i)=l(i)$ 时，对应的活动 a_i 称为关键活动。在关键路径上的所有活动都称为关键活动，非关键活动提前完成或推迟完成并不会影响到整个工程的进度。例如，活动 a_6 是非关键活动，a_8 是关键活动。

求关键路径的算法如下。

（1）对网中的顶点进行拓扑排序，如果得到的拓扑序列顶点个数小于网中顶点数，则说明网中有环存在，不能求关键路径，终止算法；否则从源点 v_0 开始，求出各个顶点的最早发生时间 $ve(i)$。

（2）从汇点 v_n 出发 $vl(n-1)=ve(n-1)$，按照逆拓扑序列求其他顶点的最晚发生时间 $vl(i)$。

（3）由各顶点的最早发生时间 $ve(i)$ 和最晚发生时间 $vl(i)$，求出每个活动 a_i 的最早开始时间 $e(i)$ 和最晚开始时间 $l(i)$。

（4）找出所有满足条件 $e(i)=l(i)$ 的活动 a_i，a_i 即是关键活动。

如上所述，计算各顶点的 ve 值是在拓扑排序的过程中进行的，需对拓扑排序的算法做如下修改：①在拓扑排序之前设置初值，令 ve[i]=0；②在算法中增加一个计算 v_j 的直接后继 v_k 的最早发生时间的操作：若 ve[j]+ dut(<i,k>)>ve[k]，则 ve[k]= ve[j]+ dut(<i,k>)；③为了能按逆拓扑排序序列计算各顶点的 vl 值，需记下在拓扑排序的过程中求得的拓扑有序序列，这需要在拓扑排序算法中，增加一个记录拓扑有序序列，则在计算求得各顶点的 ve 值后，从栈顶到栈底便是逆拓扑有序序列。

利用 AOE 网的关键路径算法，如图 7-28 所示的网中顶点对应事件最早发生时间 ve、最晚发生时间 vl 及弧对应活动最早发生时间 e、最晚发生时间 e 如图 7-31 所示。

顶点	ve	vl	活动	e	l	$l-e$
v_1	0	0	a_1	0	0	0
v_2	6	6	a_2	0	2	2
v_3	4	6	a_3	0	3	3
v_4	5	8	a_4	6	6	0
v_5	7	7	a_5	4	6	0
v_6	7	10	a_6	5	8	3
v_7	16	16	a_7	7	7	0
v_8	14	14	a_8	7	7	0
v_9	18	18	a_9	7	14	7
			a_{10}	16	16	0
			a_{11}	14	14	0

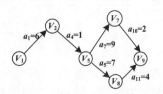

两条关键路径 (v_1,v_2,v_5,v_7,v_9) 和 (v_1,v_2,v_5,v_8,v_9)

图 7-31 如图 7-28 所示 AOE 网顶点发生时间与活动的开始时间

显然，网的关键路径有(v_1,v_2,v_5,v_8,v_9)和(v_1,v_2,v_5,v_7,v_9)两条，对应的关键活动是 a_1、a_4、a_5、a_{11} 和 a_1、a_4、a_7 和 a_{10}。

关键路径经过的顶点满足条件 $ve(i)==vl(i)$，即当事件的最早发生时间与最晚发生时间相等时，该顶点一定在关键路径之上。同样，关键活动的弧满足条件 $e(i)=l(i)$，即当活动的最早开始时间与最晚开始时间相等时，该活动一定是关键活动。

求每一个顶点的最早开始时间，首先要将网中的顶点进行拓扑排序。在对顶点进行拓扑排序过程中，同时计算顶点的最早发生时间 $ve(i)$。从源点开始，由与源点相关联的弧的权值，可以得到该弧相关联顶点对应事件的最早发生时间。同时定义一个栈 T，保存顶点的逆拓扑序列。利用拓扑排序求 $ve(i)$ 的算法实现如下。

```
int TopologicalOrder(AdjGraph N,SeqStack *T)
/*采用邻接表存储结构的有向网 N 的拓扑排序,并求各顶点对应事件的最早发生时间 ve*/
/*如果 N 无回路,则用栈 T 返回 N 的一个拓扑序列,并返回 1,否则为 0*/
{
    int i,k,count=0;
    int indegree[MaxSize];                  /*数组 indegree 存储各顶点的入度*/
    SeqStack S;
    ArcNode *p;
    /*将图中各顶点的入度保存在数组 indegree 中*/
    FindInDegree(N,indegree);
    InitStack(&S);                          /*初始栈 S*/
    for(i=0;i<N.vexnum;i++)
        if(!indegree[i])                    /*将入度为零的顶点入栈*/
            PushStack(&S,i);
    InitStack(T);                           /*初始化拓扑序列顶点栈*/
    for(i=0;i<N.vexnum;i++)                 /*初始化 ve*/
        ve[i]=0;
    while(!StackEmpty(S))                   /*如果栈 S 不为空*/
    {
        PopStack(&S,&i);                    /*从栈 S 将已拓扑排序的顶点 i 弹出*/
        printf("%s",N.vertex[i].data);
        PushStack(T,i);                     /*i 号顶点入逆拓扑排序栈 T*/
        count++;                            /*对入栈 T 的顶点计数*/
        for(p=N.vertex[i].firstarc;p;p=p->nextarc)   /*处理序号为 i 的顶点的每个邻接点*/
        {
            k=p->adjvex;                    /*顶点序号为 k*/
            if(--indegree[k]==0)            /*如果 k 的入度减 1 后变为 0,则将 k 入栈 S*/
                PushStack(&S,k);
            if(ve[i]+*(p->info)>ve[k])      /*计算顶点 k 对应的事件的最早发生时间*/
                ve[k]=ve[i]+*(p->info);
        }
    }
    if(count<N.vexnum)
    {
        printf("该有向网有回路\n");
        return 0;
    }
    else
        return 1;
}
```

在上面的算法中，语句 if(ve[i]+*(p->info)>ve[k])　ve[k]=ve[i]+*(p->info)就是求顶点 k 的对应事件的最早发生时间，域 info 保存的是对应弧的权值，在这里将图的邻接表类型定义做了简单的修改。

在求出事件的最早发生时间之后，按照逆拓扑序列就可以推出事件的最晚发生时间、活动的最早开始时间和最晚开始时间。在求出所有参数之后，如果 ve(*i*)==vl(*i*)，输出关键路径经过的顶点。如果 e(*i*)=l(*i*)，将与对应弧关联的两个顶点存入数组 *e*，用来输出关键活动。关键路径算法实现如下。

```
int CriticalPath(AdjGraph N)
/*输出 N 的关键路径*/
{
    int vl[MaxSize];                     /*事件最晚发生时间*/
    SeqStack T;
    int i,j,k,e,l,dut,value,count,e1[MaxSize],e2[MaxSize];
    ArcNode *p;
    if(!TopologicalOrder(N,&T))          /*如果有环存在,则返回 0*/
        return 0;
    value=ve[0];
    for(i=1;i<N.vexnum;i++)
        if(ve[i]>value)
            value=ve[i];                 /*value 为事件的最早发生时间的最大值*/
        for(i=0;i<N.vexnum;i++)          /*将顶点事件的最晚发生时间初始化*/
            vl[i]=value;
        while(!StackEmpty(T))            /*按逆拓扑排序求各顶点的 vl 值*/
            for(PopStack(&T,&j),p=N.vertex[j].firstarc;p;p=p->nextarc)
            /*弹出栈 T 的元素,赋给 j,p 指向 j 的后继事件 k*/
            {
                k=p->adjvex;
                dut=*(p->info);          /*dut 为弧<j,k>的权值*/
                if(vl[k]-dut<vl[j])      /*计算事件 j 的最迟发生时间*/
                    vl[j]=vl[k]-dut;
            }
        printf("\n 事件的最早发生时间和最晚发生时间\ni ve[i] vl[i]\n");
        for(i=0;i<N.vexnum;i++)          /*输出顶点对应的事件的最早发生时间和最晚发生时间*/
            printf("%d  %d   %d\n",i,ve[i],vl[i]);
        printf("关键路径为: (");
        for(i=0;i<N.vexnum;i++)          /*输出关键路径经过的顶点*/
            if(ve[i]==vl[i])
                printf("%s",N.vertex[i].data);
        printf(")\n");
        count=0;
            printf("活动最早开始时间和最晚开始时间\n   弧   e   l   l-e\n");
        for(j=0;j<N.vexnum;j++)          /*求活动的最早开始时间 e 和最晚开始时间 l*/
            for(p=N.vertex[j].firstarc;p;p=p->nextarc)
            {
                k=p->adjvex;
                dut=*(p->info);          /*dut 为弧<j,k>的权值*/
                e=ve[j];                 /*e 就是活动<j,k>的最早开始时间*/
                l=vl[k]-dut;             /*l 就是活动<j,k>的最晚开始时间*/
                printf("%s→%s %3d %3d %3d\n",N.vertex[j].data,N.vertex[k].data,e,l,l-e);
                if(e==l)                 /*将关键活动保存在数组中*/
                {
                    e1[count]=j;
                    e2[count]=k;
                    count++;
                }
            }
        printf("关键活动为: ");
        for(k=0;k<count;k++)             /*输出关键路径*/
        {
            i=e1[k];
            j=e2[k];
            printf("(%s→%s) ",N.vertex[i].data,N.vertex[j].data);
```

```
        }
        printf("\n");
        return 1;
}
```

在以上两个算法中，其求解事件的最早发生时间和最晚发生时间为 $O(n+e)$。如果网中存在多个关键路径，则需要同时改进所有的关键路径才能提高整个工程的进度。

7.6 最短路径

在日常生活中，经常会遇到求两个地点之间的最短路径的问题，如一位旅客要从 A 市到 B市，总是希望选择一条途中中转次数最少的路线。用图的弧（或者边）表示两个城市的线路，权值表示城市之间的距离，这样就可以把一个实际问题转换为求图的顶点之间的最短路径问题。本节的主要学习内容包括从某个顶点到其余各顶点的最短路径、任一对顶点之间的最短路径。

7.6.1 从某个顶点到其余各顶点的最短路径

先来讨论下从某个顶点出发到其余各顶点的最短路径问题，即单源点最短路径问题。将有向图中路径上的第一个顶点称为源点（source），最后一个顶点称为终点（destination）。

1. Dijkstra（迪杰斯特拉）算法——从某个顶点到其余顶点的最短路径

假设从有向图的顶点 v_0 出发到其余各个顶点的最短路径。带权有向图 G_7 及从 v_0 出发到其他各个顶点的最短路径如图 7-32 所示。

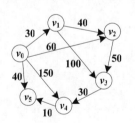

始点	终点	最短路径	路径长度
v_0	v_1	(v_0,v_1)	30
v_0	v_2	(v_0,v_2)	60
v_0	v_3	(v_0,v_2,v_3)	110
v_0	v_4	(v_0,v_2,v_3,v_4)	140
v_0	v_5	(v_0,v_5)	40

图 7-32　图 G_7 从顶点 v_0 到其他各个顶点的最短路径

从图 7-32 中可以看出，从顶点 v_0 到顶点 v_2 有两条路径：(v_0,v_1,v_2) 和 (v_0,v_2)。其中，前者的路径长度为 70，后者的路径长度为 60。因此，(v_0,v_2) 是从顶点 v_0 到顶点 v_2 的最短路径。从顶点 v_0到顶点 v_3 有三条路径：(v_0,v_1,v_2,v_3)、(v_0,v_2,v_3) 和 (v_0,v_1,v_3)。其中，第一条路径长度为 120，第二条路径长度为 110，第三条路径长度为 130。因此，(v_0,v_2,v_3) 是从顶点 v_0 到顶点 v_3 的最短路径。

下面介绍由迪杰斯特拉提出的求最短路径算法。它的基本思想是根据路径长度递增求解从顶点 v_0 到其他各顶点的最短路径。

设有一个带权有向图 $D=(V,E)$，定义一个数组 dist[]，数组中的每个元素 dist[i] 表示顶点 v_0到顶点 v_i 的最短路径长度。则长度为

dist[j]=Min{dist[i]|$v_i \in V$}

的路径表示从顶点 v_0 出发到顶点 v_j 的最短路径。也就是说，在所有的顶点 v_0 到顶点 v_i 的路径中，dist[j] 是最短的一条路径。而数组 dist[] 的初始状态是：如果从顶点 v_0 到顶点 v_i 存在弧，则 dist[i]

是弧$<v_0,v_i>$的权值；否则，dist[i]的值为∞。

假设 S 表示求出的最短路径对应终点的集合。在按递增次序已经求出从顶点 v_0 出发到顶点 v_j 的最短路径之后，那么下一条最短路径，即从顶点 v_0 到顶点 v_k 的最短路径或者是弧$<v_0,v_k>$，或者是经过集合 S 中某个顶点然后到达顶点 v_k 的路径。从顶点 v_0 出发到顶点 v_k 的最短路径长度或者是弧$<v_0,v_k>$的权值，或者是 dist[j]与 v_j 到 v_k 的权值之和。

求最短路径长度满足：终点为 v_x 的最短路径或者是弧$<v_0,v_x>$，或者是中间经过集合 S 中某个顶点然后到达顶点 v_x 所经过的路径。下面用反证法证明此结论。假设该最短路径有一个顶点 $v_z \notin S$，则最短路径为$(v_0,\cdots,v_z,\cdots,v_x)$。但是这种情况是不可能出现的，因为最短路径是按照路径长度的递增顺序产生的，所以长度更短的路径已经出现，其终点一定在集合 S 中。因此假设不成立，结论得证。

例如，从图 7-32 可以看出，(v_0,v_2)是从 v_0 到 v_2 的最短路径，(v_0,v_2,v_3)是从 v_0 到 v_3 的最短路径，经过了顶点 v_2；(v_0,v_2,v_3,v_4)是从 v_0 到 v_4 的最短路径，经过了顶点 v_3。

一般情况下，下一条最短路径的长度一定是

dist[j]=Min{dist[i]|$v_i \in V\text{-}S$}

其中，dist[i]或者是弧$<v_0,v_i>$的权值，或者是 dist[k]($v_k \in S$)与弧$<v_k,v_i>$的权值之和。$V\text{-}S$ 表示还没有求出的最短路径的终点集合。

迪杰斯特拉算法求解最短路径步骤如下（假设有向图用邻接矩阵存储）。

（1）初始时，S 只包括源点 v_0，即 $S=\{v_0\}$，$V\text{-}S$ 包括除 v_0 以外的图中的其他顶点。v_0 到其他顶点的路径初始化为 dist[i]=G.arc[0][i].adj。

（2）选择距离顶点 v_i 最短的顶点 v_j，使得 dist[j]=Min{dist[i]|$v_i \in V\text{-}S$}，dist[j]表示从 v_0 到 v_j 最短路径长度，v_j 表示对应的终点。

（3）修改从 v_0 到顶点 v_i 的最短路径长度，其中，$v_i \in S$。如果有 dist[k]+G.arc[k][i]<dist[i]，则修改 dist[i]，使得 dist[i]=dist[k]+G.arc[k][i].adj。

（4）重复执行步骤（2）和（3），直到所有从 v_0 到其他顶点的最短路径长度求出。

利用以上迪杰斯特拉算法求最短路径的思想，对如图 7-32 所示的图 G_7 求解从顶点 v_0 到其他顶点的最短路径，求解过程如图 7-33 所示。

$$G_7 = \begin{bmatrix} \infty & 30 & 60 & \infty & 150 & 40 \\ \infty & \infty & 40 & 100 & \infty & \infty \\ \infty & \infty & \infty & 50 & \infty & \infty \\ \infty & \infty & \infty & \infty & 30 & \infty \\ \infty & \infty & \infty & \infty & \infty & 10 \\ \infty & \infty & \infty & \infty & \infty & \infty \end{bmatrix}$$

终点	路径长度和路径数组	从顶点v_0到其他各顶点的最短路径的求解过程				
		$i=1$	$i=2$	$i=3$	$i=4$	$i=5$
v_1	dist	30				
	path	(v_0,v_1)				
v_2	dist	60	60	60		
	path	(v_0,v_2)	(v_0,v_2)	(v_0,v_2)		
v_3	dist	∞	130	130	110	
	path	-1	(v_0,v_1,v_3)	(v_0,v_1,v_3)	(v_0,v_2,v_3)	
v_4	dist	150	150	150	150	140
	path	(v_0,v_4)	(v_0,v_4)	(v_0,v_4)	(v_0,v_4)	(v_0,v_2,v_3,v_4)
v_5	dist	40	40			
	path	(v_0,v_5)	(v_0,v_5)			
最短路径终点		v_1	v_5	v_2	v_3	v_4
集合S		$\{v_0,v_1\}$	$\{v_0,v_1,v_5\}$	$\{v_0,v_1,v_5,v_2\}$	$\{v_0,v_1,v_5,v_2,v_3\}$	$\{v_0,v_1,v_5,v_2,v_3,v_4\}$

图 7-33　带权图 G_7 的从顶点 v_0 到其他各顶点的最短路径求解过程

根据迪杰斯特拉算法，求图 G_7 的最短路径过程中数组 dist[]和 path[]的变化情况如图 7-34 所示。

S	V-S	dist	path
$\{v_0\}$	$\{v_1\ v_2\ v_3\ v_4\ v_5\}$	$[0, 30, 60, \infty, 150, 40]$	$[0, 0, 0, -1, 0, 0]$
$\{v_0\ v_1\}$	$\{v_2\ v_3\ v_4\ v_5\}$	$[0, 30, 60, 130, 150, 40]$	$[0, 0, 0, 1, 0, 0]$
$\{v_0\ v_1\ v_5\}$	$\{v_2\ v_3\ v_4\}$	$[0, 30, 60, 130, 150, 40]$	$[0, 0, 0, 1, 0, 0]$
$\{v_0\ v_1\ v_5\ v_2\}$	$\{v_3\ v_4\}$	$[0, 30, 60, 110, 150, 40]$	$[0, 0, 0, 2, 0, 0]$
$\{v_0\ v_1\ v_5\ v_2\ v_3\}$	$\{v_4\}$	$[0, 30, 60, 110, 140, 40]$	$[0, 0, 0, 2, 3, 0]$
$\{v_0\ v_1\ v_5\ v_2\ v_3\ v_4\}$	$\{\ \}$	$[0, 30, 60, 110, 140, 40]$	$[0, 0, 0, 2, 3, 0]$

图 7-34　求最短路径各变量的状态变化过程

（1）初始化：$S=\{v_0\}$，$V\text{-}S=\{v_1,v_2,v_3,v_4,v_5\}$，dist[]=[0,30,60,∞,150,40]（根据邻接矩阵得到 v_0 到其他各顶点的权值），path[]=[0,0,0,-1,0,0]（若顶点 v_0 到顶点 v_i 有边$<v_0,v_i>$存在，则它就是从 v_0 到 v_i 的当前最短路径，令 path[i]=0，表示该最短路径上顶点 v_i 的前一个顶点是 v_0；若 v_0 到 v_i 没有路径，则令 path[i]=-1）。

（2）从 V-S 集合中找到一个顶点，该顶点与 S 集合中的顶点构成的路径最短，即 dist[]数组中值最小的顶点为 v_1，将其添加到 S 中，则 $S=\{v_0,v_1\}$，$V\text{-}S=\{v_2,v_3,v_4,v_5\}$。考查顶点 v_1，发现从 v_1 到 v_2 和 v_3 存在边，则得到：

dist[2]=min{dist[2],dist[1]+40}=60

dist[3]=min{dist[3],dist[1]+100}=130（修改）

则 dist[]=[0,30,60,130,150,40]，同时修改 v_1 到 v_3 路径上的前驱顶点，path[]=[0,0,0,1,0,0]。

（3）从 V-S 中找到一个顶点 v_5，它与 S 中顶点构成的路径最短，即 dist[]数组中值最小的顶点，将其添加到 S 中，则 $S=\{v_0,v_1,v_5\}$，V-S=$\{v_2,v_3,v_4\}$。考查顶点 v_5，发现 v_5 与其他顶点不存在边，则 dist[]和 path[]保持不变。

（4）从 V-S 中找到一个顶点 v_2，它与 S 中顶点构成的路径最短，即 dist[]数组中值最小的顶点，将其加入到 S 中，则 $S=\{v_0,v_1,v_5,v_2\}$，V-S=$\{v_3,v_4\}$。考查顶点 v_2，从 v_2 到 v_3 存在边，则得到：

dist[3]=min{dist[3],dist[2]+50}=110（修改）

则 dist[]=[0,30,60,110,150,40]，同时修改 v_1 到 v_3 路径上的前驱顶点，path[]=[0,0,0,2,0,0]。

（5）从 V-S 中找到一个顶点 v_3，它与 S 中顶点构成的路径最短，即 dist[]数组中值最小的顶点，将其加入到 S 中，则 $S=\{v_0,v_1,v_5,v_2,v_3\}$，V-S=$\{v_4\}$。考查顶点 v_3，从 v_3 到 v_4 存在边，则得到：

dist[4]=min{dist[4],dist[3]+30}=140（修改）

则 dist[]=[0,30,60,110,140,40]，同时修改 v_1 到 v_4 路径上的前驱顶点，path[]=[0,0,0,2,3,0]。

（6）从 V-S 中找到与 S 中顶点构成的路径最短的顶点 v_4，即 dist[]数组中值最小的顶点，将其加入到 S 中，则 $S=\{v_0,v_1,v_5,v_2,v_3,v_4\}$，$V\text{-}S=\{\ \}$。考查顶点 v_4，从 v_4 到 v_5 存在边，则得到：

dist[5]=min{dist[5],dist[4]+10}=40

则 dist[]和 path[]保持不变，即 dist[]=[0,30,60,110,140,40]，path[]=[0,0,0,2,3,0]。存储最短路径前驱结点下标的数组 path 的值如表 7-3 所示。

表 7-3　path[]的值

数组下标	0	1	2	3	4	5
数组的值	0	0	0	2	3	0

根据 dist[]和 path[]中的值输出从 v_0 到其他各顶点的最短路径。例如，从 v_0 到 v_4 的最短路径可根据 path[]获得：由 path[4]=3 得到 v_4 的前驱顶点为 v_3，由 path[3]=2 得到 v_3 的前驱顶点为 v_2，由 path[2]=0 得到 v_2 的前驱顶点为 v_0，因此反推出从 v_0 到 v_4 的最短路径为 $v_0 \rightarrow v_2 \rightarrow v_3 \rightarrow v_4$，最短路径长度为 dist[4]，即 140。

2. 迪杰斯特拉算法实现

求最短路径的迪杰斯特拉算法描述如下。

```
typedef int PathMatrix[MaxSize];        /*定义一个保存最短路径的一维数组*/
typedef int ShortPathLength[MaxSize];   /*定义一个保存从顶点 v0 到顶点 v 的最短距离的数组*/
void Dijkstra(MGraph N,int v0,PathMatrix path,ShortPathLength dist,int final[])
/*用 Dijkstra 算法求有向网 N 的 v0 顶点到其余各顶点 v 的最短路径 path[v]及带权长度 dist[v]*/
/*final[v]为 1 表示 v∈S,即已经求出从 v0 到 v 的最短路径*/
{
    int v,w,k,min;
    for(v=0;v<N.vexnum;v++)/*数组 dist 存储 v0 到 v 的最短距离,初始化为 v0 到 v 的弧的距离*/
    {
        final[v]=0;
        dist[v]=N.arc[v0][v].adj;           /*记录与 v0 有连接的顶点的权值*/
        if(N.arc[v0][v].adj<INFINITY)
            path[v]=v0;
        else
            path[v]=-1;                     /*初始化路径数组 path 为-1*/
    }
    dist[v0]=0;                             /*v0 到 v0 的路径为 0*/
    final[v0]=1;                            /*v0 顶点并入集合 S*/
    path[v0]=v0;
    /*从 v0 到其余 G.vexnum-1 个顶点的最短路径,并将该顶点并入集合 S*/
    /*利用循环求 v0 到某个顶点 v 的最短路径*/
    for (v = 1; v < N.vexnum; v++)
    {
        min = INFINITY;                     /*记录一次循环距离 v0 最近的距离*/
        for (w = 0; w < N.vexnum; w++)      /*找出距 v0 最近的顶点*/
        {
            /*final[w]为 0 表示该顶点还没有记录与它最近的顶点*/
            if (!final[w] && dist[w] < min) /*在不属于集合 S 顶点中找到离 v0 最近的顶点*/
            {
                k = w;      /*记录最小权值的下标,将其距 v0 最近的顶点 w 赋给 k*/
                min = dist[w];              /*记录最小权值*/
            }
        }
        /*将目前找到的最接近 v0 的顶点的下标的位置置为 1,表示该顶点已被记录*/
        final[k] = 1;                       /*将 v 并入集合 S*/
        /*修正当前最短路径即距离*/
        for (w = 0; w < N.vexnum; w++)
        /*利用新并入集合 S 的顶点,更新 v0 到不属于集合 S 的顶点的最短路径长度和最短路径数组*/
        {
            /*如果经过顶点 v 的路径比现在这条路径短,则修改顶点 v0 到 w 的距离*/
            if (!final[w]&&min<INFINITY&&N.arc[k][w].adj<INFINITY && (min + N.arc[k]
[w].adj < dist[w]))
            {
                dist[w] = min + N.arc[k][w].adj;    /*修改顶点 w 距离 v0 的最短长度*/
```

```
                 path[w] = k;                              /*存储最短路径前驱结点的下标*/
               }
           }
       }
   }
```

其中，一维数组 dist[v]表示从顶点 v_0 到顶点 v 的当前求出的最短路径长度。先利用 v_0 到其他顶点的弧对应的权值初始化数组 path[]和 dist[]，然后找出从 v_0 到顶点 v（不属于集合 S）的最短路径，并将 v 并入集合 S，最短路径长度赋给 min。接着利用新并入的顶点 v，更新 v_0 到其他顶点（不属于集合 S）的最短路径长度和最短路径数组。重复执行以上步骤，直到从 v_0 到所有其他顶点的最短路径求出为止。数组 path[v]存放顶点 v 的前驱顶点的下标，根据 path[]中的值，可依次求出相应顶点的前驱，直到源点 v_0，逆推回去可得到从 v_0 到其他各顶点的最短路径。

该算法的时间主要耗费在第二个 for 循环语句上，外层 for 循环语句主要控制循环的次数，一次循环可得到从 v_0 到某个顶点的最短路径，两个内层 for 循环共执行 n 次，如果不考虑每次求解最短路径的耗费，则该算法的时间复杂度是 $O(n^2)$。

【例 7-2】建立一个如图 7-32 所示的图 G_7，输出 G_7 中从 v_0 出发到其他各顶点的最短路径及从 v_0 到各个顶点的最短路径长度。

```
void CreateGraph(MGraph *N,GNode *value,int vnum,int arcnum,VertexType *ch);
void DisplayGraph(MGraph N);
void Dijkstra(MGraph N,int v0,PathMatrix path,ShortPathLength dist,int final[MaxSize]);
void PrintShortPath(MGraph N, int v0, PathMatrix path, ShortPathLength dist);
void PrintShortPath(MGraph N, int v0, PathMatrix path, ShortPathLength dist)
{
    int i, j,k=0;
    int apath[MaxSize];
    printf("存储最短路径前驱结点下标的数组 path 的值为：\n");
    printf("数组下标: ");
    for (i = 0; i < N.vexnum; i++)
    {
        printf("%2d ", i);
    }
    printf("\n 数组的值: ");
    for (i = 0; i < N.vexnum; i++)
    {
        printf("%2d ", path[i]);
    }

    printf("\n\nv0 到其他顶点的最短路径如下：\n");
    for (i =1 ; i <N.vexnum; i++)
    {
        k=0;
        printf("v%d -> v%d : ", v0, i);
        j = i;        /*j 用于遍历 while 循环*/
        printf("%s ", N.vex[v0]);
        while (path[j] != 0)
        {
            apath[k]=path[j];
            j=path[j];
            k++;
        }
        for(j=k-1;j>=0;j--)
        {
            printf("%s ", N.vex[apath[j]]);
        }
        printf("%s ", N.vex[i]);
```

```
        printf("\n");
    }
    printf("\n 顶点 v%d 到各顶点的最短路径长度为: \n", v0);
    for (i = 1; i < N.vexnum; i++)
    printf("%s - %s : %d \n", N.vex[0], N.vex[i], dist[i]);
    /*dist 数组中存放 v0 到各顶点的最短路径*/
}
void main()
{
    int i,vnum=6,arcnum=9,final[MaxSize];
    MGraph N;
    GNode value[]={{0,1,30},{0,2,60},{0,4,150},{0,5,40},
        {1,2,40},{1,3,100},{2,3,50},{3,4,30},{4,5,10}};
    VertexType ch[]={"v0","v1","v2","v3","v4","v5"};
    PathMatrix path;                          /*用二维数组存放最短路径所经过的顶点*/
    ShortPathLength dist;                     /*用一维数组存放最短路径长度*/
    CreateGraph(&N,value,vnum,arcnum,ch);     /*创建有向网 N*/
    DisplayGraph(N);                          /*输出有向网 N*/
    Dijkstra(N,0,path,dist,final);
    PrintShortPath(N, 0, path, dist);         /*打印最短路径*/
}
```

程序运行结果如图 7-35 所示。

图 7-35　迪杰斯特拉算法求从 v_0 到其他各顶点最短路径的程序运行结果

7.6.2　每一对顶点之间的最短路径

如果要计算每一对顶点之间的最短路径，需每次以一个顶点为出发点，将迪杰斯特拉算法重复执行 n 次，就可以得到每一对顶点的最短路径。总的时间复杂度为 $O(n^3)$。下面介绍由另一位伟大的计算机科学家弗洛伊德（Floyd）提出的另一个算法，其时间复杂度也是 $O(n^3)$，但其形式简单些。

1. 各个顶点之间的最短路径算法思想

求解各个顶点之间最短路径的弗洛伊德算法的思想是：假设要求顶点 v_i 到顶点 v_j 的最短路径。如果从顶点 v_i 到顶点 v_j 存在弧，但是该弧所在的路径不一定是 v_i 到 v_j 的最短路径，需要进行 n 次比较。首先需要从顶点 v_0 开始，如果有路径(v_i,v_0,v_j)存在，则比较路径(v_i,v_j)和(v_i,v_0,v_j)，选择两者中最短的一个且中间顶点的序号不大于 0。

　　然后在路径上再增加一个顶点 v_1，得到路径 $(v_i,\cdots,v_1)$ 和 $(v_1,\cdots,v_j)$，如果两者都是中间顶点不大于 0 的最短路径，则将该路径 $(v_i,\cdots,v_1,\cdots,v_j)$ 与上面已经求出的中间顶点序号不大于 0 的最短路径比较，选中其中最小的作为从 v_i 到 v_j 的中间路径顶点序号不大于 1 的最短路径。

　　接着在路径上增加顶点 v_2，得到路径 $(v_i,\cdots,v_2)$ 和 $(v_2,\cdots,v_j)$，按照以上方法进行比较，求出从 v_i 到 v_j 的中间路径顶点序号不大于 2 的最短路径。以此类推，经过 n 次比较，可以得到从 v_i 到 v_j 的中间顶点序号不大于 $n-1$ 的最短路径。依照这种方法，可以得到各个顶点之间的最短路径。

　　假设采用邻接矩阵存储带权有向图 G，则各个顶点之间的最短路径可以保存在一个 n 阶方阵 D 中，每次求出的最短路径可以用矩阵表示为：D^{-1}，D^0，D^1，D^2，$\cdots$，D^{n-1}。其中，$D^{-1}[i][j]=G.arc[i][j].adj$，$D^k[i][j]=\text{Min}\{D^{k-1}[i][j],D^{k-1}[i][k]+D^{k-1}[k][j]|,0\leqslant k\leqslant n-1\}$。其中，$D^k[i][j]$ 表示从顶点 v_i 到顶点 v_j 的中间顶点序号不大于 k 的最短路径长度，而 $D^{n-1}[i][j]$ 即为从顶点 v_i 到顶点 v_j 的最短路径长度。

　　根据弗洛伊德算法，求解如图 7-32 所示的带权有向图 G_7 的每一对顶点之间最短路径的过程如下（D 存放每一对顶点之间的最短路径长度，P 存放最短路径中到达某顶点的前驱顶点下标）。

　　（1）初始时，D 中元素的值为顶点间弧的权值，若两个顶点间不存在弧，则其值为∞。顶点 v_2 到 v_3 存在弧，权值为 50，故 $D^{-1}[2][3]=50$；路径 (v_2,v_3) 的前驱顶点为 v_2，故 $P^{-1}[2][3]=2$。顶点 v_4 到 v_5 存在弧，权值为 10，故 $D^{-1}[4][5]=10$；路径 (v_4,v_5) 的前驱顶点为 v_4，故 $P^{-1}[4][5]=4$。若没有前驱顶点，则 P 中相应的元素值为-1。D 和 P 的状态如图 7-36 所示。

$$D^{-1}=\begin{bmatrix} \infty & 30 & 60 & \infty & 150 & 40 \\ \infty & \infty & 40 & 100 & \infty & \infty \\ \infty & \infty & \infty & 50 & \infty & \infty \\ \infty & \infty & \infty & \infty & 30 & \infty \\ \infty & \infty & \infty & \infty & \infty & 10 \\ \infty & \infty & \infty & \infty & \infty & \infty \end{bmatrix} \qquad P^{-1}=\begin{bmatrix} -1 & 0 & 0 & -1 & 0 & 0 \\ -1 & -1 & 1 & 1 & -1 & -1 \\ -1 & -1 & -1 & 2 & -1 & -1 \\ -1 & -1 & -1 & -1 & 3 & -1 \\ -1 & -1 & -1 & -1 & -1 & 4 \\ -1 & -1 & -1 & -1 & -1 & -1 \end{bmatrix}$$

图 7-36　D 和 P 的初始状态

　　（2）考察 v_0，经过比较，从顶点 v_i 到 v_j 经由顶点 v_0 的最短路径无变化，因此，D^0 和 P^0 如图 7-37 所示。

$$D^0=\begin{bmatrix} \infty & 30 & 60 & \infty & 150 & 40 \\ \infty & \infty & 40 & 100 & \infty & \infty \\ \infty & \infty & \infty & 50 & \infty & \infty \\ \infty & \infty & \infty & \infty & 30 & \infty \\ \infty & \infty & \infty & \infty & \infty & 10 \\ \infty & \infty & \infty & \infty & \infty & \infty \end{bmatrix} \qquad P^0=\begin{bmatrix} -1 & 0 & 0 & -1 & 0 & 0 \\ -1 & -1 & 1 & 1 & -1 & -1 \\ -1 & -1 & -1 & 2 & -1 & -1 \\ -1 & -1 & -1 & -1 & 3 & -1 \\ -1 & -1 & -1 & -1 & -1 & 4 \\ -1 & -1 & -1 & -1 & -1 & -1 \end{bmatrix}$$

图 7-37　经由顶点 v_0 的 D 和 P 的存储状态

　　（3）考察顶点 v_1，从顶点 v_1 到 v_2 和 v_3 存在路径，由顶点 v_0 到 v_1 的路径可得到 v_0 到 v_2 和 v_3 的路径 $D^1[0][2]=70$（由于 70>60，$D^1[0][2]$ 的值保持不变）和 $D^1[0][3]=130$（由于 130<∞，故需更新 $D^1[0][3]$ 的值为 130，同时前驱顶点 $P^1[0][3]$ 的值为 1），因此更新后的最短路径矩阵和前驱顶点矩阵如图 7-38 所示。

$$D^1=\begin{bmatrix} \infty & 30 & 60 & 130 & 150 & 40 \\ \infty & \infty & 40 & 100 & \infty & \infty \\ \infty & \infty & \infty & 50 & \infty & \infty \\ \infty & \infty & \infty & \infty & 30 & \infty \\ \infty & \infty & \infty & \infty & \infty & 10 \\ \infty & \infty & \infty & \infty & \infty & \infty \end{bmatrix} \qquad P^1=\begin{bmatrix} -1 & 0 & 0 & 1 & 0 & 0 \\ -1 & -1 & 1 & 1 & -1 & -1 \\ -1 & -1 & -1 & 2 & -1 & -1 \\ -1 & -1 & -1 & -1 & 3 & -1 \\ -1 & -1 & -1 & -1 & -1 & 4 \\ -1 & -1 & -1 & -1 & -1 & -1 \end{bmatrix}$$

图 7-38　经由顶点 v_1 的 D 和 P 的存储状态

（4）考察顶点 v_2，从顶点 v_2 到 v_3 存在路径，由顶点 v_0 到 v_2 的路径可得到 v_0 到 v_3 的路径 $D^2[0][3]=110$（由于 110<130，故需更新 $D^2[0][3]$ 的值为 110，同时前驱顶点 $P^1[0][3]$ 的值为 2）。同时，修改从顶点 v_1 到 v_3 路径（$D^2[1][3]=90<100$）和 $P^2[1][3]$ 的值，因此，更新后的最短路径矩阵和前驱顶点矩阵如图 7-39 所示。

$$D^2 = \begin{bmatrix} \infty & 30 & 60 & 110 & 150 & 40 \\ \infty & \infty & 40 & 90 & \infty & \infty \\ \infty & \infty & \infty & 50 & \infty & \infty \\ \infty & \infty & \infty & \infty & 30 & \infty \\ \infty & \infty & \infty & \infty & \infty & 10 \\ \infty & \infty & \infty & \infty & \infty & \infty \end{bmatrix} \quad P^2 = \begin{bmatrix} -1 & 0 & 0 & 2 & 0 & 0 \\ -1 & -1 & 1 & 2 & -1 & -1 \\ -1 & -1 & -1 & 2 & -1 & -1 \\ -1 & -1 & -1 & -1 & 3 & -1 \\ -1 & -1 & -1 & -1 & -1 & 4 \\ -1 & -1 & -1 & -1 & -1 & -1 \end{bmatrix}$$

图 7-39　经由顶点 v_2 的 D 和 P 的存储状态

（5）考察顶点 v_3，从顶点 v_3 到 v_4 存在路径，由顶点 v_0 到 v_3 的路径可得到 v_0 到 v_4 的路径 $D^3[0][4]=140$（由于 140<150，故需更新 $D^3[0][4]$ 的值为 140，同时前驱顶点 $P^3[0][4]$ 的值为 3）。同时，更新从 v_1、v_2 到 v_4 的最短路径长度和前驱顶点，因此，更新后的最短路径矩阵和前驱顶点矩阵如图 7-40 所示。

$$D^3 = \begin{bmatrix} \infty & 30 & 60 & 110 & 140 & 40 \\ \infty & \infty & 40 & 90 & 120 & \infty \\ \infty & \infty & \infty & 50 & 80 & \infty \\ \infty & \infty & \infty & \infty & 30 & \infty \\ \infty & \infty & \infty & \infty & \infty & 10 \\ \infty & \infty & \infty & \infty & \infty & \infty \end{bmatrix} \quad P^3 = \begin{bmatrix} -1 & 0 & 0 & 2 & 3 & 0 \\ -1 & -1 & 1 & 2 & 3 & -1 \\ -1 & -1 & -1 & 2 & 3 & -1 \\ -1 & -1 & -1 & -1 & 3 & -1 \\ -1 & -1 & -1 & -1 & -1 & 4 \\ -1 & -1 & -1 & -1 & -1 & -1 \end{bmatrix}$$

图 7-40　经由顶点 v_3 的 D 和 P 的存储状态

（6）考察顶点 v_4，从顶点 v_4 到 v_5 存在路径，则按以上方法计算从各顶点经由 v_4 到其他各顶点的路径长度和前驱顶点，更新后的最短路径矩阵和前驱顶点矩阵如图 7-41 所示。

$$D^4 = \begin{bmatrix} \infty & 30 & 60 & 110 & 140 & 40 \\ \infty & \infty & 40 & 90 & 120 & 130 \\ \infty & \infty & \infty & 50 & 80 & 90 \\ \infty & \infty & \infty & \infty & 30 & 40 \\ \infty & \infty & \infty & \infty & \infty & 10 \\ \infty & \infty & \infty & \infty & \infty & \infty \end{bmatrix} \quad P^4 = \begin{bmatrix} -1 & 0 & 0 & 2 & 3 & 0 \\ -1 & -1 & 1 & 2 & 3 & 4 \\ -1 & -1 & -1 & 2 & 3 & 4 \\ -1 & -1 & -1 & -1 & 3 & 4 \\ -1 & -1 & -1 & -1 & -1 & 4 \\ -1 & -1 & -1 & -1 & -1 & -1 \end{bmatrix}$$

图 7-41　经由顶点 v_4 的 D 和 P 的存储状态

（7）考察顶点 v_5，从顶点 v_5 到其他各顶点不存在路径，故无须更新最短路径矩阵和前驱顶点矩阵。根据以上分析，图 G_7 的各个顶点间的最短路径及长度如图 7-42 所示。

D	D^{-1}						D^0						D^1						D^2						D^3						D^4						D^5					
	0	1	2	3	4	5	0	1	2	3	4	5	0	1	2	3	4	5	0	1	2	3	4	5	0	1	2	3	4	5	0	1	2	3	4	5	0	1	2	3	4	5
0	∞	30	60	∞	150	40	∞	30	60	∞	150	40	∞	30	60	130	150	40	∞	30	60	110	150	40	∞	30	60	110	140	40	∞	30	60	110	140	40	∞	30	60	110	140	40
1	∞	∞	40	100	∞	∞	∞	∞	40	100	∞	∞	∞	∞	40	100	∞	∞	∞	∞	40	90	∞	∞	∞	∞	40	90	120	∞	∞	∞	40	90	120	130	∞	∞	40	90	120	130
2	∞	∞	∞	50	∞	∞	∞	∞	∞	50	∞	∞	∞	∞	∞	50	∞	∞	∞	∞	∞	50	∞	∞	∞	∞	∞	50	80	∞	∞	∞	∞	50	80	90	∞	∞	∞	50	80	90
3	∞	∞	∞	∞	30	∞	∞	∞	∞	∞	30	∞	∞	∞	∞	∞	30	∞	∞	∞	∞	∞	30	∞	∞	∞	∞	∞	30	∞	∞	∞	∞	∞	30	40	∞	∞	∞	∞	30	40
4	∞	∞	∞	∞	∞	10	∞	∞	∞	∞	∞	10	∞	∞	∞	∞	∞	10	∞	∞	∞	∞	∞	10	∞	∞	∞	∞	∞	10	∞	∞	∞	∞	∞	10	∞	∞	∞	∞	∞	10
5	∞	∞	∞	∞	∞	∞	∞	∞	∞	∞	∞	∞	∞	∞	∞	∞	∞	∞	∞	∞	∞	∞	∞	∞	∞	∞	∞	∞	∞	∞	∞	∞	∞	∞	∞	∞	∞	∞	∞	∞	∞	∞

P	P^{-1}						P^0						P^1						P^2						P^3						P^4						P^5					
	0	1	2	3	4	5	0	1	2	3	4	5	0	1	2	3	4	5	0	1	2	3	4	5	0	1	2	3	4	5	0	1	2	3	4	5	0	1	2	3	4	5
0		v_0v_1	v_0v_2		v_0v_4	v_0v_5		v_0v_1	v_0v_2		v_0v_4	v_0v_5		v_0v_1	v_0v_2	$v_0v_1v_3$	v_0v_4	v_0v_5		v_0v_1	v_0v_2	$v_0v_2v_3$	v_0v_4	v_0v_5		v_0v_1	v_0v_2	$v_0v_2v_3$	$v_0v_2v_3v_4$	v_0v_5		v_0v_1	v_0v_2	$v_0v_2v_3$	$v_0v_2v_3v_4$	v_0v_5		v_0v_1	v_0v_2	$v_0v_2v_3$	$v_0v_2v_3v_4$	v_0v_5
1			v_1v_2	v_1v_3					v_1v_2	v_1v_3					v_1v_2	v_1v_3					v_1v_2	$v_1v_2v_3$					v_1v_2	$v_1v_2v_3$	$v_1v_2v_3v_4$				v_1v_2	$v_1v_2v_3$	$v_1v_2v_3v_4$	$v_1v_2v_3v_4v_5$			v_1v_2	$v_1v_2v_3$	$v_1v_2v_3v_4$	$v_1v_2v_3v_4v_5$
2				v_2v_3						v_2v_3						v_2v_3						v_2v_3						v_2v_3	$v_2v_3v_4$					v_2v_3	$v_2v_3v_4$	$v_2v_3v_4v_5$				v_2v_3	$v_2v_3v_4$	$v_2v_3v_4v_5$
3					v_3v_4						v_3v_4						v_3v_4						v_3v_4						v_3v_4						v_3v_4	$v_3v_4v_5$					v_3v_4	$v_3v_4v_5$
4						v_4v_5						v_4v_5						v_4v_5						v_4v_5						v_4v_5						v_4v_5						v_4v_5
5																																										

图 7-42　带权有向图 G_7 的各个顶点之间的最短路径及长度

2. 各个顶点之间的最短路径算法实现

根据以上弗洛伊德算法思想，各个顶点之间的最短路径算法实现如下。

```
void Floyd_Short_Path(MGraph N)
/*用 Floyd 算法求有向网 N 任意顶点之间的最短路径,其中,D[u][v]表示从 u 到 v 当前得到的最短路
径,P[u][v]存放的是 u 到 v 的前驱顶点*/
{
    int D[MaxSize][MaxSize],P[MaxSize][MaxSize];
    int u,v,w;
    for (u=0;u<N.vexnum;u++)              /*初始化最短路径长度 P 和前驱顶点矩阵 D*/
        for (v=0;v<N.vexnum;v++)
        {
            D[u][v]=N.arc[u][v].adj;  /*初始时,顶点 v 到顶点 w 的最短路径为 v 到 w 的弧的权值*/
            if (u!=v && N.arc[u][v].adj<INFINITY)  /*若顶点 u 到 v 存在弧*/
                P[u][v]=u;            /*则路径 (u,v) 的前驱顶点为 u*/
            else                     /*否则*/
                P[u][v]=-1;          /*路径 (u,v) 的前驱顶点为-1*/
        }
    for (w=0;w<N.vexnum;w++)              /*依次考察所有顶点*/
    {
        for (u=0;u<N.vexnum;u++)
            for (v=0;v<N.vexnum;v++)
                if (D[u][v]>D[u][w]+D[w][v])      /*从 u 经 w 到 v 的一条路径为当前最短的路径*/
                {
                    D[u][v]=D[u][w]+D[w][v];      /*更新 u 到 v 的最短路径长度*/
                    P[u][v]=P[w][v];              /*更新最短路径中 u 到 v 的前驱顶点*/
                }
    }
    Print_Short_Path(N,D,P);                  /*输出最短路径*/
    printf("最短路径中各顶点的前驱顶点:\n");
    PrintMatrix(P,N.vexnum);                  /*输出前驱顶点*/
}
```

计算机科学家简介：

Robert W. Floyd（罗伯特·W·弗洛伊德），1978 年图灵奖获得者、斯坦福大学计算机科学系教授。Floyd 是一位"自学成才的计算机科学家"。Floyd 于 1936 年 6 月 8 日生于纽约，17 岁获得芝加哥大学文学学士学位。毕业后，由于没有任何专门技能，Floyd 无奈之下到 Westinghouse Electric Corporation 当了两年计算机操作员，期间，Floyd 很快对计算机产生了兴趣，于是他在值班空闲时间刻苦学习钻研，白天又回母校去听有关课程，在 1958 年获得了物理学学士学位，逐渐变成计算机的行家里手。1956 年，他到芝加哥的装甲研究基金会从事操作员的工作，后来成为程序员。1962 年，他被马萨诸塞州的 Computer Associates 公司聘为分析员，此时与 Warsall 合作发布了 Floyd-Warshall 算法。1965 年，他成为卡内基·梅隆大学的副教授，3 年后转至斯坦福大学，1970 年任教授。Floyd 一生取得了许多成就，包括 Floyd 算法、编译器的开发与规则制定，他还是《计算机程序设计艺术》的主要评审。他开发了 Algol 60 编译器，提出了优先文法、有限上下文文法，与 J Williams 于 1964 年共同发明了著名的堆排序算法。1978 年，Robert W. Floyd 被授予图灵奖。

Edsgar Wybe Dijkstra（狄杰斯特拉），1930 年 5 月 11 日出生于荷兰鹿特丹的一个知识分子家庭。1948 年，Dijkstra 进入莱顿大学学习数学与物理。期间，Dijkstra 开始学习计算机编程。1951 年，他自费赴英国参加了剑桥大学举办的一个程序设计培训班，第二年，被阿姆斯特丹数学中心聘为兼职程序员。1956 年，Dijkstra 成功地设计并实现了最短路径的高效算法——Dijkstra 算法，解决了运动路径规划问题。1960 年 8 月， Dijkstra 和数学中心的同事率先实现了世界上

第一个 Algol 60 编译器，并因此奠定了他作为世界一流计算机学者在科学界的地位。1962 年，Dijkstra 担任艾恩德大学(Eindhoven Technical University)数学教授。Dijkstra 对计算机科学的贡献并不仅限于程序设计技术，在算法和算法理论、编译器、操作系统诸多方面都有许多创造，做出了杰出贡献。

7.6.3　最短路径应用举例

带权图（权值非负，表示边连接的两个顶点间的距离）的最短路径问题是找出从初始顶点到目标顶点之间的一条最短路径。假设从初始顶点到目标顶点之间存在路径，解决问题的方法如下。

（1）设最短路径初始时仅包含初始顶点，令当前顶点 u 为初始顶点。

（2）选择离 u 最近且尚未在最短路径中的一个顶点 v，加入最短路径中，修改当前顶点 $u=v$。

（3）重复执行步骤（1）和（2），直到 u 是目标顶点为止。

请问上述方法能否求得最短路径？若该方法可行，请证明之；否则，举例说明。

【分析】该题目是某年的考研试题，主要考查最短路径的掌握情况。按上述方法不一定能求出最短路径。例如，一个带权图如图 7-43 所示。

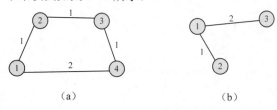

（a）　　　　　　　　　　　（b）

图 7-43　求带权图

对于图 7-43（a），设初始顶点为 1，目标顶点为 4，求从顶点 1 到顶点 4 之间的最短路径。显然这两个顶点之间的最短路径为 2。而利用题中给出的方法求得的最短路径为 1→2→3→4，长度为 3，这条路径并不是顶点 1 到顶点 4 之间的最短路径。

对于图 7-43（b），设初始顶点为 1，目标顶点为 3，求从顶点 1 到顶点 3 之间的最短路径，利用题目给出的方法，求出 1→2 之后，无法求出顶点 1 到顶点 3 的路径。

7.7　图的应用举例

本节将通过两个具体实例来说明图的具体应用。

【例 7-3】有一个邻接表存储的图 G，分别设计实现如下要求的算法。

（1）求出图 G 中每个顶点的出度。

（2）求出图 G 中出度最大的一个顶点，输出该顶点的编号。

（3）计算图 G 中出度为零的顶点数。

（4）判断图 G 中是否存在边$<i,j>$。

【分析】主要考查对图的邻接表存储特点和基本操作掌握情况。从图的表头结点出发，依次访问边表结点，并进行计数，就可得到相应每个顶点的出度。问题（1）、（2）、（3）可归结为一个问题，其中，求某个顶点的出度可以写成一个函数 OutDegree(AdjGraph G,int v)，在求（1）、（2）、（3）的问题时，可调用该函数实现。

对于问题（4），可令 $p=G.vertex[i].firstarc$，然后依次遍历 p 指向链表中的每个结点，看该结点的序号是否为 j，如果为 j，则说明图中存在弧$<i,j>$；若 $p==NULL$，则说明图中不存在弧$<i,j>$。代码如下。

```
while(p!=NULL && p->adjvex!=j)
    p=p->nextarc;
```

算法实现如下。

```
void main()
{
    AdjGraph G;
    CreateGraph(&G);            /*采用邻接表存储结构创建有向图 G*/
    DisplayGraph(G);            /*输出有向图 G*/
    AllOutDegree(G);            /*有向图 G 各顶点的出度*/
    MaxOutDegree(G);            /*求有向图 G 出度最大的顶点*/
    ExistArc(G);                /*判断有向图 G 中是否存在弧<i,j>*/
    DestroyGraph(&G);           /*销毁图 G*/
}
int OutDegree(AdjGraph G,int v)
{
    ArcNode *p;
    int n=0;
    p=G.vertex[v].firstarc;
    while(p!=NULL)
    {
        n++;
        p=p->nextarc;
    }
    return n;
}
void AllOutDegree(AdjGraph G)
{
    int i;
    printf("(1)各顶点的出度:\n");
    for(i=0;i<G.vexnum;i++)
        printf("顶点%s:%d\n",G.vertex[i].data,OutDegree(G,i));
    printf("\n");
}
void MaxOutDegree(AdjGraph G)
{
    int maxv=0,maxds=0,i,x;
    for(i=0;i<G.vexnum;i++)
    {
        x=OutDegree(G,i);
        if(x>maxds)
        {
            maxds=x;
            maxv=i;
        }
    }
    printf("(2)最大出度的顶点是%s,出度为%d\n",G.vertex[maxv].data,maxds);
}
void ZeroOutDegree(AdjGraph G)
{
    int i,x;
    printf("(3)出度为零的顶点:");
    for(i=0;i<G.vexnum;i++)
    {
        x=OutDegree(G,i);
```

```
        if(x==0)
            printf("%s\n",G.vertex[i].data);
    }
}
void ExistArc(AdjGraph G)
{
    int i,j;
    VertexType v1,v2;
    ArcNode *p;
    printf("(4)是否存在弧<i,j>\n");
    printf("请输入弧的弧头和弧尾:");
    scanf("%s%s%*c",v1,v2);
    i=LocateVertex(G,v1);
    j=LocateVertex(G,v2);
    p=G.vertex[i].firstarc;
    while(p!=NULL && p->adjvex!=j)
        p=p->nextarc;
    if(p==NULL)
        printf("不存在弧<%s,%s>\n",v1,v2);
    else
        printf("存在弧<%s,%s>\n",v1,v2);
}
```

程序运行结果如图 7-44 所示。

【例 7-4】设计一个算法，判断无向图 G 是否为一棵树。

【分析】一个无向图 G 是一棵树的条件是 G 必须是无回路的连通图或是有 n-1 条边的连通图，这里采用后者作为判断条件。

对连通的判定，可通过判断能否遍历全部顶点来实现，算法如下。

```
int IsTree(AdjGraph *G)
{
    int vNum=0,eNum=0,i;
    for(i=0;i<G->vexnum;i++)
        visited[i]=0;
    DFS(G,0,&vNum,&eNum);
    if(vNum==G->vexnum && eNum==2*(G->vexnum-1))
        return 1;
    else
        return 0;
}
void DFS(AdjGraph *G,int v,int *vNum,int *eNum)
{
    ArcNode *p;
    visited[v]=1;
    (*vNum)++;
    p=G->vertex[v].firstarc;
    while(p!=NULL)
    {
        (*eNum)++;
        if(visited[p->adjvex]==0)
            DFS(G,p->adjvex,vNum,eNum);
        p=p->nextarc;
    }
}
```

在深度搜索遍历的过程中，同时对遍历过的顶点和边数计数，当全部顶点都遍历过且边数为 $2×(n-1)$ 时，这个图就是一棵树，否则不是一棵树。

程序运行结果如图 7-45 所示。

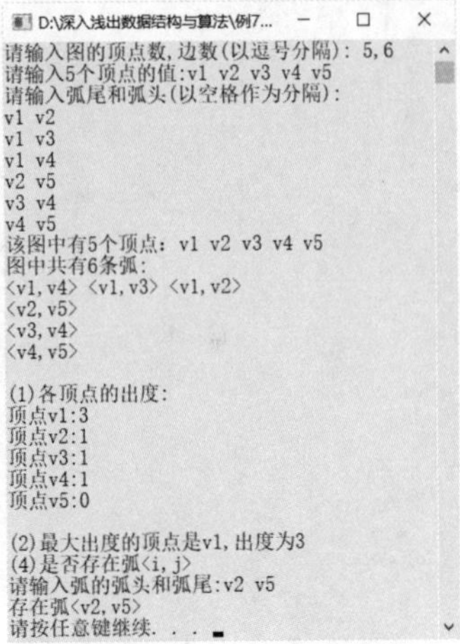

图 7-44　程序运行结果

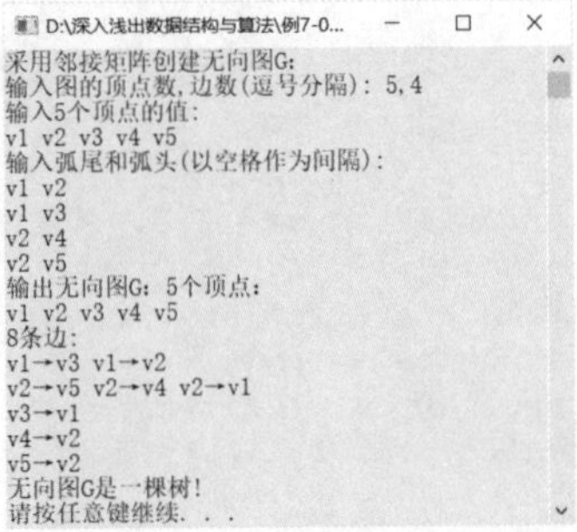

图 7-45　判断无向图 G 是否为一棵树的程序运行结果

7.8　小结

图中元素之间是一种多对多的关系。

图由顶点和边（弧）构成，根据边的有向和无向可以将图分为两种：有向图和无向图。将带权的有向图称为有向网，带权的无向图称为无向网。

图的存储结构有邻接矩阵存储结构、邻接表存储结构、十字链表存储结构和邻接多重表存储结构 4 种。其中，最常用的是邻接矩阵存储和邻接表存储。

图的遍历分为广度优先搜索和深度优先搜索两种。图的广度优先搜索遍历类似于树的层次遍历，图的深度优先搜索遍历类似于树的先根遍历。

一个连通图的生成树是指一个极小连通子图，假设图中有 n 个顶点，则它包含图中 n 个顶点和构成一棵树的 n-1 条边。

构造最小生成树的算法主要有两个，即普里姆算法和克鲁斯卡尔算法。

关键路径是指路径最长的路径，关键路径表示了完成工程的最短工期。关键路径上的活动称为关键活动，关键活动可以决定整个工程完成任务的日期。非关键活动不能决定工程的进度。

最短路径是指从一个顶点到另一个顶点路径长度最小的一条路径。求最短路径的算法主要有两个，即迪杰斯特拉算法和弗洛伊德算法。

第四篇
常用算法

第8章

查找

在计算机处理非数值问题时，查找是一种经常使用和非常重要的操作。根据查找的策略，可分为静态查找和动态查找。哈希查找是一种区别于关键字匹配的查找方式。

本章重点和难点：

- 折半查找算法。
- 索引顺序表的查找。
- 二叉排序树和平衡二叉树。
- B-树和 B+树。
- 哈希表的构造与查找。

8.1 基本概念

在介绍有关查找的算法之前，先介绍与查找相关的基本概念。

（1）关键字（key）与主关键字（primary key）：数据元素中某个数据项的值。如果该关键字可以将所有的数据元素区别开来，也就是说，可以唯一标识一个数据元素，则该关键字称为主关键字，否则称为次关键字（secondary key）。特别地，如果数据元素只有一个数据项，则数据元素的值即关键字。

（2）查找表（search table）：是由同一种类型的数据元素构成的集合。查找表中的数据元素是完全松散的，数据元素之间没有直接联系。

（3）查找（searching）：根据关键字在特定的查找表中找到一个与给定关键字相同的数据元素的操作。如果在表中找到相应的数据元素，则称查找是成功的，否则称查找是失败的。例如，表 8-1 为教师基本情况信息表，如果要查找职称为"教授"并且性别是"男"的教师，则可以先利用职称将记录定位，然后在性别中查找值为"男"的记录。

表 8-1 教师基本情况信息表

工　号	姓　名	性　别	出生年月	所在院系	职　称	研究兴趣
2001001	张宝华	男	1970.09	软件学院	教授	软件工程
2006002	刘 刚	男	1978.12	软件学院	教授	软件工程
2017107	吴艳丽	女	1988.01	软件学院	讲师	人工智能
2013021	杨彩玉	女	1986.11	电气工程学院	副教授	图像处理
2008008	郭东义	男	1980.07	计算机学院	副教授	网络安全

对查找表经常进行的操作有查询某个"特定的"数据元素是否在查找表中、检索某个"特定的"数据元素的各种属性、在查找表中插入一个数据元素、从查找表中删除某个数据元素。若对查找表只进行前两种查找操作，则称此类查找表为静态查找表，相应的查找方法称为静态查找。若在查找过程中同时插入查找表中不存在的数据元素，或者从查找表中删除已存在的某个数据元素，则称此类查找表为动态查找表，相应的查找方法为动态查找。

例如，在电话号码簿中查找某人的电话号码，在字典中查找某个字的读音和含义，电话号码簿和字典就可看作一张查找表。

通常为了方便讨论查找，要查找的数据元素中仅包含关键字。

平均查找长度(Average Search Length，ASL)是指在查找过程中，需要比较关键字的平均次数，它是衡量查找算法的效率标准。平均查找长度的数学定义式为 ASL=$\sum\limits_{i=1}^{n} P_i C_i$。其中，$P_i$ 表示查找表中第 i 个数据元素的概率，C_i 表示在找到第 i 个数据元素时与关键字比较的次数。

8.2 静态查找

静态查找可分为顺序表的查找、有序顺序表的查找和索引顺序表的查找。

8.2.1 顺序表的查找

顺序表的查找过程为从表的一端开始，逐个与关键字进行比较，若某个数据元素的关键字与给定的关键字相等，则查找成功，函数返回该数据元素所在的顺序表的位置；否则查找失败，返回 0。

顺序表的存储结构如下。

```
#define MaxSize 100
typedef struct
{
    KeyType key;
}DataType;
typedef struct
{
    DataType list[MaxSize];
    int length;
}SSTable;
```

顺序表的查找算法描述如下。

```
int SeqSearch(SSTable S,DataType x)
/*在顺序表中查找关键字为 x 的元素,如果找到返回该元素在表中的位置,否则返回 0*/
{
    int i=0;
    while(i<S.length&&S.list[i].key!=x.key) /*从顺序表的第一个元素开始比较*/
        i++;
    if(S.list[i].key==x.key)
        return i+1;
    else
        return 0;
}
```

以上算法也可以通过设置监视哨的方法实现，算法描述如下。

```
int SeqSearch2(SSTable S,DataType x)
/*设置监视哨S.list[0],在顺序表中查找关键字为x的元素,如果找到返回该元素在表中的位置,否则返回0*/
{
    int i=S.length;
    S.list[0].key=x.key;            /*将关键字存放在第0号位置,防止越界*/
    while(S.list[i].key!=x.key)      /*从顺序表的最后一个元素开始向前比较*/
        i--;
    return i;
}
```

以上算法是从表的最后一个元素开始与关键字进行比较，其中，$S.list[0]$被称为监视哨，可以防止出现数组越界。

下面分析带监视哨查找算法的效率。假设表中有 n 个数据元素，且数据元素在表中出现的概率都相等，即 $\frac{1}{n}$，则顺序表在查找成功时的平均查找长度为 $\mathrm{ASL}_{成功} = \sum_{i=1}^{n} P_i C_i = \sum_{i=1}^{n} \frac{1}{n} \times (n-i+1) = \frac{n+1}{2}$，即查找成功时平均比较次数约为表长的一半。在查找失败时，即要查找的元素没有在表中，则每次比较都需要进行 $n+1$ 次。

8.2.2 有序顺序表的查找

有序顺序表，就是顺序表中的元素是以关键字进行有序排列的。对于有序顺序表的查找有两种方法：顺序查找和折半查找。

1. 顺序查找

有序顺序表的查找算法与顺序表的查找算法类似。查找成功时，通常不需要比较表中的所有元素。如果要查找的元素在表中，则返回该元素的序号，否则返回 0。例如，一个有序顺序表的数据元素序列为{15, 21, 32, 39, 46, 55, 65, 76}，如果要查找数据元素关键字为 52，从最后一个元素出发依次将表中元素与 52 进行比较，当比较到 46 时就不需要再往前比较了。因为前面的元素值都小于关键字 52，故表中不存在要查找的关键字。查找算法描述如下。

```
int SeqSearch2(SSTable S,DataType x)
/*设置监视哨S.list[0],在有序顺序表中查找关键字为x的元素,如果找到返回该元素在表中的位置,否则返回0*/
{
    int i=S.length;
    S.list[0].key=x.key;            /*将关键字存放在第0号位置,防止越界*/
    while(S.list[i].key>x.key)       /*从有序顺序表的最后一个元素开始向前比较*/
        i--;
    if(S.list[i].key==x.key)
        return i;
    return 0;
}
```

假设表中有 n 个元素且要查找的数据元素在数据元素集合中出现的概率相等即为 $\frac{1}{n}$，则有序顺序表在查找成功时的平均查找长度为 $\mathrm{ASL}_{成功} = \sum_{i=1}^{n} P_i C_i = \sum_{i=1}^{n} \frac{1}{n} \times (n-i+1) = \frac{n+1}{2}$，即查找成功时平均比较次数约为表长的一半。在查找失败时，即要查找的元素没有在表中，则有序顺序表在查找失败时的平均查找长度为 $\mathrm{ASL}_{失败}=\sum_{i=0}^{n}P_iC_i=\sum_{i=0}^{n}\frac{1}{n+1}\times(n-i+1)=\frac{n}{2}+1$。即查找失败时平均比较次数也同样约为表长的一半。

2. 折半查找

折半查找（binary search）又称为二分查找，这种查找算法要求待查找的元素序列必须是从小到大排列的有序序列。

折半查找即将待查找元素与表中间的元素进行比较，如果两者相等，则说明查找成功，否则利用中间位置将表分成两部分；如果待查找元素小于中间位置的元素值，则继续与前一个子表的中间位置元素进行比较，否则与后一个子表的中间位置元素进行比较；不断重复以上操作，直到找到与待查找元素相等的元素，表明查找成功；如果子表变为空表，表明查找失败。

例如，一个有序顺序表为（7,15,22,29,41,55,67,78,81,99），如果要查找元素 67，利用折半查找算法思想，折半查找的过程如图 8-1 所示。

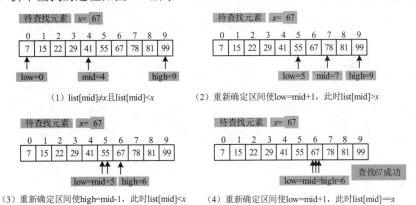

图 8-1　折半查找过程

其中，low 和 high 表示两个指针，分别指向待查找元素的下界和上界，指针 mid 指向 low 和 high 的中间位置，即 mid=(low+high)/2。

初始时，low=0，high=9，mid=(0+9)/2=4，因为 list[mid]<x，所以需要在右半区间继续查找 x。此时有 low=5，high=9，mid=(5+9)/2=7，因为 list[mid]>x，所以需要在左半区间继续查找 x。此时有 low=5，high=6，mid=5，因为 list[mid]<x，所以需要在右半区间继续查找 x。此时有 low=6，high=6，mid=6，因为有 list[mid]==x，所以查找成功。

折半查找的算法描述如下。

```
int BinarySearch(SSTable S,DataType x)
/*在有序顺序表中折半查找关键字为 x 的元素,如果找到返回该元素在表中的位置,否则返回 0*/
{
    int low,high,mid;
    low=0,high=S.length-1;              /*设置待查找元素范围的下界和上界*/
    while(low<=high)
    {
        mid=(low+high)/2;
        if(S.list[mid].key==x.key)       /*如果找到元素,则返回该元素所在的位置*/
            return mid+1;
        else if(S.list[mid].key<x.key)   /*如果 mid 所指示的元素小于关键字,则修改 low 指针*/
            low=mid+1;
```

```
        else if(S.list[mid].key>x.key)    /*如果 mid 所指示的元素大于关键字,则修改 high 指针*/
            high=mid-1;
    }
    return 0;
}
```

折半查找过程可以用一个判定树来描述。从图 8-1 中可以看出，查找元素 41 需要比较 1 次，查找元素 78 需要比较 2 次，查找元素 55 需要比较 3 次，查找元素 67 需要比较 4 次。整个查找过程可以用二叉判定树来表示，如图 8-2 所示。

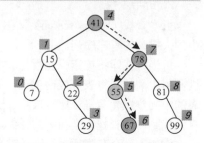

图 8-2　折半查找元素 67 的判定树

其中，结点旁边的序号为该元素在序列中的下标。从图 8-2 中的判定树不难看出，查找元素 67 的过程正好是从根结点到元素值为 67 的结点的路径。查找元素 67 的比较次数正好是该元素在判定树中的所在层次。因此，如果表中有 n 个元素，折半查找成功时，至多需要比较的次数为 $\lfloor \log_2 n \rfloor + 1$。

对于具有 n 个结点的有序表刚好能够构成一个深度为 h 的满二叉树，则有 $h = \lfloor \log_2(n+1) \rfloor$。二叉树中第 i 层的结点个数是 2^{i-1}，假设表中每个元素的查找概率相等，即 $P_i = \dfrac{1}{n}$，则有序表的折半查找成功时的平均查找长度为 $\text{ASL}_{成功} = \sum_{i=1}^{n} P_i C_i = \sum_{i=1}^{h} \dfrac{1}{n} \times i \times 2^{i-1} = \dfrac{n+1}{n} \log_2(n+1) - 1$。在查找失败时，即要查找的元素没有在表中，则有序顺序表的折半查找失败时的平均查找长度为 $\text{ASL}_{失败} = \sum_{i=1}^{n} P_i C_i = \sum_{i=1}^{h} \dfrac{1}{n} \times \log_2(n+1) = \log_2(n+1)$。

8.2.3　索引顺序表的查找

当顺序表中的数据量非常大时，无论使用前述哪种查找算法都需要很长的时间，此时提高查找效率的一个常用方法就是在顺序表中建立索引表。建立索引表的方法是将顺序表分为几个单元，然后分别为这几个单元建立一个索引，原来的顺序表称为主表，提供索引的表称为索引表。索引表中只存放主表中要查找的数据元素的主关键字和索引信息。

图 8-3 是一个主表和一个按关键字建立的索引表结构图，其中，索引表包括两部分，即顺序表中每个单元的最大关键字和顺序表中每个单元的第一个元素的下标（即每个单元的起始地址）。

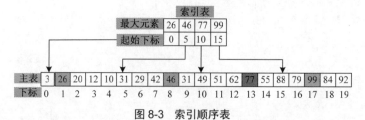

图 8-3　索引顺序表

这样的表称为索引顺序表，要使查找效率高，索引表必须有序，但主表中的元素不一定要按关键字有序排列。索引顺序表的查找也称为分块查找。

从图 8-3 可以看出，索引表将主表分为 4 个单元，每个单元包含 5 个元素。要查找主表中的某个元素，需要分为两步查找，第一步需要确定要查找元素所在的单元，第二步在该单元查找指定的元素。例如，要查找元素 62，首先需要将 62 与索引表中的元素进行比较，因为 46<62<77，所以需要在第 3 个单元查找，该单元的起始下标是 10，因此从主表中的下标为 10 的位置开始查找 62，直到找到该元素为止。如果在该单元中没有找到 62，则说明主表中不存在该元素，查找失败。

因索引表中的元素的关键字是有序的，故在确定元素所在主表的单元时，既可采用顺序查找法也可采用折半查找法，但对于主表，只能采用顺序查找法查找。索引顺序表的平均查找长度可以表示为 $ASL=L_{index}+L_{unit}$，L_{index} 是索引表的平均查找长度，L_{unit} 是单元中元素的平均查找长度。

假设主表中的元素个数为 n，并将该主表平均分为 b 个单元，且每个单元有 s 个元素，即 $b=n/s$。如果表中的元素查找概率相等，则每个单元中元素的查找概率就是 $1/s$，主表中每个单元的查找概率是 $1/b$。如果用顺序查找法查找索引表中的元素，则索引顺序表查找成功时的平均查找长度为 $ASL_{成功}=L_{index}+L_{unit}=\dfrac{1}{b}\sum\limits_{i=1}^{b}i+\dfrac{1}{s}\sum\limits_{j=1}^{s}j=\dfrac{b+1}{2}+\dfrac{s+1}{2}=\dfrac{1}{2}\times(\dfrac{n}{s}+s)+1$。如果用折半查找法查找索引表中的元素，则有 $L_{index}=\dfrac{b+1}{b}\log_2(b+1)+1\approx\log_2(b+1)-1$，将其代入 $ASL_{成功}=L_{index}+L_{unit}$ 中，则索引顺序表查找成功时的平均查找长度为 $ASL_{成功}=L_{index}+L_{unit}=\log_2(b+1)-1+\dfrac{1}{s}\sum\limits_{j=1}^{s}j=\log_2(b+1)-1+\dfrac{s+1}{2}\approx\log_2(n/s+1)+\dfrac{s}{2}$。

当然，如果主表中每个单元中的元素个数不相等，就需要在索引表中增加一项，即用来存储主表中每个单元元素的个数，将这种利用索引表示的顺序表称为不等长索引顺序表。例如，一个不等长的索引顺序表如图 8-4 所示。

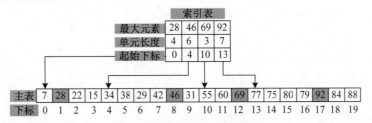

图 8-4　不等长索引顺序表

```
int SeqIndexSearch(SSTable S,IndexTable T,int m,DataType x)
/*在主表 S 中查找关键字为 x 的元素,T 为索引表。如果找到返回该元素在表中的位置,否则返回 0*/
{
    int i,j,bl;

    for(i=0;i<m;i++)                /*通过索引表确定要查找元素所在的单元*/
        if(T[i].maxkey>=x.key)
            break;
    if(i>=m)                        /*如果要查找的元素不在索引顺序表中,则返回 0*/
        return 0;
    j=T[i].index;                   /*要查找的元素在主表的第 j 单元*/
```

```
    if(i<m-1)                      /*bl 为第 j 单元的长度*/
        bl=T[i+1].index-T[i].index;
    else
        bl=S.length-T[i].index;
    while(j<T[i].index+bl)
        if(S.list[j].key==x.key) /*如果找到关键字,则返回该关键字在主表中所在的位置*/
            return j+1;
        else
            j++;
    return 0;
}
```

8.3　动态查找

动态查找的特点是表结构本身是在查找过程中动态生成的，即对于给定关键字 key，若表中存在其关键字等于 key 的元素，则查找成功，否则插入关键字等于 key 的元素。动态查找包括二叉树和树结构两种类型的查找。

8.3.1　二叉排序树

二叉排序树也称为二叉查找树。二叉排序树的查找是一种常用的动态查找方法。下面给大家介绍二叉排序树的查找过程、二叉排序树的插入和删除。

1. 二叉排序树的定义与查找

二叉排序树，或者是一棵空二叉树，或者二叉树具有以下性质。

（1）若二叉树的左子树不为空，则左子树上的每一个结点的值都小于其对应根结点的值。

（2）若二叉树的右子树不为空，则右子树上的每一个结点的值都大于其对应根结点的值。

（3）该二叉树的左子树和右子树也满足性质（1）和（2），即左子树和右子树也是一棵二叉排序树。

显然，这是一个递归的定义。图 8-5 为一棵二叉排序树。图中的每个结点是对应元素关键字的值。

从图 8-5 中可以看出，图中每个结点的值都大于其所有左子树结点的值，而小于其所有右子树中结点的值。如果要查找与二叉树中某个关键字相等的结点，可以从根结点开始，与给定的关键字比较，如果相等，则查找成功。如果给定的关键字小于根结点的值，则在该根结点的左子树中查找。如果给定的关键字大于根结点的值，则在该根结点的右子树中查找。

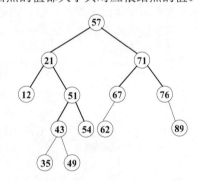

图 8-5　二叉排序树

采用二叉树的链式存储结构，二叉排序树的类型定义如下。

```
typedef struct Node
{
    DataType data;
    struct Node *lchild,*rchild;
}BiTreeNode,*BiTree;
```

二叉排序树的查找算法描述如下。

```
BiTree BSTSearch(BiTree T,DataType x)
/*二叉排序树的查找,如果找到元素 x,则返回指向结点的指针,否则返回 NULL*/
{
    BiTreeNode *p;
    if(T!=NULL)                         /*如果二叉排序树不为空*/
    {
        p=T;
        while(p!=NULL)
        {
            if(p->data.key==x.key)      /*若找到,则返回指向该结点的指针*/
                return p;
            else if(x.key<p->data.key)  /*若 x 小于 p 指向的结点的值,则在左子树中查找*/
                p=p->lchild;
            else
                p=p->rchild;            /*若 x 大于 p 指向的结点的值,则在右子树中查找*/
        }
    }
    return NULL;
}
```

利用二叉排序树的查找算法思想,如果要查找关键字为 x.key=62 的元素。从根结点开始,依次将该关键字与二叉树的根结点比较。因为有 62>57,所以需要在结点为 57 的右子树中进行查找。因为有 62<71,所以需要在以 71 为结点的左子树中继续查找。因为有 62<67,所以需要在结点为 67 的左子树中查找。因为该关键字与结点为 67 的左孩子结点对应的关键字相等,所以查找成功,返回结点 62 对应的指针。如果要查找关键字为 23 的元素,当比较到结点为 12 的元素时,因为关键字 12 对应的结点不存在右子树,所以查找失败,返回 NULL。

在二叉排序树的查找过程中,查找某个结点的过程正好是走了从根结点到要查找结点的路径,其比较的次数正好是路径长度+1,这类似于折半查找,与折半查找不同的是,由 n 个结点构成的判定树是唯一的,而由 n 个结点构成的二叉排序树则不唯一。例如,图 8-6 为两棵二叉排序树,其元素的关键字序列分别是{57,21,71,12,51,67,76}和{12,21,51,57,67,71,76}。

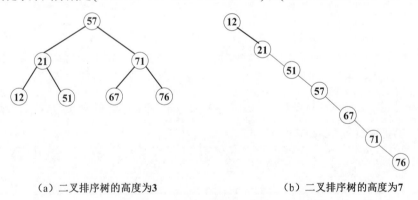

（a）二叉排序树的高度为3   （b）二叉排序树的高度为7

图 8-6 两种不同形态的二叉排序树示意图

在图 8-6 中,假设每个元素的查找概率都相等,则图 8-6（a）的平均查找长度为 $\text{ASL}_{成功}=\frac{1}{7}\times$ $(1+2\times2+4\times3)=\frac{17}{7}$,图 8-6（b）的平均查找长度为 $\text{ASL}_{成功}=\frac{1}{7}\times(1+2+3+4+5+6+7)=\frac{28}{7}$。因此,树的平均查找长度与树的形态有关。如果二叉排序树有 n 个结点,则在最坏的情况下,平均查找长度为 n,在最好的情况下,平均查找长度为 $\log_2 n$。

2. 二叉排序树的插入操作

二叉排序树的插入操作过程其实就是二叉排序树的建立过程。二叉树的插入操作从根结点开始，首先要检查当前结点是否是要查找的元素，如果是则不进行插入操作；否则，将结点插入到查找失败时结点的左指针或右指针处。在算法的实现过程中，需要设置一个指向下一个要访问结点的双亲结点指针 parent，就是需要记下前驱结点的位置，以便在查找失败时进行插入操作。

假设当前结点指针 cur 为空，则说明查找失败，需要插入结点。如果 parent->data.key 小于要插入的结点 x，则需要将 parent 的左指针指向 x，使 x 成为 parent 的左孩子结点。如果 parent->data.key 大于要插入的结点 x，则需要将 parent 的右指针指向 x，使 x 成为 parent 的右孩子结点。如果二叉排序树为空树，则使当前结点成为根结点。在整个二叉排序树的插入过程中，其插入操作都是在叶子结点处进行的。

二叉排序树的插入操作算法描述如下。

```
int BSTInsert(BiTree *T,DataType x)
/*二叉排序树的插入操作,如果树中不存在元素x,则将x插入到正确的位置并返回1,否则返回0*/
{
    BiTreeNode *p,*cur,*parent=NULL;
    cur=*T;
    while(cur!=NULL)
    {
        if(cur->data.key==x.key)          /*如果二叉树中存在元素为x的结点,则返回0*/
            return 0;
        parent=cur;                       /*parent指向cur的前驱结点*/
        if(x.key<cur->data.key)           /*如果关键字小于p指向的结点的值,则在左子树中查找*/
            cur=cur->lchild;
        else
            cur=cur->rchild;              /*如果关键字大于p指向的结点的值,则在右子树中查找*/
    }
    p=(BiTreeNode*)malloc(sizeof(BiTreeNode));   /*生成结点*/
    if(!p)
        exit(-1);
    p->data=x;
    p->lchild=NULL;
    p->rchild=NULL;
    if(!parent)                           /*如果二叉树为空,则第一结点成为根结点*/
        *T=p;
    else if(x.key<parent->data.key)/*如果关键字小于parent指向的结点,则x成为parent的左孩子*/
        parent->lchild=p;
    else                  /*如果关键字大于parent指向的结点,则x成为parent的右孩子*/
        parent->rchild=p;
    return 1;
}
```

对于一个关键字序列{37，32，35，62，82，95，73，12，5}，根据二叉排序树的插入算法思想，对应的二叉排序树插入过程如图 8-7 所示。

从图 8-7 可以看出，通过中序遍历二叉排序树，可以得到一个关键字有序的序列{5，12，32，35，37，62，73，82，95}。因此，构造二叉排序树的过程就是对一个无序的序列排序的过程，且每次插入结点都是叶子结点，在二叉排序树的插入操作过程中，不需要移动结点，仅需要移动结点指针，实现较为容易。

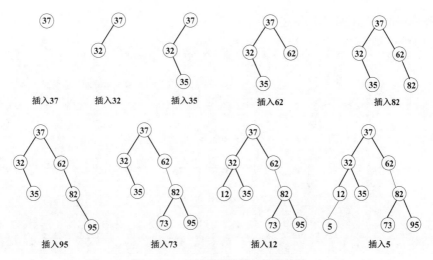

图 8-7 二叉排序树的插入操作过程

3. 二叉排序树的删除操作

在二叉排序树中删除一个结点后，剩下的结点仍然构成一棵二叉排序树，即保持原来的特性。删除二叉排序树中的一个结点可以分为三种情况讨论。假设要删除的结点由指针 s 指示，指针 p 指向 s 的双亲结点，设 s 为 p 的左孩子结点。二叉排序树的各种删除情形如图 8-8 所示。

（1）如果 s 指向的结点为叶子结点，其左子树和右子树为空，删除叶子结点不会影响到树的结构特性，因此只需要修改 p 的指针即可。

（2）如果 s 指向的结点只有左子树或只有右子树，在删除了结点*s 后，只需要将 s 的左子树 s_L 或右子树 s_R 作为 p 的左孩子即 p->lchild=s->lchild 或 p->lchid=s->rchild。

（3）如果 s 的左子树和右子树都存在，在删除结点 S 之前，二叉排序树的中序序列为 $\{\cdots Q_L Q \cdots X_L X Y_L Y S S_R P \cdots\}$，因此，在删除了结点 S 之后，有两种方法调整可使该二叉树仍然保持原来的性质不变。第一种方法是使结点 S 的左子树作为结点 P 的左子树，结点 S 的右子树成为结点 Y 的右子树。第二种方法是使结点 S 的直接前驱取代结点 S，并删除 S 的直接前驱结点 Y，然后令结点 Y 原来的左子树作为结点 X 的右子树。通过这两种方法均可以使二叉排序树的性质不变。

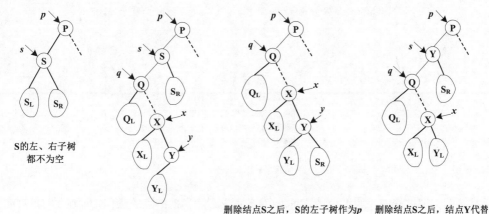

图 8-8 二叉排序树的删除操作的各种情形

二叉排序树的删除操作算法描述如下。

```
int BSTDelete(BiTree *T,DataType x)
/*在二叉排序树 T 中存在值为 x 的数据元素时,删除该数据元素结点,并返回 1,否则返回 0*/
{
    if(!*T)                            /*如果不存在值为 x 的数据元素,则返回 0*/
        return 0;
    else
    {
        if(x.key==(*T)->data.key)      /*如果找到值为 x 的数据元素,则删除该结点*/
            DeleteNode(T);
        else if((*T)->data.key>x.key)/*如果当前元素值大于 x 的值,则在该结点的左子树中查找并删除之*/
            BSTDelete(&(*T)->lchild,x);
        else        /*如果当前元素值小于 x 的值,则在该结点的右子树中查找并删除之*/
            BSTDelete(&(*T)->rchild,x);
        return 1;
    }
}
void DeleteNode(BiTree *s)
/*从二叉排序树中删除结点 s,并使该二叉排序树性质不变*/
{
    BiTree q,x,y;
    if(!(*s)->rchild)          /*若 s 的右子树为空,则使 s 的左子树成为被删结点双亲结点的右子树*/
    {
        q=*s;
        *s=(*s)->lchild;
        free(q);
    }
    else if(!(*s)->lchild)   /*若 s 的左子树为空,使 s 的右子树成为被删结点双亲结点的右子树*/
    {
        q=*s;
        *s=(*s)->rchild;
        free(q);
    }
    else
    /*若 s 的左、右子树都存在,则使 s 的直接前驱结点代替 s,并使其直接前驱结点的左子树成为其双亲结点的
右子树结点*/
    {
        x=*s;
        y=(*s)->lchild;
        while(y->rchild)       /*查找 s 的直接前驱结点,y 为 s 的直接前驱结点,x 为 y 的双亲结点*/
        {
            x=y;
            y=y->rchild;
        }
        (*s)->data=y->data;       /*结点 s 被 y 取代*/
        if(x!=*s)                 /*如果结点 s 的左孩子结点存在右子树*/
            x->rchild=y->lchild;  /*使 y 的左子树成为 x 的右子树*/
        else                      /*如果结点 s 的左孩子结点不存在右子树*/
            x->lchild=y->lchild;  /*使 y 的左子树成为 x 的左子树*/
        free(y);
    }
}
```

在算法的实现过程中，通过调用 Delete(T)来完成删除当前结点的操作，而函数 BSTDelete (&(*T)->lchild,x)和 BSTDelete(&(*T)->rchild,x)则是实现在删除结点后，利用参数 T->lchild 和 T->rchild 完成连接左子树和右子树，使二叉排序树性质保持不变。

8.3.2　平衡二叉树

二叉排序树查找在最坏的情况下，二叉排序树的深度为 n，其平均查找长度为 n。因此，为了减小二叉排序树的查找次数，需要进行平衡化处理，平衡化处理得到的二叉树称为平衡二叉树。

1. 平衡二叉树的定义

平衡二叉树或者是一棵空二叉树，或者是具有以下性质的二叉树：平衡二叉树的左子树和右子树的深度之差的绝对值小于或等于 1，且左子树和右子树也是平衡二叉树。平衡二叉树也称为 AVL 树。

如果将二叉树中结点的平衡因子定义为结点的左子树与右子树之差，则平衡二叉树中每个结点的平衡因子的值只有三种可能：-1、0 和 1。例如，如图 8-9 所示即为平衡二叉树，结点的右边表示平衡因子，因为该二叉树既是二叉排序树又是平衡树，因此，该二叉树称为平衡二叉排序树。如果在二叉树中有一个结点的平衡因子的绝对值大于 1，则该二叉树是不平衡的。例如，如图 8-10 所示为不平衡的二叉树。

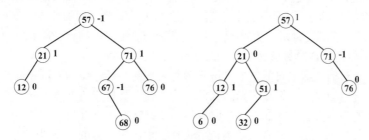

图 8-9　平衡二叉树

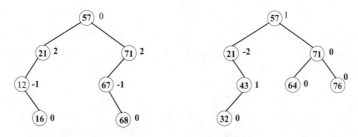

图 8-10　不平衡二叉树

如果二叉排序树是平衡二叉树，则其平均查找长度与 $\log_2 n$ 是同数量级的，就可以尽量减少与关键字比较的次数。

2. 二叉排序树的平衡处理

在二叉排序树中插入一个新结点后，如何保证该二叉树是平衡二叉排序树呢？假设有一个关键字序列{5，34，45，76，65}，依照此关键字序列建立二叉排序树，且使该二叉排序树是平衡二叉排序树。构造平衡二叉排序树的过程如图 8-11 所示。

初始时，二叉树是空树，因此是平衡二叉树。在空二叉树中插入结点 5，该二叉树依然是平衡的。当插入结点 34 后，该二叉树仍然是平衡的，结点 5 的平衡因子变为-1。当插入结点 45 后，结点 5 的平衡因子变为-2，二叉树不平衡，需要进行调整。只需要以结点 34 为轴进行逆时针旋转，将二叉树变为以 34 为根，这时各个结点的平衡因子都为 0，二叉树转换为平衡二叉树。

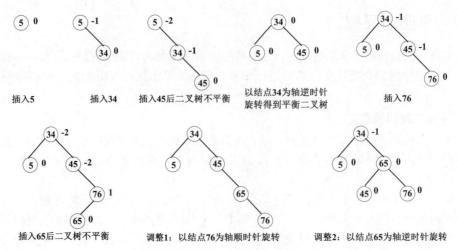

插入5　　　　　插入34　　　　插入45后二叉树不平衡　　以结点34为轴逆时针　　　　插入76
　　　　　　　　　　　　　　　　　　　　　　　　旋转得到平衡二叉树

插入65后二叉树不平衡　　　调整1：以结点76为轴顺时针旋转　　调整2：以结点65为轴逆时针旋转

图 8-11　平衡二叉树的调整过程

继续插入结点 76，二叉树仍然是平衡的。当插入结点 65 时，该二叉树失去了平衡，如果仍然按照上述方法仅以结点 45 为轴进行旋转，就会失去二叉排序树的性质。为了保持二叉排序树的性质，又要保证该二叉树是平衡的，需要进行两次调整：先以结点 76 为轴进行顺时针旋转，然后以结点 65 为轴进行逆时针旋转。

一般情况下，新插入结点可能使二叉排序树失去平衡，通过使插入点最近的祖先结点恢复平衡，从而使上一层祖先结点恢复平衡。因此，为了使二叉排序树恢复平衡，需要从离插入点最近的结点开始调整。失去平衡的二叉排序树类型及调整方法可以归纳为以下四种情形。

（1）LL 型。LL 型是指在离插入点最近的失衡结点的左子树的左子树中插入结点，导致二叉排序树失去平衡。如图 8-12 所示，距离插入点最近的失衡结点为 A，插入新结点 X 后，结点 A 的平衡因子由 1 变为 2，该二叉排序树失去平衡。为了使二叉树恢复平衡且保持二叉排序树的性质不变，可以使结点 A 作为结点 B 的右子树，结点 B 的右子树作为结点 A 的左子树。这样就恢复了该二叉排序树的平衡，这相当于以结点 B 为轴，对结点 A 进行顺时针旋转。

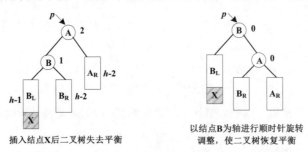

插入结点X后二叉树失去平衡　　　以结点B为轴进行顺时针旋转
　　　　　　　　　　　　　　　　调整，使二叉树恢复平衡

图 8-12　LL 型二叉排序树的调整示意图

为平衡二叉排序树的每个结点增加一个域 bf，用来表示对应结点的平衡因子，则平衡二叉排序树的类型定义用 C 语言描述如下。

```
typedef struct BSTNode            /*平衡二叉排序树的类型定义*/
{
    DataType data;
    int bf;                       /*结点的平衡因子*/
    struct BSTNode *lchild,*rchild; /*左、右孩子指针*/
}BSTNode,*BSTree;
```

当二叉树失去平衡时，对 LL 型二叉排序树的调整用以下语句实现。

```
BSTree b;
b=p->lchild;                    /*b 指向 p 的左子树的根结点*/
p->lchild=b->rchild;            /*将 b 的右子树作为 p 的左子树*/
b->rchild=p;
p->bf=b->bf=0;                  /*修改平衡因子*/
```

（2）LR 型。LR 型是指在离插入点最近的失衡结点的左子树的右子树中插入结点，导致二叉排序树失去平衡。如图 8-13 所示，距离插入点最近的失衡结点为 A，在 C 的左子树 C_L 下插入新结点 X 后，结点 A 的平衡因子由 1 变为 2，该二叉排序树失去平衡。为了使二叉树恢复平衡且保持二叉排序树的性质不变，可以使结点 B 作为结点 C 的左子树，结点 C 的左子树作为结点 B 的右子树。将结点 C 作为新的根结点，结点 A 作为 C 的右子树的根结点，结点 C 的右子树作为 A 的左子树。这样就恢复了该二叉排序树的平衡。这相当于以结点 B 为轴，对结点 C 先做了一次逆时针旋转；然后以结点 C 为轴对结点 A 做了一次顺时针旋转。

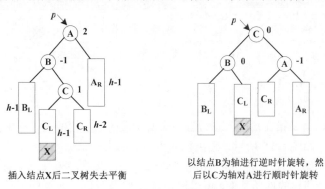

图 8-13　LR 型二叉排序树的调整

相应地，对于 LR 型的二叉排序树的调整可以用以下语句实现。

```
BSTree b,c;
b=p->lchild,c=b->rchild;
b->rchild=c->lchild;            /*将结点 C 的左子树作为结点 B 的右子树*/
p->lchild=c->rchild;            /*将结点 C 的右子树作为结点 A 的左子树*/
c->lchild=b;                    /*将 B 作为结点 C 的左子树*/
c->rchild=p;                    /*将 A 作为结点 C 的右子树*/
/*修改平衡因子*/
p->bf=-1;
b->bf=0;
c->bf=0;
```

（3）RL 型。RL 型是指在离插入点最近的失衡结点的右子树的左子树中插入结点，导致二叉排序树失去平衡。如图 8-14 所示，距离插入点最近的失衡结点为 A，在 C 的右子树 C_R 下插入新结点 X 后，结点 A 的平衡因子由 -1 变为 -2，该二叉排序树失去平衡。为了使二叉树恢复平衡且保持二叉排序树的性质不变，可以使结点 B 作为结点 C 的右子树，结点 C 的右子树作为结点 B 的左子树。将结点 C 作为新的根结点，结点 A 作为 C 的右子树的根结点，结点 C 的左子树作为 A 的右子树。这样就恢复了该二叉排序树的平衡。这相当于以结点 B 为轴对结点 C 先做了一次顺时针旋转；然后以结点 C 为轴对结点 A 做了一次逆时针旋转。

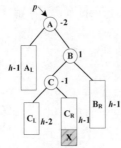

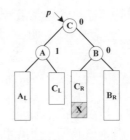

插入结点X后二叉树失去平衡

以结点B为轴对C进行顺时针旋转，
然后以C为轴对A进行逆时针旋转

图 8-14　RL 型二叉排序树的调整

相应地，对于 RL 型的二叉排序树的调整可以用以下语句实现。

```
BSTree b,c;
b=p->rchild,c=b->lchild;
b->lchild=c->rchild;          /*将结点C的右子树作为结点B的左子树*/
p->rchild=c->lchild;          /*将结点C的左子树作为结点A的右子树*/
c->lchild=p;                  /*将A作为结点C的左子树*/
c->rchild=b;                  /*将B作为结点C的右子树*/
/*修改平衡因子*/
p->bf=1;
b->bf=0;
c->bf=0;
```

（4）RR 型。RR 型是指在离插入点最近的失衡结点的右子树的右子树中插入结点，导致二叉排序树失去平衡。如图 8-15 所示，距离插入点最近的失衡结点为 A，在结点 B 的右子树 B_R 下插入新结点 X 后，结点 A 的平衡因子由-1 变为-2，该二叉排序树失去平衡。为了使二叉树恢复平衡且保持二叉排序树的性质不变，可以使结点 A 作为 B 的左子树的根结点，结点 B 的左子树作为 A 的右子树。这样就恢复了该二叉排序树的平衡。这相当于以结点 B 为轴，对结点 A 做了一次逆时针旋转。

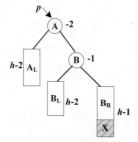
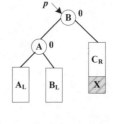

插入结点X后二叉树失去平衡

以结点B为轴对A进行逆时针旋转

图 8-15　RR 型二叉排序树的调整

相应地，对于 RL 型的二叉排序树的调整可以用以下语句实现。

```
BSTree b,c;
b=p->rchild;
p->rchild=b->lchild;          /*将结点B的左子树作为结点A的右子树*/
b->lchild=p;                  /*将A作为结点B的左子树*/
/*修改平衡因子*/
p->bf=0;
b->bf=0;
```

综合以上四种情况，在平衡二叉排序树中插入一个新结点 e 的算法描述如下。

（1）如果平衡二叉排序树是空树，则插入的新结点作为根结点，同时将该树的深度增 1。

（2）如果二叉树中已经存在与结点 e 的关键字相等的结点，则不进行插入。

（3）如果结点 e 的关键字小于要插入位置的结点的关键字，则将 e 插入到该结点的左子树位置，并将该结点的左子树高度增 1，同时修改该结点的平衡因子；如果该结点的平衡因子绝对值大于 1，则需要进行平衡化处理。

（4）如果结点 e 的关键字大于要插入位置的结点的关键字，则将 e 插入到该结点的右子树位置，并将该结点的右子树高度增 1，同时修改该结点的平衡因子；如果该结点的平衡因子绝对值大于 1，则需要进行平衡化处理。

8.4　B-树与 B+树

B-树与 B+树是特殊的动态查找树。

8.4.1　B-树

B-树与二叉排序树类似，它是一种特殊的动态查找树，它是一种 m 叉排序树。

1. B-树的定义

B-树是一种平衡的排序树，也称为 m 路（阶）查找树。一棵 m 阶 B-树或者是一棵空树，或者是满足以下性质的 m 叉树。

（1）树中的任何一个结点最多有 m 棵子树。

（2）如果根结点或者是叶子结点，或者至少有两棵子树。

（3）除了根结点之外，所有的非叶子结点至少应有 $\lceil m/2 \rceil$ 棵子树。

（4）所有的叶子结点处于同一层次上，且不包括任何关键字信息。

（5）所有的非叶子结点的结构如下：

n	P_0	K_1	P_1	K_1	$\cdots$	K_n	P_n

其中，n 表示对应结点中的关键字的个数，P_i 表示指向子树的根结点的指针，并且 P_i 指向的子树中每一个结点的关键字都小于 $K_{i+1}(i=0,1,\cdots,n-1)$。

例如，一棵深度为 4 的 4 阶 B-树如图 8-16 所示。

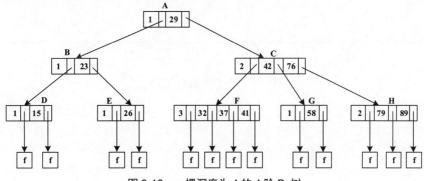

图 8-16　一棵深度为 4 的 4 阶 B-树

在 B-树中，查找某个关键字的过程与二叉排序树的查找过程类似。例如，要查找关键字为 41 的元素，首先从根结点开始，将 41 与 A 结点的关键字 29 比较，因为 41>29，所以应该在 P_1 所指向的子树内查找。指针 P_1 指向结点 C，因此需要将 41 与结点 C 中的关键字逐个比较，因为有 41<42，所以应该在 P_0 指向的子树内查找。指针 P_0 指向结点 F，因此需要将 41 与结点 F 中的关键字逐个进行比较，在结点 F 中存在关键字为 41 的元素，因此查找成功。

2. B-树的查找

在 B-树中的查找过程其实就是对二叉排序树中查找的扩展，与二叉排序树不同的是，在 B-树中，每个结点有不止一个子树。在 B-树中进行查找需要顺着指针 P_i 找到对应的结点，然后在结点中顺序查找。

B-树的类型定义用 C 语言描述如下。

```
#define m 4                      /*B-树的阶数*/
typedef struct BTNode            /*B-树类型定义*/
{
    int keynum;                  /*每个结点中的关键字个数*/
    struct BTNode *parent;       /*指向双亲结点*/
    KeyType data[m+1];           /*结点中关键字信息*/
    struct BTNode *ptr[m+1];     /*指针向量*/
}BTNode,*BTree;
```

B-树的查找算法用 C 语言描述如下。

```
typedef struct                   /*返回结果类型定义*/
{
    BTNode *pt;                  /*指向找到的结点*/
    int pos;                     /*关键字在结点中的序号*/
    int flag;                    /*查找成功与否标志*/
}result;
```

3. B-树的插入操作

B-树的插入操作与二叉排序树的插入操作类似，都是使插入后，结点左边子树中每一个结点关键字小于根结点的关键字，右边子树的结点关键字大于根结点的关键字。而与二叉排序树不同的是，插入的关键字不是树的叶子结点，而是树中处于最低层的非叶子结点，同时该结点的关键字个数最少应该是 $\lceil m/2 \rceil -1$，最大应该是 $m-1$，否则需要对该结点进行分裂。

例如，图 8-17 为一棵 3 阶的 B-树（省略了叶子结点），在该 B-树中依次插入关键字 35、25、78 和 43。

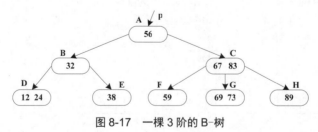

图 8-17　一棵 3 阶的 B-树

插入关键字 35：首先需要从根结点开始，确定关键字 35 应插入的位置应该是结点 E。因为插入后结点 E 中的关键字个数大于 1（$\lceil m/2 \rceil -1$）且小于 2（$m-1$），所以插入成功。插入后 B-树如图 8-18 所示。

插入关键字 25：从根结点开始确定关键字 25 应插入的位置为结点 D。因为插入后结点 D 中的关键字个数大于 2，需要将结点 D 分裂为两个结点，关键字 24 被插入到双亲结点 B 中，关键字 12 被保留在结点 D 中，关键字 25 被插入到新生成的结点 D'中，并使关键字 24 的右指针指向结点 D'。插入关键字 25 的过程如图 8-19 所示。

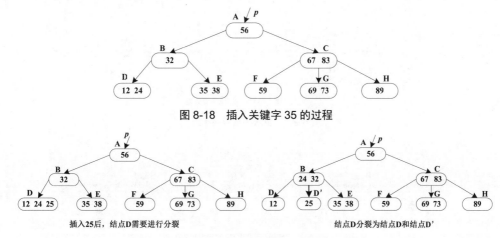

图 8-18 插入关键字 35 的过程

图 8-19 插入关键字 25 的过程

插入关键字 78：从根结点开始确定关键字 78 应插入的位置为结点 G。因为插入后结点 G 中的关键字个数大于 2，所以需要将结点 G 分裂为两个结点，其中关键字 73 被插入到结点 C 中，关键字 69 被保留在结点 F 中，关键字 78 被插入到新的结点 G'中，并使关键字 73 的右指针指向结点 G'。插入关键字 78 的过程及结点 C 分裂过程如图 8-20 所示。

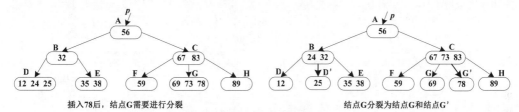

图 8-20 插入关键字 78 及结点 C 的分裂过程

此时，结点 C 的关键字个数大于 2，因此，需要将结点 C 进行分裂为两个结点。将中间的关键字 73 插入到双亲结点 A 中，关键字 83 保留在 C 中，关键字 67 被插入到新结点 C'中，并使关键字 56 的右指针指向结点 C'，关键字 73 的右指针指向结点 C。结点 C 的分裂过程如图 8-21 所示。

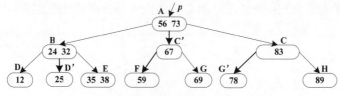

结点C分裂为结点C和结点C'

图 8-21 结点 C 分裂为结点 C 和 C'的过程

插入关键字 43：从根结点开始确定关键字 43 应插入的位置为结点 E。如图 8-22 所示。因为插入后结点 E 中的关键字个数大于 2，所以需要将结点 E 分裂为两个结点，其中中间关键字 38 被插入到双亲结点 B 中，关键字 43 被保留在结点 E 中，关键字 35 被插入到新的结点 E'中，并使关键字 32 的右指针指向结点 E'，关键字 38 的右指针指向结点 E。结点 E 被分裂的过程如图 8-23 所示。

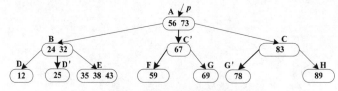

插入关键字43后，结点E需要分裂

图 8-22　插入关键字 43 后

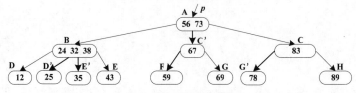

结点E分裂为结点E和结点E'

图 8-23　结点 E 被分裂过程

此时，结点 B 中的关键字个数大于 2，需要进一步分解结点 B，其中关键字 32 被插入到双亲结点 A 中，关键字 24 被保留在结点 B 中，关键字 38 被插入到新结点 B'中，关键字 24 的左、右指针分别指向结点 D 和 D'，关键字 38 的左、右指针分别指向结点 E 和 E'。结点 B 被分裂的过程如图 8-24 所示。

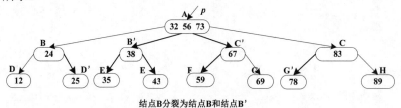

结点B分裂为结点B和结点B'

图 8-24　结点 B 被分裂的过程

关键字 32 被插入到结点 A 中后，结点 A 的关键字个数大于 2，因此，需要对结点 A 分裂为两个结点，因为结点 A 是根结点，所以需要生成一个新结点 R 作为根结点，将结点 A 中的中间的关键字 56 插入到 R 中，关键字 32 被保留在结点 A 中，关键字 73 被插入到新结点 A'中，关键字 56 的左、右指针分别指向结点 A 和 A'。关键字 32 的左、右指针分别指向结点 B 和 B'，关键字 73 的左、右指针分别指向结点 C 和 C'。结点 A 被分裂的过程如图 8-25 所示。

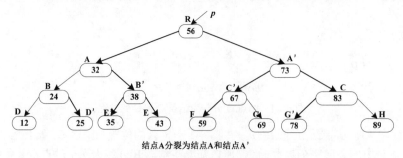

结点A分裂为结点A和结点A'

图 8-25　结点 A 被分裂的过程

4. B-树的删除操作

对于要在 B-树中删除一个关键字的操作，首先利用 B-树的查找算法，找到关键字所在的结点，然后将该关键字从该结点删除。如果删除该关键字后，该结点中的关键字个数仍然大于或等于 $\lceil m/2 \rceil-1$，则删除完成；否则，需要进行合并结点。

B-树的删除操作有以下三种可能。

（1）要删除的关键字所在结点的关键字个数大于或等于 $\lceil m/2 \rceil$，则只需要将关键字 K_i 和对应的指针 P_i 从该结点中删除即可。因为删除该关键字后，该结点的关键字个数仍然不小于 $\lceil m/2 \rceil-1$。例如，图 8-26 显示了从结点 E 中删除关键字 35 的情形。

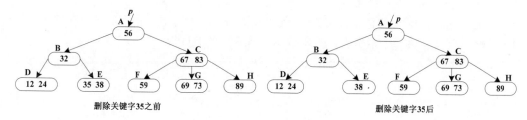

图 8-26　删除关键字 35 的过程

（2）要删除的关键字所在结点的关键字个数等于 $\lceil m/2 \rceil-1$，而与该结点相邻的兄弟结点（左兄弟或右兄弟）中的关键字个数大于 $\lceil m/2 \rceil-1$，则删除关键字后，需要将其兄弟结点中最小（或最大）的关键字移动到双亲结点中，将小于（或大于）并且离移动的关键字最近的关键字移动到被删关键字所在的结点中。例如，将关键字 89 删除后，需要将关键字 73 向上移动到双亲结点 C 中，并将关键字 83 下移到结点 H 中，得到如图 8-27 所示的 B-树。

（3）要删除的关键字所在结点的关键字个数等于 $\lceil m/2 \rceil-1$，而与该结点相邻的兄弟结点（左兄弟或右兄弟）中的关键字个数也等于 $\lceil m/2 \rceil-1$，则删除关键字（假设该关键字由指针 P_i 指示）后，需要将剩余关键字与其双亲结点中的关键字 K_i 与兄弟结点（左兄弟或右兄弟）中的关键字进行合并，同时将与其双亲结点的指针 P_i 一块合并。例如，将关键字 83 删除后，需要将关键字 83 的左兄弟结点的关键字 69 与其双亲结点中的关键字 73 合并到一起，得到如图 8-28 所示的 B-树。

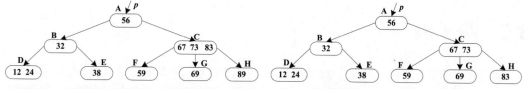

图 8-27　删除关键字 89 的过程

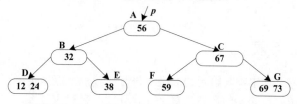

图 8-28　删除关键字 83 的过程

8.4.2　B+树

B+树是 B-树的一种变型。它与 B-树的主要区别在于：

（1）如果一个结点有 n 棵子树，则该结点也必有 n 个关键字，即关键字个数与结点的子树个数相等。

（2）所有的非叶子结点包含子树的根结点的最大或者最小的关键字信息，因此所有的非叶子结点可以作为索引。

（3）叶子结点包含所有关键字信息和关键字记录的指针，所有叶子结点中的关键字按照从小到大的顺序依次通过指针链接。

由此可以看出，B+树的存储方式类似于索引顺序表的存储结构，所有的记录存储在叶子结点中，非叶子结点作为一个索引表。图 8-29 为一棵 3 阶的 B+树。

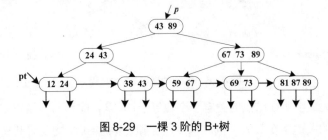

图 8-29　一棵 3 阶的 B+树

在图 8-29 中，B+树有两个指针：一个指向根结点的指针，一个指向叶子结点的指针。因此，对 B+树的查找可以从根结点开始也可以从指向叶子结点的指针开始。从根结点开始的查找是一种索引方式的查找，而从叶子结点开始的查找是顺序查找，类似于链表的访问。

从根结点对 B+树进行查找给定的关键字，是从根结点开始经过非叶子结点到叶子结点。查找每一个结点，无论查找是否成功，都是走了一条从根结点到叶子结点的路径。在 B+树上插入一个关键字和删除一个关键字都是在叶子结点中进行，在插入关键字时，要保证每个结点中的关键字个数不能大于 m，否则需要对该结点进行分裂。在删除关键字时，要保证每个结点中的关键字个数不能小于 $\lceil m/2 \rceil$，否则需要与兄弟结点合并。

8.5　哈希表

前面介绍过的有关查找的算法都经过了一系列比较过程，查找算法效率的高低取决于比较的次数。如果不经过比较就能确定要查找元素的位置，那么查找效率就会大大提高，这就需要建立一种数据元素的关键字与数据元素存放地址之间的对应关系，通过数据元素的关键字直接确定其存放的位置。

8.5.1　什么是哈希表

如何在查找元素的过程中不与给定的关键字进行比较，就能确定所查找元素的存放位置，这就需要在元素的关键字与元素的存储位置之间建立起一种对应关系，使得元素的关键字与唯一的存储位置对应。有了这种对应关系，在查找某个元素时，只需要利用这种确定的对应关系，由给定的关键字就可以直接找到该元素。key 表示元素的关键字，f 表示对应关系，则 f(key)表示元素的存储地址，这种对应关系 f 称为哈希函数，利用哈希函数可以建立哈希表。哈希函数也称为散列函数。

例如，一个班级有 30 名学生，将这些学生按各自姓氏的拼音排序，姓氏首字母相同的学生放在一起。根据学生姓氏的拼音首字母建立的哈希表如表 8-2 所示。

表 8-2　哈希表示例

序　号	姓 氏 拼 音	学 生 姓 名
1	A	安紫衣
2	B	白小翼
3	C	陈立本、陈冲
4	D	邓华
5	E	
6	F	冯峰
7	G	耿敏、弓宁
8	H	何山、郝建华
⋮	⋮	⋮

例如，在查找姓名为"冯峰"的学生时，就可以从序号为 6 的一行直接找到该学生。这种方法要比在一堆杂乱无章的姓名中查找要方便得多，但是，如果要查找姓名为"郝建华"的学生，拼音首字母为"H"的学生有多个，这就需要在该行中顺序查找。像这种不同的关键字 key 出现在同一个地址上，即有 key1≠key2，f(key1)=f(key2)的情况称为哈希冲突。

在一般情况下，元素的关键字越多，越容易发生冲突，在设计哈希表时，应尽可能避免冲突的发生。只有少发生冲突，才能尽可能快地利用关键字找到对应的元素。因此，为了更加高效地查找集合中的某个元素，不仅需要建立一个哈希函数，还需要一个解决哈希函数冲突的方法。所谓哈希表，就是根据哈希函数和解决冲突的方法将元素的关键字映射在一个有限的且连续的地址，并将元素存储在该地址上的表中。

8.5.2　哈希函数的构造方法

构造哈希函数的目的主要是使哈希地址尽可能地均匀分布以减少或避免产生冲突，使计算方法尽可能简便以提高运算效率。哈希函数的构造方法主要有以下几种。

1. 直接定址法

直接定址法就是直接取关键字的线性函数值作为哈希函数的地址。直接定址法可以表示如下。

h(key)=x×key+y

其中，x 和 y 是常数。直接定址法的计算比较简单且不会发生冲突。但是，由于这种方法会使产生的哈希函数地址比较分散，造成内存的大量浪费。例如，如果任给一组关键字{230，125，456，46，320，760，610，109}，令 x=1，y=0，则需要 714（最大的关键字减去最小的关键字即 760-46）个内存单元存储这 8 个关键字。

2. 平方取中法

平方取中法就是将关键字的平方得到的值的其中几位作为哈希函数的地址。由于一个数经过平方后，每一位数字都与该数的每一位相关，因此，采用平方取中法得到的哈希地址与关键字的每一位都相关，达到了哈希地址有了较好的分散性，从而避免冲突的发生。

例如，如果给定关键字 key=3456，则关键字取平方后即 key^2=11 943 936，取中间的四位得到哈希函数的地址，即 $h(key)$=9439。在得到关键字的平方后，具体取哪几位作为哈希函数的地址根据具体情况决定。

3. 折叠法

折叠法是将关键字平均分割为若干等份，最后一个部分如果不够可以空缺，然后将这几个等份叠加求和作为哈希地址。这种方法主要用在关键字的位数特别多且每一个关键字的位数分布大体相当的情况。例如，给定一个关键字 23478245983，可以按照 3 位将该关键字分割为几个部分，其折叠计算方法如下：

$$
\begin{array}{r}
234 \\
782 \\
459 \\
83 \\
\hline
h(key)=1558
\end{array}
$$

然后去掉进位，将 558 作为关键字 key 的哈希地址。

4. 除留余数法

除留余数法主要是通过对关键字取余，将得到的余数作为哈希地址。其主要方法为：设哈希表长为 m，p 为小于或等于 m 的数，则哈希函数为 $h(key)$=key%p。除留余数法是一种常用的求哈希函数的方法。

例如，给定一组关键字{75，150，123，183，230，56，37，91}，设哈希表长 m 为 14，取 p=13，则这组关键字的哈希地址存储情况如图 8-30 所示。

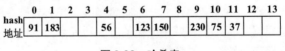

	0	1	2	3	4	5	6	7	8	9	10	11	12	13
hash 地址	91	183			56		123	150		230	75	37		

图 8-30 哈希表

在求解关键字的哈希地址时，一般情况下，p 取值为小于或等于表长的最大质数。

由于一个数经过平方后，每一位数字都与该数的每一位相关，因此，采用平方取中法得到的哈希地址与关键字的每一位都相关，使哈希地址有了较好的分散性，从而避免冲突的发生。

例如，如果给定关键字 key=3456，则关键字取平方后即 key^2=11 943 936，取中间的四位得到哈希函数的地址，即 $h(key)$=9439。在得到关键字的平方后，具体取哪几位作为哈希函数的地址根据具体情况决定。

8.5.3 处理冲突的方法

在构造哈希函数的过程中，不可避免地会出现冲突的情况。所谓处理冲突就是在有冲突发生时，为产生冲突的关键字找到另一个地址存放该关键字。在解决冲突的过程中，可能会得到

一系列哈希地址 $h_i(i=1,2,\cdots,n)$，也就是发生第一次冲突时，经过处理后得到第一个新地址记作 h_1，如果 h_1 仍然会冲突，则处理后得到第二个地址 h_2，$\cdots$，以此类推，直到 h_n 不产生冲突，将 h_n 作为关键字的存储地址。

处理冲突的方法比较常用的主要有开放定址法、再哈希法和链地址法。

1. 开放定址法

开放定址法是解决冲突比较常用的方法。开放定址法就是利用哈希表中的空地址存储产生冲突的关键字。当冲突发生时，按照以下公式处理冲突：

$h_i=(h(\text{key})+d_i)\%m$ ，$i=1,2,\cdots,m-1$

其中，$h(\text{key})$ 为哈希函数，m 为哈希表长，d_i 为地址增量。地址增量 d_i 可以通过以下三种方法获得。

（1）线性探测再散列：在冲突发生时，地址增量 d_i 依次取 $1,2,\cdots,m-1$ 自然数列，即 $d_i=1,2,\cdots,m-1$。

（2）二次探测再散列：在冲突发生时，地址增量 d_i 依次取自然数的平方，即 $d_i=1^2,-1^2,2^2,-2^2,\cdots,k^2,-k^2$。

（3）伪随机数再散列：在冲突发生时，地址增量 d_i 依次取随机数序列。

例如，在长度为 14 的哈希表中，将关键字 183，123，230，91 存放在哈希表中的情况如图 8-31 所示。

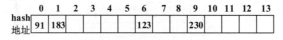

图 8-31 哈希表冲突发生前

当要插入关键字 149 时，哈希函数 $h(149)=149\%13=6$，而单元 6 已经存在关键字，产生冲突，利用线性探测再散列法解决冲突，即 $h_1=(6+1)\%14=7$，将 149 存储在单元 7 中，如图 8-32 所示。

图 8-32 插入关键字 149 后

当要插入关键字 227 时，哈希函数 $h(227)=227\%13=6$，而单元 6 已经存在关键字，产生冲突，利用线性探测再散列法解决冲突，即 $h_1=(6+1)\%14=7$，仍然冲突，继续利用线性探测法，即 $h_2=(6+2)\%14=8$，单元 8 空闲，因此将 227 存储在单元 8 中，如图 8-33 所示。

图 8-33 插入关键字 227 后

当然，在冲突发生时，也可以利用二次探测再散列解决冲突。在图 8-33 中，如果要插入关键字 227，因为产生冲突，利用二次探测再散列法解决冲突，即 $h_1=(6+1^2)\%14=7$，再次产生冲突时，有 $h_2=(6-1^2)\%14=5$，将 227 存储在单元 5 中，如图 8-34 所示。

图 8-34 利用二次探测再散列解决冲突

2. 再哈希法

再哈希法就是在冲突发生时，利用另外一个哈希函数再次求哈希函数的地址，直到冲突不再发生为止，即

h_i=rehash(key),i=1,2,…,n

其中，rehash 表示不同的哈希函数。这种再哈希法一般不容易再次发生冲突，但是需要事先构造多个哈希函数，这是一件不太容易也不现实的事情。

3. 链地址法

链地址法就是将具有相同散列地址的关键字用一个线性链表存储起来。每个线性链表设置一个头指针指向该链表。链地址法的存储表示类似于图的邻接表表示。在每一个链表中，所有的元素都是按照关键字有序排列。链地址法的主要优点是在哈希表中增加元素和删除元素方便。

例如，一组关键字序列{23,35,12,56,123,39,342,90,78,110}，按照哈希函数 h(key)=key%13 和链地址法处理冲突，其哈希表如图 8-35 所示。

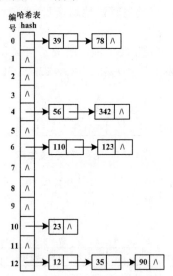

图 8-35　链地址法处理冲突的哈希表

8.5.4　哈希表应用举例

【例 8-1】给定一组元素的关键字 hash[]={23,35,12,56,123,39,342,90}，假设哈希表的长度 m 为 11，p 为 11，利用除留余数法和线性探测再散列法将元素存储在哈希表中，并查找给定的关键字，求解平均查找长度，最后编程实现。

【分析】主要考察哈希函数的构造方法、冲突解决的办法。算法实现主要包括几个部分：构建哈希表、在哈希表中查找给定的关键字、输出哈希表及求平均查找长度。关键字的个数是 8 个，利用除留余数法求哈希函数即 h(key)=key%p，利用线性探测再散列解决冲突即 h_i=(h(key)+d_i)，哈希表如图 8-36 所示。

hash	0	1	2	3	4	5	6	7	8	9	10
地址		23	35	12	56	123	39	342	90		
冲突次数		1	1	3	4	4	1	7	7		

图 8-36　哈希表

哈希表的查找过程就是利用哈希函数和处理冲突创建哈希表的过程。例如,要查找 key=12,由哈希函数 $h(12)=12\%11=1$,此时与第 1 号单元中的关键字 23 比较,因为 $23≠12$,又 $h_1=(1+1)\%11=2$,所以将第 2 号单元的关键字 35 与 12 比较,因为 $35≠12$,又 $h_2=(1+2)\%11=3$,所以将第 3 号单元中关键字 12 与 key 比较,因为 key=12,所以查找成功,返回序号 3。

尽管使用哈希函数可以利用关键字直接找到对应的元素,但是不可避免地仍然会有冲突产生,在查找的过程中,比较仍会是不可避免的,因此,仍然以平均查找长度衡量哈希表查找的效率高低。假设每个关键字的查找概率都是相等的,则在图 8-36 的哈希表中,查找某个元素成功时的平均查找长度 $ASL_{成功}=\dfrac{1}{8}×(1×3+3+4×2+7×2)=3.5$。

程序实现可分为两个部分:哈希表的操作和测试代码部分。

1. 哈希表的操作

这部分主要包括哈希表的创建、查找与求哈希表平均查找长度。其实现代码如下。

```c
void CreateHashTable(HashTable *H,int m,int p,int hash[],int n)
/*构造一个空的哈希表,并处理冲突*/
{
    int i,sum,addr,di,k=1;
    (*H).data=(DataType*)malloc(m*sizeof(DataType));      /*为哈希表分配存储空间*/
    if(!(*H).data)
        exit(-1);
    for(i=0;i<m;i++)                          /*初始化哈希表*/
    {
        (*H).data[i].key=-1;
        (*H).data[i].hi=0;
    }
    for(i=0;i<n;i++)                          /*求哈希函数地址并处理冲突*/
    {
        sum=0;                               /*冲突的次数*/
        addr=hash[i]%p;                       /*利用除留余数法求哈希函数地址*/
        di=addr;
        if((*H).data[addr].key==-1)           /*如果不冲突则将元素存储在表中*/
        {
            (*H).data[addr].key=hash[i];
            (*H).data[addr].hi=1;
        }
        else                                 /*用线性探测再散列法处理冲突*/
        {
            do
            {
                di=(di+k)%m;
                sum+=1;
            } while((*H).data[di].key!=-1);
            (*H).data[di].key=hash[i];
            (*H).data[di].hi=sum+1;
        }
    }
    (*H).curSize=n;                          /*哈希表中关键字个数为n*/
    (*H).tableSize=m;                        /*哈希表的长度*/
}
int SearchHash(HashTable H,KeyType k)
/*在哈希表 H 中查找关键字 k 的元素*/
{
    int d,d1,m;
    m=H.tableSize;
    d=d1=k%m;                                /*求 k 的哈希地址*/
```

```
        while(H.data[d].key!=-1)
        {
            if(H.data[d].key==k)          /*如果是要查找的关键字 k,则返回 k 的位置*/
                return d;
            else                          /*继续往后查找*/
                d=(d+1)%m;
            if(d==d1)                     /*如果查找了哈希表中的所有位置,没有找到返回 0*/
                return 0;
        }
        return 0;                         /*该位置不存在关键字 k*/
}
void HashASL(HashTable H,int m)
/*求哈希表的平均查找长度*/
{
    float average=0;
    int i;
    for(i=0;i<m;i++)
        average=average+H.data[i].hi;
    average=average/H.curSize;
    printf("平均查找长度 ASL=%.2f",average);
    printf("\n");
}
```

2. 测试部分

这部分主要包括头文件、函数声明、类型定义、主函数与哈希表的输出。其实现代码如下。

```
#include<stdlib.h>
#include<stdio.h>
#include<malloc.h>
typedef int KeyType;
typedef struct                /*元素类型定义*/
{
    KeyType key;              /*关键字*/
    int hi;                  /*冲突次数*/
}DataType;
typedef struct                /*哈希表类型定义*/
{
    DataType *data;
    int tableSize;           /*哈希表的长度*/
    int curSize;             /*表中关键字个数*/
}HashTable;
void CreateHashTable(HashTable *H,int m,int p,int hash[],int n);
int SearchHash(HashTable H,KeyType k);
void DisplayHash(HashTable H,int m);
void HashASL(HashTable H,int m);
void DisplayHash(HashTable H,int m)
/*输出哈希表*/
{
    int i;
    printf("哈希表地址: ");
    for(i=0;i<m;i++)
        printf("%-5d",i);
    printf("\n");
    printf("关键字 key:  ");
    for(i=0;i<m;i++)
        printf("%-5d",H.data[i].key);
    printf("\n");
    printf("冲突次数:   ");
    for(i=0;i<m;i++)
        printf("%-5d",H.data[i].hi);
```

```
        printf("\n");

}
void main()
{
        int hash[]={23,35,12,56,123,39,342,90};
        int m=11,p=11,n=8,pos;
        KeyType k;
        HashTable H;
        CreateHashTable(&H,m,p,hash,n);
        DisplayHash(H,m);
        k=123;
        pos=SearchHash(H,k);
        printf("关键字%d在哈希表中的位置为：%d\n",k,pos);
        HashASL(H,m);
}
```

程序运行结果如图 8-37 所示。

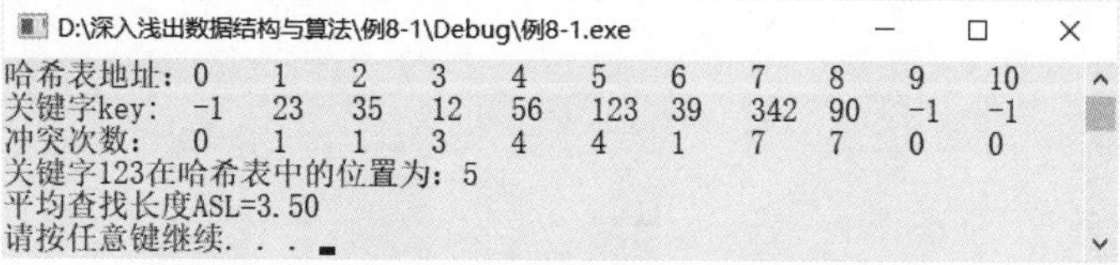

图 8-37 哈希表的创建与查找的程序运行结果

【考研真题】将关键字序列(7,8,30,11,18,9,14)存储在哈希表中，哈希表的存储空间是一个下标从 0 开始的一维数组，哈希函数为 $H(\text{key})=(\text{key}\times3)\ \text{MOD}\ 7$，处理冲突采用线性探测再散列法，要求装填因子为 0.7。

（1）请画出构造的哈希表。

（2）分别计算等概率情况下查找成功和查找不成功的平均查找长度。

【分析】该题目是 2010 年的考研题目，主要考查哈希表的构造和平均查找长度的概念。

（1）根据给出的哈希函数 $H(\text{key})=(\text{key}\times3)\ \text{MOD}\ 7$ 和处理冲突方法构造哈希表，如表 8-3 所示。

表 8-3 哈希表

下标	0	1	2	3	4	5	6	7	8	9
关键字	7	14		8		11	30	18	9	
冲突次数	1	2		1		1	1	3	3	

（2）查找成功的平均查找长度为 $\text{ASL}_{\text{成功}}=(4\times1+2\times3+1\times2)/7=12/7$，查找不成功的平均查找长度为 $\text{ASL}_{\text{不成功}}=(3+2+1+2+1+5+4)/7=18/7$。

8.6 小结

查找分为静态查找与动态查找两种。

静态查找主要有顺序表、有序顺序表和索引顺序表的查找。其中，索引顺序表的查找是为主表建立一个索引，根据索引确定元素所在的范围，这样可以有效地提高查找的效率。动态查找主要包含基于二叉排序树、平衡二叉树、B-树和 B+树的查找。静态查找中顺序表的平均查找

长度为 $O(n)$，折半查找的平均查找长度为 $O(\log_2 n)$。动态查找中的二叉排序树的查找类似于折半查找，其平均查找长度为 $O(\log_2 n)$。

哈希表大大减少了与元素的关键字的比较次数。建立哈希表的方法主要有直接定址法、平方取中法、折叠法和除留余数法等。

解决冲突最为常用的方法主要有两个，即开放定址法和链地址法。

第9章

排序

排序（sorting）是计算机程序设计的一个特别重要的技术，计算机的各个应用领域都有它的身影。如在处理学生考试成绩和元素的查找时都涉及对数据的排序。

本章重点和难点：

- 希尔排序。
- 快速排序。
- 堆排序。
- 归并排序。
- 基数排序。

9.1 基本概念

在介绍有关排序的算法之前，先介绍与排序相关的基本概念。

排序：把一个无序的元素序列按照元素的关键字递增或递减排列为有序的序列。

假设包含 n 个元素（记录）的序列 $(E_1,E_2,\cdots,E_n)$ 对应的关键字为 $(k_1,k_2,\cdots,k_n)$，需确定 $1,2,\cdots,n$ 的一种排列 $p_1,p_2,\cdots,p_n$，使关键字满足非递减（或非递增）关系 $k_{p1}{\leqslant}k_{p2}{\leqslant}\cdots{\leqslant}k_{pn}$，从而使元素构成一个非递减（或非递增）的序列 $(E_{p1},E_{p2},\cdots,E_{pn})$，这样的一种操作被称为排序。

稳定排序和不稳定排序：在待排序的记录序列中，若存在两个或两个以上关键字相等的记录，假设 $k_i{=}k_j(1{\leqslant}i{\leqslant}n,1{\leqslant}j{\leqslant}n,i{\neq}j)$，且排序前对应的记录 E_i 领先于 E_j（即 $i{<}j$），在排序之后，如果元素 E_i 仍领先于 E_j，则称这种排序采用的方法是稳定的；如果经过排序之后元素 E_j 领先于 E_i（即 $i{<}j$），则称这种排序方法是不稳定的。

一个排序算法的好坏主要可以通过时间复杂度、空间复杂度和稳定性来衡量。无论算法稳定还是不稳定，都不会影响排序的最终结果。

内排序和外排序：由于待排序的记录数量不同，使得排序过程中涉及的存储器不同，可将排序方法分为内部排序和外部排序两类。内部排序也称为内排序，指的是待排序记录存放在计算机随机存储器中进行的排序过程；外部排序也称为外排序，指的是待排序记录的数据量很大，以致内存一次不能容纳全部记录，在排序的过程中需要不断对外存进行访问的排序过程。

内排序的方法有许多，按照排序过程中采用的策略将排序分为插入排序、选择排序、交换排序和归并排序。

在排序过程中，需要进行以下两种基本操作。

（1）比较两个元素相应关键字的大小。

（2）将元素从一个位置移动到另一个位置。

第（1）种操作对大多数排序方法来说都是必要的，第（2）种操作可通过改变记录的存储方式来避免。

待排序的记录序列可有下列 3 种存储方式。

（1）顺序存储。待排序的元素存储在一组连续的存储单元中，这类似于线性表的顺序存储，在序列中相邻的两个记录 E_i 和 E_j，它们的物理位置也相邻。在这种存储方式中，记录之间的次序关系由其存储位置决定，则实现排序必须移动记录。

（2）链式存储。待排序元素存储在一组不连续的存储单元中，这类似于线性表的链式存储，序列中相邻的两个记录 E_i 和 E_j，其物理位置不一定相邻。在这种存储方式中，记录之间的关系由附设的指针指示，在进行排序时，不需要移动元素，只需要修改指针。

（3）静态链表。待排序记录存放在静态链表中，记录之间的关系由被称为游标的指针指示，实现排序不需要移动元素，只需要修改游标。

为了算法实现方便，本章的排序算法主要采用顺序存储，相应的元素类型描述如下。

```
#define MaxSize 100
typedef int KeyType;
typedef struct        /*数据元素类型定义*/
{
    KeyType key;      /*关键字*/
}DataType;
typedef struct        /*顺序表类型定义*/
{
    DataType data[MaxSize];
    int length;
}SqList;
```

9.2 插入排序

插入排序的算法思想：将待排序元素分为已排序子集和未排序子集，依次将未排序子集中的一个元素插入已排序子集中，使已排序子集仍然有序；重复执行以上过程，直到所有元素都有序为止。

插入排序一般分为直接插入排序、折半插入排序和希尔排序。

9.2.1 直接插入排序

直接插入排序是一种最简单的插入排序算法，它的基本算法思想描述如下：假设待排序元素有 n 个，初始时，有序集合中只有 1 个元素，无序集合中是剩下的 $n-1$ 个元素。例如，有 4 个待排序元素 35、12、5 和 21，排序前的状态如图 9-1 所示。

初始时：{35}   {12 5 21}
　　　　有序集　　无序集

图 9-1 待排序元素的初始状态

第 1 趟排序：将无序集中的第 1 个元素，也就是 12 与有序集中的元素 35 进行比较，因为

35>12，所以需要先将 35 向右移动一个位置，然后将 12 插入到有序集合中的第 1 个位置，如图 9-2 所示。其中，阴影部分表示无序集，白色部分表示有序集。

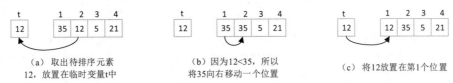

图 9-2 第 1 趟排序过程

第 2 趟排序：将无序集的第 2 个元素 5 依次与有序集中的元素从右到左比较，即先与 35 比较，因为 5<35，所以先将 35 向右移动一个位置，然后将 5 与第 1 个元素 12 比较，因为 5<12，所以将 12 向右移动一个位置，将 5 放在第 1 个位置，如图 9-3 所示。

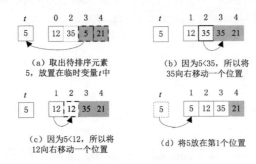

图 9-3 第 2 趟排序过程

第 3 趟排序：将无序集中的元素 21 与有序集中的元素从右到左依次比较，先与 35 比较。因为 21<35，所以需将 35 向右移动一个位置并与前一个元素 12 比较。由于 21>12，故需将 21 放置在 12 与 35 之间，即插入到第 3 个位置，如图 9-4 所示。

图 9-4 第 3 趟排序过程

经过以上排序之后，有序集有 4 个元素，无序集为空集。此时直接插入排序完毕，整个序列变成一个有序序列。

相应地，直接插入排序算法描述如下。

```
void InsertSort(SqList *L)
/*直接插入排序*/
{
    int i,j;
    DataType t;
    for(i=1;i<L->length;i++)      /*前 i 个元素已经有序,从第 i+1 个元素开始与前 i 个有序的关键字比较*/
    {
        t=L->data[i+1];                   /*取出第 i+1 个元素,即待排序的元素*/
        j=i;
        while(j>0&&t.key<L->data[j].key)    /*寻找当前元素的合适位置*/
        {
            L->data[j+1]=L->data[j];
```

```
            j--;
        }
        L->data[j+1]=t;                        /*将当前元素插入合适的位置*/
    }
}
```

从上面的算法可以看出，直接插入排序算法简单且容易实现。直接插入排序算法的时间复杂度在最好的情况下是所有的元素的关键字都已经有序，此时外层的 for 循环的循环次数是 n-1，而内层的 while 循环的语句执行次数为 0，因此直接插入排序算法在最好的情况下的时间复杂度为 $O(n)$。在最坏的情况下，即所有元素的关键字都是按照逆序排列，则内层 while 循环的比较次数均为 i+1，则整个比较次数为 $\sum_{i=1}^{n-1}(i+1)=\dfrac{(n+2)(n-1)}{2}$，移动次数为 $\sum_{i=1}^{n-1}(i+2)=\dfrac{(n+4)(n-1)}{2}$，即在最坏情况下时间复杂度为 $O(n^2)$。如果元素的关键字是随机排列的，其比较次数和移动次数约为 $n^2/4$，此时直接插入排序的时间复杂度为 $O(n^2)$。

直接插入排序算法只利用了一个临时变量，因此其空间复杂度为 $O(1)$。

9.2.2　折半插入排序

折半插入排序算法是直接插入排序的改进。它的主要改进在于在已经有序的集合中使用折半查找法确定待排序元素的插入位置，找到要插入的位置后，将待排序元素插入相应的位置。

假设有 7 个待排序元素：75,61,82,36,99,26,41。使用折半插入排序算法对该元素序列进行第一趟排序过程如图 9-5 所示。

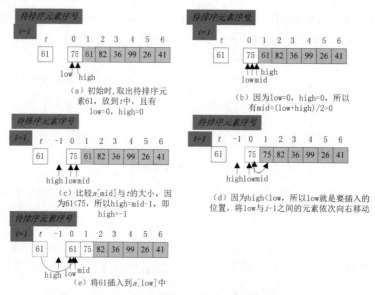

图 9-5　折半插入排序第 1 趟排序过程

其中，i=1 表示第 1 趟排序，待排序元素为 a[1]，t 存放的是待排序元素。当 low>high 时，low 指向元素要插入的位置。依次将 low～i-1 的元素依次向后移动一个位置，然后将 t 的值插入到 a[low]中。

第 2 趟折半插入排序过程如图 9-6 所示。

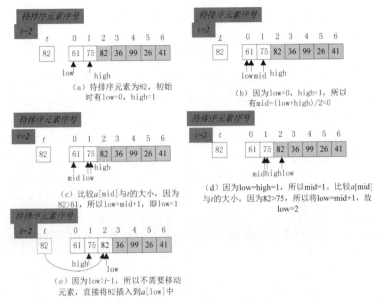

图 9-6 第 2 趟折半插入排序过程

从以上两趟排序过程可以看出，折半插入排序与直接插入排序的区别仅在于查找插入的位置的方法不同。一般情况下，折半查找的效率要高于顺序查找的效率。

通过对直接插入排序算法简单修改，得到折半插入排序算法，实现代码如下。

```
void BinInsertSort(SqList *L)
/*折半插入排序*/
{
    int i,j,mid,low,high;
    DataType t;
    for(i=1;i<L->length;i++)/*前 i 个元素已经有序,从第 i+1 个元素开始与前 i 个有序的关键字比较*/
    {
        t=L->data[i+1];          /*取出第 i+1 个元素,即待排序的元素*/
        low=1,high=i;
        while(low<=high)         /*利用折半查找思想寻找当前元素的合适位置*/
        {
            mid=(low+high)/2;
            if(L->data[mid].key>t.key)
                high=mid-1;
            else
                low=mid+1;
        }
        for(j=i;j>=low;j--)  /*移动元素,空出要插入的位置*/
            L->data[j+1]=L->data[j];
        L->data[low]=t;         /*将当前元素插入合适的位置*/
    }
}
```

从时间上比较，折半插入排序仅减少了关键字的比较次数，而记录的移动次数不变，因此，折半插入排序的时间复杂度为 $O(n^2)$。

9.2.3 希尔排序

希尔排序（Shell's sort）也称为缩小增量排序，也属于插入排序类的算法，但时间效率比前几种排序有较大改进。

从对直接插入排序的分析可知,其算法时间复杂度为 $O(n^2)$,但是若待排记录序列为"正序",其时间复杂度为 $O(n)$。由此可设想,若待排序记录序列按关键字基本有序,直接插入排序的效率就可大大提高。从另一个方面来看,由于直接插入排序算法简单,则在 n 值很小时效率也比较高。希尔排序正是综合考虑这两点对直接插入排序进行改进得到的一种插入排序方法。

希尔排序算法的基本思想是先将整个待排序记录分割成若干子序列,利用直接插入排序对子序列进行排序,待整个序列中的记录基本有序时,再对全部记录进行一次直接插入排序。

假设待排序的元素有 n 个,对应的关键字分别是 $a_1,a_2,\cdots,a_n$,设距离（增量）为 $c_1=4$ 的元素为同一个子序列,则元素的关键字 $a_1,a_5,\cdots,a_i,a_{i+5},\cdots,a_{n-5}$ 为一个子序列,同理,关键字 $a_2,a_6,\cdots,a_{i+1},a_{i+6},\cdots,a_{n-4}$ 为一个子序列。然后分别对同一个子序列的关键字利用直接插入排序进行排序。之后,缩小增量令 $c_2=2$,分别对同一个子序列的关键字进行插入排序。以此类推,最后令增量为1,这时只有一个子序列,对整个元素进行排序,完成希尔排序的具体过程。

设待排序元素为 48,26,66,57,32,85,55,19,使用希尔排序算法对该元素序列的排序过程如图9-7 所示。

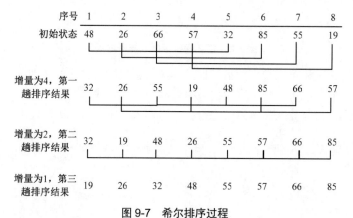

图9-7　希尔排序过程

增量依次为4、2、1,当增量为4时,第1个元素与第5个元素为一组,第2个元素与第6个元素为一组,第3个元素与第7个元素为一组,第4个元素与第8个元素为一组,本组内的元素进行直接插入排序,即完成第1趟希尔排序。当增量为2时,第1、3、5、7个元素构成一组,第2、4、6、8个元素构成一组,各组中的元素进行直接插入排序,即完成第2趟直接插入排序。当增量为1时,将所有的元素进行直接插入排序,此时所有的元素都按照从小到大排列,希尔排序算法结束。

相应地,希尔排序的算法可描述如下。

```
void ShellInsert(SqList *L,int c)
/*对顺序表 L 进行一趟希尔排序,c 是增量*/
{
    int i,j;
    DataType t;
    for(i=c+1;i<=L->length;i++)              /*将距离为 c 的元素作为一个子序列进行排序*/
    {
        if(L->data[i].key<L->data[i-c].key)  /*如果后者小于前者,则需要移动元素*/
        {
            t=L->data[i];
            for(j=i-c;j>0&&t.key<L->data[j].key;j=j-c)
                L->data[j+c]=L->data[j];
```

```
                L->data[j+c]=t;                    /*依次将元素插入正确的位置*/
            }
        }
    }
    void ShellInsertSort(SqList *L,int delta[],int m)
    /*希尔排序,每次调用算法 ShellInsert,delta 是存放增量的数组*/
    {
        int i;
        for(i=0;i<m;i++)                           /*进行 m 趟希尔插入排序*/
        {
            ShellInsert(L,delta[i]);
        }
    }
```

希尔排序的分析是一个非常复杂的事情,问题主要在于希尔排序选择的增量,但是经过大量的研究,当增量的序列为 $2^{m-k+1}-1$ 时(其中,m 为排序的次数,$1 \leqslant k \leqslant t$),其时间复杂度为 $O(n^{3/2})$。希尔排序的空间复杂度为 $O(1)$。因为希尔排序按照增量对每个子序列进行排序,有可能两个相等的关键字分别处于不同的序列中,造成排序过程中两者顺序颠倒,所以希尔排序算法是一种不稳定的排序算法。

9.2.4　插入排序应用举例

【例 9-1】编写一个插入排序算法,要求用链表实现。

【分析】主要考查插入排序的算法思想和链表的操作。

算法思想:首先创建一个链表,将待排序元素依次插入链表中。将待排序链表分为两个部分,即有序序列和待排序序列。初始时,有序序列中没有元素,令 L->next=NULL。指针 p 指向待排序的链表,若有序序列为空,将 p 指向的第一个结点插入空链表 L 中。然后将有序链表即 L 指向的链表的每一个结点与 p 指向的结点比较,并将结点*p 插入 L 指向的链表的恰当位置。重复执行上述操作,直到待排序链表为空。此时,L 就是一个有序链表。

插入排序程序的实现如下。

```
/*头文件*/
#include<stdio.h>
#include<malloc.h>
#include<stdlib.h>
typedef int DataType;  /*元素类型定义为整型*/
typedef struct Node    /*单链表类型定义*/
{
    DataType data;
    struct Node *next;
}ListNode,*LinkList;
#include"LinkList.h"
void InsertSort(LinkList L);
void CreateList(LinkList L,DataType a[],int n);
void CreateList(LinkList L,DataType a[],int n)
/*创建单链表*/
{
    int i;
    for(i=1;i<=n;i++)
        InsertList(L,i,a[i-1]);
}
void main()
```

```
{
    LinkList L,p;
    int n=8;
    DataType a[]={76,55,10,21,65,90,5,38};
    InitList(&L);
    CreateList(L,a,n);
    printf("排序前的元素序列：\n");
    for(p=L->next;p!=NULL;p=p->next)
        printf("%4d ",p->data);
    printf("\n");
    InsertSort(L);
    printf("排序后的元素序列：\n");
    for(p=L->next;p!=NULL;p=p->next)
        printf("%4d ",p->data);
    printf("\n");
}
void InsertSort(LinkList L)
/*链式存储结构下的插入排序*/
{
    ListNode *p=L->next,*pre,*q;
    L->next=NULL;                /*初始时，已排序链表为空*/
    while(p!=NULL)               /*p是指向待排序的结点*/
    {
        if(L->next==NULL)/*如果*p是第一个结点，则插入L,并令已排序的最后一个结点的指针域为空*/
        {
            L->next=p;
            p=p->next;
            L->next->next=NULL;
        }
        else                     /*p指向待排序的结点,在L指向的已经排好序的链表中查找插入位置*/
        {
            pre=L;
            q=L->next;
            while(q!=NULL&&q->data<p->data)     /*在q指向的有序表中寻找插入位置*/
            {
                pre=q;
                q=q->next;
            }
            q=p->next;                /*q指向p的下一个结点,保存待排序的指针位置*/
            p->next=pre->next;        /*将结点*p插入结点*pre的后面*/
            pre->next=p;
            p=q;                      /*p指向下一个待排序的结点*/
        }
    }
}
```

程序运行结果如图 9-8 所示。

图 9-8 采用链式存储结构的插入排序程序运行结果

9.3 交换排序

交换排序的基本思想是通过依次交换逆序的元素实现排序。

9.3.1 冒泡排序

冒泡排序（bubble sort）是一种简单的交换类排序算法，它是通过交换相邻的两个数据元素，逐步将待排序序列变成有序序列。它的基本算法思想如下。

假设待排序元素有 n 个，从第 1 个元素开始，依次交换相邻的两个逆序元素，直到最后一个元素为止。当第 1 趟排序结束，就会将最大的元素移动到序列的末尾。然后按照以上方法进行第 2 趟排序，次大的元素将会被移动到序列的倒数第 2 个位置。以此类推，经过 $n-1$ 趟排序后，整个元素序列就成了一个有序的序列。每趟排序过程中，值小的元素向前移动，值大的元素向后移动，就像气泡一样向上升，因此将这种排序方法称为冒泡排序。

例如，一组元素序列为 56,22,67,32,59,12,89,26，对该元素序列进行冒泡排序，第 1 趟排序过程如图 9-9 所示。

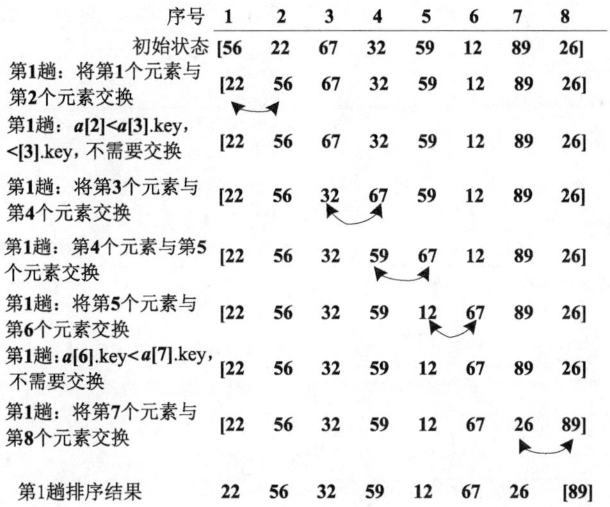

序号	1	2	3	4	5	6	7	8
初始状态	[56	22	67	32	59	12	89	26]
第1趟：将第1个元素与第2个元素交换	[22	56	67	32	59	12	89	26]
第1趟：a[2]<a[3].key，<[3].key，不需要交换	[22	56	67	32	59	12	89	26]
第1趟：将第3个元素与第4个元素交换	[22	56	32	67	59	12	89	26]
第1趟：第4个元素与第5个元素交换	[22	56	32	59	67	12	89	26]
第1趟：将第5个元素与第6个元素交换	[22	56	32	59	12	67	89	26]
第1趟：a[6].key<a[7].key，不需要交换	[22	56	32	59	12	67	89	26]
第1趟：将第7个元素与第8个元素交换	[22	56	32	59	12	67	26	89]
第1趟排序结果	22	56	32	59	12	67	26	[89]

图 9-9 第 1 趟排序过程

经过第 1 趟冒泡排序后，值最大的元素 89 跑到了序列的最后。按以上方法，将第一个元素到倒数第一个元素重复以上过程，倒数第二大的元素将排在倒数第二个位置。以此类推，直到所有的元素均有序，冒泡排序结束。

对元素序列 56,22,67,32,59,12,89,26 的排序全过程如图 9-10 所示。设待排序元素为 56,72,44,31,99,21,69,80，使用冒泡排序对该元素序列排序的过程如图 9-11 所示。

在冒泡排序中，如果待排序元素的个数为 n，则需要 $n-1$ 趟排序；对于第 i 趟排序，需要比较的次数为 $i-1$。

序号	1	2	3	4	5	6	7	8
初始状态	[56	22	67	32	59	12	89	26]
第1趟排序结果:	22	56	32	59	12	67	26	[89]
第2趟排序结果:	22	32	56	12	59	26	[67	89]
第3趟排序结果:	22	32	12	56	26	[59	67	89]
第4趟排序结果:	22	12	32	26	[56	59	67	89]
第5趟排序结果:	12	22	26	[32	56	59	67	89]
第6趟排序结果:	12	22	[26	32	56	59	67	89]
第7趟排序结果:	12	[22	26	32	56	59	67	89]
最后排序结果:	12	22	26	32	56	59	67	89

图 9-10 冒泡排序的全过程

序号	1	2	3	4	5	6	7	8
初始状态	56	72	44	31	99	21	69	80
第1趟排序结果:	56	44	31	72	21	69	80	99
第2趟排序结果:	44	31	56	21	69	72	80	99
第3趟排序结果:	31	44	21	56	69	72	80	99
第4趟排序结果:	31	21	44	56	69	72	80	99
第5趟排序结果:	21	31	44	56	69	72	80	99
第6趟排序结果:	21	31	44	56	69	72	80	99
第7趟排序结果:	21	31	44	56	69	72	80	99

图 9-11 冒泡排序全过程

冒泡排序的算法描述如下。

```
void BubbleSort(SqList *L,int n)
/*冒泡排序*/
{
    int i,j,flag;
    DataType t;
    for(i=1;i<=n-1&&flag;i++)          /*需要进行n-1趟排序*/
    {
        flag=0;
        for(j=1;j<=n-i;j++)            /*每一趟排序需要比较n-i次*/
            if(L->data[j].key>L->data[j+1].key)
            {
                t=L->data[j];
                L->data[j]=L->data[j+1];
                L->data[j+1]=t;
                flag=1;
            }
    }
}
```

容易看出，若初始序列为正序，则只需要进行一趟排序，在排序过程中进行 $n-1$ 次关键字的比较，且不需要移动记录；反之，若初始序列为逆序，则需要进行 $n-1$ 趟排序，需进行 $\sum\limits_{i=1}^{n-1}i = \dfrac{n(n-1)}{2}$ 次比较，并进行等数量级的移动操作。因此，总的时间复杂度为 $O(n^2)$。冒泡排序是一种稳定的排序算法。

9.3.2 快速排序

快速排序（quick sort）算法是冒泡排序的一种改进，与冒泡排序类似，快速排序也是通过逐渐消除待排序元素序列中逆序元素来实现排序的；不同的是，快速排序一趟排序仅需要交换一次元素就消除了多个逆序元素，这些逆序元素可能是不相邻的。

快速排序的算法思想是从待排序记录序列中选取一个记录（通常是第一个记录）作为枢轴，

其关键字设为 key，然后将其余关键字小于 key 的记录移至前面，而将关键字大于 key 的记录移至后面，结果将待排序记录序列分为两个子表，最后将关键字 key 的记录插入其分界线的位置。这个过程称为一趟快速排序。通过这一趟划分后，就可以关键字为 key 的记录为界将待排序序列分为两个子表，前面的子表所有记录的关键字均不大于 key，后面子表的所有记录的关键字均不小于 key。继续对分割后的子表进行上述划分，直至所有子表的表长不超过 1 为止，此时待排序的记录就成了一个有序序列。

设待排序序列存放在数组 $a[n]$ 中，n 为元素个数，设置两个指针 i 和 j，初值分别为 1 和 n，令 $a[1]$ 作为枢轴元素赋给 pivot，$a[1]$ 相当于空单元，然后执行以下操作。

（1）j 从右往左扫描，若 $a[j].key<pivot.key$，将 $a[j]$ 移至 $a[i]$ 中，此时 $a[j]$ 相当于空单元，并执行一次 $i++$ 操作。

（2）i 从左至右扫描，直至 $a[i].key>pivot.key$，将 $a[i]$ 移至 $a[j]$ 中，并执行一次 $j--$ 操作。

（3）重复执行（1）和（2），直到出现 $i \geq j$，则将元素 pivot 移动到 $a[i]$ 中。此时整个元素序列在位置 i 被划分成两个部分，前一部分的元素关键字都小于或等于 $a[i].key$，后一部分元素的关键字都大于或等于 $a[i].key$。至此，即完成了一趟快速排序。

按照以上方法对 $a[i]$ 左边的子表和 $a[i]$ 右边的子表也可继续进行以上划分操作。

例如，一组元素序列为 37,19,43,22,<u>22</u>,89,26,92，根据快速排序算法思想，第一次划分过程如图 9-12 所示。

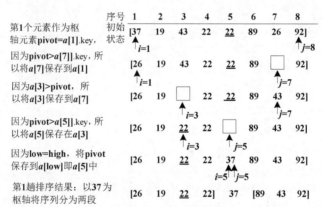

图 9-12　第 1 趟快速排序过程

从图 9-12 容易看出，当一趟快速排序完毕之后，整个元素序列被枢轴的关键字 37 划分为两个子表，左边子表的元素值都小于 37，右边子表的元素值大于或等于 37。使用快速排序对前面的元素序列进行排序的整个过程如图 9-13 所示。

序号	1	2	3	4	5	6	7	8	
第1个元素作为枢轴元素pivotkey=$a[1]$.key 初始状态	[37	19	43	22	22	89	26	92]	
	$i=1$							$j=8$	
第1趟排序结果：	[26	19	<u>22</u>	22]	**37**	[89	43	92]	37作为枢轴元素
第2趟排序结果：	[22	19	<u>22</u>	**26**	37	[89	43	92]	26作为枢轴元素
第3趟排序结果：	[19]	**22**	[<u>22</u>]	26	37	[89	43	92]	22作为枢轴元素
第4趟排序结果：	19	22	<u>22</u>	26	37	[43]	**89**	[92]	89作为枢轴元素
最终排序结果：	19	22	<u>22</u>	26	37	43	89	92	

图 9-13　快速排序过程

通过上面的排序过程不难看出，快速排序算法可以通过递归调用实现，排序的过程其实就是不断地对元素序列进行划分，直到每一个部分不能划分时即完成快速排序。

进行一趟快速排序，即将元素序列进行一次划分，算法描述如下。

```
int Partition(SqList *L,int low,int high)
/*对顺序表 L.r[low..high]的元素进行一趟排序,使枢轴前面的元素关键字小于枢轴元素的关键字,枢轴后面的
元素关键字大于或等于枢轴元素的关键字,并返回枢轴位置*/
{
    DataType t;
    KeyType pivotkey;
    pivotkey=(*L).data[low].key;          /*将表的第一个元素作为枢轴元素*/
    t=(*L).data[low];
    while(low<high)                       /*从表的两端交替着向中间扫描*/
    {
        while(low<high&&(*L).data[high].key>=pivotkey)     /*从表的末端向前扫描*/
            high--;
        if(low<high)                      /*将当前 high 指向的元素保存在 low 位置*/
        {
            (*L).data[low]=(*L).data[high];
            low++;
        }
        while(low<high&&(*L).data[low].key<=pivotkey)      /*从表的始端向后扫描*/
            low++;
        if(low<high)                      /*将当前 low 指向的元素保存在 high 位置*/
        {
            (*L).data[high]=(*L).data[low];
            high--;
        }
    }
    (*L).data[low]=t;                     /*将枢轴元素保存在 low=high 的位置*/
    return low;                           /*返回枢轴所在位置*/
}
```

通过多次递归调用一次划分算法即一趟排序算法，可实现快速排序，其算法描述如下。

```
void QuickSort(SqList *L,int low,int high)
/*对顺序表 L 进行快速排序*/
{
    int pivot;
    if(low<high)                          /*如果元素序列的长度大于1*/
    {
        pivot=Partition(L,low,high);      /*将待排序序列 L.r[low..high]划分为两部分*/
        QuickSort(L,low,pivot-1);         /*对左边的子表进行递归排序,pivot 是枢轴位置*/
        QuickSort(L,pivot+1,high);        /*对右边的子表进行递归排序*/
    }
}
```

容易看出，快速排序是一种不稳定的排序算法，其空间复杂度为 $O(\log_2 n)$。

快速排序在最好的情况下是每趟排序将序列一分两半，从表中间开始，将表分成两个大小相同的子表，类似折半查找，这样快速排序的划分过程就将元素序列构成一个完全二叉树的结构，分解的次数等于树的深度即 $\log_2 n$，因此快速排序总的比较次数为 $T(n) \leq n+2T(n/2) \leq n+2 \times (n/2+2 \times T(n/4))=2n+4T(n/4) \leq 3n+8T(n/8) \leq \cdots \leq n\log_2 n+nT(1)$。因此，在最好的情况下，时间复杂度为 $O(n\log_2 n)$。

快速排序在最坏的情况下是已经有序，第 1 趟经过 n-1 次比较，第 1 条记录仍在原位置，左边为空表，右边为 n-1 记录的表。第 2 趟 n-1 个记录经过 n-2 次比较，第 2 个记录在原位置，

左边为空表，右边为 n-2 个记录的表，以此类推，共需进行 n-1 趟排序，其比较次数为 $\sum_{i=1}^{n-1}(n-i)=$

（n-1）+(n-2)+$\cdots$+1=$\dfrac{n(n-1)}{2}$，因此时间复杂度为 $O(n^2)$。

在平均情况下，快速排序的时间复杂度为 $O(n\log_2 n)$。

9.3.3　交换排序应用举例

【例 9-2】编写算法，使用冒泡排序和快速排序算法对给定的一组关键字序列（37,19,43,22, 22,89,26,92）进行排序，并输出每趟排序结果。

完整的程序代码如下：

```c
#include<stdio.h>
#include<stdlib.h>
#define MaxSize 50
typedef int KeyType;
typedef struct /*数据元素类型定义*/
 {
        KeyType key;/*关键字*/
}DataType;
typedef struct /*顺序表类型定义*/
 {
        DataType data[MaxSize];
        int length;
}SqList;
void InitSeqList(SqList *L,DataType a[],int n);
void DispList(SqList L);
void DispList2(SqList L,int count);
void DispList3(SqList L,int pivot,int count);
void HeapSort(SqList *H);
void BubbleSort(SqList *L,int n);
void QuickSort(SqList *L);
int Partition(SqList *L,int low,int high);
void DispList(SqList L)
/*输出表中的元素*/
{
        int i;
        for(i=1;i<=L.length;i++)
                printf("%4d",L.data[i].key);
        printf("\n");
}
void DispList2(SqList L,int count)
/*输出表中的元素（用于冒泡排序算法调用）*/
{
        int i;
        printf("第%d趟排序结果:",count);
        for(i=1;i<=L.length;i++)
                printf("%4d",L.data[i].key);
        printf("\n");
}
void DispList3(SqList L,int pivot,int count)
/*输出每一趟排序后的元素序列（用于快速排序算法调用）*/
{
        int i;
        printf("第%d趟排序结果:[",count);
```

```
        for(i=1;i<pivot;i++)
                printf("%-4d",L.data[i].key);
        printf("]");
        printf("%3d ",L.data[pivot].key);
        printf("[");
        for(i=pivot+1;i<=L.length;i++)
                printf("%-4d",L.data[i].key);
        printf("]");
        printf("\n");

}
void InitSeqList(SqList *L,DataType a[],int n)
/*顺序表的初始化*/
{
        int i;
        for(i=1;i<=n;i++)
        {
                L->data[i]=a[i-1];
        }
        L->length=n;
}
void main()
{
        DataType a[]={37,19,43,22,22,89,26,92};
        SqList L;
          int n=sizeof(a)/sizeof(a[0]);
        /*冒泡排序*/
        InitSeqList(&L,a,n);
        printf("冒泡排序前: ");
        DispList(L);
        BubbleSort(&L,n);
          printf("冒泡排序结果: ");
        DispList(L);
        /*快速排序*/
        InitSeqList(&L,a,n);
        printf("快速排序前: ");
        DispList(L);
        QuickSort(&L);
        printf("快速排序结果: ");
        DispList(L);
        system("pause");
}
/*冒泡排序算法部分*/
void BubbleSort(SqList *L,int n)
/*冒泡排序*/
{
        int i,j,flag=1;
        DataType t;
        static int count=1;
        for(i=1;i<=n-1&&flag;i++)                    /*需要进行 n-1 趟排序*/
        {
                flag=0;
                for(j=1;j<=n-i;j++)                   /*每一趟排序需要比较 n-i 次*/
                    if(L->data[j].key>L->data[j+1].key)
                    {
                        t=L->data[j];
                        L->data[j]=L->data[j+1];
                        L->data[j+1]=t;
```

```
                        flag=1;
                    }
                DispList2(*L,count);
                count++;
        }
}
/*快速排序算法部分*/
void QSort(SqList *L,int low,int high)
/*对顺序表 L 进行快速排序*/
{
    int pivot;
    static int count=1;
    if(low<high)                          /*如果元素序列的长度大于1*/
    {
        pivot=Partition(L,low,high);   /*将待排序序列 L.r[low..high]划分为两部分*/
        DispList3(*L,pivot,count);/*输出每次划分的结果*/
        count++;
        QSort(L,low,pivot-1);              /*对左边的子表进行递归排序,pivot 是枢轴位置*/
        QSort(L,pivot+1,high);            /*对右边的子表进行递归排序 */
    }
}
void QuickSort(SqList *L)
/* 对顺序表 L 作快速排序*/
{
    QSort(L,1,(*L).length);
}
int Partition(SqList *L,int low,int high)
/*对顺序表 L.r[low..high]的元素进行一趟排序,使枢轴前面的元素关键字小于
枢轴元素的关键字,枢轴后面的元素关键字大于等于枢轴元素的关键字,并返回枢轴位置*/
{
    DataType t;
    KeyType pivotkey;
    pivotkey=(*L).data[low].key;          /*将表的第一个元素作为枢轴元素*/
    t=(*L).data[low];
    while(low<high)                       /*从表的两端交替地向中间扫描*/
    {
        while(low<high&&(*L).data[high].key>=pivotkey)/*从表的末端向前扫描*/
            high--;
         if(low<high)                     /*将当前 high 指向的元素保存在 low 位置*/
         {
            (*L).data[low]=(*L).data[high];
            low++;
         }
        while(low<high&&(*L).data[low].key<=pivotkey)/*从表的始端向后扫描*/
            low++;
        if(low<high)                      /*将当前 low 指向的元素保存在 high 位置*/
        {
            (*L).data[high]=(*L).data[low];
            high--;
        }

    }
    (*L).data[low]=t;                     /*将枢轴元素保存在 low=high 的位置*/
    return low;                           /*返回枢轴所在位置*/
}
```

【分析】主要考查两种交换排序即冒泡排序和快速排序的算法思想。这两种算法都是对存在

逆序的元素进行交换，从而实现排序。主要区别在于冒泡排序通过比较相邻的两个元素，并对两个相邻的逆序元素进行交换；而快速排序则是选定一个枢轴元素作为参考元素，设置两个指针，分别从表头和表尾开始，将当前扫描的元素与枢轴元素进行比较，存在逆序的元素不一定是相邻的元素，如果存在逆序，则交换之。

程序运行结果如图 9-14 所示。

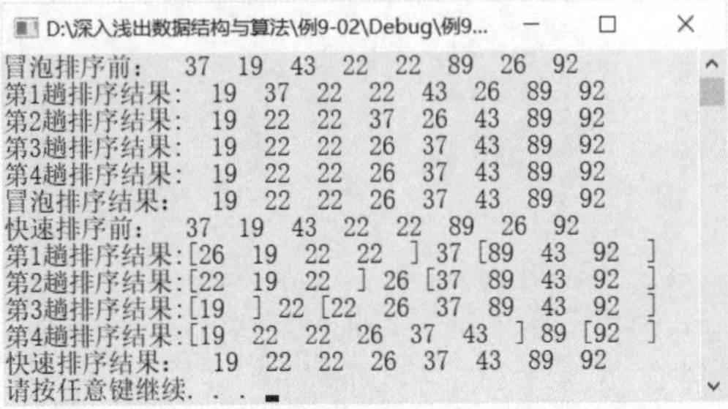

图 9-14　交换排序的程序运行结果

9.4　选择排序

选择排序（selection sort）的基本思想是从 $n-i+1$ 个记录中选取关键字最小的记录作为有序序列的第 i 个记录。其中简单选择排序和堆排序是最常用的选择排序。

9.4.1　简单选择排序

简单选择排序是一种稳定的排序算法，它是通过依次找到待排序元素序列中最小的数据元素，并将其放在序列的最前面，从而使待排序元素序列变为有序序列。它的基本算法思想描述如下。

假设待排序的元素序列有 n 个，在第 1 趟排序过程中，从 n 个元素序列中选择最小的元素，并将其放在元素序列的最前面即第一个位置。在第 2 趟排序过程中，从剩余的 $n-1$ 个元素中选择最小的元素，将其放在第二个位置。以此类推，直到没有待比较的元素，简单选择排序算法结束。

简单选择排序的算法描述如下。

```
void SelectSort(SqList *L,int n)
/*简单选择排序*/
{
    int i,j,k;
    DataType t;
    /*将第 i 个元素的关键字与后面[i+1...n]个元素的关键字比较,将关键字最小的元素放在第 i 个位置*/
    for(i=1;i<=n-1;i++)
    {
        j=i;
        for(k=i+1;k<=n;k++)  /*关键字最小的元素的序号为j*/
            if(L->data[k].key<L->data[j].key)
                j=k;
        if(j!=i)              /*如果序号 i 不等于j,则需要将序号 i 和序号 j 的元素交换*/
```

```
        {
            t=L->data[i];
            L->data[i]=L->data[j];
            L->data[j]=t;
        }
    }
}
```

　　假设待排序元素有 8 个，分别是 65,32,71,28,83,7,53,49。使用简单选择排序对该元素序列的排序过程如图 9-15 所示。

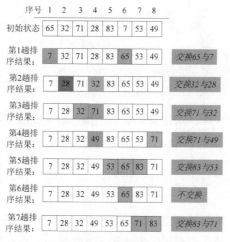

图 9-15　简单选择排序全过程

　　简单选择排序是一种不稳定的排序算法，在最好的情况下，待排序元素序列按照非递减排列，则不需要移动元素；在最坏的情况下，待排序元素按照非递增排列，则在每一趟排序时都需要移动元素，移动元素的次数为 $3(n-1)$。在任何情况下，简单选择排序算法都需要进行 $n(n-1)/2$ 次比较。综上所述，简单选择排序算法的时间复杂度是 $O(n^2)$。

　　简单选择排序的空间复杂度是 $O(1)$。

9.4.2　堆排序

　　堆排序的算法思想主要是利用了二叉树的性质进行排序。

1. 什么是堆和堆排序

　　堆排序（heap sort）利用二叉树的树形结构进行排序。堆中的每一个结点都大于（或小于）其孩子结点。堆的数学形式定义为：假设存在 n 个元素，其关键字序列为 $(k_1,k_2,\cdots,k_i,\cdots,k_n)$，如果有：

$$\begin{cases} k_i \leq k_{2i} \\ k_i \leq k_{2i+1} \end{cases} 或 \begin{cases} k_i \geq k_{2i} \\ k_i \geq k_{2i+1} \end{cases}$$

其中，$i=1,2\cdots,\left\lfloor \dfrac{n}{2} \right\rfloor$，则称此元素序列构成一个堆。如果将这些元素的关键字存放在一维数组中，将此一维数组中的元素与完全二叉树一一对应，则完全二叉树中的每个非叶子结点的值都不小于（或不大于）孩子结点的值。

在堆中，堆的根结点元素值一定是所有结点元素值的最大值或最小值。例如，序列（89,77,65,62,32,55,60,48）和（18,37,29,48,50,43,33,69,77,60）都是堆，相应的完全二叉树表示如图 9-16 所示。

在如图 9-16 所示的堆中，一个是非叶子结点的元素值不小于其孩子结点的值，这样的堆称为大顶堆。另一个是非叶子结点的元素值不大于其孩子结点的元素值，这样的堆称为小顶堆。

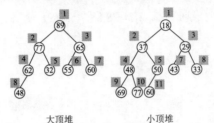

大顶堆　　　　　　小顶堆

图 9-16　堆

按照完全二叉树的编号次序，将元素序列的关键字依次存放在相应的结点。然后从叶子结点开始，从互为兄弟的两个结点中（没有兄弟结点除外）选择一个较大（或较小）者与其双亲结点比较，如果该结点大于（或小于）双亲结点，则将两者进行交换，使较大（或较小）者成为双亲结点。对所有的结点都做类似操作，直到根结点为止。这时，根结点的元素值的关键字最大（或最小）。

如果将堆中的根结点（堆顶）输出之后将剩余的 $n-1$ 个结点的元素值重新建立一个堆，则新堆的堆顶元素值是次大（或次小）值，将该堆顶元素输出，然后将剩余的 $n-2$ 个结点的元素值重新建立一个堆。反复执行以上操作，直到堆中没有结点，就构成了一个有序序列，这样的重复建堆并输出堆顶元素过程称为堆排序。

2. 建堆

堆排序的过程就是建立堆和不断调整使剩余结点构成新堆的过程。假设将待排序的元素的关键字存放在数组 a 中，第 1 个元素的关键字 $a[1]$ 表示二叉树的根结点，剩下元素的关键字 $a[n]$ 分别与二叉树中的结点按照层次从左到右一一对应。例如，$a[1]$ 的左孩子结点存放在 $a[2]$ 中，右孩子结点存放在 $a[3]$ 中，$a[i]$ 的左孩子结点存放在 $a[2i]$ 中，右孩子结点存放在 $a[2i+1]$ 中。

如果是大顶堆，则有 $a[i].\text{key} \geq a[2i].\text{key}$ 且 $a[i].\text{key} \geq a[2i+1].\text{key}(i=1,2,\cdots,\lfloor\frac{n}{2}\rfloor)$。如果是小顶堆，则有 $a[i].\text{key} \leq a[2i].\text{key}$ 且 $a[i].\text{key} \leq a[2i+1].\text{key}(i=1,2,\cdots,\lfloor\frac{n}{2}\rfloor)$。

建立一个大顶堆就是将一个无序的关键字序列构建为一个满足条件 $a[i] \geq a[2i]$ 且 $a[i] \geq a[2i+1](i=1,2,\cdots,\lfloor\frac{n}{2}\rfloor)$ 的序列。

建立大顶堆的算法思想：从位于元素序列中的最后一个非叶子结点（即第 $\lfloor\frac{n}{2}\rfloor$ 个元素）开始，逐层比较，直到根结点为止。假设当前结点的序号为 i，则当前元素为 $a[i]$，其左、右孩子结点元素分别为 $a[2i]$ 和 $a[2i+1]$。将 $a[2i].\text{key}$ 和 $a[2i+1].\text{key}$ 之中的较大者与 $a[i]$ 比较，如果孩子结点元素值大于当前结点值，则交换两者；否则不进行交换。逐层向上执行此操作，直到根结点，这样就建立了一个大顶堆。建立小顶堆的算法与此类似。

例如，给定一组元素序列(27,58,42,53,42,69,50,62)，建立大顶堆的过程如图 9-17 所示。

从图 9-17 容易看出，建立后的大顶堆中的孩子结点元素值都小于或等于双亲结点元素值，其中，根结点的元素值 69 是最大的元素。创建后的堆的元素序列为 69,62,50,58,42,42,27,53。

相应地，建立大顶堆的算法描述如下。

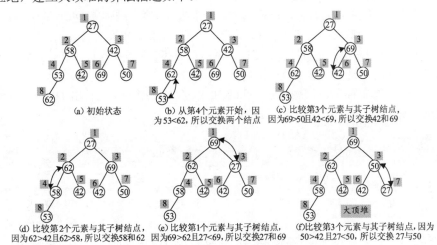

图 9-17 建立大顶堆的过程

```
void CreateHeap(SqList *H,int n)
/*建立大顶堆*/
{
    int i;
    for(i=n/2;i>=1;i--)                           /*从序号 n/2 开始建立大顶堆*/
        AdjustHeap(H,i,n);
}
void AdjustHeap(SqList *H,int s,int m)
/*调整 H.data[s...m]的关键字,使其成为一个大顶堆*/
{
    DataType t;
    int j;
    t=(*H).data[s];                               /*将根结点暂时保存在 t 中*/
    for(j=2*s;j<=m;j*=2)
    {
        if(j<m&&(*H).data[j].key<(*H).data[j+1].key)/*沿关键字较大的孩子结点向下筛选*/
            j++;                                  /*j 为关键字较大的结点的下标*/
        if(t.key>(*H).data[j].key)                /*如果孩子结点的值小于根结点的值,则不进行交换*/
            break;
        (*H).data[s]=(*H).data[j];
        s=j;
    }
    (*H).data[s]=t;                               /*将根结点插入正确位置*/
}
```

3. 调整堆

建立好一个大顶堆后，当输出堆顶元素后，如何调整剩下的元素，使其构成一个新的大顶堆呢？其实，这也是一个建堆的过程，由于除了堆顶元素外，剩下的元素本身就具有 $a[i].key \geqslant a[2i].key$ 且 $a[i].key \geqslant a[2i+1].key(i=1,2,\cdots,\left\lfloor\dfrac{n}{2}\right\rfloor)$的性质，关键字按照由大到小逐层排列，因此，调整剩下的元素构成新的大顶堆只需要从上往下进行比较找出最大的关键字，并将其放在根结点的位置就又构成了新的堆。

具体实现：当堆顶元素输出后，可以将堆顶元素放在堆的最后，即将第 1 个元素与最后 1 个元素交换 $a[1]<->a[n]$，则需要调整的元素序列就是 $a[1\cdots n-1]$。从根结点开始，如果其左、右子树结点元素值大于根结点元素值，选择较大的一个进行交换。即如果 $a[2]>a[3]$，则将 $a[1]$ 与 $a[2]$ 比较；如果 $a[1]<a[2]$，则将 $a[1]$ 与 $a[2]$ 交换，否则不交换。如果 $a[2]<a[3]$，则将 $a[1]$ 与 $a[3]$ 比较；如果 $a[1]<a[3]$，则将 $a[1]$ 与 $a[3]$ 交换，否则不交换。重复执行此操作，直到叶子结点不存在，就完成了堆的调整，构成了一个新堆。

例如，一个大顶堆的关键字序列为（69,62,50,58,<u>42</u>,42,27,53），当输出 69 后，调整剩余的元素序列为大顶堆的过程如图 9-18 所示。

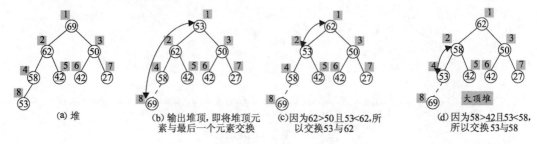

图 9-18　输出堆顶元素后，调整堆的过程

如果重复地输出堆顶元素，即将堆顶元素与堆的最后一个元素交换，然后重新调整剩余的元素序列使其构成一个新的大顶堆，直到没有需要输出的元素为止，就会把元素序列构成一个有序的序列，即完成了一个排序的过程。

调整堆的算法实现如下。

```
void HeapSort(SqList *H)
/*对顺序表 H 进行堆排序*/
{
    DataType t;
    int i;
    CreateHeap(H,H->length);           /*创建堆*/
    for(i=(*H).length;i>1;i--)         /*将堆顶元素与最后一个元素交换,重新调整堆*/
    {
        t=(*H).data[1];
        (*H).data[1]=(*H).data[i];
        (*H).data[i]=t;
        AdjustHeap(H,1,i-1);           /*将(*H).data[1..i-1]调整为大顶堆*/
    }
}
```

例如，一个大顶堆的元素的关键字序列为(69,62,50,58,<u>42</u>,42,27,53)，其相应的完整的堆排序过程如图 9-19 所示。

从上面的例子不难看出，堆排序属于不稳定的排序算法。

堆排序的时间耗费主要是在建立堆和调整堆时。一个深度为 h，元素个数为 n 的堆，其调整算法的比较次数最多为 $2(h-1)$ 次，而建立一个堆，其比较次数最多为 $4n$。一个完整的堆排序过程总共的比较次数为 $2(\lfloor \log_2(n-1)\rfloor + \lfloor \log_2(n-2)\rfloor + \cdots + \lfloor \log_2 2\rfloor) < 2n\log_2 n$，因此，堆排序平均时间复杂度和最坏情况下的时间复杂度都是 $O(n\log_2 n)$。

堆排序的空间复杂度为 $O(1)$。

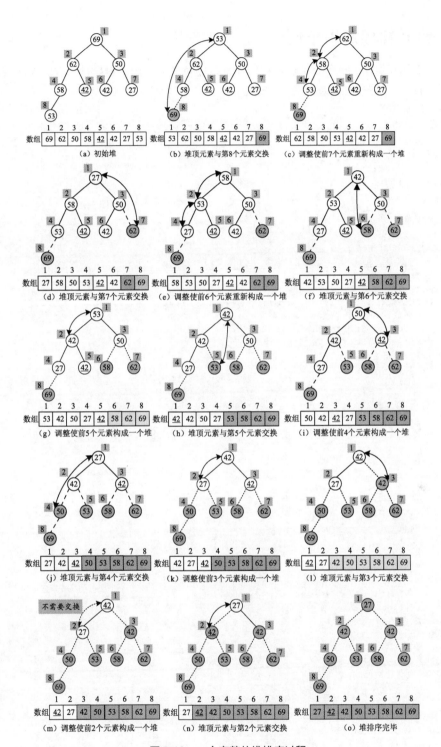

图 9-19　一个完整的堆排序过程

9.4.3 选择排序应用举例

【例 9-3】编写算法，利用简单选择排序和堆排序算法对一组关键字序列 (69,62,50,58,<u>42</u>,42, 27,53)进行排序，要求输出每趟排序的结果。

程序代码如下：

```c
#include<stdio.h>
#include<stdlib.h>
#define MaxSize 50
typedef int KeyType;
typedef struct                /*数据元素类型定义*/
{
        KeyType key;          /*关键字*/
}DataType;
typedef struct                /*顺序表类型定义*/
 {
        DataType data[MaxSize];
        int length;
}SqList;
void InitSeqList(SqList *L,DataType a[],int n);
void DispList(SqList L,int n);
void AdjustHeap(SqList *H,int s,int m);
void CreateHeap(SqList *H,int n);
void HeapSort(SqList *H);
void SelectSort(SqList *L,int n);
void main()
{
    DataType a[]={69,62,50,58,42,42,27,53};
    SqList L;
    int n=sizeof(a)/sizeof(a[0]);
    /*简单选择排序*/
    InitSeqList(&L,a,n);
    printf("[排序前]          ");
    DispList(L,n);
    SelectSort(&L,n);
    printf("[简单选择排序结果]");
    DispList(L,n);
    /*堆排序*/
    InitSeqList(&L,a,n);
    printf("[排序前]          ");
    DispList(L,n);
    HeapSort(&L);
    printf("[堆排序结果]      ");
    DispList(L,n);
    system("pause");
}
void InitSeqList(SqList *L,DataType a[],int n)
/*顺序表的初始化*/
{
    int i;
    for(i=1;i<=n;i++)
    {
        L->data[i]=a[i-1];
    }
    L->length=n;

}
void DispList(SqList L,int n)
```

```
/*输出表中的元素*/
{
    int i;
    for(i=1;i<=n;i++)
        printf("%4d",L.data[i].key);
    printf("\n");
}

void HeapSort(SqList *H)
/*调整后的堆排序算法，使其能输出每趟的排序结果*/
{
    DataType t;
    int i;
    CreateHeap(H,H->length);                /*创建堆*/
    for(i=(*H).length;i>1;i--)              /*将堆顶元素与最后一个元素交换，重新调整堆*/
    {
        t=(*H).data[1];
        (*H).data[1]=(*H).data[i];
        (*H).data[i]=t;
        AdjustHeap(H,1,i-1);                /*将(*H).data[1..i-1]调整为大顶堆*/
        printf("[第%d趟排序后结果] ",H->length-i+1);
        DisplList(*H,H->length);
    }
}
```

【分析】简单选择排序和堆排序都是不稳定的排序方法。它们的主要思想是每次从待排序元素中选择关键字最小（或最大）的元素，经过不断交换，重复执行以上操作，最后形成一个有序的序列。

程序运行结果如图 9-20 所示。

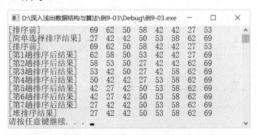

图 9-20 选择排序程序运行结果

【例 9-4】编写算法，对关键字序列（69,62,50,58,<u>42</u>,42,27,53）进行选择排序，要求使用链表实现。

【分析】主要考查选择排序的算法思想和链表的操作。具体实现时，设置两个指针 p 和 q，分别指向已排序链表和未排序链表。初始时，先创建一个链表，q 指向该链表，p 指向的链表为空。然后从 q 指向的链表中找到一个元素值最小的结点，将其取出并插入 p 指向的链表中。重复执行以上操作直到 q 指向的链表为空，此时 p 指向的链表就是一个有序链表。

```
void SelectSort(LinkList L)
/*用链表实现选择排序。将链表分为两段,p指向已经排序的链表部分,q指向未排序的链表部分*/
{
    ListNode *p,*q,*t,*s;
    p=L;
    while(p->next->next!=NULL)
    {
        for(s=p,q=p->next;q->next!=NULL;q=q->next)        /*用q指针进行遍历链表*/
            if(q->next->data<s->next->data)  /*如果q指针指向的元素值小于s指向的元素值,则s=q*/
```

```
        s=q;
    if(s!=q)              /*如果*s不是最后一个结点,则将s指向的结点链接到p指向的链表后面*/
    {
        t=s->next;        /*将结点*t从q指向的链表中取出*/
        s->next=t->next;
        t->next=p->next;  /*将结点*t插入p指向的链表中*/
        p->next=t;
    }
    p=p->next;
    }
}
```

程序运行结果如图 9-21 所示。

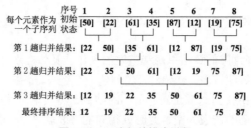

图 9-21 采用链式存储结构的选择排序程序运行结果

9.5 归并排序

归并排序（merging sort）的算法思想是将两个或两个以上的元素有序序列合并为一个有序序列，也就是说，待排序元素序列被划分为若干个子序列，每个子序列都是有序的，通过将有序子序列合并为整体有序的序列就是归并排序。其中，最常见的是 2 路归并排序。

2 路归并排序的主要思想是假设元素的个数是 n，将每个元素作为一个有序的子序列，然后将相邻的两个子序列两两归并，得到 $\left\lceil \dfrac{n}{2} \right\rceil$ 个长度为 2 的有序子序列；再将相邻的两个有序子序列两两归并，得到 $\left\lceil \dfrac{n}{4} \right\rceil$ 个长度为 4 的有序子序列；如此重复，直至得到一个长度为 n 的有序序列为止。

一组元素的关键字序列为（50,22,61,35,87,12,19,75），2 路归并排序的过程如图 9-22 所示。

序号	1	2	3	4	5	6	7	8
每个元素作为一个子序列 初始状态	[50]	[22]	[61]	[35]	[87]	[12]	[19]	[75]
第1趟归并结果:	[22	50]	[35	61]	[12	87]	[19	75]
第2趟归并结果:	[22	35	50	61]	[12	19	75	87]
第3趟归并结果:	[12	19	22	35	50	61	75	87]
最终排序结果:	12	19	22	35	50	61	75	87

图 9-22 2 路归并排序过程

2 路归并排序的核心操作是将一维数组中前后相邻的两个有序序列归并为一个有序序列，其算法描述如下。

```
void Merge(DataType s[],DataType t[],int low,int mid,int high)
/*将有序的s[low...mid]和s[mid+1..high]归并为有序的t[low..high]*/
{
    int i,j,k;
    i=low,j=mid+1,k=low;
```

```
        while(i<=mid&&j<=high)   /*将 s 中元素由小到大地合并到 t*/
        {
            if(s[i].key<=s[j].key)
            {
                t[k]=s[i++];
            }
            else
            {
                t[k]=s[j++];
            }
            k++;
        }
        while(i<=mid)                    /*将剩余的 s[i..mid]复制到 t*/
            t[k++]=s[i++];
        while(j<=high)                   /*将剩余的 s[j..high]复制到 t*/
            t[k++]=s[j++];
}
```

以上是归并两个子表的算法，可通过递归调用以上算法归并所有子表从而实现 2 路归并排序。其 2 路归并算法描述如下。

```
void MergeSort(DataType s[],DataType t[],int low, int high)
/*2 路归并排序,将 s[low...high]归并排序并存储到 t[low...high]中*/
{
    int mid;
    DataType t2[MaxSize];
    if(low==high)
        t[low]=s[low];
    else
    {
        mid=(low+high)/2;     /*将 s[low...high]分为 s[low...mid]和 s[mid+1...high]*/
        MergeSort(s,t2,low,mid);       /*将 s[low...mid]归并为有序的 t2[low...mid]*/
        MergeSort(s,t2,mid+1,high);    /*将 s[mid+1...high]归并为有序的 t2[mid+1...high]*/
        Merge(t2,t,low,mid,high);      /*将 t2[low...mid]和 t2[mid+1...high]归并到 t[low...
                                         high]*/
    }
}
```

容易看出，归并排序需要与元素个数相等的空间作为辅助空间，因此归并排序的空间复杂度为 $O(n)$。由于 2 路归并排序过程中所使用的空间过大，因此，它主要被用在外部排序中。2 路归并排序算法需要多次递归调用自己，其递归调用的过程可以构成一个二叉树的结构，它的时间复杂度为 $T(n) \leq n+2T(n/2) \leq n+2 \times (n/2+2 \times T(n/4))=2n+4T(n/4) \leq 3n+8T(n/8) \leq \cdots \leq n\log_2 n+nT(1)$，即 $O(n\log_2 n)$。

2 路归并排序是一种稳定的排序算法。

【例 9-5】编写算法，请使用 2 路归并排序对一组关键字（50,22,61,35,87,12,19,75）进行排序。
程序代码如下：

```
#include<stdio.h>
#include<stdlib.h>
#define MaxSize 100
typedef int KeyType;
typedef struct                 /*数据元素类型定义*/
{
    KeyType key;               /*关键字*/
}DataType;
typedef struct                 /*顺序表类型定义*/
{
```

```
    DataType data[MaxSize];
    int length;
}SqList;
void InitSeqList(SqList *L,DataType a[],int start,int n);
void DispList(SqList L);
void DispArray(DataType a[],int low,int high);
void MergeSort(DataType s[],DataType t[],int low, int high);
void Merge(DataType s[],DataType t[],int low,int mid,int high);
int N=0;
void main()
{
    DataType a[]={50,22,61,35,87,12,19,75};
    DataType b[MaxSize];
    int n=sizeof(a)/sizeof(a[0]);
    SqList L,L2;
    /*归并排序*/
    InitSeqList(&L,a,0,n);          /*将数组a[0···n-1]初始化为顺序表L*/
    printf("归并排序前: ");
    DispList(L);
    MergeSort(L.data,b,1,n);
    InitSeqList(&L2,b,1,n);         /*将数组b[1···n]初始化为顺序表L2*/
    printf("归并排序结果: ");
    DispList(L2);
    system("pause");
}
void InitSeqList(SqList *L,DataType a[],int start,int n)
/*顺序表的初始化*/
{
    int i,k;
    for(k=1,i=start;i<start+n;i++,k++)
    {
        L->data[k]=a[i];
    }
    L->length=n;
}
void DispList(SqList L)
/*输出表中的元素*/
{
    int i;
    for(i=1;i<=L.length;i++)
    printf("%4d",L.data[i].key);
    printf("\n");
}
void DispArray(DataType a[],int low,int high)
{
    int i;
    for(i=low;i<=high;i++)
    printf("%4d",a[i]);
    printf("\n");
}
void Merge(DataType s[],DataType t[],int low,int mid,int high)
/*将有序的s[low···mid]和s[mid+1..high]归并为有序的t[low..high]*/
{
    int i,j,k;
    i=low,j=mid+1,k=low;
    while(i<=mid&&j<=high) /*将s中元素由小到大地合并到t*/
    {
        if(s[i].key<=s[j].key)
```

```
        {
            t[k]=s[i++];
        }
        else
        {
            t[k]=s[j++];
        }
        k++;
    }
    while(i<=mid)           /*将剩余的 s[i···mid]复制到 t*/
        t[k++]=s[i++];
    while(j<=high)          /*将剩余的 s[j···high]复制到 t*/
        t[k++]=s[j++];
    printf("第%d 次归并后: ",++N);
    DispArray(t,low,high);
}
```

程序运行结果如图 9-23 所示。

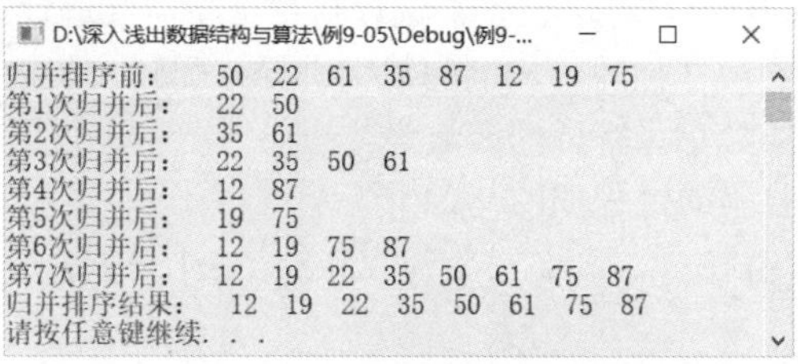

图 9-23　归并排序程序运行结果

9.6 基数排序

基数排序是一种与前面所述各种排序方法完全不同的方法，前面的排序主要通过对元素的关键字进行比较和移动记录这两种操作，而实现基数排序则不需要进行对关键字比较。

9.6.1 基数排序算法

基数排序主要是利用多个关键字进行排序，在日常生活中，扑克牌就是一种多关键字的排序问题。扑克牌有 4 种花色即红桃、方块、梅花和黑桃，每种花色从 A 到 K 共 13 张牌。

将一副扑克牌的排序过程看成由花色和面值两个关键字进行排序的问题，若规定花色和面值的顺序如下。

花色：黑桃<梅花<方块<红桃。

面值：A<2<3<4<5<6<7<8<9<10<J<Q<K。

并进一步规定花色的优先级高于面值，则一副扑克牌从小到大的顺序为黑桃 A、黑桃 2、…、黑桃 K；梅花 A、梅花 2、…、梅花 K；方块 A、方块 2、…、方块 K；红桃 A、红桃 2、…、红桃 K。具体进行排序时有两种做法。

（1）先按花色分成 4 类，然后再按面值对每一类从小到大排序，该方法称为"高位优先"排序法。

（2）分配和收集交替进行，首先按面值从小到大把牌摆成 13 打（每打 4 张牌），然后将每打牌按面值的次序收集到一起，再对这些牌按花色摆成 4 打，每打 13 张牌，最后把这 4 打牌按花色的次序收集到一块，于是就得到了上述序列。

该方法称为"低位优先"排序法。

基数排序正是借助这种思想，对不同类的元素进行分类，然后对同一类中的元素进行排序，通过这样的一种过程，完成对元素序列的排序。在基数排序中，通常将对不同元素的分类称为分配，排序的过程称为收集。

具体算法思想是假设第 i 个元素 a_i 的关键字 key_i，key_i 是由 d 位十进制组成，即 $key_i=ki^d ki^{d-1} \cdots ki^1$，其中 ki^1 为最低位，ki^d 为最高位，关键字的每一位数字都可作为一个子关键字。首先将元素序列按照最低的关键字进行排序，然后从低位到高位直到最高位依次进行排序，这样就完成了排序过程。

例如，一组元素序列为 325,138,29,214,927,631,732,205。这组元素的位数最多的是 3 位，在排序之前，首先将所有元素都转换为 3 位数字组成的数，不够 3 位数的在前面添加 0，即 325,138,029,214,927,631,732,205。对这组元素进行基数排序需要进行 3 趟分配和收集。首先需要对该元素序列的关键字的最低位即个位上的数字进行分配和收集，然后对十位数字进行分配和收集，最后是对最高位的数字进行分配和收集。一般情况下，采用链表实现基数排序。

对最低位进行分配和收集的过程如图 9-24 所示。

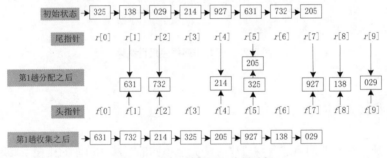

图 9-24　第 1 趟分配和收集过程

其中，数组 $f[i]$ 保存第 i 个链表的头指针，数组 $r[i]$ 保存第 i 个链表的尾指针。

对十位数字分配和收集的过程如图 9-25 所示。

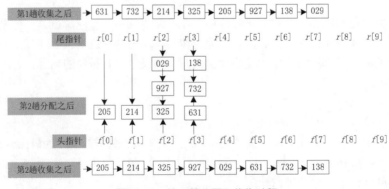

图 9-25　第 2 趟分配和收集过程

对百位数字分配和收集的过程如图 9-26 所示。

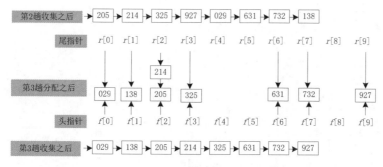

图 9-26 第 3 趟分配和收集过程

由上述很容易看出，经过第 1 趟排序即对个位数字作为关键字进行分配后，关键字被分为 10 类，个位数字相同的数字被划分为一类，然后对分配后的元素进行收集之后，得到以个位数字非递减排列的元素。同理，经过第 2 趟分配和收集后，得到以十位数字非递减排列的元素序列。经过第 3 趟分配和收集后，得到最终的排序结果。

基数排序的算法主要包括分配和收集，通过静态链表（数组+结构体）作为存储方式。静态链表类型定义如下。

```
#define MaxNumKey 6                    /*关键字项数的最大值*/
#define Radix 10                       /*关键字基数,此时是十进制整数的基数*/
#define MaxSize 1000
typedef int KeyType;
typedef struct
{
    KeyType key[MaxNumKey];            /*关键字*/
    int next;
}SListCell;                            /*静态链表的结点类型*/
typedef struct
{
    SListCell data[MaxSize];           /*存储元素,data[0]为头结点*/
    int keynum;                        /*每个元素的当前关键字个数*/
    int length;                        /*静态链表的当前长度*/
}SList;                                /*静态链表类型*/
typedef int addr[Radix];              /*指针数组类型*/
```

基数排序的分配算法实现如下。

```
void Distribute(SListCell data[],int i,addr f,addr r)
/*为 data 中的第 i 个关键字 key[i]建立 Radix 个子表,使同一子表中元素的 key[i]相同*/
/*f[0..Radix-1]和 r[0..Radix-1]分别指向各子表中第一个和最后一个元素*/
{
    int j,p;
    for(j=0;j<Radix;j++)               /*将各个子表初始化为空表*/
        f[j]=0;
    for(p=data[0].next;p;p=data[p].next)
    {
        j=trans(data[p].key[i]);       /*将对应的关键字字符转换为整数类型*/
        if(!f[j])                      /*f[j]是空表,则 f[j]指示第一个元素*/
            f[j]=p;
        else
            data[r[j]].next=p;
        r[j]=p;                        /*将 p 所指的结点插入第 j 个子表中*/
    }
}
```

其中，数组 *f[j]* 和数组 *r[j]* 分别存放第 *j* 个子表的第一个元素的位置和最后一个元素的位置。基数排序的收集算法实现如下。

```
void Collect(SListCell data[],addr f,addr r)
/*按 key[i]将 f[0..Radix-1]所指各子表依次链接成一个静态链表*/
{
    int j,t;
    for(j=0;!f[j];j++);                    /*找第一个非空子表/
    data[0].next=f[j];                     /*data[0].next 指向第一个非空子表中第一个结点*/
    t=r[j];
    while(j<Radix-1)
    {
        for(j=j+1;j<Radix-1&&!f[j];j++);   /*找下一个非空子表*/
        if(f[j])                           /*将非空链表连接在一起*/
        {
            data[t].next=f[j];
            t=r[j];
        }
    }
    data[t].next=0;                        /*t 指向最后一个非空子表中的最后一个结点*/
}
```

基数排序通过多次调用分配算法和收集算法，从而实现排序，其算法实现如下。

```
void RadixSort(SList *L)
/*对 L 进行基数排序,使得 L 成为按关键字非递减的静态链表,L.r[0]为头结点*/
{
    int i;
    addr f,r;
    for(i=0;i<(*L).keynum;i++)             /*由低位到高位依次对各关键字进行分配和收集*/
    {
        Distribute((*L).data,i,f,r);       /*第 i 趟分配*/
        Collect((*L).data,f,r);            /*第 i 趟收集*/
    }
}
```

容易看出，基数排序需要 $2\times$Radix 个队列指针，分别指向每个队列的队头和队尾。假设待排序的元素为 n 个，每个元素的关键字为 d 个，则基数排序的时间复杂度为 $O(d\times(n+\text{Radix}))$。

9.6.2　基数排序应用举例

【例 9-6】编写一个基数排序算法，对给定的一组关键字（325,138,29,214,927,631,732,205）进行排序，要求输出每排序的结果。

程序代码如下：

```
#include<stdio.h>
#include<malloc.h>
#include<math.h>
#define MaxNumKey 6                /*关键字项数的最大值*/
#define Radix 10                   /*关键字基数,此时是十进制整数的基数*/
#define MaxSize 1 000
#define N 6
typedef int KeyType;              /*定义关键字类型为字符型*/
typedef struct
{
    KeyType key[MaxNumKey];        /*关键字*/
    int next;
}SListCell;                        /*静态链表的结点类型*/
typedef struct
{
    SListCell data[MaxSize];       /*存储元素, data[0]为头结点*/
    int keynum;                    /*每个元素的当前关键字个数*/
```

```
    int length;                        /*静态链表的当前长度*/
}SList;                                /*静态链表类型*/
typedef int addr[Radix];              /*指针数组类型*/
typedef struct
{
    KeyType key;                      /*关键字*/
}DataType;
void PrintList(SList L);
void PrintList2(SList L);
void InitList(SList *L,DataType d[],int n);
int trans(char c);
void Distribute(SListCell data[],int i,addr f,addr r);
void Collect(SListCell data[],addr f,addr r);
void RadixSort(SList *L);
int trans(char c)
/*将字符 c 转化为对应的整数*/
{
    return c-'0';
}
void main()
{
    DataType d[N]={268,126,63,730,587,184};
    SList L;
    int *adr;
    InitList(&L,d,N);
    printf("待排序元素个数是%d个，关键字个数为%d个\n",L.length,L.keynum);
    printf("排序前的元素:\n");
    PrintList2(L);
    printf("排序前的元素的存放位置:\n");
    PrintList(L);
    RadixSort(&L);
    printf("排序后元素的存放位置:\n");
    PrintList(L);
    system("pause");
}
void PrintList(SList L)
/*按数组序号形式输出静态链表*/
{
    int i,j;
    printf("序号 关键字 地址\n");
    for(i=1;i<=L.length;i++)
    {
        printf("%2d     ",i);
        for(j=L.keynum-1;j>=0;j--)
            printf("%c",L.data[i].key[j]);
        printf("    %d\n",L.data[i].next);
    }
}
void PrintList2(SList L)
/*按链表形式输出静态链表*/
{
    int i=L.data[0].next,j;
    while(i)
    {
        for(j=L.keynum-1;j>=0;j--)
            printf("%c",L.data[i].key[j]);
        printf(" ");
        i=L.data[i].next;
    }
    printf("\n");
```

```
    }
```

【分析】主要考查基数排序的算法思想。基数排序就是利用多个关键字先进行分配，然后再对每趟排序结果进行收集，多趟分配和收集后得到最终的排序结果。十进制数有 0～9 共 10 个数字，利用 10 个链表分别存放每个关键字各个位为 0～9 的元素，然后通过收集将每个链表连接在一起，构成一个链表，通过 3 次分配和收集完成排序。

程序运行结果如图 9-27 所示。

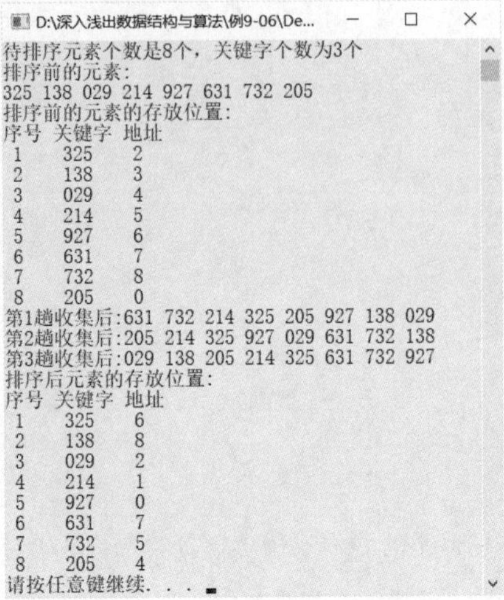

```
D:\深入浅出数据结构与算法\例9-06\De...    —    □    ×

待排序元素个数是8个，关键字个数为3个
排序前的元素：
325 138 029 214 927 631 732 205
排序前的元素的存放位置：
序号  关键字  地址
1     325    2
2     138    3
3     029    4
4     214    5
5     927    6
6     631    7
7     732    8
8     205    0
第1趟收集后：631 732 214 325 205 927 138 029
第2趟收集后：205 214 325 927 029 631 732 138
第3趟收集后：029 138 205 214 325 631 732 927
排序后元素的存放位置：
序号  关键字  地址
1     325    6
2     138    8
3     029    2
4     214    1
5     927    0
6     631    7
7     732    5
8     205    4
请按任意键继续. . .
```

图 9-27　基数排序运行结果

9.7　小结

排序可分为插入排序、选择排序、交换排序、归并排序和基数排序。

直接插入排序算法实现最为简单，时间复杂度在最好、最坏和平均情况下都为 $O(n^2)$。

简单选择排序算法的时间复杂度在最好、最坏和平均情况下都是 $O(n^2)$，而堆排序的时间复杂度在最好、最坏和平均情况下都是 $O(n\log_2 n)$。

冒泡排序的平均时间复杂度为 $O(n^2)$，快速排序在最好和平均情况下时间复杂度为 $O(n\log_2 n)$，最坏情况下时间复杂度为 $O(n^2)$。

归并排序时间复杂度在最好、最坏和平均情况下都为 $O(n\log_2 n)$。

基数排序是一种不需要对关键字进行比较的排序算法。在任何情况下，基数排序的时间复杂度均为 $O(d(n+rd))$。

从稳定性来看，直接插入排序、冒泡排序、归并排序和基数排序属于稳定的排序算法。

第 10 章

回溯算法

回溯法，也称为试探法，是一种选优搜索法，该方法首先暂时放弃关于问题规模大小的限制，并将问题的候选解按照某种顺序逐一枚举和检验。当发现当前的候选解不可能是解时，就选择下一个候选解；倘若当前候选解除了还不满足问题的规模要求外，满足所有其他要求时，继续扩大当前候选解的规模，并继续向前试探。如果当前的候选解满足包括问题规模在内的所有要求时，该候选解就是问题的一个解。在寻找解的过程中，放弃当前候选解，退回上一步重新选择候选解的过程就称为回溯。

10.1　和式分解

编写非递归算法，要求输入一个正整数 n，请输出和等于 n 且不增的所有序列。例如，$n=4$ 时，输出结果为：

```
4=4
4=3+1
4=2+2
4=2+1+1
4=1+1+1+1
```

【分析】利用数组 $a[]$ 存放分解出来的和数，$r[]$ 存放待分解的余数，其中，$a[k+1]$ 存放第 $k+1$ 步分解出来的和数，$r[k+1]$ 用于存放分解出和数 $a[k+1]$ 后，还未分解的余数。初始时，为保证上述要求能对第一步（$k=0$）分解也成立，将 $a[0]$ 和 $r[0]$ 的值设置为 n，表示第一个分解出来的和数为 n。第 $k+1$ 步要继续分解的数是前一步分解后的余数，即 $r[k]$。在分解过程中，当某步欲分解的数 $r[k]$ 为 0 时，表明已完成一个完整的和式分解，将该和式输出；然后在前提条件 $a[k]>1$ 时，调整原来所分解的和数 $a[k]$ 和余数 $r[k]$，进行新的和式分解，即令 $a[k]$-1，作为新的待分解和数，$r[k]$+1 就成为新的余数。若 $a[k]==1$，表明当前和数不能继续分解，需要进行回溯，回退到上一步，即令 k-1，直至 $a[k]>1$ 停止回溯，调整新的和数和余数。为了保证分解出的和数依次构成不增的正整数序列，要求从 $r[k]$ 分解出来的最大和数不能超过 $a[k]$。当 $k==0$ 时，表明完成所有的和式分解。

算法实现如下。

```
01 #include <conio.h>
02 #include <stdio.h>
03 #include<stdlib.h>
04 #define MAXN 100
05 int a[MAXN];
06 int r[MAXN];
07 void Sum_Depcompose(int n)              //非递归实现和式分解
08 {
```

```
09      int i = 0;
10      int k = 0;
11      r[0] = n;                              //r[0]存放余数
12      do
13      {
14          if (r[k] == 0)                     //表明已完成一次和式分解,输出和式分解
15          {
16              printf("%d = %d", a[0], a[1]);
17              for (i = 2; i <= k; i++)
18              {
19                  printf("+%d", a[i]);
20              }
21              printf("\n");
22              while (k>0 && a[k]==1)          //若当前待分解的和数为1,则回溯
23              {
24                  k--;
25              }
26              if (k > 0)                      //调整和数和余数
27              {
28                  a[k]--;
29                  r[k]++;
30              }
31          }
32          else                                //继续和式分解
33          {
34              a[k+1] = a[k]<r[k]? a[k]:r[k];
35              r[k+1] = r[k] - a[k+1];
36              k++;
37          }
38      } while (k > 0);
39  }
40  void main()
41  {
42      int i,test_data[] = {4,5,6};
43      for (i =0; i <sizeof(test_data)/sizeof(int); i++)
44      {
45          a[0] = test_data[i];                //a[0]存放待分解的和数
46          Sum_Depcompose (test_data[i]);
47          printf("\n*************\n\n");
48      }
49      system("pause");
50  }
```

程序运行结果如图 10-1 所示。

第 14 行：当余数为 0 时，表示已完成一次和式分解。

第 16～20 行：输出该和式分解。

第 22～25 行：若当前的和式为 1，表明当前数已经不能继续分解，向前回溯。

第 26～30 行：调整待分解的和式和余数。

第 32～37 行：当未完成一次和式分解时，继续对和式进行分解。

10.2　填字游戏

在 3×3 的方格中填入数字 1～N（N≥0）中的某 9 个数字，每个方格填 1 个整数，使相邻的两个方格中的整数

图 10-1　程序运行结果

之和为质数。求满足以上要求的各种数字填法。

【分析】利用试探法找到问题的解，即从第一个方格开始，为当前方格寻找一个合理的整数填入，并在当前位置正确填入后，为下一方格寻找可填入的合理整数。如果不能为当前方格找到一个合理的可填整数，就要回退到前一方格，调整前一方格的填入数。当第 9 个方格也填入合理的整数后，就找到了一个解，将该解输出，并调整第 9 个填入的整数，继续寻找下一个解。为了检查当前方格填入整数的合理性，引入二维数组 checkMatrix 存放需要合理性检查的相邻方格的序号。

为了找到一个满足要求的 9 个数的填法，按照某种顺序（如从小到大）每次在当前位置填入一个整数，然后检查当前填入的整数是否能够满足要求。在满足要求的情况下，继续用同样的方法为下一方格填入整数。如果最近填入的整数不能满足要求，就改变填入的整数。如果对当前方格试尽所有可能的整数，都不能满足要求，就回退到前一方格（回溯），并调整该方格填入的整数。如此重复扩展、检查、调整，直到找到一个满足问题要求的解，将解输出。

回溯法找一个解的算法：

```
01    int m=0,ok=1;
02    int n=8;
03    do
04    {
05        if (ok)
06            扩展;
07        else
08            调整;
09        ok=检查前 m 个整数填放的合理性;
10    } while ((!ok||m!=n)&&(m!=0));
11    if (m!=0)
12        输出解;
13    else
14        输出无解报告;
```

如果程序要找全部解，则在将找到的解输出后，应继续调整最后位置上填放的整数，试图去找下一个解。相应的算法如下。

回溯法找全部解的算法：

```
01    int m=0,ok=1;
02    int n=8;
03    do
04    {
05        if (ok)
06        {
07            if (m==n)
08            {
09                输出解;
10                调整;
11            }
12            else
13                扩展;
14        }
15        else
16            调整;
17        ok=检查前 m 个整数填放的合理性;
18    } while (m!=0);
```

为了确保程序能够终止，调整时必须保证曾被放弃过的填数序列不会再次试探，即要求按某种序列模型生成填数序列，设定一个被检验的顺序，按这个顺序逐一形成候选解并检验。调整时，找当前候选解中下一个还未被使用过的整数。

算法实现如下。

```
01    #include<stdio.h>
02    #define N 12
03    int b[N+1];
04    int a[10];/*存放方格填入的整数*/
05    int total=0;/*共有多少种填法*/
06    int checkmatrix[][3]={ {-1},{0,-1},{1,-1},
07                  {0,-1},{1,3,-1},{2,4,-1},
08                  {3,-1},{4,6,-1},{5,7,-1}};
09    void write(int a[])
10    /*输出方格中的数字*/
11    {
12        int i,j;
13        for (i=0;i<3;i++)
14        {
15            for (j=0;j<3;j++)
16                printf("%3d",a[3*i+j]);
17            printf("\n");
18        }
19    }
20    int isprime(int m)
21    /*判断m是否是质数*/
22    {
23        int i;
24        int primes[]={2,3,5,7,11,17,19,23,29,-1};
25        if(m==1||m%2==0)
26            return 0;
27        for(i=0;primes[i]>0;i++)
28            if (m==primes[i])
29                return 1;
30        for (i=3;i*i<=m;)
31        {
32            if (m%i==0)
33                return 0;
34            i+=2;
35        }
36        return 1;
37    }
38    int selectnum(int start)
39    /*从start开始选择没有使用过的数字*/
40    {
41        int j;
42        for (j=start;j<=N;j++)
43            if (b[j])
44                return j;
45        return 0;
46    }
47    int check(int pos)
48    /*检查填入的pos位置是否合理*/
49    {
50        int i,j;
51        if(pos<0)
52            return 0;
53        /*判断相邻的两个数是否是质数*/
54        for(i=0;(j=checkmatrix[pos][i])>=0;i++)
55            if(!isprime(a[pos]+a[j]))
56                return 0;
57        return 1;
```

```
58          }
59          int extend(int pos)
60          /*为下一个方格找一个还没有使用过的数字*/
61          {
62              a[++pos]=selectnum(1);
63              b[a[pos]]=0;
64              return pos;
65          }
66          int change(int pos)
67          /*调整填入的数,为当前方格寻找下一个还没有用到的数*/
68          {
69              int j;
70              /*找到第一个没有使用过的数*/
71              while (pos>=0&&(j=selectnum(a[pos]+1))==0)
72                  b[a[pos--]]=1;
73              if (pos<0)
74                  return -1;
75              b[a[pos]]=1;
76              a[pos]=j;
77              b[j]=0;
78              return pos;
79          }
80          void find()
81          /*查找*/
82          {
83              int ok=0,pos=0;
84              a[pos]=1;
85              b[a[pos]]=0;
86              do
87              {
88                  if (ok)
89                      if (pos==8)
90                      {
91                          total++;
92                          printf("第%d 种填法\n",total);
93                          write(a);
94                          pos=change(pos);            /*调整*/
95                      }
96                      else
97                          pos=extend(pos);            /*扩展*/
98                  else
99                      pos=change(pos);                /*调整*/
100                 ok=check(pos);                      /*检查*/
101             } while (pos>=0);
102         }
103         void main()
104         {
105             int i;
106             for (i=1;i<=N;i++)
107                 b[i]=1;
108             find();
109             printf("共有%d 种填法\n",total);
110             system("pause");
111         }
```

程序运行结果如图 10-2 所示。

第 6 和第 8 行:数组 checkmatrix 是一个二维数组,用来作为检测两个相邻数是否是质数的辅助数组。

第 9~19 行:输出方格中填入的整数。

第 20～31 行：判断 m 是否是质数。

第 38～46 行：选择一个还没有使用过的数字。

第 47～58 行：检测在第 pos 个位置填入的数字是否合适。

第 59～65 行：为下一个方格填入还没有使用过的数字，并将该数的使用标志置为 0。

第 66～79 行：调整填入的数字，为当前方格寻找还没有使用过的数字。

第 84～85 行：初始时将方格中的第一个位置设置为 1。

第 89～95 行：如果填满该方格，则输出方格中的数字，并调整最后一个方格中的数字。

第 97 行：扩展第 pos 个位置中的数字。

第 99 行：从第 pos 个位置开始调整填入的数字，试探求其他位置填入的数字。

第 100 行：测试填入的数字是否正确。

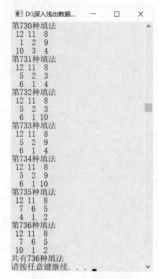

图 10-2　程序运行结果

10.3　装载问题

有 n 个集装箱要装到两艘船上，每艘船的容载量分别为 c_1, c_2，第 i 个集装箱的重量为 $w[i]$，同时满足 $w[1]+w[2]+\cdots+w[n] \leqslant c_1+c_2$；求确定一个最佳的方案把这些集装箱装入这两艘船上。

【分析】最佳方案的方法：首先将第一艘船尽量装满，再把剩下的装在第二艘船上。第一艘船尽量装满，等价于从 n 个集装箱选取一个子集，使得该子集的总重量与第一艘船的重量 c_1 最接近，这样就类似于 0-1 背包问题。

问题解空间：$(x_1, x_2, x_3, \cdots, x_n)$，其中，$x_i$ 为 0 表示不装在第一艘船上，为 1 表示装在第一艘船上。

约束条件：

（1）可行性约束条件：$w_1 \times x_1 + w_2 \times x_2 + \cdots w_i \times x_i + \cdots + w_n \times x_n \leqslant c_1$。

（2）最优解约束条件：remain+cw>bestw（remain 表示剩余集装箱重量，cw 表示当前已装上的集装箱的重量，bestw 表示当前的最优装载量）。

例如，集装箱的个数为 4，重量分别是 10、20、35、40，第一艘船的最大装载量是 50，则最优装载是将重量为 10 和 40 的集装箱装入。首先从第一个集装箱开始，将重量为 10 的集装箱装入第一艘船，然后将重量为 20 的集装箱装入，此时有 10+20≤50，然后试探将重量为 35 的集装箱装入，但是 10+20+35>50，所以不能装入 35，紧接着试探装入重量为 40 的集装箱，因为 10+20+40>50，所以也不能装入。因此 30 成为当前的最优装载量。

取出重量为 20 的集装箱（回溯，重新调整问题的解），如果将重量为 35 的集装箱装入第一艘船，因为 10+35≤50，所以能够装入。因为 45>bestw，所以 45 作为当前最优装载量。

继续取出重量为 35 的集装箱，如果将重量为 40 的集装箱装入第一艘船，因为 10+40≤50，所以装入第一艘船。因为 50>bestw，所以 50 作为当前最优装载量。

算法实现如下。

```
01      #include<stdio.h>
```

```
02      #include<malloc.h>
03      int *w;                              /*存放每个集装箱的重量*/
04      int n;                               /*集装箱的数目*/
05      int c;                               /*第一艘船的承载量*/
06      int cw=0;                            /*当前载重量*/
07      int remain;                          /*剩余载重量*/
08      int*x;                               /*存放搜索时每个集装箱是否选取*/
09      int bestw;                           /*存放最优的放在第一艘船的重量*/
10      int*bestx;                           /*存放最优的集装箱选取方案*/
11      void Backtrace(int k)
12      {
13          int i;
14          if(k>n)                          /*递归的出口,如果找到一个解*/
15          {
16              for(i=1;i<=n;i++)            /*则将装入船上的集装箱存入bestx中*/
17                  bestx[i]=x[i];
18              bestw=cw;                    /*记下当前的最优装载量*/
19              return;
20          }
21          else
22          {
23              remain-=w[k];
24              if (cw+w[k]<=c)              /*如果装入w[k],还小于c*/
25              {
26                  x[k]=1;                  /*则装入w[k]*/
27                  cw+=w[k];
28                  Backtrace(k+1);          /*继续检查剩下的集装箱是否能装入*/
29                  cw-=w[k];                /*不装入w[k]*/
30              }
31              if (remain+cw > bestw) /*如果剩余的集装箱不能完全装入*/
32              {
33                  x[k]=0;
34                  Backtrace(k+1);              /*继续从剩余的集装箱中检查是否能装入*/
35              }
36              remain+=w[k];                /*w[k]重新成为待装入的集装箱*/
37          }
38      }
39      int BestSoution(int *w,int n,int c)
40      /*搜索最优的装载方案:w存放每个集装箱的重量,
41        n表示集装箱数目,c表示第一艘船的装载量*/
42      {
43          int i;
44          remain=0;                        /*第一艘船剩下的装载量*/
45          for(i=1;i<=n;i++)
46          {
47              remain+=w[i];
48          }
49          bestw=0;                         /*初始化第一艘船最优装载量*/
50          Backtrace(1);
51          return bestw;
52      }
53      void main()
54      {
55          int i;
56          printf("请输入集装箱的数目=");
57          scanf("%d",&n);
58          w=(int*)malloc(sizeof(int)*(n+1));
59          x=(int*)malloc(sizeof(int)*(n+1));
60          bestx=(int*)malloc(sizeof(int)*(n+1));
61          printf("请输入第一艘船的装载量=");
```

```
62          scanf("%d",&c);
63          printf("请输入每个集装箱的重量:\n");
64          for (i=1;i<=n;i++)
65          {
66              printf("第%d的重量=",i);
67              scanf("%d",&w[i]);
68          }
69          bestw=BestSoution(w,n,c);
70          for (i=1;i<=n;i++)
71          {
72              printf("%4d",bestx[i]);
73          }
74          printf("\n");
75          printf("存放在第一艘船上的重量:%d\n",bestw);
76          free(w);
77          free(x);
78          free(bestx);
79          system("pause");
80      }
```

程序运行结果如图 10-3 所示。

第 14～20 行：是递归的出口，如果找到问题的一个解，则将解存放到 bestx 数组中，并将 cw 记作当前的最优装载量。

第 23 行：从剩余的集装箱中取出第 k 个集装箱（重量为 w[k]）。

第 24 行：如果将第 k 个集装箱装入第一艘船上，总重量小于 c，则说明可以装入。

图 10-3　程序运行结果

第 26 和第 27 行：将第 k 个集装箱装入第一艘船上。

第 28 行：继续检查剩下的集装箱，并选择合适的装入。

第 29 行：取出第 k 个集装箱，用来调整装入的货物。

第 31 行：如果剩下的集装箱不能同时装入。

第 33 和第 34 行：不装入第 k 个集装箱，并检查剩下的集装箱是否能装入。

第 36 行：第 k 个集装箱重新成为待装入的集装箱。

第 45 和第 48 行：初始时将所有的集装箱都作为即将装入第一艘船的货物。

第 49 行：初始化最优装载量。

第 50 行：调用 Backtrace()函数从第一个集装箱开始试探装入第一艘船。

10.4　迷宫问题

求迷宫中从入口到出口的路径是经典的程序设计问题。通常采用穷举法，即从入口出发，顺着某一个方向向前探索，若能走通，则继续往前走；否则沿原路返回，换另一个方向继续探索，直到探索到出口为止。为了保证在任何位置都能原路返回，显然需要用一个后进先出的栈来保存从入口到当前位置的路径。

可以用如图 10-4 所示的方块迷宫，空白方块表示通道，带阴影的方块表示墙。

所求路径必须是简单路径，即求得的路径上不能重复出现同一通道块。求迷宫中一条路径的算法的基本思路是：如果当前位置"可通"，则纳入"当前路径"，并继续朝下一个位置探索，即切换下一个位置为当前位置，如此重复直至到达出口；如果当前位置不可通，则应沿"来向"退回到前一通道块，然后朝"来向"之外的其他方向继续探索；如果该通道块的四周 4 个方块均不可通，则应从当前路径上删除该通道块。

下一位置指的是当前位置四周（东、南、西、北）4 个方向上相邻的方块。假设入口位置为(1,1)，出口位置为(8,8)，根据以上算法搜索出来的一条路径如图 10-5 所示。

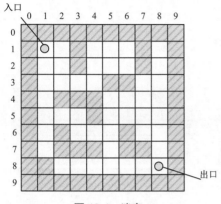

图 10-4 迷宫

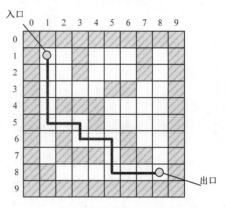

图 10-5 迷宫中的一条可通路径

定义墙元素值为 0，可通过路径为 1，不能通过路径为-1，求解迷宫程序如下。

```c
#include <stdio.h>
#include <stdlib.h>
#include<malloc.h>
typedef struct
{
    int x;                    /*行值*/
    int y;                    /*列值*/
}PosType;                     /*迷宫坐标位置类型*/
typedef struct
{
    int ord;                  /*通道块在路径上的序号*/
    PosType seat;             /*通道块在迷宫中的坐标位置*/
    int di;                   /*从此通道块走向下一通道块的方向(0~3表示东~北)*/
}DataType;                    /*栈的元素类型*/
#include "SeqStack.h"
#define MAXLENGTH 40          /*设迷宫的最大行列为40*/
typedef int MazeType[MAXLENGTH][MAXLENGTH];   /*迷宫数组类型[行][列]*/

MazeType m;                   /*迷宫数组*/
int x,y;                      /*迷宫的行数,列数*/
PosType begin,end;            /*迷宫的入口坐标,出口坐标*/
int curstep=1;                /*当前足迹,初值(在入口处)为1*/

void Init(int k)
/*设定迷宫布局(墙为值0,通道值为k)*/
{
    int i,j,x1,y1;
    printf("请输入迷宫的行数,列数(包括外墙): ");
    scanf("%d,%d",&x,&y);
    for(i=0;i<x;i++)          /*定义周边值为0(外墙)*/
    {
        m[0][i]=0;            /*行周边*/
        m[x-1][i]=0;
```

```
        }
        for(i=0;i<y-1;i++)
        {
            m[i][0]=0;                  /*列周边*/
            m[i][y-1]=0;
        }
        for(i=1;i<x-1;i++)
            for(j=1;j<y-1;j++)
                m[i][j]=k;              /*定义除外墙,其余都是通道,初值为k*/
        printf("请输入迷宫内墙单元数: ");
        scanf("%d",&j);
        printf("请依次输入迷宫内墙每个单元的行数,列数: \n");
        for(i=1;i<=j;i++)
        {
            scanf("%d,%d",&x1,&y1);
            m[x1][y1]=0;                /*修改墙的值为0*/
        }
        printf("迷宫结构如下:\n");               /*输出提示信息*/
        Print();                                /*输出迷宫的解(m数组)*/
        printf("请输入入口的行数,列数: ");        /*输出提示信息*/
        scanf("%d,%d",&begin.x,&begin.y);       /*输入x和y*/
        printf("请输入出口的行数,列数: ");        /*输出提示信息*/
        scanf("%d,%d",&end.x,&end.y);           /*输入迷宫的大小*/
}
void Print()
/*输出迷宫的解(m数组)*/
{
    int i,j;
    for(i=0;i<x;i++)                            /*for外循环*/
    {
        for(j=0;j<y;j++)                        /*for内循环*/
            printf("%3d",m[i][j]);              /*输出数组m的值*/
        printf("\n");
    }
}


int Pass(PosType b)
 /*当迷宫m的b点的序号为1(可通过路径),返回1;否则返回0*/
{
    if(m[b.x][b.y]==1)
        return 1;
    else
        return 0;
}
void FootPrint(PosType a)
/*使迷宫m的a点的值变为足迹(curstep)*/
{
    m[a.x][a.y]=curstep;
}
void NextPos(PosType *c,int di)
/*根据当前位置及移动方向,求得下一位置*/
{
    PosType direc[4]={{0,1},{1,0},{0,-1},{-1,0}}; /*{行增量,列增量},移动方向,依次为东南西北*/
    (*c).x+=direc[di].x;
    (*c).y+=direc[di].y;
}
void MarkPrint(PosType b)
/*使迷宫m的b点的序号变为-1(不能通过的路径)*/
{
    m[b.x][b.y]=-1;
```

```
}
int MazePath(PosType start,PosType end)
/*若迷宫 m 中存在从入口 start 到出口 end 的通道,则求得一条
存放在栈中(从栈底到栈顶),并返回 1;否则返回 0*/
{
    SeqStack S;                    /*顺序栈*/
    PosType curpos;                /*当前位置*/
    DataType e;                    /*栈元素*/
    InitStack(&S);                 /*初始化栈*/
    curpos=start;                  /*当前位置在入口*/
    do
    {
        if(Pass(curpos))
        /*当前位置可以通过,即未曾走到过的通道块*/
        {
            FootPrint(curpos);     /*留下足迹*/
            e.ord=curstep;
            e.seat=curpos;
            e.di=0;
            PushStack(&S,e);       /*入栈当前位置及状态*/
            curstep++;             /*足迹加 1*/
            if(curpos.x==end.x&&curpos.y==end.y)  /*到达终点(出口)*/
                return 1;
            NextPos(&curpos,e.di); /*由当前位置及移动方向,确定下一个当前位置*/
        }
        else                       /*当前位置不能通过*/
        {
            if(!StackEmpty(S))     /*栈不空*/
            {
                PopStack(&S,&e);   /*退栈到前一位置*/
                curstep--;         /*足迹减 1*/
                while(e.di==3&&!StackEmpty(S))  /*前一位置处于最后一个方向(北)*/
                {
                    MarkPrint(e.seat); /*在前一位置留下不能通过的标记(-1)*/
                    PopStack(&S,&e);   /*再退回一步*/
                    curstep--;         /*足迹再减 1*/
                }
                if(e.di<3)         /*没到最后一个方向(北)*/
                {
                    e.di++;              /*换下一个方向探索*/
                    PushStack(&S,e);     /*入栈该位置的下一个方向*/
                    curstep++;           /*足迹加 1*/
                    curpos=e.seat;       /*确定当前位置*/
                    NextPos(&curpos,e.di); /*确定下一个当前位置是该新方向上的相邻块*/
                }
            }
        }
    }while(!StackEmpty(S));
    return 0;
}

void main()                        /*主函数*/
{
    Init(1);                       /*初始化迷宫,通道值为 1*/
    if(MazePath(begin,end))        /*有通路*/
    {
        printf("此迷宫从入口到出口的一条路径如下:\n");
        Print();                   /*输出此通路*/
    }
    else
```

```
            printf("此迷宫没有从入口到出口的路径\n");
}
```

程序运行结果如图 10-6 所示。

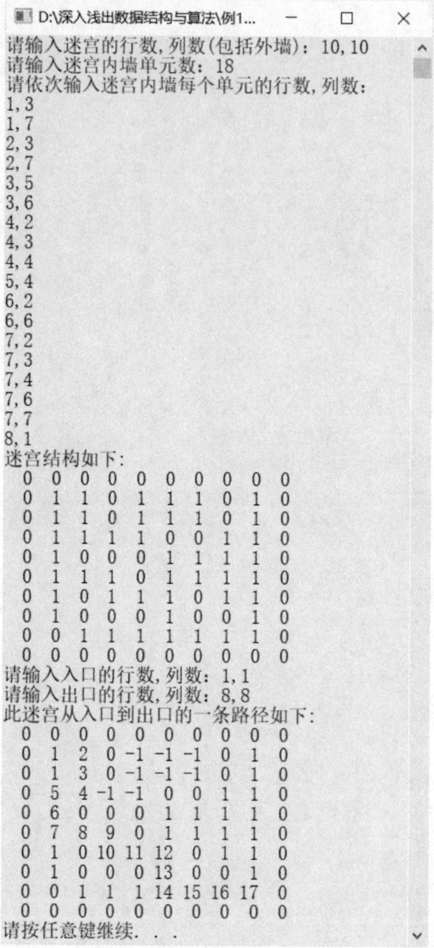

图 10-6　迷宫求解程序运行结果

第11章

贪心算法

贪心算法是一种不追求最优解，只希望找到较为满意解的方法。贪心算法省去了为找最优解要穷尽所有可能而必须耗费的大量时间，因此它一般可以快速得到比较满意的解。贪心算法常以当前情况为基础做最优选择，而不考虑各种可能的整体情况，所以贪心算法不需要回溯。

例如，平时购物找零钱时，为使找回的零钱的硬币数最少，不要求找零钱的所有方案，而是从最大面值的币种开始，按递减的顺序考虑各面额，先尽量用大面值的面额，当不足大面值时才去考虑下一个较小面值，这就是贪心算法。

11.1　找零钱问题

人民币的面额有 100 元、50 元、10 元、5 元、2 元、1 元等。在找零钱时，可以有多种方案。例如，零钱 146 元的找零方案如下。

（1）100+20+20+5+1

（2）100+20+10+10+5+1

（3）100+20+10+10+2+2+2

（4）100+10+10+10+10+1+1+1+1+1+1

…

输出找零钱的一个可行方案。

【分析】利用贪心算法，则选择的是第 1 种方案，首先选择一张最大面额的人民币，即 100 元面额的，然后在剩下的 46 元中选择面额最大的即 20 元。以此类推，每次的选择都是局部最优解。

算法实现如下。

```
01      #include<stdio.h>
02      #include<stdlib.h>
03      #define N 60
04      int ExchageMoney(float n,float *a,int c,float *r);
05      void main()
06      {
07          float rmb[]={100,50,20,10,5,2,1,0.5,0.2,0.1};
08          int n=sizeof(rmb)/sizeof(rmb[0]),k,i;
09          float change,r[N];;
10          printf("请输入要找的零钱数:");
11          scanf("%f",&change);
12          for(i=0;i<n;i++)
13              if(change>=rmb[i])
```

```
14              break;
15          k=ExchageMoney(change,&rmb[i],n-i,r);
16          if(k<=0)
17              printf("找不开!\n");
18          else
19          {
20              printf("找零钱的方案:%.2f=",change);
21              if(r[0]>=1.0)
22                  printf("%.0f",r[0]);
23              else
24                  printf("%.2f",r[0]);
25              for(i=1;i<k;i++)
26              {
27                  if(r[i]>=1.0)
28                      printf("+%.0f",r[i]);
29                  else
30                      printf("+%.2f",r[i]);
31              }
32              printf("\n");
33          }
34          system("pause");
35      }
36      int ExchageMoney(float n,float *a,int c,float *r)
37      {
38          int m;
39          if(n==0.0)                              /*能分解,分解完成*/
40              return 0;
41          if(c==0)                                /*不能分解*/
42              return -1;
43          if(n<*a)
44              return ExchageMoney(n,a+1,c-1,r);   /*继续寻找合适的面值*/
45          else
46          {
47              *r=*a;                              /*将零钱保存到 r 中*/
48              m=ExchageMoney(n-*a,a,c,r+1);       /*继续分解剩下的零钱*/
49              if(m>=0)
50                  return m+1;                     /*返回找零的零钱张数*/
51              return -1;
52          }
53      }
```

程序运行结果如图 11-1 所示。

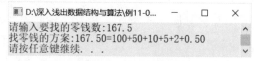

图 11-1　程序运行结果

第 7 行：存放人民币的各种面额大小。

第 12～14 行：找到第 1 个小于 change 的人民币面值。

第 15 行：调用 exchange()函数并返回找回零钱的张数。

第 16～17 行：如果返回小于或等于 0 的数，则表示找不开零钱。

第 18～33 行：输出找零钱的方案。

第 39～40 行：表示找零钱成功，返回 0。

第 41～42 行：表示没有找到合适的找零钱方案，返回-1。

第 43～44 行：继续寻找较小的面额。

第 47 行：将零钱的面额存放到数组 r 中。

第 48 行：继续分解剩下的零钱。

第 49～50 行：返回找零钱的张数。

11.2 哈夫曼编码

利用给定的结点权值构造哈夫曼树，并输出每个结点的哈夫曼编码。

【分析】哈夫曼树：也称为最优二叉树，带权路径长度达到最小的二叉树。构造哈夫曼树的过程利用了贪心选择的性质，每次都是从结点集合中选择权值最小的两个结点构造一个新树。这就保证了贪心选择的局部最优的性质。

算法实现如下。

```
01    #include<stdio.h>
02    #include<stdlib.h>
03    #include<string.h>
04    typedef struct
05    {
06        unsigned int weight;                    /*权值*/
07        unsigned int parent,LChild,RChild;      /*双亲、左右孩子结点的指针*/
08    } HTNode, *HuffmanTree;                      /*存储哈夫曼树*/
09    typedef char *HuffmanCode;                   /*存储哈夫曼编码*/
10    void CreateHuffmanTree(HuffmanTree *ht,int *w,int n);
11    void Select(HuffmanTree *ht,int n,int *s1,int *s2);
12    void CreateHuffmanCode(HuffmanTree *ht, HuffmanCode *hc, int n);
13    void main()
14    {
15        HuffmanTree HT;
16        HuffmanCode HC;
17        int *w,i,n,w1;
18        printf("***********哈夫曼编码***********\n" );
19        printf("请输入结点个数:" );
20        scanf("%d",&n);
21        w=(int *)malloc((n+1)*sizeof(int));
22        printf("输入这%d个元素的权值:\n",n);
23        for(i=1; i<=n; i++)
24        {
25            printf("%d: ",i);
26            scanf("%d",&w1);
27            w[i]=w1;
28        }
29        CreateHuffmanTree(&HT,w,n);              /*构造哈夫曼树*/
30        CreateHuffmanCode(&HT,&HC,n);           /*构造哈夫曼编码*/
31        system("pause");
32    }
33    void CreateHuffmanTree(HuffmanTree *ht,int *w,int n)
34        /*构造哈夫曼树ht,w存放已知的n个权值*/
35    {
36        int m,i,s1,s2;
37        m=2*n-1;                                 /*结点总数*/
38        *ht=(HuffmanTree)malloc((m+1)*sizeof(HTNode));
39        for(i=1; i<=n; i++)                      /*初始化叶子结点*/
40        {
41            (*ht)[i].weight=w[i];
42            (*ht)[i].LChild=0;
43            (*ht)[i].parent=0;
```

```
44              (*ht)[i].RChild=0;
45          }
46          for(i=n+1; i<=m; i++)                    /*初始化非叶子结点*/
47          {
48              (*ht)[i].weight=0;
49              (*ht)[i].LChild=0;
50              (*ht)[i].parent=0;
51              (*ht)[i].RChild=0;
52          }
53          printf("\n哈夫曼树为：\n");
54          for(i=n+1; i<=m; i++)                    /*创建非叶子结点,建哈夫曼树*/
55              /*在(*ht)[1]~(*ht)[i-1]的范围内选择两个最小的结点*/
56          {
57              Select(ht,i-1,&s1,&s2);
58              (*ht)[s1].parent=i;
59              (*ht)[s2].parent=i;
60              (*ht)[i].LChild=s1;
61              (*ht)[i].RChild=s2;
62              (*ht)[i].weight=(*ht)[s1].weight+(*ht)[s2].weight;
63              printf("%d (%d, %d)\n",
64                  (*ht)[i].weight,(*ht)[s1].weight,(*ht)[s2].weight);
65          }
66          printf("\n");
67      }
68      void CreateHuffmanCode(HuffmanTree *ht, HuffmanCode *hc, int n)
69          /*从叶子结点到根,逆向求每个叶子结点对应的哈夫曼编码*/
70      {
71          char *cd;                                /*定义的存放编码的空间*/
72          int a[100];
73          int i,start,p,w=0;
74          unsigned int c;
75          /*分配n个编码的头指针*/
76          hc=(HuffmanCode *)malloc((n+1)*sizeof(char *));
77          cd=(char *)malloc(n*sizeof(char)); /*分配求当前编码的工作空间*/
78          cd[n-1]='\0';                            /*从右向左逐位存放编码,首先存放编码结束符*/
79          for(i=1; i<=n; i++)
80              /*求n个叶子结点对应的哈夫曼编码*/
81          {
82              a[i]=0;
83              start=n-1;                           /*起始指针位置在最右边*/
84              for(c=i,p=(*ht)[i].parent; p!=0; c=p,p=(*ht)[p].parent)
85                  /*从叶子到根结点求编码*/
86                  {
87                      if( (*ht)[p].LChild==c)
88                      {
89                          cd[--start]='0';         /*左分支记作0*/
90                          a[i]++;
91                      }
92                      else
93                      {
94                          cd[--start]='1';         /*右分支记作1*/
95                          a[i]++;
96                      }
97                  }
98              /*为第i个编码分配空间*/
99              hc[i]=(char *)malloc((n-start)*sizeof(char));
100             strcpy(hc[i],&cd[start]);            /*将cd复制编码到hc*/
101         }
102         free(cd);
103         for(i=1; i<=n; i++)
104             printf("权值为%d的哈夫曼编码为:%s\n",(*ht)[i].weight,hc[i]);
```

```
105        for(i=1; i<=n; i++)
106           w+=(*ht)[i].weight*a[i];
107        printf("带权路径为:%d\n",w);
108    }
109    void Select(HuffmanTree *ht,int n,int *s1,int *s2)
110        /*选择两个 parent 为 0,且 weight 最小的结点 s1 和 s2*/
111    {
112        int i,min;
113        for(i=1; i<=n; i++)
114        {
115           if((*ht)[i].parent==0)
116           {
117              min=i;
118              break;
119           }
120        }
121        for(i=1; i<=n; i++)
122        {
123           if((*ht)[i].parent==0)
124           {
125              if((*ht)[i].weight<(*ht)[min].weight)
126                 min=i;
127           }
128        }
129        *s1=min;
130        for(i=1; i<=n; i++)
131        {
132           if((*ht)[i].parent==0 && i!=(*s1))
133           {
134              min=i;
135              break;
136           }
137        }
138        for(i=1; i<=n; i++)
139        {
140           if((*ht)[i].parent==0 && i!=(*s1))
141           {
142              if((*ht)[i].weight<(*ht)[min].weight)
143                 min=i;
144           }
145        }
146        *s2=min;
147    }
```

程序运行结果如图 11-2 所示。

图 11-2 程序运行结果

第 37 行：求出哈夫曼树所有结点的个数。

第 39～45 行：初始化叶子结点，将每个结点看作一棵树。

第 46～52 行：初始化非叶子结点。

第 54～65 行：创建哈夫曼树，找出两个权值最小的结点，构造它们的根结点。

第 57 行：调用 Select()函数选择权值最小的两个结点。

第 58～59 行：将第 i 个结点作为权值最小的结点 s1 和 s2 的根结点。

第 60～61 行：分别让第 i 个结点的左右孩子指针指向 s1 和 s2。

第 62 行：将 s1 和 s2 的权值之和作为第 i 个结点的权值。

第 63～64 行：输出第 i 个结点，s1 和 s2 结点的权值。

第 84～97 行：从第 0 个结点开始向上直到根结点，为每个叶子结点构造哈夫曼编码。

第 87～91 行：如果是左分支，则用 '0' 表示。

第 92～96 行：如果是右分支，则用 '1' 表示。

第 100 行：将每个叶子结点的编码存放到 hc 中。

第 103～104 行：输出每个叶子结点的哈夫曼编码。

第 105～106 行：求出每个叶子结点的带权路径长度。

第 113～120 行：先找出一个参考结点的权值编号。

第 121～129 行：找出权值最小的结点。

第 130～137 行：找出一个编号不是 min 的参考结点权值编号。

第 138～146 行：找出一个编号不是 min 且权值最小的结点，即权值次小的结点。

11.3　加油站问题

一辆汽车加满油后可以行驶 $n$km。旅途中有若干个加油站，为了使沿途加油次数最少，设计一个算法，输出最好的加油方案。

例如，假设沿途有 9 个加油站，总路程为 100km，加满油后汽车行驶的最远距离为 20km。汽车加油的位置如图 11-3 所示。

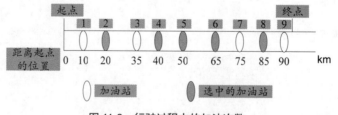

图 11-3　行驶过程中的加油次数

【分析】为了使汽车在途中加油次数最少，需要让汽车加过一次油后行驶的路程尽可能的远，然后再加下一次油。按照这种设计思想，制定以下贪心选择策略。

（1）第 1 次汽车从起点出发，行驶到 $n=20$km 时，选择一个距离终点最近的加油站 x_i，应选择距离起点为 20km 的加油站即第 2 个加油站加油。

（2）加完一次油后，汽车处于满油状态，这与汽车出发前的状态一致，这样就将问题归结为求 x_i 到终点汽车加油次数最少的一个规模更小的子问题。

按照以上策略不断地解决子问题，即每次找到从前一次选择的加油站开始往前 $n$km 之间、距离终点最近的加油站加油。

在具体的程序设计中，设置一个数组 x，存放加油站距离起点的距离。全程长度用 S 表示，用数组 a 存放选择的加油站，total 表示已经行驶的最长路程。

算法实现如下。

```c
01      #include<stdio.h>
02      #include<stdlib.h>
03      #define S 100                               /*S:全程长度*/
04      void main()
05      {
06          int i,j,n,k=0,total,dist;
07          int x[]={10,20,35,40,50,65,75,85,100};  /*加油站距离起点的位置*/
08          int a[10];                              /*数组 a:选择加油点的位置*/
09          n=sizeof(x)/sizeof(x[0]);               /*n:沿途加油站的个数*/
10          printf("请输入最远行车距离(15<=n<100):");
11          scanf("%d",&dist);
12          total=dist;                             /*total:总共行驶的里程*/
13          j=1;                                    /*j:选择的加油站个数*/
14          while(total<S)                          /*如果汽车未走完全程*/
15          {
16              for(i=k;i<n;i++)
17              {
18                  if(x[i]>total)                  /*如果距离下一个加油站太远*/
19                  {
20                      a[j]=x[i-1];                /*则在当前加油点加油*/
21                      j++;
22                      total=x[i-1]+dist;         /*计算加完油能行驶的最远距离*/
23                      k=i;                        /*k:记录下一次加油的开始位置*/
24                      break;                      /*退出 for 循环*/
25                  }
26              }
27          }
28          for(i=1;i<j;i++)                        /*输出选择的加油点*/
29              printf("%4d",a[i]);
30          printf("\n");
31          system("pause");
32      }
```

程序运行结果如图 11-4 所示。

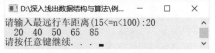

图 11-4　程序运行结果

第 12 行：初始化刚开始时能行驶的最远距离。

第 14 行：判断汽车是否已经行驶了全程。

第 16 行：循环变量 i 表示从第 k 个加油站开始计算加油的位置。

第 18 行：如果距离下一个加油站太远，则说明汽车行驶不到该加油站，需要在上一个加油站加油。

第 20 行：表示在上一个加油站加油，将加油点存放在数组 a 中。

第 22 行：求出在上一个加油站加完油后能行驶的最远距离。

第 23 行：将下一个加油站的位置下标赋值给 k，表示下一次加油应从 $x[k]$ 开始。

第 28～29 行：输出选择加油点的位置。

第12章

分治算法

分治法是将一个规模为 N 的问题分解为 K 个规模较小的子问题进行求解，这些子问题相互独立且与原问题性质相同。求出子问题的解，就可得到原问题的解。快速排序、归并排序、最大子序列和、求 x 的 n 次幂问题就可以利用分治策略的算法思想实现。

12.1 最大子序列和问题

求数组中最大连续子序列和，例如，给定数组 A={6,3,-11, 5, 8, 15, -2, 9, 10, -5}，则最大连续子序列和为 45，即 5+8+15+（-2）+9+10 = 45。

【分析】假设要求子序列的和至少包含一个元素，对于含 n 个整数的数组 $a[]$，若 n=1，表示该数组中只有一个元素，则返回该元素。

当 n>1 时，可利用分治法求解该问题，令 mid=(left+right)/2，最大子序列和可能出现在以下 3 个区间内。

（1）该子序列完全落在左半区间，即 $a[0\cdots mid-1]$中，可采用递归将问题缩小在左半区间，通过调用自身 maxLeftSum = MaxSubSum(a,left,mid)求出最大连续子序列和 maxLeftSum。

（2）该子序列完全落在右半区间，即[mid$\cdots n$-1]中，类似地，可通过调用自身 maxRightSum = MaxSubSum(a,mid,right)求出最大连续子序列和 maxRightSum。

（3）该子序列落在两个区间之间，横跨左右两个区间，则需要从左半区间求出 maxLeftSum1= $\max \sum_{j=i}^{mid-1} a_j$ $(0 \leqslant i \leqslant mid-1)$，从右半区间求出 maxRightSum1=$\max \sum_{j=mid}^{i} a_j$ $(mid \leqslant i < n)$。最大连续子序列和为 maxLeftSum1+ maxRightSum1。

最后需要求出这3种情况连续子序列和的最大值,即maxLeftSum1+maxRightSum1,maxLeftSum, maxRightSum 的最大值就是最大连续子序列和。

算法实现如下。

```
01    #include<stdlib.h>
02    int MaxSubSum(int data[], int left, int right);
03    int GetMaxNum(int a,int b,int c);
04    void main()
05    {
06        int a[]={6,3,-11, 5, 8, 15, -2, 9, 10, -5}, n,s,i;
07        n=sizeof(a)/sizeof(a[0]);
08        printf("元素序列: \n");
09        for(i=0;i<n;i++)
```

```
10              printf("%4d",a[i]);
11          printf("\n");
12          s=MaxSubSum(a,0,n);
13          printf("最大连续子序列和 sum=%d\n",s);
14          system("pause");
15      }
16      int GetMaxNum(int x,int y,int z)
17      {
18          if (x > y&&x > z)
19              return x;
20          if (y > x&&y > z)
21              return y;
22          return z;
23      }
24      int MaxSubSum(int a[], int left, int right)
25      {
26          int mid, maxLeftSum, maxRightSum, i, tempLeftSum, tempRighSum;
27          int maxLeftSum1, maxRightSum1;
28          if (right - left == 1)              //如果当前序列只有一个元素
29          {
30              return a[left];
31          }
32          mid = (left + right) / 2;           //计算当前序列的中间位置
33          maxLeftSum = MaxSubSum(a,left,mid);
34          maxRightSum = MaxSubSum(a,mid,right);
35          //计算左边界最大子序列和
36          tempLeftSum = 0;
37          maxLeftSum1 = a[mid-1];
38          for (i = mid - 1; i >= left; i--)
39          {
40              tempLeftSum += a[i];
41              if (maxLeftSum1 < tempLeftSum)
42                  maxLeftSum1 = tempLeftSum;
43          }
44          //计算右边界最大子序列和
45          tempRighSum = 0;
46          maxRightSum1 = a[mid];
47          for (i = mid; i < right; i++){
48              tempRighSum += a[i];
49              if (maxRightSum1 < tempRighSum)
50                  maxRightSum1 = tempRighSum;
51          }
52          //返回当前序列最大子序列和
53          return GetMaxNum(maxLeftSum1 + maxRightSum1, maxLeftSum, maxRightSum);
54      }
```

程序运行结果如图 12-1 所示。

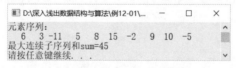

图 12-1　程序运行结果

第 28～31 行：如果子序列中只有一个元素，则返回该元素。

第 33 行：递归调用自身求左半区间的最大连续子序列和 maxLeftSum。

第 34 行：递归调用自身求右半区间的最大连续子序列和 maxRightSum。

第 36～43 行：求左半区间中从 mid-1 到 i 的最大子序列和 maxLeftSum1。

第 45~51 行：求右半区间从 mid 到 i 的最大子序列和 maxRightSum1。

第 53 行：求以上 3 种情况的最大值，即最大连续子序列和。

12.2 求 x 的 n 次幂

x 的 n 次幂可利用简单的迭代法实现，也可将 x^n 看成是一个规模为 n 的 x 相乘问题，这样就可以将规模不断进行划分，直到规模为 1 为止。求 x 的 n 次幂问题可分为以下两种情况。

```
x ^ n = x^(n/2) *x(n/2)        (n是偶数)
      = x^((n-1)/2)*x^((n-1)/2)*x   (n是奇数)
```

根据以上分析，求 x 的 n 次幂问题可表示成以下递归模型。

当 $n=1$ 时，如果程序要找全部解，则在将找到的解输出后，应继续调整最后位置上填放的整数，试图去找下一个解。相应的算法如下。

$$f(x,n) = \begin{cases} x, & n=1 \\ f(x,n/2) \times f(x,n/2), & n\text{为偶数} \\ f(x,(n-1)/2) \times f(x,(n-1)/2) \times x, & n\text{为奇数} \end{cases}$$

算法实现如下。

```
01    #include <iostream>
02    #include <math.h>
03    using namespace std;
04    float divide_pow ( float x, float n )
05    {
06        float a;
07        if ( n == 1 )
08            return x;
09        else if ( (int)n % 2 == 0 )        //n为偶数
10        {
11            a = divide_pow(x,n/2);
12            return a*a;
13        }
14        else                               //n为奇数
15        {
16            a = divide_pow(x,(n-1)/2);
17            return a*a*x;
18        }
19    }
20    float common_pow ( float x, float y )
21    {
22        float result = 1,i;
23        for ( i = 1; i <= y; ++i )
24        {
25            result *= x;
26        }
27        return result;
28    }
29    void main()
30    {
31        float x;                           //底数
32        float n;                           //幂
33        cout << "请输入底数: " ;
34        cin >> x;
```

```
35          cout << "请输入幂: ";
36          cin >> n;
37          cout<<"普通的迭代法: "<<x<<"^"<<n<<"="<<common_pow(x,n)<<endl;
38          cout<<"分治法: "<<x<<"^"<<n<<"="<<divide_pow(x,n)<<endl;
39          system("pause");
40      }
```

程序运行结果如图 12-2 所示。

图 12-2　程序运行结果

第 7～8 行：当 $n=1$ 时，返回 x。

第 9～13 行：当 n 为偶数时，调用自身求 divide_pow($x,n/2$)×divide_pow($x,n/2$)。

第 14～18 行：当 n 为奇数时，调用自身求 divide_pow($x,(n-1)/2$)×divide_pow($x,(n-1)/2$)×x。

12.3　众数问题

给定含有 n 个元素的多重集合 S，每个元素在 S 中出现的次数称为该元素的重数。多重集合 S 中重数最大的元素称为众数。例如，$S=\{2,5,5,5,6,9\}$。多重集合 S 的众数是 5，其重数为 3。对于给定的由 n 个自然数组成的多重集合 S，编写程序求 S 中的众数及其重数（假设 S 中的元素已经递增有序）。

【分析】设集合中的元素存放在 $a[]$ 中，low 和 high 分别指示元素区间的第一个元素和最后一个元素，利用分治算法思想，先将元素区间划分为两个子区间[low,mid]和[mid+1,high]，然后在左半区间从第一个元素开始，从右半区间从第 mid 位置开始，分别在左半区间和右半区间查找，直到在左半区间遇到元素与 $a[mid]$ 相等、在右半区间遇到元素与 $a[mid]$ 不相等为止，分别用 left 和 right 指向该区间最左端和最右端，$a[left,right]$ 中的元素就是与 $a[mid]$ 相等的所有元素，重数为 right-left+1，记为 maxcnt。然后在左右区间 $a[low,left-1]$ 和 $a[right+1,high]$ 继续求解众数，若求得的重数大于 maxcnt，则用新的重数替换 maxcnt。以此类推，直至 low>high 结束查找。

算法实现如下。

```
*****************************************/
01      #include <stdio.h>
02      #include <iostream>
03      #include <stdlib.h>
04      using namespace std;
05      void split(int a[],int l,int r,int *m, int *left,int *right)
06      /*按中位数 a[m]将 a[]划分成两部分*/
07      {
08          *m=(l+r)/2;
09          for(*left=l;*left<=r;(*left)++)
10              if(a[*left]==a[*m])
11                  break;
12          for(*right=(*left)+1;*right<=r;(*right)++)
13              if(a[*right]!=a[*m])
14                  break;
15          (*right)--;
```

```
16          }
17          void GetMode(int *a,int low,int high,int *maxcnt,int *index)
18          /*分治求解众数*/
19          {
20              int left,right,mid,cnt;
21              if(low>high)
22                  return;
23              split(a,low,high,&mid,&left,&right);      //将数组 a 划分为 3 部分
24              cnt=right-left+1;
25              if(cnt*maxcnt){                            //保存众数个数最大值,以及众数下标
26                  *index=mid;
27                  *maxcnt=cnt;
28              }
29              GetMode(a,low,left-1,maxcnt,index);
30              GetMode(a,right+1,high,maxcnt,index);
31          }
32          void main()
33          {
34              int a[]={6,3,3,3,2,5,5,9,9,9,9,8};
35              int maxcnt=0,index=0;                      //maxcnt:重数,index:众数下标
36              int n=sizeof(a)/sizeof(a[0]),i;
37              cout<<"元素序列:"<<endl;
38              for(i=0; i<n;i++)
39                  cout<<" "<<a[i];
40              cout<<endl;
41              GetMode(a,0,n-1,&maxcnt,&index);
42              cout<<"众数是:"<<a[index]<<"\t 重数是:"<<maxcnt<<endl;
43              system("pause");
44          }
```

程序运行结果如图 12-3 所示。

第 8 行：求 l 和 r 的中间位置 mid。

第 9～11 行：从左半区间的最左端开始查找与 $a[mid]$ 相等的元素，left 指示与 $a[mid]$ 相等的最左边元素。

第 12～15 行：继续沿着 left 指向的元素向右查找与 $a[mid]$ 相等的元素，直至遇到不相等的元素，right 指向与 $a[mid]$ 相等的最右端元素。

图 12-3 程序运行结果

第 21～22 行：若 low 大于 high，则结束划分。

第 23 行：对数组 $a[]$ 中的元素进行划分，分为 $a[low,left-1]$、$a[left,right]$、$a[right+1,high]$ 三部分。

第 24 行：求当前得到的众数的重数 cnt。

第 25～28 行：若当前的 cnt 大于 maxcnt，则更新 maxcnt，并且记录该众数的下标 index。

第 29 行：递归调用自身，在左半区间继续查找众数。

第 30 行：递归调用自身，在右半区间继续查找众数。

12.4 求 n 个数中的最大者和最小者

已知 n 个无序的元素序列，要求编写一个算法，求该序列中最大元素和最小元素。

【分析】对于无序序列 $a[start\cdots end]$，可采用分而治之的方法（即将问题规模缩小为 k 个子问题加以解决）求最大元素和最小元素。该问题可分为以下几种情况。

（1）序列 *a*[start…end]中只有一个元素，则最大和最小元素均为 *a*[start]。

（2）序列 *a*[start…end]中有两个元素，则最大元素为 *a*[start]和 *a*[end]较大者，最小元素为较小者。

（3）序列 *a*[start…end]中元素个数超过两个，则从中间位置 mid=(start+end)/2 将该序列分为两部分：*a*[start…mid]和 *a*[mid+1…end]。然后分别通过递归调用的方式得到两个区间中最大元素和最小元素，其中，左边区间求出的最大元素和最小元素分别存放在 m1 和 n1 中，右边区间求出的最大元素和最小元素分别存放在 m2 和 n2 中。

若 m1≤m2，则最大元素为 m2，否则最大元素为 m1；若 n1≤n2，则最小元素为 n1，否则最小元素为 n2。

算法实现如下。

```
01    #include<stdio.h>
02    #include<stdlib.h>
03    void Max_Min_Comm(int a[], int n, int *max, int *min);
04    void Max_Min_Div(int a[],int start, int end,int *max,int *min);
05    void main()
06    {
07        int a[]={65, 32, 78, -16, 90, 55, 26, -5, 8, 41},n,i;
08        int m1, n1, m2, n2;
09        n=sizeof(a)/sizeof(a[0]);
10        Max_Min_Comm(a,n,&m1,&n1);
11        printf("元素序列: \n");
12        for(i=0;i<n;i++)
13            printf("%4d",a[i]);
14        printf("\n");
15        printf("普通比较算法: Max=%4d, Min=%4d\n",m1,n1);
16        Max_Min_Div(a,0,n-1,&m2,&n2);
17        printf("分治算法: Max=%4d, Min=%4d\n",m2,n2);
18        system("pause");
19    }
20    void Max_Min_Comm(int a[],int n,int *max,int *min)
21    {
22        int i;
23        *min=*max=a[0];
24        for(i=0;i < n;i++)
25        {
26            if(a[i]> *max)
27                *max= a[i];
28            if(a[i] < *min)
29                *min= a[i];
30        }
31    }
32    void Max_Min_Div(int a[],int start, int end,int *max,int *min)
33    /*a[]存放输入的数据,start和end分别表示数据的下标,*max和*min用于存放最大值和最小值*/
34    {
35        int m1,n1,m2,n2,mid;
36        if(start==end)/*若只有一个元素*/
37        {
38            *max=*min=a[start];
39            return;
40        }
41        if(end-1==start)/*若有两个元素*/
42        {
43            if(a[start]<a[end])
44            {
45                *max=a[end];
```

```
46              *min=a[start];
47          }
48          else
49          {
50              *max=a[start];
51              *min=a[end];
52          }
53          return;
54      }
55      mid=(start+end)/2;/*取元素序列中的中间位置*/
56      Max_Min_Div(a,start,mid,&m1,&n1);/*求前半区间中的最大者和最小者*/
57      Max_Min_Div(a,mid+1,end,&m2,&n2);/*求后半区间中的最大者和最小者*/
58      if(m1<=m2)
59          *max=m2;
60      else
61          *max=m1;
62      if(n1<=n2)
63          *min=n1;
64      else
65          *min=n2;
66  }
```

程序运行结果如图 12-4 所示。

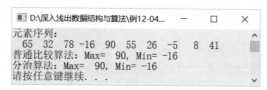

图 12-4　程序运行结果

第 36～40 行：若序列 a[start…end]中只有一个元素，则最大元素和最小元素均为 a[start]。

第 41～54 行：若序列 a[start…end]中只有两个元素，则将较大的赋给 max，较小的赋给 min。

第 55～57 行：若序列 a[start…end]中元素个数超过两个，则先从中间位置将该序列分为两部分，然后递归调用函数 Max_Min_Div(a,start,mid,&m1,&n1)和 MaxMinNum(a,mid +1,end,&m2, &n2) 分别求出左半区间和右半区间中最大元素和最小元素，分别存在 m1 和 n1 中，m2 和 n2 中。

第 58～61 行：若 m1≤m2，则最大元素为 m2，赋给 max，否则最大元素为 m1，赋给 max。

第 62～65 行：若 n1≤n2，则最小元素为 n1，赋给 min，否则最小元素为 n2，赋给 min。

12.5　整数划分问题

整数划分问题：将一个整数划分为若干个数相加。

例如，对于整数 4，设最大加数为 4，则共有以下 5 种划分方案。

4=4

4=3+1

4=2+1+1

4=2+2

4=1+1+1+1

对于整数 5，设最大加数为 5，则有以下 7 种划分方案。

5=5

5=4+1

5=3+2

5=3+1+1

5=2+2+1

5=2+1+1+1

5=1+1+1+1+1

注意：4=1+3，4=3+1 被看作同一种划分方案；5=3+2，5=2+3 是同一种划分方案。

【分析】对于该整数划分问题，设划分的整数为 n，最大加数为 m，根据划分的整数 n 和最大加数 m 之间的关系可分为以下几种情况。

（1）当 $n=1$ 或 $m=1$ 时，只有一种划分可能，返回 1。

（2）当 $n=m$ 且 $n>1$ 时，可分为 $n=n$ 和小于 n 的情况，有 DivideNum($n,n-1$)+1 种可能，例如，5 可以划分为 5 和除小于 5 之外的情况，这就是将原来规模为 n 的问题缩小为规模为 $n-1$ 的问题进行处理。

（3）当 $n<m$ 时，这种情况实际是不存在的，但是在处理 $n>m$ 的情况时会遇到这种情况，直接将其转换为 DivideNum(n,n)解决。

（4）当 $n>m$ 时，可分为两种情况处理：包含 m 和不包含 m，对于包含 m 的情况，有 DivideNum($n-m,m$)；对于不包含 m 的情况，有 DivideNum($n,m-1$)。

算法实现如下。

```
01    #include<stdio.h>
02    #include<stdlib.h>
03    int DivideNum(int n,int m)    //n表示需要划分的整数,m表示最大加数
04    {
05        if(n==1||m==1)              //若n或m为1,则只有一种划分方法,即使n个1相加
06            return 1;
07        else if(n==m&&n>1)
08            return DivideNum(n,n-1)+1;
09        else if(n<m)               //如果m>n,则令m=n
10            return DivideNum(n,n);
11        else if(n>m)
12            return DivideNum(n,m-1)+DivideNum(n-m,m);//两种情况:没有m的情况和有m的情况
13        return 0;
14    }
15    void main()
16    {
17        int n,m,r;
18        printf("请输入需要划分的整数与最大加数: \n");
19        scanf("%d %d",&n,&m);
20        r=DivideNum(n,m);
21        printf("共有%d种划分方式!\n",r);
22        system("pause");
23    }
```

程序运行结果如图 12-5 所示。

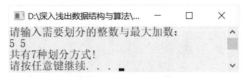

图 12-5　程序运行结果

12.6　大整数乘法

设 X 和 Y 都是 n 位十进制数，要求计算它们的乘积 $X×Y$。当 n 很大时，利用传统的计算方法求 $X×Y$ 时需要计算步骤很多，运算量较大，若使用分治法求解 $X×Y$ 会更高效，现要求采用分治法编写一个求两个任意长度的整数相乘运算的算法。

【分析】设有两个大整数 X、Y，求 $X×Y$ 的乘积就是把 X 与 Y 中的每一项去乘，但是这样的乘法效率较低。若采用分治法，可将 X 拆分为 A 和 B，Y 拆分为 C 和 D，如图 12-6 所示。

$$X=\boxed{A\ .\ B}\qquad Y=\boxed{C\ D}$$

图 12-6　大整数 X 和 Y 的分段

则有 $XY=\left(A\times10^{\frac{n}{2}}+B\right)\left(C\times10^{\frac{n}{2}}+D\right)=AC\times10^{n}+(AD+BC)\times10^{\frac{n}{2}}+BD$。

$$XY=\left(A\times10^{\frac{n}{2}}+B\right)\left(C\times10^{\frac{n}{2}}+D\right)=AC\times10^{n}+(AD+BC)\times10^{\frac{n}{2}}+BD$$

而 $AD+BC=(A+B)(C+D)-(A\times C+B\times D)$。

这里取的大整数 X、Y 是在理想状态下，即 X 与 Y 的位数一致，且 $n=2^{m}$，$m=1,2,3,\cdots$。计算 $X×Y$ 需要进行 4 次 $n/2$ 位整数的乘法，即 AC、AD、BC 和 BD，及 3 次不超过 n 位的整数加法运算，此外还要进行两次移位 2^{n} 和 $2^{n/2}$ 运算，这些加法和移位运算的时间复杂度为 $O(n)$。根据以上分析，分治法求解 $X×Y$ 的时间复杂度为 $T(n)=4T(n/2)+O(n)$，因此时间复杂度为 $O(n^{2})$。

算法实现如下。

```
01    #include<stdlib.h>
02    #include<string>
03    #include <sstream>
04    #include<iostream>
05    using namespace std;
06    string ToStr(int iValue)
07    //将整数转换为 string 类型
08    {
09        string result;
10        stringstream stream;
11        stream << iValue;//将整数 iValue 输出到 stream 字符串流
12        stream >> result;//从 stream 流中读取字符串数据存入 result
13        return result;
14    }
15    template <typename T>
16    int ToInt(string n)
```

```
17      //将字符串转换为整数
18      {
19          int num;
20          stringstream intstream;
21          intstream<<n;
22          intstream>>num;
23          return num;
24      }
25      void AddZero(string &s, int n, bool pre = true)
26          //在字符串前或者字符串后补 0
27      {
28          string temp(n, '0');
29          s = pre ? temp + s : s + temp;
30      }
31      void RemoveZero(string &str)
32      {
33          int i = 0;
34          while (i < str.length() && str[i] == '0')
35              i++;
36          if (i < str.length())
37              str = str.substr(i);
38          else
39              str = "0";
40      }
41      string BigIntegerAdd(string x, string y)
42      {
43          string result;
44          int t,m,i,size,b;
45          RemoveZero(x);
46          RemoveZero(y);
47          reverse(x.begin(), x.end());
48          reverse(y.begin(), y.end());
49          m = max((int)x.size(), (int)y.size());
50          for (i = 0, size = 0; size|| i < m; i++)
51          {
52              t = size;
53              if (i < x.size())
54                  t += ToInt(x[i]);
55              if (i < y.size())
56                  t += ToInt(y[i]);
57              b = t % 10;
58              result = char(b + '0') + result;
59              size = t / 10;
60          }
61          return result;
62      }
63
64      string BigIntergerSub(string x, string y)
65      {
66          int xi,yi,i,x_size,y_size,*p,count=0;
67          string result;
68          RemoveZero(x);
69          RemoveZero(y);
70          reverse(x.begin(), x.end());
71          reverse(y.begin(), y.end());
72          x_size = (int)x.size();
73          y_size = (int)y.size();
74          p=new int[x_size];
75          for ( i = 0; i < x_size; i++)
76          {
```

```
77          xi = ToInt(x[i]);
78          yi = i < y_size ? ToInt(y[i]) : 0;
79          p[count++] = xi - yi;
80      }
81      for (i = 0; i < x_size; i++)
82      {
83          if (p[i] < 0)
84          {
85              p[i] += 10;
86              p[i + 1]--;
87          }
88      }
89      for (i = x_size - 1; i >= 0; i--)
90      {
91          result += ToStr(p[i]);
92      }
93      return result;
94  }
95
96
97  string BigIntegerMul(string X, string Y)
98  {
99      string result, A, B, C, D, v2, v1, v0;
100     int n = 2,iValue;
101     if (X.size() > 2 || Y.size() > 2)
102     {
103         n = 4;
104         while (n < X.size() || n < Y.size())
105             n *=2;
106         AddZero(X, n - (int)X.size());
107         AddZero(Y, n - (int)Y.size());
108     }
109     if (X.size() == 1)
110         AddZero(X, 1);
111     if (Y.size() == 1)
112         AddZero(Y, 1);
113     if (n == 2)//递归出口
114     {
115         iValue = ToInt(X) * ToInt(Y);
116         result = ToStr(iValue);
117     }
118     else
119     {
120         A = X.substr(0, n / 2);
121         B = X.substr(n / 2);
122         C = Y.substr(0, n / 2);
123         D = Y.substr(n / 2);
124         v2 = BigIntegerMul(A, C);
125         v0 = BigIntegerMul(B, D);
126         v1 = BigIntergerSub(BigIntegerMul(BigIntegerAdd(B, A),
127             BigIntegerAdd(D, C)), BigIntegerAdd(v2, v0));
128         AddZero(v2, n, false);
129         AddZero(v1, n / 2, false);
130         result = BigIntegerAdd(BigIntegerAdd(v2, v1), v0);
131     }
132     return result;
133 }
134 void main()
135 {
136     string a, b;
```

```
137        char ch;
138        cout<<"要计算两个大整数相乘吗(y/n)？ "<<endl;
139        ch=getchar();
140        while(ch=='y'||ch=='Y')
141        {
142            cout<<"计算两个大整数相乘: "<<endl;
143            cout<<"请输入第1个整数: ";
144            cin>>a;
145            cout<<"请输入第2个整数: ";
146            cin>>b;
147            cout<<a<<"*"<<b<<"="<<BigIntegerMul(a,b)<<endl;
148            cout<<"要继续计算两个大整数相乘吗(y/n)？ "<<endl;
149            getchar();
150            scanf("%c",&ch);
151        }
152        system("pause");
153    }
```

程序运行结果如图 12-7 所示。

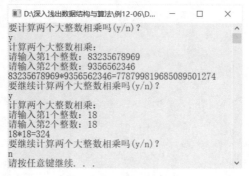

图 12-7　程序运行结果

在计算两个整数相乘时，需要考虑到数据的存储是否超过了系统提供的整数所能表达的范围。为了求任意长度的两个整数的乘积，这里采用字符串 string 类型接收用户的输入，在求解过程中，通过将整数字符串划分为长度较短的字符串，然后再将其转换为整数进行运算，最后再将所有划分整数组合在一起输出。当然，为了求任意长度两个整数的乘积，也可以利用数组进行存储。

说明：

第 101~105 行：为了方便划分，当两个整数中有其中一个长度大于 2 时，将整数的长度扩充为 4。

第 106~107 行：将扩充长度后的字符串添加字符 0。

第 113~116 行：当字符串长度为 2 时，结束划分，将数字字符串转换为整数进行计算。

第 120~123 行：将原来的整数 X 和 Y 分别划分为 A 和 B、C 和 D。

第 124~127 行：求解 AC、BD、$(A+B)(C+D)-(AC+BD)$。

第 128 行：在 AC 后插入 n 个 0，即乘以 10^n。

第 129 行：在 $(A+B)(C+D)-(AC+BD)$ 后插入 $n/2$ 个 0，即乘以 $10^{n/2}$。

第 130 行：求解 $X \times Y$ 并返回。

第13章
实用算法

在日常生活中，经常会遇到一些与生活实际紧密相关的问题，这些问题也可通过算法来得到答案，可以大大提高工作效率。

本章主要介绍几种比较常见的实用算法：大小写金额转换、身份证号 15 位转换为 18 位、抢红包问题、大整数乘法、一元多项式的乘法。

13.1　大小写金额转换

在实际工作中，填写人民币数据时，比如报销旅差费、打欠条，就需要使用大写金额书写，有时候需要把一系列表格中的小写金额转换为大写，这就是大小写金额转换，例如，10800.54 的大写金额为：壹万零捌佰元伍角肆分。

【分析】将小写金额转换为大写金额的方法如下。

（1）求出小写金额对应的整数位数和小数位数。

（2）分别将整数部分和小数部分转换为大写金额，即把阿拉伯数字"0123456789"分别转换为"零壹贰叁肆伍陆柒捌玖"，并根据阿拉伯数字所在位置加上人民币的货币单位"分、角、元、拾、佰、仟、万、亿"。

将整数部分转换为大写金额时，若整数部分的某位数字为 0，还需要分为以下几种情况进行处理：①第一位数字为 0，若第二位不是"."或后面仍有其他字符，则输入有误；否则，输出"零元"；②若为 0 的数字不是第一位，且不是亿、万、元位，则需要输出"零"；如果是亿、万、元位，则需要增加人民币单位。

其他情况直接将阿拉伯数字转换为大写金额，并输出货币单位。

在转换小数部分时，当某位数为 0，若该位是小数点后第一位，则输出"零"；若小数点第一位和第二位都为 0，则输出"整"。其他情况则直接将阿拉伯数字转换为大写金额，并输出货币单位。

算法实现如下。

```
01    #include<stdio.h>
02    #include<stdlib.h>
03    #include<string.h>
04    #define N 30
05    void rmb_units(int k);
06    void big_write_num(int l);
07    void main()
08    {
09        char c[N],*p;
10        int a,i,j,len,len_integer=0,len_decimal=0;
```

```
        //len_integer 为整数部分长度,len_decimal 为小数部分长度
12      printf("**************************************\n");
13      printf("   本程序是将阿拉伯数字小写金额转换成中文大写金额!\n");
14      printf("**************************************\n");
15      printf("请输入阿拉伯数字小写金额: ￥");
16      scanf("%s",c);
17      printf("\n");
18      p=c;
19      len=strlen(p);
20      /*求出整数部分的长度*/
21      for(i=0;i<=len-1 && *(p+i)<='9' && *(p+i)>='0';i++);
22          if(*(p+i)=='.' || *(p+i)=='\0')//*(p+i)=='\0'没小数点的情况
23              len_integer=i;
24      else
25      {
26          printf("\n输入有误,整数部分含有错误的字符!\n");
27          exit(-1);
28      }
29      if(len_integer>13)
30      {
31          printf("超过范围,最大万亿! 整数部分最多13位!\n");
32          printf("注意:超过万亿部分只读出数字的中文大写!\n");
33      }
34      printf("￥%s 的大写金额: ",c);
35      /*转换整数部分*/
36      for(i=0;i<len_integer;i++)
37      {
38          a=*(p+i)-'0';
39          if(a==0)
40          {
41              if(i==0)
42              {
43                  if(*(p+1)!='.' && *(p+1)!='\0' && *(p+1)!='0')
44                  {
45                      printf("\n输入有误! 第一位后整数部分有非法字符,请检
46                              查!\n");
47                      printf("程序继续执行,注意: 整数部分的剩下部分将被忽
48                              略!\n");
49                  }
50                  printf("零元");
51                  break;
52              }
53              else if(*(p+i+1)!='0' && i!=len_integer-5 && i!=len_integer-1 54
                         && i!=len_integer-9)        //元万亿位为 0 时选择不加零
55              {
56                  printf("零");
57                  continue;
58              }
59              else if(i==len_integer-1 || i==len_integer-5 ||
60                          i==len_integer-9) //元万亿单位不能掉
61              {
62                  rmb_units(len_integer+1-i);
63                  continue;
64              }
65              else
66                  continue;
67          }
68          big_write_num(a);                    //阿拉伯数字中文大写输出
69          rmb_units(len_integer+1-i);          //人民币货币单位中文大写输出
70      }
```

```
71          /*求出小数部分的长度*/
72          len_decimal=len-len_integer-1;
73          if(len_decimal<0)                    //若只有整数部分,则在最后输出"整"
74          {
75              len_decimal=0;
76              printf("整");
77          }
78          if(len_decimal>2)                    //只取两位小数
79              len_decimal=2;
80          p=c;
81          /*转换小数部分*/
82          for(j=0;j<len_decimal;j++)
83          {
84              a=*(p+len_integer+1+j)-'0';
                //定位到小数部分,等价于 a=*(p+len-len_decimal+j)-'0';
86              if(a<0 || a>9)
87              {
88                  printf("\n 输入有误,小数部分含有错误的字符!\n");
89                  system("pause");
90                  exit(-1);
91              }
92              if(a==0)
93              {
94                  if(j+1<len_decimal)
95                  {
96                      if(*(p+len_integer+j+2)!='0')
97                          printf("零");
98                      else
99                      {
100                         printf("整");
101                         break;
102                     }
103                 }
104                 continue;
105             }
106             big_write_num(a);
107             rmb_units(1-j);
108         }
109         printf("\n\n");
110         system("pause");
111     }
112     void rmb_units(int k)
113     /*人民币货币单位中文大写输出*/
114     {
115         switch(k)
116         {
117         case 3:case 7:case 11: printf("拾");break;
118         case 4:case 8:case 12: printf("佰");break;
119         case 5:case 9:case 13: printf("仟");break;
120         case 6: case 14:       printf("万");break;
121         case 10:               printf("亿");break;
122         case 2:                printf("元");break;
123         case 1:                printf("角");break;
124         case 0:                printf("分");break;
125         default:               break;
126         }
127     }
128     void big_write_num(int l)
129     /*阿拉伯数字中文大写输出*/
130     {
```

```
131        //相当于 const char big_write_num[]="0123456789";
132        //"零壹贰叁肆伍陆柒捌玖"
133        switch(l)
134        {
135        case 0:printf("零");break;
136        case 1:printf("壹");break;
137        case 2:printf("贰");break;
138        case 3:printf("叁");break;
139        case 4:printf("肆");break;
140        case 5:printf("伍");break;
141        case 6:printf("陆");break;
142        case 7:printf("柒");break;
143        case 8:printf("捌");break;
144        case 9:printf("玖");break;
145        default:break;
146        }
147    }
```

程序运行结果如图 13-1 所示。

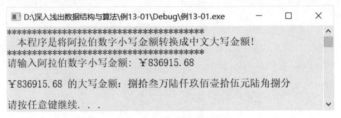

图 13-1 程序运行结果

第 18～19 行：求出字符串的长度，即整数位数和小数位数之和（包括小数点）。

第 21～23 行：统计整数部分的长度。

第 41～52 行：第一位整数部分为 0，则输出"零元"。

第 53～58 行：如果当前位上数字为 0 且不在元、万、亿位上，则输出"零"。

第 59～64 行：如果当前位上数字为 0 且在元、万、亿位上，则输出人民币单位。

第 68～69 行：当前位上数字不为 0，则直接将其转换为大写金额且输出对应的人民币单位。

第 73～77 行：若只有整数部分，则在大写金额后输出"整"。

第 94～102 行：若小数部分第一位上数字为 0，且第二位上数字不为 0，则输出"零"；若第一位上数字为 0，且第二位上数字也为 0，则输出"整"。

第 106～107 行：其他情况直接将小写金额转换为大写金额，并输出人民币单位。

第 112～127 行：这个函数的功能是输出对应位上的人民币单位。

第 128～147 行：这个函数的功能是将阿拉伯数字转换为对应的大写金额。

13.2 将 15 位身份证号转换为 18 位

我国第一代身份证号是 15 位，这主要是在 1980 年以前发放的身份证，后来考虑到千年虫问题，因为 15 位的身份证号码只能为 1900 年 1 月 1 日到 1999 年 12 月 31 日出生的人编号，所以将原来的 15 位升级为目前的 18 位身份证号码。为了验证之前的 15 位身份证号与目前的 18 位身份证号是同一个人的，就需要按照身份证号转换规则进行验证。编写算法，将 15 位身份证号转换为 18 位。例如，一代身份证号为 340524800101001，对应的二代身份证号为

34052419800101001X，它们之间的区别是二代在年份前多了"19"，将出生的年份补充完整，还有就是最后面多了一位校验位。

【分析】首先要了解身份证最后一位的校验码是如何得到的。第 18 位数字的计算方法为：先将前面的身份证号码 17 位数分别乘以不同的系数。从第 1 位到第 17 位的系数分别为 7,9,10,5,8,4,2,1,6,3,7,9,10,5,8,4,2。然后将这 17 位数字和系数相乘的结果累加，将该结果除以 11，得到的余数只可能有 0,1,2,3,4,5,6,7,8,9,10 这 11 个数字，其分别对应的最后一位身份证的号码为 1,0,X,9,8,7,6,5,4,3,2。

算法实现如下。

```
01      #include<iostream>
02      #include<string>
03      using namespace std;
04      void main()
05      {
06          char strID[19];
07          int weight[]={7,9,10,5,8,4,2,1,6,3,7,9,10,5,8,4,2},m=0,i;
08          char verifyCod[]={'1','0','X','9','8','7','6','5','4','3','2'};
09          while(1)
10          {
11              m=0;
12              cout<<"请输入15位身份证号(输入-1退出):"<<endl;
13              cin>>strID;
14              if(strcmp(strID,"-1")==0)
15                  break;
16              for(i=strlen(strID);i>5;i--)
17                  strID[i+2]=strID[i];
18              strID[6]='1';
19              strID[7]='9';
20              for(i=0; i<strlen(strID);i++)
21              {
22                  m+=(strID[i]-'0')*weight[i];
23              }
24              strID[17]=verifyCod[m%11];
25              strID[18]='\0';
26              cout<<"转换后的18位身份证号:"<<endl;
27              cout<<strID<<endl;
28          }
29          system("pause");
30      }
```

程序运行结果如图 13-2 所示。

图 13-2 程序运行结果

13.3 微信抢红包问题

输入红包的总金额和红包个数，输出每人抢到的红包分别是多少钱。

【分析】微信抢红包采用的策略是二倍均值法。红包的金额是随机的，但是额度在 0.01 与剩余平均值×2 之间波动，这样保证每次随机金额的平均值是公平的。除了最后一次抢到的红包外，任何一次抢到的红包金额都不会超过人均金额的两倍，并不是任意的随机。例如，发 100元钱的红包，如果让 10 个人去抢，那么一个红包平均 10 元钱，则发出来的红包额度范围应该是 0.01～20 元。若前面 3 个红包总共被领走了 40 元钱时，还剩下 60 元钱、7 个红包，那么这 7 个红包中，每个额度应该是 0.01～60/7×2 元，即 0.01～17.14 元。设剩余红包金额 M，剩余人数 N，那么每次抢到金额=随机(0.01，$M/N×2$)。

算法实现如下。

```
01    #include<stdio.h>
02    #include<stdlib.h>
03    #include<time.h>
04    #include<ctype.h>
05    #define N 100
06    void QiangHongbao()
07    {
08        int num,i;
09        double total,total1=0,a[N],min=0.01,average;
10        float per_max_hongbao=0;
11        srand(time(0));
12        printf("请输入红包的总金额:");
13        scanf("%lf",&total);
14        printf("请输入红包的个数:");
15        scanf("%d",&num);
16        for(i=1;i<num;i++)
17        {
18            average=total/(num-i+1);
19            per_max_hongbao=average*2;
20            a[i]=(rand()%(int)(per_max_hongbao*total)+
21                (int)min*total)/total+min;
22            total=total-a[i];
23            printf("第%d个红包有%0.2lf元\n",i,a[i]);
24            total1+=a[i];
25        }
26        a[i]=total;
27        total1+=a[i];
28        printf("第%d个红包有%0.2lf元\n",i,a[i]);
29        printf("你发红包的总金额是%0.2lf元\n",total1);
30        system("pause");
31    }
32    void main()
33    {
34        char ch;
35        while(1)
36        {
37            printf("要抢红包吗(Y/N?)?\n");
38            ch=getchar();
39            ch=tolower(ch);
40            if(ch=='y')
41            {
42                QiangHongbao();
43            }
44            else if(ch=='n')
45            {
46                printf("欢迎使用抢红包程序！");
47                break;
48            }
49            else
```

```
50                printf("输入错误,请重新输入!\n");
51            }
52        }
```

程序运行结果如图 13-3 所示。

图 13-3 程序运行结果

13.4 一元多项式的乘法

在数学中，一个一元多项式 $A_n(x)$ 可以写成降幂的形式：

$A_n(x)=a_nx^n+a_{n-1}x^{n-1}+\cdots+a_1x+a_0$

如果 $a_n\neq 0$，则 $A_n(x)$ 被称为 n 阶多项式。一个 n 阶多项式由 $n+1$ 个系数构成。一个 n 阶多项式的系数可以用线性表 $(a_n,a_{n-1},\cdots,a_1,a_0)$ 表示。

线性表的存储可以采用顺序存储结构，这样使多项式的一些操作变得更加简单。可以定义一个维数为 $n+1$ 的数组 $a[n+1]$，$a[n]$ 存放系数 a_n，$a[n-1]$ 存放系数 a_{n-1}，$\cdots$，$a[0]$ 存放系数 a_0。但是，实际情况是可能多项式的阶数（最高的指数项）会很高，多项式的每个项的指数会差别很大，这可能会浪费很多的存储空间。例如，一个多项式：

$P(x)=10x^{2001}+x+1$

若采用顺序存储，则存放系数需要 2002 个存储空间，但是存储有用的数据只有 3 个。若只存储非零系数项，还必须存储相应的指数信息。

一元多项式 $A_n(x)=a_nx^n+a_{n-1}x^{n-1}+\cdots+a_1x+a_0$ 的系数和指数同时存放，可以表示成一个线性表，线性表的每一个数据元素由一个二元组构成。因此，多项式 $A_n(x)$ 可以表示成线性表：

$((a_n,n),(a_{n-1},n-1),\cdots,(a_1,1),(a_0,0))$

多项式 $P(x)$ 可以表示成 $((10,2001),(1,1),(1,0))$ 的形式。

因此，多项式可以采用链式存储方式表示，每一项可以表示成一个结点，结点的结构由 3 个域组成：存放系数的 coef 域，存放指数的 expn 域和指向下一个结点的 next 指针域，如图 13-4 所示。

图 13-4 多项式的结点结构

结点结构可以用 C 语言描述如下。

```
typedef struct polyn
{
    float coef;
```

```
        int expn;
        struct polyn *next;
}PloyNode,*PLinkList;
```

例如，多项式 $S(x)=9x^8+5x^4+6x^2+7$ 可以表示成链表，如图 13-5 所示。

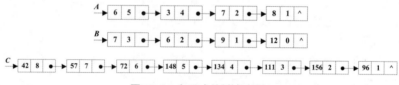

图 13-5　一元多项式的链表表示

两个一元多项式的相乘运算，需要将一个多项式的每一项的指数与另一个多项式的每一项的指数相加，并将其系数相乘。假设两个多项式 $A_n(x)=a_nx^n+a_{n-1}x^{n-1}+\cdots+a_1x+a_0$ 和 $B_m(x)=b_mx^m+b_{m-1}x^{m-1}+\cdots+b_1x+b_0$，要将这两个多项式相乘，就是将多项式 $A_n(x)$ 中的每一项与 $B_m(x)$ 相乘，相乘的结果用线性表表示为 $((a_n\times b_m,n+m),(a_{n-1}\times b_m,n+m-1),\cdots,(a_1,1),(a_0,0))$。

例如，两个多项式 $A(x)$ 和 $B(x)$ 相乘后得到 $C(x)$。

$A(x)=6x^5+3x^4+7x^2+8x$

$B(x)=7x^3+6x^2+9x+12$

$C(x)=42x^8+57x^7+72x^6+148x^5+134x^4+111x^3+156x^2+96x$

以上多项式可以表示成链式存储结构，如图 13-6 所示。

图 13-6　多项式的链表表示

算法思想：设 A、B 和 C 分别是多项式 $A(x)$、$B(x)$ 和 $C(x)$ 对应链表的头指针，要计算 $A(x)$ 和 $B(x)$ 的乘积，先计算出 $A(x)$ 和 $B(x)$ 的最高指数和，即 5+3=8，则 $A(x)$ 和 $B(x)$ 的乘积 $C(x)$ 的指数范围为 0～8。然后将 $A(x)$ 的各项按照指数降幂排列，将 $B(x)$ 按照指数升序排列，分别设两个指针 pa 和 pb，pa 指向链表 A，pb 指向链表 B，从第一个结点开始计算两个链表每个结点 expn 域的和，并将其与 k 比较（k 为指数和的范围，从 8 到 0 依次递减），使链表的和呈递减排列。若和小于 k，则 pb=pb->next；若和等于 k，则求出两个多项式系数的乘积，并将其存入新结点中。若和大于 k，则 pa=pa->next。以此类推，这样就可以得到多项式 $A(x)$ 和 $B(x)$ 的乘积 $C(x)$。算法结束后重新将链表 B 逆置，将链表 B 恢复原样。

算法实现如下。

```
01   #include<stdio.h>
02   #include<stdlib.h>
03   #include<malloc.h>
04   /*一元多项式结点类型定义*/
05   typedef struct polyn
06   {
07        float coef;        /*存放一元多项式的系数*/
08      int expn;            /*存放一元多项式的指数*/
09      struct polyn *next;
10   }PolyNode, *PLinkList;
11   PLinkList CreatePolyn()
12   /*创建一元多项式,使一元多项式呈指数递减*/
13   {
14        PolyNode *p,*q,*s;
15        PolyNode *head=NULL;
```

```
16          int expn2;
17          float coef2;
18          head=(PLinkList)malloc(sizeof(PolyNode));/*动态生成一个头结点*/
19          if(!head)
20            return NULL;
21          head->coef=0;
22          head->expn=0;
23          head->next=NULL;
24          do
25          {
26            printf("输入系数 coef(系数和指数都为 0 结束)");
27            scanf("%f",&coef2);
28            printf("输入指数 exp(系数和指数都为 0 结束)");
29            scanf("%d",&expn2);
30            if((long)coef2==0&&expn2==0)
31               break;
32            s=(PolyNode*)malloc(sizeof(PolyNode));
33            if(!s)
34               return NULL;
35            s->expn=expn2;
36            s->coef=coef2;
37            q=head->next;          /*q 指向链表的第一个结点,即表尾*/
38            p=head;                /*p 指向 q 的前驱结点*/
39            while(q&&expn2<q->expn)
40             /*将新输入的指数与 q 指向的结点指数比较*/
41             {
42               p=q;
43               q=q->next;
44             }
45            if(q==NULL||expn2>q->expn)   /*q 指向要插入结点的位置,p 指向要插入
46            结点的前驱*/
47            {
48               p->next=s;                /*将 s 结点插入到链表中*/
49               s->next=q;
50            }
51            else
52               q->coef+=coef2;           /*若指数与链表中结点指数相同,则将系数相加*/
53          } while(1);
54          return head;
55       }
56       PolyNode *MultiplyPolyn(PLinkList A,PLinkList B)
57       /*多项式的乘积*/
58       {
59          PolyNode *pa,*pb,*pc,*u,*head;
60          int k,maxExp;
61          float coef;
62          head=(PLinkList)malloc(sizeof(PolyNode));/*动态生成头结点*/
63          if(!head)
64             return NULL;
65          head->coef=0.0;
66          head->expn=0;
67          head->next=NULL;
68          if(A->next!=NULL&&B->next!=NULL)
69             maxExp=A->next->expn+B->next->expn;   /*maxExp 为两个链表指数的和
70             的最大值*/
71          else
72             return head;
73          pc=head;
74          B=Reverse(B);                            /*使多项式 B(x)呈指数递增形式*/
```

```
75          for(k=maxExp;k>=0;k--)                /*多项式的乘积指数范围为 0~maxExp*/
76          {
77              pa=A->next;
78              while(pa!=NULL&&pa->expn>k)        /*寻找 pa 的开始位置*/
79                  pa=pa->next;
80              pb=B->next;
81              while(pb!=NULL&&pa!=NULL&&pa->expn+pb->expn<k) /*如果和小于 k,
82              使 pb 移到下一个结点*/
83                  pb=pb->next;
84              coef=0.0;
85              while(pa!=NULL&&pb!=NULL)
86              {
87                  if(pa->expn+pb->expn==k)        /*如果在链表中找到对应的结点,即
88                  和等于 k,求相应的系数*/
89                  {
90                      coef+=pa->coef*pb->coef;
91                      pa=pa->next;
92                      pb=pb->next;
93                  }
94                  else if(pa->expn+pb->expn>k)    /*如果和大于 k,则使 pa 移到下一个
95                  结点*/
96                      pa=pa->next;
97                  else
98                      pb=pb->next;               /*如果和小于 k,则使 pb 移到下一个结点*/
99              }
100             if(coef!=0.0)
101             /*如果系数不为 0,则生成新结点,并将系数和指数分别赋值给新结点,并将结
102             点插入到链表中*/
103             {
104                 u=(PolyNode*)malloc(sizeof(PolyNode));
105                 u->coef=coef;
106                 u->expn=k;
107                 u->next=pc->next;
108                 pc->next=u;
109                 pc=u;
110             }
111         }
112         B=Reverse(B);  /*完成多项式乘积后,将 B（x）呈指数递减形式*/
113         return head;
114 }
115 void OutPut(PLinkList head)
116 /*输出一元多项式*/
117 {
118         PolyNode *p=head->next;
119         while(p)
120         {
121         printf("%1.1f",p->coef);
122         if(p->expn)
123             printf("*x^%d",p->expn);
124         if(p->next&&p->next->coef>0)
125             printf("+");
126         p=p->next;
127     }
128 }
129 PolyNode *Reverse(PLinkList head)
130 /*将生成的链表逆置,使一元多项式呈指数递增形式*/
131 {
132         PolyNode *q,*r,*p=NULL;
133         q=head->next;
134         while(q)
```

```
135          {
136             r=q->next;              /*r 指向链表的待处理结点*/
137             q->next=p;              /*将链表结点逆置*/
138             p=q;                    /*p 指向刚逆置后链表结点*/
139             q=r;                    /*q 指向下一准备逆置的结点*/
140          }
141          head->next=p;              /*将头结点的指针指向已经逆置后的链表*/
142          return head;
143      }
144      void main()
145      {
146          PLinkList A,B,C;
147          A=CreatePolyn();
148          printf("A(x)=");
149          OutPut(A);
150          printf("\n");
151          B=CreatePolyn();
152          printf("B(x)=");
153          OutPut(B);
154          printf("\n");
155          C=MultiplyPolyn(A,B);
156          printf("C(x)=A(x)*B(x)=");
157          OutPut(C);                 /*输出结果*/
158          printf("\n");
159          system("pause");
160      }
```

程序运行结果如图 13-7 所示。

图 13-7　程序运行结果

第 05～10 行：定义一元多项式的结点，包括两个域：系数和指数。

第 18～23 行：动态生成头结点，初始时链表为空。

第 24～31 行：输入系数和指数，当系数和指数都输入为 0 时，输入结束。

第 37～44 行：从链表的第一个结点开始寻找新结点的插入位置。

第 45～50 行：将新结点 q 插入到链表的相应位置，插入后使链表中每个结点按照指数从大到小排列，即降幂排列。

第 65～72 行：两个多项式的指数的最大值之和作为多项式相乘后的最高指数项，若多项式中有一个为空，则相乘后结果为空，直接返回一个空链表。

第73～74行：初始时，pc是一个空链表，将pb逆置，使其指数按降幂排列。

第77～83行：分别在pa和pb链表中寻找可能开始的位置，保证两个链表中结点的指数相加为k。

第87～93行：若指数之和为 k，则将两个结点的系数相乘。

第94～96行：若指数之和大于 k，则需要从pa的下一个结点开始查找。

第97～98行：若指数之和小于 k，则需要从pb的下一个结点开始查找。

第100～110行：若两个系数相乘后不为0，则创建一个新结点，并将系数和指数存入其中，把该结点插入到链表pc中。

第112行：将pb逆置，恢复原样。

13.5　大整数乘法

利用数组解决计算两个大整数相乘。

【分析】一般情况下，求两个大整数相乘往往利用分治法解决，理解起来较为困难，这里使用的方法是模拟人类大脑计算两个整数相乘的方式进行求解大整数相乘，中间结果和最后结果仍然使用数组来存储。

假设 A 为被乘数，B 为乘数，分别从 A 和 B 的最低位开始，将 B 的最低位分别与 A 的各位数依次相乘，乘积的最低位存放在数组元素 $a[i]$ 中，高位（进位）存放在临时变量 d 中；再将 B 的次低位与 A 的各位数相乘，并加上得到的进位 d 和 $a[i]$，就是 B 中该位数字与 A 中对应位上数字的乘积，其中，$a[i]$ 是之前得到乘积的第 i 位数字。以此类推，就可得到两个整数的乘积。代码如下。

```
for(i1=0,k=n1-1;i1<n1;i1++,k--)
    for(i2=0,j=n2-1;i2<n2;i2++,j--)
    {
        i=i1+i2;
        b=a[i]+(s1[k]-48)*(s2[j]-48)+d;
        a[i]=b%10;
        d=b/10;
    }
```

如果 B 中的最高位与 A 中对应位数字相乘后有进位，则需要将该进位存放在 $a[i+1]$ 中，代码如下。

```
while(d>0)
{
    i++;
    a[i]=a[i]+d%10;
    d=d/10;
}
```

算法实现如下。

```
01 #include <stdio.h>
02 #include <string.h>
03 #include<stdlib.h>
04 #define N 500
05 void main()
06 {
```

```
07      long b,d;
08      int i,i1,i2,j,k,n,n1,n2,a[N];
09      char s1[N],s2[N];
10      printf("输入一个整数:");
11      scanf("%s",&s1);
12      printf("再输入一个整数:");
13      scanf("%s",&s2);
14      for(i=0;i<N;i++)
15          a[i]=0;
16      n1=strlen(s1);
17      n2=strlen(s2);
18      d=0;
19      for(i1=0,k=n1-1;i1<n1;i1++,k--)
20      {
21          for(i2=0,j=n2-1;i2<n2;i2++,j--)
22          {
23              i=i1+i2;
24              b=a[i]+(s1[k]-48)*(s2[j]-48)+d;
25              a[i]=b%10;
26              d=b/10;
27          }
28          if(d>0)
29          {
30              i++;
31              a[i]=a[i]+d%10;
32              d=d/10;
33          }
34          n=i;
35      }
36      printf("%s * %s= ",s1,s2);
37      for(i=n;i>=0;i--)
38          printf("%d",a[i]);
39      printf("\n");
40  }
```

程序运行结果如图 13-8 所示。

图 13-8　程序运行结果

第 14～17 行：将大整数上的每一位都初始化为 0，分别求出两个整数的位数。

第 19～27 行：分别将被乘数和乘数上的每一位上的数字相乘，并将当前值存入 d 中。然后，把当前位上的数字存入 $a[i]$ 中，进位存入 d 中。

第 28～33 行：在乘数中的每一位与被乘数相乘结束后，若最高位上还有进位，则将进位加到对应位 $a[i+1]$ 上。

第 34 行：记下当前结果的位数，存入 n 中。

第 37～38 行：从高位到低位依次输出大整数相乘后的结果。

参 考 文 献

[1] 严蔚敏. 数据结构[M]. 北京：清华大学出版社，2001.

[2] 耿国华. 数据结构[M]. 北京：高等教育出版社，2005.

[3] 陈明. 实用数据结构[M]. 2 版. 北京：清华大学出版社，2010.

[4] Robert S. 算法：C 语言实现（第 1～4 部分）[M]. 霍红卫，译. 北京：机械工业出版社，2009.

[5] 吴仁群. 数据结构简明教程[M]. 北京：机械工业出版社，2011.

[6] 朱站立. 数据结构[M]. 西安：西安电子科技大学出版社，2003.

[7] 徐塞红. 数据结构考研辅导[M]. 北京：北京邮电大学出版社，2002.

[8] 陈锐. 零基础学数据结构 [M]. 北京：机械工业出版社，2014.

[9] 冼镜光. C 语言名题百则[M]. 北京：机械工业出版社，2005.

[10] 夏宽理. C 程序设计实例详解[M]. 上海：复旦大学出版社，1996.

[11] 李春葆，曾慧，张植民. 数据结构程序设计题典[M]. 北京：清华大学出版社，2002.

[12] 杨明，杨萍. 研究生入学考试要点、真题解析与模拟考卷[M]. 北京：电子工业出版社，2003.

[13] 唐发根. 数据结构[M]. 2 版. 北京：科学出版社，2004.

[14] 杨峰. 妙趣横生的算法[M]. 北京：清华大学出版社，2010.

[15] Ellis H，Sartaj S，Susan A-F. 数据结构（C 语言版）[M]. 李建中，张岩，李治军，译. 北京：机械工业出版社，2006.

[16] 陈守礼，胡潇琨，李玲. 算法与数据结构考研试题精析[M]. 北京：机械工业出版社，2007.

[17] 李春葆，尹为民，蒋晶珏. 数据结构教程 [M]. 北京：清华大学出版社，2017.

[18] Cormen T H. 算法导论（原书第 2 版）[M]. 潘金贵，译. 北京：机械工业出版社，2006.

[19] Robert S. 算法：C 语言实现（第 1～4 部分）基础知识、数据结构、排序及搜索[M]. 霍红卫，译. 北京：机械工业出版社，2009.

[20] Donald E K. 计算机程序设计艺术 卷1：基本算法（英文版 第 3 版）[M]. 北京：人民邮电出版社，2010.

[21] 周伟，刘泱，王征勇. 2013 年计算机专业基础综合历年统考真题及思路分析. [M]. 北京：机械工业出版社，2012.

[22] Robert S，Kevin W. 算法[M]. 谢路云，译. 4 版. 北京: 人民邮电出版社，2012.